普通高等教育农业部"十三五"规划教材
全国高等农林院校"十三五"规划教材
全国高等农业院校优秀教材

茶业机械学

金心怡 主编

中国农业出版社
北京

内容提要

本教材为茶学专业本科生和研究生的茶业机械学课程的全国规划教材，同时也适用于茶叶加工工程、茶叶加工学课程教学参考书。本教材包括茶业机械基础、动力机械、茶园机械、茶叶初加工机械、茶叶精加工机械、茶叶再加工机械、茶叶深加工设备、茶厂建设等学科领域的基本理论、基本知识以及基本技能，系统介绍了茶园机械、茶叶加工机械各主要装备的主要构造、工作原理、操作使用、维护保养，是一本全面介绍茶叶生产全过程机械化的教材。

本教材比较全面地收集了茶业机械学科发展的新技术、新装备、新成果，充分反映茶机装备的发展动态和前沿研究。全书图文并茂，文字条理通俗易懂，既考虑适用于全国各高校茶学专业的需要，又保留一定的地方特色，反映出福建乌、绿、红、白、花多茶类加工机械装备特色以及海峡两岸茶机特色，可作为高等院校、高职院校茶学专业的学习教材，也可供广大茶叶科技工作者和茶叶生产一线人员学习和参考。

编写人员名单

主　编　金心怡
副主编　郝志龙　孙长应
编　者　（按姓氏笔画排序）
　　　　　　权启爱（中国农业科学院茶叶研究所）
　　　　　　汤　哲（长沙湘丰智能装备股份有限公司）
　　　　　　孙长应（安徽农业大学）
　　　　　　陈加友（福建佳友茶叶机械智能科技股份有限公司）
　　　　　　林宏政（福建农林大学）
　　　　　　林清娇（福建省安溪县韵和机械有限公司）
　　　　　　金心怡（福建农林大学）
　　　　　　周斌星（云南农业大学）
　　　　　　郝志龙（福建农林大学）
　　　　　　龚　琦（浙江大学）

前言

中国是茶的故乡，茶学专业是我国特色专业，进一步提升茶学专业办学质量与水平，培养茶叶科技创新人才是中国茶产业的迫切需要。当前，我国经济发展要求由粗放型向集约型、精细型模式转变，茶叶加工机械化水平已近90%，茶业生产机械化在茶产业中起到举足轻重的作用，茶业机械学课程已成为是茶学专业本科生和研究生的专业必修课程。

1980年安徽农业大学瞿裕兴教授主编的全国统编教材《茶叶生产机械化》，1982年浙江农业大学方辉遂教授主编全国统编教材《茶叶机械基础》，为《茶业机械学》教材奠定了良好基础。但是由于茶业机械学是一门交叉边缘性学科，既需要具备机械学知识又需要熟悉茶叶生物学知识，对跨学科知识体系的系统性、普适性和先进性要求较高，难度较大，因此该教材至今尚未修订。1989年浙江农业大学龚琦教授主编出版《茶叶加工机械》教材，2014年福建农林大学金心怡教授主编《茶叶加工学》教材，在茶叶加工机械的教学改革实践中积累了宝贵经验。然而，迄今为止，国内尚无一部较为系统集茶园管理和茶叶加工为一体的《茶业机械学》教材，远远不能满足茶叶生产全程机械化发展进程对茶业机械科学技术的迫切需求。2016年7月，在中国农业出版社以及各高校茶学专业的共同关心支持下，《茶业机械学》教材开始酝酿，并纳入全国高等农林院校"十三五"规划教材，后又列为普通高等教育农业部"十三五"规划教材。

本教材由福建农林大学金心怡教授任主编。编写人员分工如下：金心怡编写绪论，第一章，第二章，第三章第四节，第四章第三、四、八节，第六章第一节；郝志龙编写第三章第一、二、三节，第八章；龚琦编写第四章第一、二节；周斌星编写第四章第五、六节，第六章第二节；陈加友编写第四章第七节；汤哲、林清娇编写第四章第九节；孙长应编写第五章；权启爱编写第七章；林宏政编写第九章。在编写过程中，从大纲编写到全书出版，倾注了全体编写人员的大量心血，同时也得到中国农业出版社、有关高校、茶机厂和茶叶界专家同仁、企业家的大力支持，为本教材提供了许多宝贵资料；福建农林大学茶学博士生陈寿松、李鑫磊，硕士生王婷婷、陈建平、俞少娟、张妍、赵小嫚，本科生唐若楠等同学为教材的资料收集和文稿校对整理做了大量工作，谨此一并表示衷心感谢。

本教材的出版受到福建农林大学出版基金资助，特此致谢。

限于我们的水平，书中难免有错误和不妥之处，敬请广大读者批评指正。

编　者
2017年7月

目 录

前言

绪论 ·· 1
 一、我国茶叶生产机械化的重要意义 ·· 1
 二、国内外茶叶生产机械化历程、现状与发展趋势 ······················· 2
 三、学习本课程的目的要求与方法 ·· 5

第一章　茶业机械基础 ·· 6

第一节　概述 ··· 6
 一、基本概念 ·· 6
 二、机器的组成 ·· 7

第二节　传动机构 ··· 8
 一、变速机构 ·· 8
 二、引导机构 ·· 21

第三节　连接零件 ··· 32
 一、键连接 ·· 32
 二、销连接 ·· 34
 三、螺纹连接 ·· 35
 四、铆接与焊接 ·· 38

第四节　轴、轴承及其他 ··· 38
 一、轴 ·· 38
 二、轴承 ·· 42
 三、联轴器与离合器 ·· 48
 四、弹簧 ·· 52

第五节　润滑剂 ··· 53
 一、概述 ·· 53
 二、润滑油 ·· 54
 三、润滑脂 ·· 60

复习思考题 ·· 64

第二章　动力机械 ·· 65

第一节　汽油机 ··· 65
 一、概述 ·· 65

  二、汽油机的工作原理 ……………………………………………………… 65
  三、汽油机的主要构造 ……………………………………………………… 68
  四、汽油机的操作使用 ……………………………………………………… 78
 第二节 三相交流异步电动机 ……………………………………………………… 79
  一、电动机的类型 …………………………………………………………… 79
  二、三相交流鼠笼式异步电动机的构造及工作原理 ……………………… 80
  三、三相交流异步电动机的性能指标 ……………………………………… 82
  四、电动机的选择与使用 …………………………………………………… 84
  五、电动机控制设备与控制电路 …………………………………………… 87
 复习思考题 …………………………………………………………………………… 92

第三章 茶园机械

 第一节 茶园节水灌溉设备 ………………………………………………………… 93
  一、概述 ……………………………………………………………………… 93
  二、喷灌系统及设备 ………………………………………………………… 94
  三、离心泵 …………………………………………………………………… 96
  四、摇臂式喷头 ……………………………………………………………… 99
  五、微灌系统与设备 ………………………………………………………… 101
 第二节 茶树病虫害防治机械 …………………………………………………… 104
  一、概述 ……………………………………………………………………… 104
  二、液力式喷雾机（器） …………………………………………………… 105
  三、气力式喷雾机 …………………………………………………………… 109
  四、离心式喷雾机 …………………………………………………………… 110
  五、喷雾机械的使用技术 …………………………………………………… 112
 第三节 采茶机与茶树修剪机 …………………………………………………… 113
  一、概述 ……………………………………………………………………… 113
  二、采茶机 …………………………………………………………………… 115
  三、茶树修剪机 ……………………………………………………………… 120
 第四节 茶园土壤耕作机械 ……………………………………………………… 123
  一、概述 ……………………………………………………………………… 123
  二、铧式犁 …………………………………………………………………… 125
  三、旋耕机 …………………………………………………………………… 126
  四、中耕机械 ………………………………………………………………… 128
 复习思考题 …………………………………………………………………………… 130

第四章 茶叶初加工机械

 第一节 储青机械与设备 ………………………………………………………… 131
  一、概述 ……………………………………………………………………… 131
  二、储青机械与设备 ………………………………………………………… 133

三、储青机械的使用技术 ································· 137
第二节 萎凋机械与设备 ································· 138
　一、概述 ································· 138
　二、日光萎凋设施与设备 ································· 139
　三、热风萎凋设备 ································· 141
　四、萎凋风量计算及风机选配 ································· 144
第三节 做青机械与设备 ································· 147
　一、概述 ································· 147
　二、摇青机械与设备 ································· 149
　三、综合做青机械与设备 ································· 151
　四、层架式做青设备 ································· 154
　五、空调做青间冷负荷计算 ································· 155
第四节 杀青机械 ································· 158
　一、概述 ································· 158
　二、滚筒杀青机 ································· 159
　三、蒸汽杀青机 ································· 166
　四、汽热杀青机 ································· 167
　五、微波杀青机 ································· 168
第五节 整形、揉捻、包揉、揉切机械 ································· 169
　一、概述 ································· 169
　二、名优绿茶整形机械 ································· 171
　三、揉捻机械 ································· 178
　四、乌龙茶包揉机械 ································· 184
　五、红碎茶揉切机械 ································· 189
第六节 解块筛分机械 ································· 191
　一、概述 ································· 191
　二、解块筛分机的构造与工作原理 ································· 191
　三、解块筛分机的使用与保养 ································· 192
第七节 发酵设备 ································· 193
　一、概述 ································· 193
　二、红茶发酵设备 ································· 193
　三、黑茶、普洱茶（熟茶）发酵设备 ································· 199
第八节 干燥机械与设备 ································· 203
　一、概述 ································· 203
　二、6CH系列自动链板式烘干机 ································· 208
　三、其他烘干设备 ································· 211
第九节 茶叶加工连续化生产线 ································· 214
　一、绿茶加工连续化生产线 ································· 214
　二、红茶加工连续化生产线 ································· 219

三、乌龙茶加工连续化生产线 …………………………………………… 221

四、白茶加工连续化生产线 ……………………………………………… 223

复习思考题 ……………………………………………………………………… 225

第五章 茶叶精加工机械 …………………………………………………… 226

第一节 筛分机械 ……………………………………………………… 226

一、概述 ………………………………………………………………… 226

二、平面圆筛机 ………………………………………………………… 227

三、抖筛机 ……………………………………………………………… 231

四、滚筒圆筛机 ………………………………………………………… 235

五、飘筛机 ……………………………………………………………… 236

第二节 切茶机械 ……………………………………………………… 238

一、概述 ………………………………………………………………… 238

二、辊切式切茶机 ……………………………………………………… 238

三、螺旋式切茶机 ……………………………………………………… 240

第三节 风选机械 ……………………………………………………… 241

一、概述 ………………………………………………………………… 241

二、吹风式风选机 ……………………………………………………… 242

三、吸风式风选机 ……………………………………………………… 244

第四节 拣剔机械 ……………………………………………………… 246

一、概述 ………………………………………………………………… 246

二、阶梯式拣梗机 ……………………………………………………… 247

三、静电拣梗机 ………………………………………………………… 250

四、茶叶色选机 ………………………………………………………… 253

五、钩式拣梗机 ………………………………………………………… 256

六、人工目视拣剔生产线 ……………………………………………… 258

第五节 炒车机械 ……………………………………………………… 258

一、概述 ………………………………………………………………… 258

二、车色机械 …………………………………………………………… 259

三、炒车机械 …………………………………………………………… 260

第六节 匀堆装箱机械 ………………………………………………… 261

一、概述 ………………………………………………………………… 261

二、匀堆机械 …………………………………………………………… 262

三、装箱机械 …………………………………………………………… 264

第七节 茶厂输送机械 ………………………………………………… 266

一、带式输送机械 ……………………………………………………… 266

二、斗式提升机械 ……………………………………………………… 268

三、振动输送机械 ……………………………………………………… 270

四、气力输送机械 ……………………………………………………… 271

五、辊式输送机械 ··· 274
　　六、螺旋输送机械 ··· 275
　第八节　茶叶精加工生产线 ··· 276
　　一、红绿茶精加工生产线 ··· 276
　　二、乌龙茶精加工生产线 ··· 279
　复习思考题 ·· 282

第六章　茶叶再加工机械 ··· 283

　第一节　花茶加工机械 ··· 283
　　一、概述 ·· 283
　　二、窨花机械 ··· 284
　　三、起花机械 ··· 287
　　四、摊晾冷却机 ·· 287
　　五、茉莉花茶不落地清洁化生产线 ··· 287
　第二节　茶叶蒸压设备 ··· 288
　　一、概述 ·· 288
　　二、蒸茶设备 ··· 289
　　三、压茶设备 ··· 291
　复习思考题 ·· 295

第七章　茶叶包装机械 ·· 296

　第一节　茶叶包装机械 ··· 296
　　一、概述 ·· 296
　　二、茶叶分装机 ·· 296
　　三、茶叶封口机 ·· 297
　　四、茶叶真空包装机 ··· 298
　第二节　袋泡茶包装机械 ·· 301
　　一、概述 ·· 301
　　二、袋泡茶包装机的构造与选用 ·· 304
　复习思考题 ·· 307

第八章　茶叶深加工设备 ··· 308

　第一节　茶汤提取设备 ··· 308
　　一、概述 ·· 308
　　二、茶提取水净化软化设备 ·· 309
　　三、茶叶预处理设备 ··· 313
　　四、茶叶浸提设备 ··· 314
　第二节　茶提取液分离纯化设备 ··· 317
　　一、概述 ·· 317

二、茶提取液离心分离机械 ··· 318
　　三、茶提取液膜过滤设备 ··· 321
　　四、超临界流体萃取设备 ··· 322
　第三节　茶提取液灭菌设备 ··· 323
　　一、概述 ··· 323
　　二、超高温瞬时灭菌设备 ··· 323
　　三、高压灭菌设备 ··· 325
　　四、微波灭菌设备 ··· 326
　第四节　茶提取液浓缩设备 ··· 327
　　一、概述 ··· 327
　　二、蒸发浓缩设备 ··· 327
　　三、冷冻浓缩设备 ··· 330
　　四、膜浓缩设备 ··· 332
　第五节　速溶茶粉干燥设备 ··· 334
　　一、概述 ··· 334
　　二、喷雾干燥设备 ··· 335
　　三、冷冻干燥设备 ··· 337
　第六节　超细微茶粉加工设备 ··· 339
　　一、概述 ··· 339
　　二、胶体磨 ··· 340
　　三、锤磨机 ··· 340
　　四、气流粉碎机 ··· 341
　复习思考题 ··· 343

第九章　茶厂建设 ··· 344

　第一节　茶厂规划设计 ··· 344
　　一、茶厂 SC 认证环境要求 ·· 344
　　二、茶厂规划设计 ··· 345
　　三、茶厂通风和除尘设备 ··· 354
　　四、茶叶冷藏库 ··· 358
　第二节　茶厂设备配置与安装 ··· 361
　　一、茶厂设备配置 ··· 362
　　二、茶机设备安装与调试 ··· 368
　第三节　茶机的使用与维护 ··· 371
　　一、茶厂安全守则 ··· 371
　　二、茶机使用操作规程 ·· 372
　　三、茶机维护保养 ··· 373
　复习思考题 ··· 374

主要参考文献 ··· 376

绪　论

一、我国茶叶生产机械化的重要意义

（一）茶叶生产机械化是传统茶业向现代茶业转变的必经之路

我国是茶树的原产地，历史悠久，地位显赫，是世界上最大的茶叶种植国、生产国和消费国。2016年全国茶园总面积为293万 hm^2，茶叶产量为243万 t，茶园面积和产量居世界第一；茶叶出口量为32.9万 t，居世界第二；毛茶总产值1 680多亿元，综合总产值4 000亿元；茶叶总消费量186.4万 t/年，其中国内消费量134万 t/年（人均茶叶消费量0.95kg/年），茶叶深加工消耗量约20万 t。茶产业是我国农业的支柱产业、生态产业，关乎大众民生的特色产业、健康产业。

当前，我国正处于工业化、城镇化、信息化、农业现代化的推进阶段，农业正面临着深刻转型——用现代物质条件装备农业（农业机械化），用现代科学技术改造农业（高优品质，科学种田），用现代产业体系提升农业（全产业链），用现代经营形式推进农业（适度规模，电子商务），用现代发展理念引领农业（农业供给侧结构性改革），用培养新型农民发展农业（产业技术培训）。实行"用标准化引领规模化，用规模化推动产业化，用数字化提升机械化，用机械化带动现代化，用组织化应对市场化，用市场化驱动社会化"战略，创建"生产效益型、资源节约型、环境友好型、产品安全型"的"四型"农业，实现农业现代化、农民职业化、农村社会化。

目前，我国茶产业也正面临茶产品供给侧结构性改革、茶产业转型升级的发展机遇。茶业机械化是传统茶业向现代茶业转变的必经之路，茶机创新对于茶产业的升级作用受到空前重视：以茶叶加工为主题，引领茶产业发展；以茶业机械为主题，引领未来茶科技发展；以优质安全、高效省工、绿色低碳、节能智能为主题，破解茶产业发展瓶颈，推动茶机产品结构的深度改革，加速茶机高新技术应用，增强茶机跨界开发和区域合作。

（二）茶业机械化的高效性、高能性、载体性、精准性、集约性

茶业机械化具有高效性、高能性、载体性、精准性、集约性优势。

1. 高效性　茶业机械可提高茶叶生产效率，降低劳动强度。茶业劳动力成本占生产成本的50%以上，而我国茶产业每年短缺劳动力80万～100万人，2016年劳动力成本比2005年增加1倍以上，2016年采茶日平均工价为111元，比2011年的75元提高48%。采用机械化作业可以大大提高劳动生产率。例如，茶园人工喷药日平均工效1 334m^2，每667m^2用工费为50元；喷雾机喷药日平均工效2.668 hm^2，是人工喷药工效的20倍，每667m^2费用仅为15元，比人工喷药费用降低70%；采用旋翼无人直升机喷药的日平均工效为133 400m^2，是人工喷药工效的100倍，每667m^2费用仅为0.05元。

2. 高能性　茶业机械功能强、能力高，可代替人工完成高难度、高强度的茶事作业。例如，采用挖机替代人工开垦茶园，通过液压马达驱动铲斗进行茶园土壤的开垦、挖沟、运土、平整等作业，其效率高、用工省，大大降低了人工劳动强度；茶园建立灌溉工程设施，

利用水泵提升、输送灌溉水到茶园，不仅免除肩挑人扛，还能改善茶园水、肥、气、热小气候，提高茶叶的产量和品质。

3. 载体性 茶业机械一般都蕴含和承载着一项或多项先进的茶叶科学技术，茶叶科学技术只有以机械（装备）为载体才能发挥作用，仅凭赤手空拳是难以实施的，所以，茶业机械是茶叶科学技术的重要载体。例如，茶园风机系统承载着茶园防霜冻技术，遇霜冻天气，通过茶园风机强制地将上层暖空气吹往下层，有效地提高茶树冠层温度，使茶树免受冻害；袋泡茶包装机械承载着"浓、强、鲜"红碎茶的生产技术与先进的茶叶泡饮技术，使茶叶携带方便、冲泡定量、配方科学、冲泡快速、去渣容易，从而使红碎茶成为全球性的大宗茶饮料。

4. 精准性 先进茶业机械以数字化、自动化、智能化为显著特征。例如，基于红外线、超声波、激光雷达、机器视觉的变量式喷雾机，利用红外线探测、超声波测距、雷达激光测距、图像采集划分作业区等高科技原理，实施定量对靶喷药，避免了传统喷雾"跑、冒、滴、漏"以及喷雾不均匀的现象，农药利用率提高到 65%～85%；基于电荷耦合元件（CCD）镜头、电磁阀的茶叶色选机，利用光电检测原理，自动分拣出茶梗、黄片、次品茶、非茶类夹杂物等异色颗粒，拣别精度达到 85% 以上，精度和效率远超过人工拣剔；未来的智能化茶机将应用智能农业手段，构建机器的感知层、网络层、应用层，进一步提高作业的精准性。

5. 集约性 茶业机械化的核心目标是实现集约化生产，适度规模化经营，降低劳动成本。在城镇化快速发展的今天，农村劳动力转移，农村土地流转、规模经营成为现代茶产业的标志性变革，茶业机械化为实现茶产业资源的高效转化利用、规模经营、降低劳动成本、标准化生产、高投入高产出提供了重要平台和物质手段，使茶叶种植、加工、包装、物流等茶事作业的社会化分工成为可能。

二、国内外茶叶生产机械化历程、现状与发展趋势

（一）我国茶园机械的发展现状

1. 茶园节水灌溉 自 20 世纪 70 年代我国开始兴起茶园喷灌，80 年代初引进滴灌成套设备，近年在引进滴灌、微灌设备，消化吸收和设备研制方面迅速发展，我国茶园节水灌溉设施主要类型有茶园半自动、全自动喷灌系统、水肥药一体化灌溉系统、物联网灌溉控制系统等。但国内茶园节水灌溉产品仍存在档次低、能耗高、成本高、服务不配套等问题。

2. 茶园植保机械 长期以来，手动喷雾器数量占茶园植保机械数量的 80%，我国农药有效利用率仅为 20%～40%，单位面积施药量比发达国家高 2～3 倍，这与植保机械落后导致重喷、漏喷现象严重有关。目前我国背负式喷雾喷粉机有 8 个品种，社会保有量约 260 万台；超低量喷雾机有 6 个品种，社会保有量 25 万台。未来的茶园植保机械向风助喷雾、精量喷雾、静电喷雾、机电一体化喷雾、无人机喷雾以及利用风、声、光、电等物理防治等方向发展。

3. 茶园作业机械 20 世纪 80 年代初，嘉善拖拉机厂生产出 C-12 型茶园中耕机，实现旋耕、中耕除草、施肥等机械作业；90 年代，在引进消化吸收日本小型耕作机的基础上，浙江新昌东辉机械厂生产出 ZGJ150 型茶园中耕机；近年来，我国先后研发出高地隙自走式多功能茶园管理机、小型茶园中耕机、茶园多功能开沟施肥机等。由于茶园土壤以及窄行距

的限制，目前茶园适用的中耕施肥机械仍较少，茶园管理机械化程度落后于日本、印度、肯尼亚等主要产茶国。

4. 茶树修剪机和采茶机 我国采茶机研究始于1958年，目前茶树修剪机和采茶机主要以往复切割式类型为主。茶树修剪机械新产品有手推式茶树修剪机、高度可调式茶树定型修剪机、电动茶树修剪机等，采茶新产品有自走式采茶机、电动式采茶机、智能识别采茶机等。今后应加强茶园标准化管理，研究机采茶园的肥培管理技术及机采鲜叶的加工工艺，健全完善机采、茶园机修的农机服务组织，使机械化采茶向科学、健康的方向发展。

（二）我国茶叶加工机械的发展

从人类饮茶历史开始，中国茶就是世界上唯一的商品茶。茶叶制作"炒、揉、焙"过程的主要制茶器具是浅铁锅和漏斗形烘笼。宋朝神宗赵顼元丰六年（1083）开始利用水车推动茶磨制造蒸青团茶。我国茶叶加工机械发展主要在中华人民共和国成立之后，分为以下5个阶段。

1. 第一阶段（1958年以前） 茶叶加工机械自发发展阶段。茶叶加工机械以人力、畜力、水力为主要动力，诸如铁木结构、水泥结构、石头结构的红茶、绿茶加工机械，茶叶加工机械化程度仅为30%~40%。

2. 第二阶段（1958—1974年） 茶叶加工机械配套、定型、推广阶段。我国在各地建立了国家定点茶机厂，批量制造茶叶杀青机、揉捻机、烘干机等定型的中、小型茶机。

3. 第三阶段（1974—1990年） 自动化茶叶加工机械起步阶段。这一阶段的茶机主要适应计划经济时期的大中型茶厂，开始向连续化和机电一体化迈进。有100多种茶机产品通过鉴定，如珠茶、长炒青、颗粒绿茶连续化加工设备，烘干机系列产品，光电拣梗机，红茶床式透气连续发酵机，旋转振动筛分机，封闭式窨花机，扁茶炒干机，红碎茶初制大型成套设备，电控加压揉捻机，计算机控制烘干机，微机控制乌龙茶连续化、自动化做青设备，鲜叶脱水机，乌龙茶包揉机等，并促进了我国茶叶加工机械化进程。

4. 第四阶段（1990—2000年） 名优绿茶、乌龙茶加工机械发展与茶叶深加工起步阶段。这一时期的国有、集体茶厂改制，茶厂规模趋向中小型化，加上消费者对名优茶的需求迫切，促成了名优茶从手工向机械化发展。20世纪90年代初，以浙江上洋茶机厂为代表的国内多家名优绿茶机械厂先后破解了扁形、针形、螺形茶以及特种茶机制造型的技术难题，开辟了名优茶加工机械化的新纪元。1990年，我国台湾的制茶机械引进大陆，台式茶机的结构设计、制造精度、使用性能、能源清洁等先进性为乌龙茶加工与装备水平提升注入了新的生机，经过多年本土化创新，乌龙茶机械在高起点上快速发展。同时，我国茶机开始向深度加工、冷藏保鲜方向起步发展，如茶叶超细微粉碎机、袋泡茶机、速溶茶加工生产线、茶叶保鲜冷藏库等面市。

5. 第五阶段（2000年至今） 连续化、清洁化、自动化、智能化茶叶机械发展阶段。随着现代科学技术的不断发展和学科间相互渗透，茶叶加工清洁化、连续化、自动化发展加快，鲜叶储青机组、萎凋机组、杀青机组、揉捻机组、发酵机组、烘干机组等实现PLC自动控制，并开始研究茶叶加工过程数据实时检测的远程/终端专家决策信息系统；红茶、绿茶、乌龙茶初加工、精加工连续化自动化生产线，茶叶色选机在茶区推广应用；红外线、电磁波、超声波、LED、空气能新技术等在茶叶热加工过程监控中应用取得新的突破；借助人工智能技术、近红外光谱技术、高光谱图像技术、电子舌、电子鼻等先进技术，结合传统人体感官评定技术，逐步实现茶产品的智能化评价；茶叶加工能源从柴、煤向电、气、油、太阳能等清洁能源的方向发展。目前，茶叶加工正向优质化、多样化、方便化方向发展和延伸，以茶叶提取物为原料的附加值高、规模大的天然药物、保健食品、功能饮料、个人护理品等茶叶深加工终端产品的生产装备是未来的发展方向。

目前，全国规模以上的茶叶机械制造厂有300多家，茶叶机械年生产能力约10万台，名优茶机械占70%，年总产值约20亿元；全国茶叶加工机械保有量约100万台，有近100个品种300个型号；大宗茶叶加工基本实现机械化，名优茶加工机械化水平达到80%以上。

（三）国外茶业机械的发展简况

国外茶园机械发展在制茶机械之后。1911年George L Mitchell发明了茶树枝剪机，在萨默维尔（Summerville）的Pinehurst茶园进行试验，每667m²枝剪费用由2~3美元降至40美分；1924年爪哇Sperata茶园监督C H Tillmanna发明了Sperata式茶叶采摘刀。目前，世界各主要产茶国的茶园耕作机械化程度不同，大面积茶园、平地茶园的机械化程度较高，反之则低。日本在1961年开始使用茶园专用拖拉机，该机可在80cm左右的成龄茶园中进行深耕、施肥、浅耕、除草、整枝修剪、动力喷雾和病虫害防治等综合作业，并应用灌溉、施肥、喷药等多用装置和茶园管理作业机械；前苏联已试用跨行式施肥机和在小于20°坡地上使用的茶园耕耘机和修剪机。日本对切割式采茶机研究较为系统，已基本实现采茶机械化；前苏联对折断式（选择性的）采茶机研究比较多。

利用机械加工茶叶始于19世纪的国外。1674年英国瓦特哈漠（J Wadham）发明制茶机器，开始用动力代替手工。在红茶加工机械发展史上，1876年印度卡察茶场的英国工程师麦克米肯（T McMeekin）设计抽屉式烘干箱。英国William Jackson于1884年发明吸力热风管式干燥机，1885年发明Brown干燥机，1887年发明三曲柄揉捻机、滚筒解块机，1888年发明拣茶机，1898年发明茶叶装箱机，1907年和1909年发明单动式、双动式揉捻机。Jackson设计的茶机由Marshall公司制造，销往各产茶国。此外，苏格兰Davidson爵士于1877年发明雪洛谷（Sirocco）干燥机，1890和1891年发明解块机、切茶机、筛分机；英国John Bartlett于1872年制造磨茶机、筛分机、拼和机，使条形红茶在20世纪初全面实现机器制造，普遍使用的机型是Marshall揉捻机、Marshall干燥机和Sirocco干燥机。

红碎茶加工机械发展史上，1830年杰克勃创制了六角箱形萎凋机，各国的萎凋设备主要有托克莱萎凋装置、荷兰连续萎凋机；1867年印度阿萨姆茶叶公司的英国土木工程师肯蒙德（J C Kinmond）发明了世界上第一台盘式揉捻机；1893年锡兰Milliam公司Brown公司的James Brown发明碎茶机；1930年印度的麦克卡切（Milliam Mckercher）创制C.T.C揉切机；1958年印度托克莱茶叶试验站研制出洛托凡红碎茶揉切机，1976年英国劳瑞创制了锤切式揉切机LTP（Lawrie tea processor），使红茶加工技术有了新的突破，向红碎茶加工转型；发酵工序有箱式连续发酵装置、透气发酵装置和连续发酵机，它们都有调节风量、风压、温湿度和氧气含量的功能；干燥作业机有西洛可两级烘干机，分上、下两级，起到毛火、足火的作用。沸腾床式烘干机的干燥方式新颖，采用热气流压力使被干燥的茶叶呈沸腾状，热气流与茶叶颗粒单个接触，干燥速度快。

绿茶加工机械发展史上，1884年日本高林谦之发明了3种绿茶机械，1898年日本原崎原作发明锅式杀青机。20世纪初（1907年），日本蒸青茶加工机械基本配套，包括蒸青机、粗揉机、中揉机和精揉机；60年代改进为联装线；1965年研制成功双筒连续粗揉机、单筒中揉和连续再干机；1971年创造全自动连续精揉机，改进了揉手和加压方法，并可自动控制叶量；1972年开发出自控粗揉机，每个单机之间由输送带或风送装置组成流水线。20世纪30年代、40年代、70年代，日本先后发明了阶梯式拣梗机、摩擦式拣梗机和光电拣梗机。

三、学习本课程的目的要求与方法

（一）教学目的

茶业机械学是茶学专业的专业核心课或主要专业课之一，围绕着提高茶园管理和茶叶加工的机械化水平，改善茶叶生产条件，降低劳动成本，提升茶叶生产优质、安全、高效、绿色、低碳、节能、智能的现代茶产业发展水平，推动茶产业可持续发展。本课程的教学目的是使学生获得茶叶生产全过程（茶园管理、机械化采茶、茶叶初加工、精加工、深加工、茶厂规划、茶厂建设）所必需的茶业机械化的基本理论、基本知识和基本操作技能。

为适应不同高校各自专业特色、教学计划、教学时数、教学侧重点的不同要求，教材内容较为全面系统，各校可根据实际学时选择性讲授。

（二）理论知识要求

要求掌握茶园管理过程中的节水灌溉设备、茶园植保机械、采茶修剪机械3种类型的茶园管理机械构造、原理和使用技术；掌握常用的茶叶初加工、精加工、深加工机械的构造、原理和使用技术；掌握标准化茶叶加工厂房的规划设计、茶叶机械设备选型、设备安装等方面的基本知识。通过本课程的学习，使学生了解国内外茶业机械装备的现状与发展趋势，具备一定的机械化工程技术基础知识，掌握茶叶生产过程中各类茶业机械使用技术和应用范围，以拓宽专业知识面，为今后能够适应茶叶标准化生产（茶园管理和茶叶加工）的各环节工作岗位打好基础。

（三）实践技能要求

本课程注重理论联系实际。通过实验和实习，培养学生的实践动手能力，并要求学生掌握机械化采茶、茶叶加工机械的拆装和加工设备的维护保养等必要的操作技能，提高学生分析问题、解决问题和创新的能力。

（四）教学方法

本课程总学时50～80学时，采取课堂讲授、实验课、课程实习多环节相结合。课堂讲授结合多媒体教学形式，图文并茂，重点讲授茶业机械基础知识以及各类茶业机械的基本原理、主要构造、技术性能、设计计算、选型配套等理论性问题；实验教学要求深入生产实际，让学生认识各类茶业机械的构造和性能，增强对茶业机械的感性认识，通过现场认识和操作，初步掌握各类茶机的操作和维护保养基本技能。学习时应紧密结合生产实践，做到学用结合，理论与实际结合，教学与科研结合，同时要注意学习国内外先进技术和经验。

第一章 茶业机械基础

【内容提要】 本章主要阐述关于机械的基本概念、机器组成以及传动机构的组成，介绍了变速机构主要类型、功用和应用场合、传动比计算，还介绍了茶业机械常用的引导机构类型、功能和应用场合、工作原理和应用特点，以及机器的连接方法与特点、润滑剂种类、茶机正确选用润滑油、润滑脂的方法等。

第一节 概 述

一、基本概念

1. 构件 构件是组成机器的最小运动单元，是机器和机构中各个相对运动的刚性单元体。构件可以是单一零件，如揉捻机作平面回转运动的揉桶；也可以由若干零件组成，如齿轮（构件）由齿轮体、轴和键组成，又如内燃机的连杆（构件）由连杆体、连杆盖、螺栓、螺母、轴瓦和轴套等多个零件组成。因此，构件是运动的单元。

2. 零件 零件是组成机器的最小制造单元，是机器和机构中不可分拆的制件。如链传动机构由套筒滚子链和链轮组成，链由许多链节组成，链节由销轴、套筒、滚子、外链板、内链板5个零件组成（图1-1）。因此，零件是制造的单元。零件分为通用零件和专用零件两大类。机器普遍使用的零件称为通用零件，如螺钉、齿轮、轴等；只在某些特定类型的机器中使用的零件称为专用零件，如发动机中的曲轴和活塞、水泵的叶片、杀青机的滚筒等。

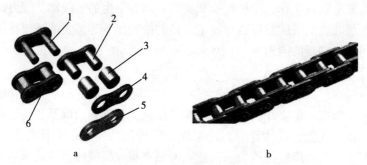

图1-1 链节的零件组成
a. 链节及其零件 b. 链
1. 销轴 2. 套筒 3. 滚子 4. 内链板 5. 外链板 6. 链节

3. 部件 部件由若干零件装配组成。零件先被装配成部件，再装配成机器，机器一般由若干个部件组装而成。

4. 机构 机构是具有确定的相对运动的构件组合。如链传动机构是由小链轮、大链轮及套筒滚子链3个构件通过活动连接组成，这3个构件各自都具有确定的相对运动。机构一般用于传递运动和力或改变运动形式，常用机构有带传动机构、链传动机构、齿轮机构、蜗轮蜗杆机构、螺旋机构等。

5. 机器　机器指能够实现确定的机械运动，同时能够提供有用机械功的装置，也指完成能量、物料与信息转换和传递的装置。如汽车、电动机、自行车、半自动钻床等，它们既实现确定的机械运动，又做有用的机械功。

6. 机械　机械是机构（mechanism）与机器（machine）的统称。不论机器还是机构，从运动角度看，二者都能实现确定的机械运动，人们将具有确定机械运动的机构和机器统称为机械。机器由零件、部件组成一个整体或者由几个独立机器构成联合体（由两台或两台以上机械连接在一起的机械设备称为机组）。机器可由金属部件和非金属部件组成，机器的特征是通过能量转换、信息处理等而产生有用功，代替人的劳动。因此，机器也可认为是用来转换或利用机械能的机械。

二、机器的组成

机器的种类繁多，生产中常见的机器如汽车、拖拉机、电动机、食品加工机械、农产品加工机械等，生活中常见的机械如洗衣机、缝纫机、电风扇、摩托车等。它们的构造、性能和用途等虽各不相同，但从机器的组成分析，有其共同点。

机器一般由动力机械、传动机构、工作机构3个部分组成，现代机器由动力机械、传动机构、工作机构、控制装置4个部分组成。图1-2为机器的组成框图。

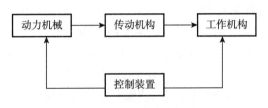

图1-2　机器的组成框图

1. 动力机械　动力机械的功用是将热能、电能等各种能量转换为机械能，代替人类劳动。动力机械是各类机器的能量来源，为各类机器所共有。茶业机械的动力分为两种：一种是内燃机，以汽油、柴油为能源（称为一次能源），适用于移动式茶园管理机械；一种是电动机，以电为能源（称为二次能源、清洁能源），适用于茶叶加工等固定作业机械。

2. 传动机构　传动机构的功用是将动力机械的运动和动力传递、转换或分配给工作机构的中间装置，完成不同运动速度、运动方向和运动形式的转换，以满足工作机构的不同要求。

传动机构按传动功能不同分为变速机构和引导机构两种类型，如揉捻机的传动机构（图1-3）包括转换运动大小和方向的变速机构（如皮带、蜗轮蜗杆）及转换运

图1-3　揉捻机的传动机构

动形式的引导机构（如双曲柄机构）。

3. 工作机构　工作机构的功用是直接完成各式各样的行为动作，实现机器的特定功能，完成生产任务。如自行车的工作机构为车轮机构，采茶机的工作机构为刀片机构，揉捻机的工作机构为揉桶机构。

4. 控制装置　控制装置的功用是控制机器启动、停止和变更运动参数的控制器。控制装置可分为人工控制和自动控制两种类型，前者结构简单，成本较低；后者可降低劳动强度，提高产品质量和生产效率。

第二节　传动机构

传动机构为各类机器所共有。传动机构按传动功能不同分为变速机构和引导机构两种类型。

一、变速机构

（一）概述

1. 变速机构的功用　茶业机械的动力机械和工作机构之间一般配置变速机构。变速机构的功用是传递功率，改变运动速度和运动方向。

2. 变速机构的类型　常见的变速机构包括带传动、链传动、齿轮传动、蜗杆传动等，其中带传动属于摩擦传动，链传动、齿轮传动、蜗杆传动为啮合传动。带传动和链传动又称为挠性件传动，都是通过环形挠性件，在两个或多个传动轮之间传递运动和动力，它们具有结构简单、维护方便和成本低廉等特点，适用于两轴中心距较大的传动。

3. 变速传动的方式　机械传动根据传动比的改变情况可分为定传动比传动和变传动比传动。工作过程中传动比不改变的传动称为定传动比传动；工作过程中传动比发生改变的传动称为变传动比传动，它又可分为有级变速传动和无级变速传动。如乌龙茶综合做青机的高、低转速转换为有级变速传动，自动链板式烘干机的为无级变速传动。

4. 传动比　传动机构中传出运动和扭矩的构件为主动件，接受主动件传来的运动和扭矩的构件为从动件。主动轮的转速与从动轮的转速之比称为传动比，用 i 表示。

$$i = \frac{n_1}{n_2} \tag{1-1}$$

式中　n_1——主动轮的转速（r/min）；
　　　n_2——从动轮的转速（r/min）。

主动轮的功率与从动轮的功率之比称为传动的机械效率，用 η 表示。

$$\eta = \frac{N_1}{N_2} \times 100\% \tag{1-2}$$

式中　N_1——主动轮的功率（kW）；
　　　N_2——从动轮的功率（kW）。

机械效率是评定传动质量的重要指标之一，它表示通过传动后功率被利用的程度。不同传动机构的传动比和机械效率见表1-1。

表 1-1　各种传动机构的参数比较

传动机构	传动比 i	机械效率 η（％）	功率（PS）*
平胶带传动	$\leqslant 5$	98	5～100
三角皮带传动	$\leqslant 7$	96	5～100
链传动	$\leqslant 6$	96	$\leqslant 135$
齿轮传动	$\leqslant 8$	97～99	$\leqslant 50\ 000$
蜗杆传动	10～40	70～75	$\leqslant 70$

* PS：米制马力，非国家法定计量单位，1PS＝735.498 75W。

（二）带传动

1. 带传动的类型和特点

（1）带传动的类型　带传动主要由主动轮、从动轮和传动带组成。当动力机械驱动主动轮转动时，由于带和带轮间的摩擦（或啮合），带动从动轮一起转动，并传递一定的动力。带传动按其截面形状的不同，主要有平带、三角带（即 V 带）、多楔带、圆带等，如图 1-4 所示。

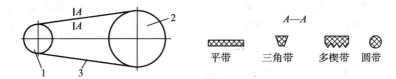

图 1-4　带传动的结构与类型
1. 主动轮　2. 从动轮　3. 传动带

平带的横截面为扁平矩形，适用于中心距较大和传动比较小的传动。常用的有帆布芯平带、聚氨酯皮带、橡胶弹力带、PVC 或 PU 食品输送带、编织平带、锦纶片复合平带等。平带结构简单，维修方便，应用较广，但平带传动易产生弹性滑动，因而传动比不准确。

三角带的横截面为等腰梯形，工作时，两侧面嵌入带轮的轮槽内，底面不与带轮接触，两侧面为工作面。在同样的张紧力下，三角带传动较平带传动能产生更大的摩擦力。当传递相同功率时，三角带传动的结构较平带传动紧凑，因此，三角带传动比平带传动应用更广泛。

多楔带兼有平带和三角带的优点：柔性好，摩擦力大，能传递的功率大，并解决了多根三角带长短不一而使各带受力不均的问题。多楔带主要用于传递功率较大而结构要求紧凑的场合。

圆带的横截面为圆形，通常用皮革或合成纤维制成，圆带传动主要用于低速、小功率传动，如仪器、缝纫机等。

（2）带传动的特点　带传动适用于两轴中心距较大的传动，使用维护方便，具有良好的挠性，传动平稳，可缓和冲击、吸收振动，过载时打滑防止损坏其他零部件，结构简单，成本低。但带传动的外廓尺寸较大，需配置张紧装置，容易打滑，传动效率较低，带的使用寿命较短。根据上述特点，带传动多用于两轴传动比无严格要求、中心距较大的机械中。

2. 三角带的结构及型号　三角带制成无接头的环形（图 1-5），其剖面结构由包布层、拉伸层、强力层和压缩层等组成（图1-6）。包布层由若干层橡胶帆布组成，用于保护三角带；拉伸层和压缩层为橡胶填充物，可适应三角带弯曲时的伸长和缩短；强力层主要承受工作拉力，材料为化学纤维或棉织物，强力层结构分为帘布结构或线绳两种，前者抗拉强度高，制造方便，后者柔软性好，适用于转速较高、带轮直径较小的场合。

图1-5 三角带传动

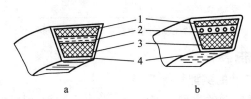

图1-6 三角皮带截面结构
a. 帘布结构 b. 线绳结构
1. 拉伸层 2. 强力层 3. 压缩层 4. 包布层

当三角带弯曲时，拉伸层受拉而伸长，压缩层受压而缩短，长度和宽度均保持不变的层面称为节面（又称中性层），带的节面宽度称为节宽。普通三角带的型号及截面尺寸见表1-2。

表1-2 不同型号的三角带截面尺寸（GB/T 11544—2012）

	型号	节宽b_p（mm）	顶宽b（mm）	高度h（mm）	楔角α（°）
	Y	5.3	6.0	4.0	
	Z	8.5	10.0	6.0	
	A	11.0	13.0	8.0	
	B	14.0	17.0	11.0	40
	C	19.0	22.0	14.0	
	D	27.0	32.0	19.0	
	E	32.0	38.0	23.0	

在规定张紧力下，沿三角带节面量得的周长称为公称长度L_d。普通三角带的公称长度系列及不同型号三角带的长度范围见表1-3。

表1-3 普通三角带公称长度及不同型号长度范围（mm）

长度系列	280	315	355	400	450	500	560	630	710	800	900
	1 000	1 120	1 250	1 400	1 600	1 800	2 000	2 240	2 500	2 800	3 150
	3 550	4 000	4 500	5 000	5 600	6 300	7 100	8 000	9 000	10 000	11 200

三角带型号	Y	Z	A	B	C	D	E
公称长度L_d	280~500	400~1 600	630~2 800	900~5 600	1 800~10 000	2 800~11 200	4 000~11 200

3. 三角带传动参数及选择　带传动的主要失效形式是带的打滑和疲劳破坏。因此应正确选择带传动的主要参数，保证带在工作时，在不打滑的条件下，具有一定的疲劳强度和使用寿命。三角带传动主要参数如图 1-7 所示。

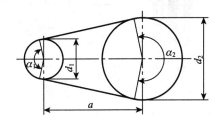

图 1-7　三角带传动主要参数

α_1. 小带轮包角　α_2. 大带轮包角　d_1 小带轮直径　d_2 大带轮直径　a. 两轮中心距

（1）三角带轮的公称直径 d　公称直径指带轮上与所配用三角带的节宽相对应的直径。不同型号三角带轮规定的最小公称直径如表 1-4 所示。

表 1-4　普通三角带轮最小公称直径系列

三角带型号	Y	Z	A	B	C	D	E
最小公称直径 d（mm）	20	50	75	125	200	355	500

（2）三角带传动的传动比 i

$$i=\frac{n_1}{n_2}=\frac{d_2}{d_1} \tag{1-3}$$

式中　n_1——主动轮的转速（r/min）；
　　　n_2——从动轮的转速（r/min）；
　　　d_1——主动轮的公称直径（mm）；
　　　d_2——从动轮的公称直径（mm）。

（3）三角带传动的带速 v　带速 v 一般在 5～25m/s 范围内，不宜过大或过小，否则将影响传动能力。

（4）三角带轮的包角 α　包角指三角带与带轮接触弧面所对应的圆心角。包角反映带与带轮轮圆表面间接触弧的长短，当其他条件相同时，包角的大小决定三角带的承载能力。由于大轮的包角总比小轮的包角大，所以一般情况下，要求小带轮的包角 $\alpha_1 \geqslant 120°$。

（5）中心距 a　三角带的中心距过大，结构不紧凑，降低工作能力；中心距过小，降低带的使用寿命和传动能力。一般要求中心距 a 为 $0.7(d_1+d_2)$～$2(d_1+d_2)$。

4. 三角带传动使用与维护

①正确选择三角带型号、公称长度，保证三角带和轮槽工作面之间的充分接触，利于传动（图 1-8）。

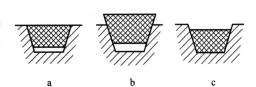

图 1-8　三角带在槽轮中的位置

a. 正确　b. 错误　c. 错误

②安装时,各带轮的轴线应相互平行,其偏移误差应小于20′(图1-9)。

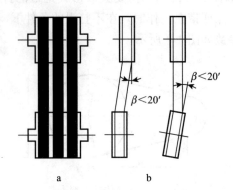

图1-9 三角带与带轮的安装
a. 理想位置 b. 允许位置

③安装三角带时,应先缩小中心距后将带套入,再调整中心距到合适程度,不可硬撬,以免损坏三角带,降低使用寿命。

④三角带张紧程度要适当,不宜过紧或过松。实践经验表明,在中等中心距的情况下,用大拇指能将带按下15mm左右,则张紧程度合适(图1-10)。

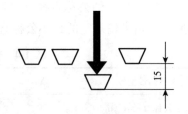

图1-10 三角带张紧程度(单位:mm)

⑤带传动一般应用于高速级,必须安装防护罩。

⑥对三角带传动应定期检查并及时调整。如有不宜继续使用的三角带,应及时更换。

5. 三角带传动的张紧装置　由于三角带是弹性体,在工作一段时间后会产生塑性变形而伸长,张紧力减小,导致传动能力降低,甚至无法传动,应重新张紧三角带,保持带的传动能力。

三角带的张紧装置有多种形式,如图1-11所示。

(1) 两轮中心距可调　图1-11a为移动式张紧装置,将装有带轮的电动机安装在滑轨上,定期调节张紧力时,松开固定螺母2,用调节螺钉3调整电动机在导轨上的位置,改变两轮的中心距,使带张紧,然后锁紧螺母固定电动机。这种张紧装置适用于水平或接近水平布置的带传动。图1-11b为摆动式张紧装置,将装有带轮的电动机安装在可以摆动的机座上,用调节螺母1使机座2绕小轴中心O摆动,改变两轮的中心距使带定期张紧,适用于垂直或接近垂直的带传动。图1-11c为浮动架张紧装置,将装有带轮的电动机安装在可自由转动的浮动架上,利用电动机和摆架的重量自动保持张紧力。

(2) 两轮中心距不可调　图1-11d为张紧轮张紧装置,通过螺旋机构使张紧轮下移,使带定期张紧。对于三角带,张紧轮一般应安装在松边内侧,使带只受单向弯曲,以减少弯曲应力;同时,张紧轮还应尽量靠近大带轮,以减少对包角的影响。

6. 三角带轮的结构与使用　三角带轮由轮缘、轮辐和轮毂3部分组成(图1-12)。轮缘是带轮的工作部分,制有梯形轮槽;轮毂是带轮与传动轴的连接部分;轮缘与轮毂通过轮辐连接成一个整体。三角带轮的轮辐分为实心结构、腹板结构、孔板结构、轮辐结构4种形式。

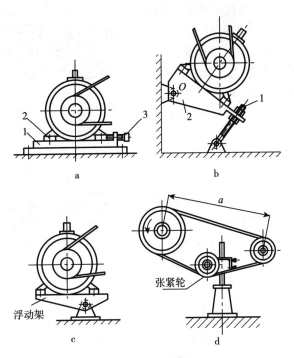

图 1-11 三角带传动张紧装置
a. 移动式张紧 b. 摆动式张紧 c. 浮动架张紧 d. 张紧轮张紧

普通三角带轮制造材料通常采用灰铸铁,牌号为HT-150(一般传动)和HT-200(重要传动);高速传动时宜采用铸钢材料或用钢板冲压后焊接而成;小功率时可用铸铝或塑料。

(三)链传动

链传动由主动链轮、从动链轮和链条组成(图1-13)。链传动是通过链轮轮齿与链节的不断啮合和脱离来传递运动和动力的,链传动是一种具有中间挠性件的啮合传动。

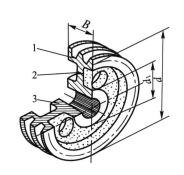

图 1-12 三角带轮的结构
1. 轮缘 2. 轮辐 3. 轮毂

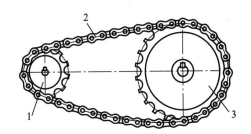

图 1-13 链传动简图
1. 主动链轮 2. 链条 3. 从动链轮

1. 链传动的类型与特点

(1) 链传动的类型 传动链按结构不同分为齿形链和滚子链。齿形链承受冲击性能好,允许链速高,传动平衡噪声小,多用于高速或运动精度较高的传动装置中;滚子链的结构简单,价格便宜,质量较轻,在茶业机械中应用广泛。

（2）链传动的特点 与带传动相比，链传动的特点是：没有弹性滑动和打滑现象，能保持准确的平均传动比，传动效率高，传动功率大，不需要很大的张紧力，能在低速、重载和温湿度变化大的恶劣环境中工作。但传动不够平稳，工作噪声大，不宜用于高速的场合。

2. 链的结构与型号 滚子链由外链板、内链板、销轴、套筒、滚子等组成（图1-14）。在低速轻载情况下，可以不用滚子，这种链条叫套筒链，如自动车链。链传动按排数分为单排、双排和三排滚子链。滚子链是标准件，分为A、B两种系列，常用的是A系列。A系列滚子链规格和参数如表1-5所示。

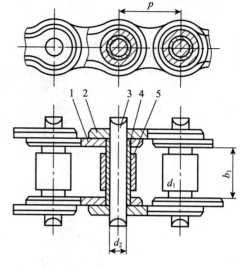

图1-14 滚子链结构图
1. 内链板 2. 外链板 3. 销轴 4. 套筒 5. 滚子

表1-5 A系列滚子链型号规格参数

型号	节距 p (mm)	排距 p_1 (mm)	滚子外径 d_1 (mm)	内链节内宽 b_1 (mm)	销轴直径 d_2 (mm)	极限载荷 (kN)	单排质量 (kg/m)
08A	12.70	14.38	7.95	7.85	3.96	13.8	0.60
10A	15.88	18.11	10.16	9.40	5.08	21.6	1.00
12A	19.05	22.78	11.91	12.57	5.95	31.1	1.50
16A	25.40	29.29	15.88	15.75	7.94	55.6	2.60
20A	31.75	35.76	19.05	18.90	9.54	86.7	3.80
24A	38.10	45.44	22.23	25.22	11.10	124.6	5.60
28A	44.45	48.87	25.40	25.22	12.70	169.0	7.50
32A	50.80	58.55	28.53	31.55	14.20	222.4	10.10
40A	63.50	71.55	39.68	37.85	19.74	347.0	16.10
48A	76.20	87.83	47.63	47.35	23.30	500.4	22.60

根据国家标准，滚子链的标记方法：链号—排数×链节数 标准号。例如，"16A—1×68 GB 1983"表示按GB 1243.1—1983标准制造的滚子链，节距为25.40mm，A系列，单排，68个链节。

3. 链传动的参数及选择

（1）链轮齿数和传动比 链轮齿数对链传动的平稳性和使用寿命影响很大，若小链轮齿数过小，会使运动不均匀性增大，链条进入和退出啮合时，链节间的相对转角增大，磨损加快。链传动的小链轮可按表1-6选择。

表 1-6 小链轮齿数

链速 v (m/s)	0.6～3	3～8	>8
齿数 z_1	≥15～17	≥19～21	≥23～25

链传动比 i 计算公式：

$$i = \frac{n_1}{n_2} = \frac{Z_2}{Z_1} \tag{1-4}$$

式中　n_1——主动轮的转速（r/min）；

　　　n_2——从动轮的转速（r/min）；

　　　z_1——主动链轮的齿数；

　　　z_2——从动链轮的齿数；

（2）链的节距与排数　链节距越大，承载能力越高，附加动载荷、冲击和噪声越大。因此，在满足传递功率的前提下，尽量选取较小的节距。当速度较高、载荷和传动比较大时，可选用小节距多排链；当速度较低、载荷较大时，宜采用大节距单排链。

（3）链的节数与中心距　由于链节距为标准值，可用链节数表示链条的长度，链节数最好取偶数，避免采用过渡链节。链传动中心距对链传动性能有较大影响，中心距太小，单位时间内链条绕过链轮的次数多，链条磨损和疲劳较大；中心距太大，链条的松边垂量大，容易产生上下抖动。

4. 链传动的合理布置　链传动布置应遵循以下原则：

①链传动中的两链轮的回转平面应布置于同一铅垂面内。

②两轮轴心连线尽可能水平布置（图 1-15a），如需倾斜布置，两轮轴心连线与水平线夹角 α 一般应小于 45°（图 1-15b）；尽量避免两轮轴心连线垂直布置，应将下链轮偏移一段距离 e，使链条能够自动张紧，以免下链轮啮合不良（图 1-15c）。

③正确设计链轮转向，应使链条紧边在上，松边在下，以免产生干涉或松边与紧边发生碰撞。

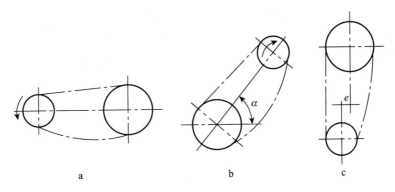

图 1-15　链传动的布置
a. 水平布置　b. 倾斜布置　c. 垂直布置

5. 链传动的张紧　链传动张紧的目的是避免链条松边垂度过大而产生啮合不良和链条

振动现象,同时也为了增加链条与链轮的啮合包角。当两轮轴心连线倾斜角大于 60°时,通常设置链张紧装置。

链传动常用的张紧方法有调节链传动中心距、减少链节数和设置张紧轮装置等。链传动的张紧装置又分为自动张紧和定期张紧。自动张紧多用弹簧(图 1-16a)、重锤(图 1-16b)等自动张紧装置,定期张紧可用螺旋机构调节装置(图 1-16c)。

张紧轮应放在靠近小链轮的松边,张紧轮的直径应与小链轮的直径相近,张紧轮可以是链轮,也可以是无齿的滚轮。

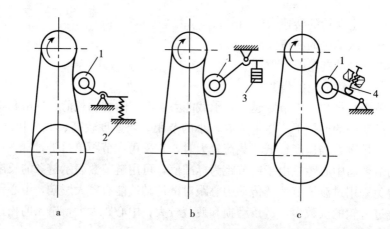

图 1-16 链传动的张紧装置
a. 弹簧张紧 b. 重锤张紧 c. 螺旋机构张紧
1. 张紧轮 2. 弹簧 3. 重锤 4. 螺旋机构

(四)齿轮传动

齿轮传动是现代机械中应用最广泛的一种机械传动形式。各种茶叶初加工机械、精加工机械和输送包装机械等的主要传动均采用齿轮传动。

1. 齿轮传动的特点　齿轮传动的工作原理是通过主动齿轮和从动齿轮相互啮合来传递运动和动力,因此,齿轮传动与其他传动相比有以下特点:①传递的功率和速度范围大,传动效率高($i=0.97\sim0.99$);②结构紧凑,使用寿命长;③能保证瞬时传动比,传递运动准确;④制造和安装精度要求高;⑤不宜做轴间距离过大的传动。

2. 齿轮传动的分类　根据齿轮两传动轴的相对位置和轮齿排列方向,齿轮传动的分类如图 1-17 所示。

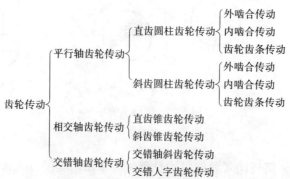

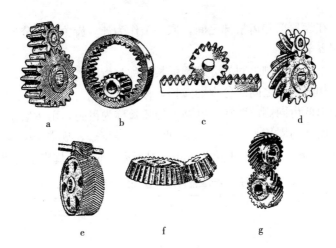

图 1-17 齿轮传动的类型
a. 直齿圆柱齿轮（外啮合） b. 直齿圆柱齿轮（内啮合） c. 直齿圆柱齿轮（齿轮齿条）
d. 斜齿圆柱齿轮（外啮合） e. 人字齿轮 f. 直齿锥齿轮 g. 交错轴斜齿轮

3. 齿轮传动的传动比 通常所说的齿轮是指渐开线齿轮，它的应用最广泛。在一对齿轮的传动中，取主动齿轮的齿数为 z_1、转速为 n_1，从动齿轮的齿数为 z_2、转速为 n_2，由于齿轮传动与链传动一样是啮合传动，所以主动齿轮与从动齿轮在相同时间内转过的齿数是一样的，即 $z_1 n_1 = z_2 n_2$，所以齿轮传动比 i 的计算公式如下：

$$i = \frac{n_1}{n_2} = \frac{z_2}{z_1} \tag{1-5}$$

式中 　n_1——主动齿轮的转速（r/min）；
　　　　n_2——从动齿轮的转速（r/min）；
　　　　z_1——主动齿轮的齿数；
　　　　z_2——从动齿轮的齿数。

4. 渐开线标准直齿圆柱齿轮各部分名称 渐开线标准直齿圆柱齿轮各部分名称如图 1-18 所示。

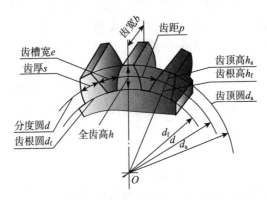

图 1-18 渐开线标准直齿圆柱齿轮各部分名称

（1）齿数　齿轮上形状相同、沿圆周方向均匀分布的轮齿的总数，称为齿数，用 z 表示。通常 $z \geq 17$。

(2) 分度圆　在齿顶部和齿根部之间,取一个作为计算齿轮各部分尺寸基准的圆,称为分度圆,其直径用 d 表示。

(3) 齿厚　一个轮齿两侧之间的分度圆弧长,称为齿厚,用 s 表示。

(4) 齿槽宽　相邻两齿之间的分度圆弧长,称为齿槽宽,用 e 表示。

(5) 齿距　相邻两齿同侧齿廓在分度圆上的弧长称为齿距,用 p 表示。

(6) 模数　分度圆的周长为 $\pi d = zp$,即 $d = z(p/\pi)$,规定 p/π 为模数,用 m 表示。即 $m = p/\pi$,故 $d = mz$。模数的单位为 mm,国家标准对模数规定了标准值(表1-7)。

表1-7　渐开线标准直齿圆柱齿轮的模数系列 (mm)

第一系列	0.1	0.12	0.15	0.2	0.25	0.3	0.4	0.5	0.6	0.8	1	1.25	1.5	2
	3	4	5	6	8	10	12	16	20	25	32	40	50	
第二系列	0.35	0.7	0.6	0.9	1.75	2.25	2.75	(3.25)	3.5	3.75	4.5	5.5		
	(6.5)	7	9	(11)	14	18	23	28	(30)	36	45			

注：优先采用第一系列,其次为第二系列,括号内的模数尽量不用。

齿数相同的两个齿轮,模数越大,轮齿越大,齿轮所能承受的载荷就越大;分度圆直径相同的两个齿轮,模数越小,轮齿越小,齿数越多。

(7) 齿形角　齿形角是决定渐开线齿形的基本参数,用 α 表示,它对轮齿的形状有一定的影响。我国规定渐开线圆柱齿轮分度圆上的齿形角 $\alpha = 20°$。

(8) 齿顶圆和齿根圆　由轮齿顶部所确定的圆称为齿顶圆,用 d_a 表示齿顶圆直径;由齿槽底部所确定的圆称为齿根圆,用 d_f 表示齿根圆直径。

(9) 齿顶高和齿根高　齿顶圆与分度圆之间的径向距离称为齿顶高,用 h_a 表示;齿根圆与分度圆之间的径向距离称为齿根高,用 h_f 表示。为避免一个齿轮的齿顶与相啮合的另一个齿轮的齿根相接触而留有一定的顶部间隙,规定 $h_a > h_f$。

(10) 全齿高　齿顶圆和齿根圆之间的径向距离称为全齿高,用 h 表示。

(11) 标准齿轮　在分度圆上,模数 m 和齿形角 α 均为标准值,且齿厚 s 与齿槽宽 e 相等的齿轮称为标准齿轮。

5. 锥齿轮传动　锥齿轮的轮齿分布在圆锥表面,轮齿有直齿和斜齿之分。锥齿轮传动用于传递两相交轴之间的运动和动力,两轴间的夹角可以是任意的。在揉捻机、烘干机等茶业机械中,锥齿轮传动应用较多,但常用的主要是直齿锥齿轮传动(图1-17f,两齿轮轴交角 $\Sigma = 90°$)。

直齿锥齿轮传动具有以下特点：①轮齿分布在圆锥表面,齿形从大端到小端逐渐变小,模数不同;②传动可看成是两个锥顶共点的圆锥体相互作纯滚动;③锥齿轮的设计、制造和安装较为困难;④制造精度较低,工作振动和噪声较大,适用于低速轻载传动;⑤两齿轮的大端端面模数相等,两齿轮的齿形角相等。

6. 齿轮齿条传动　齿轮齿条传动的主要作用是将齿轮的回转运动转变为齿条的往复直线运动或将齿条的往复直线运动转变为齿轮的回转运动(图1-17c)。

齿条的各部分尺寸计算可按外啮合直齿圆柱齿轮传动的计算公式。齿条的移动速度可用下式计算：

$$v = n_1 \pi d_1 = n_1 \pi m z_1 \tag{1-6}$$

式中 v——齿条的移动速度（mm/min）；

n_1——齿轮的转速（r/min）；

d_1——齿轮的分度圆直径（mm）；

m——齿轮的模数；

z_1——齿轮的齿数。

当齿轮每回转一圈时，齿条移动的距离 $L=\pi d_1=\pi m z_1$，单位为 mm。

（五）蜗杆传动

蜗杆传动是用来传递空间互相垂直而不相交的两轴间运动和动力的传动机构（图1-19）。

蜗杆传动由蜗杆和蜗轮组成。蜗杆的形状类似螺杆，一般为主动件；蜗轮是一个具有特殊形状的斜齿轮，一般为从动件。蜗杆传动在茶业机械中应用较多，如低转速（50r/min以下）的茶业机械，如揉捻机、摇青机、烘干机等常采用蜗杆减速传动。蜗杆类似于螺杆，有左旋和右旋之分，一般采用右旋。

1. 蜗杆传动的特点与类型

（1）蜗杆传动的特点 蜗杆传动与齿轮传动相比，主要有以下特点：①传动比大，单级传动比可达10～40；②结构紧凑，传动平稳，噪声小；③具有自锁功能，只能蜗杆带动蜗轮，而不能蜗轮带动蜗杆；④承载能力大，蜗杆与蜗轮同时啮合的齿数较多，故承载能力大；⑤传动效率低，磨损大，发热量高；⑥成本较高，蜗轮齿圈常用价贵的青铜制造。

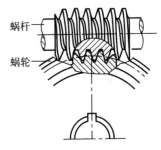

图1-19 蜗杆传动

（2）蜗杆传动类型 根据蜗杆形状的不同，蜗杆传动主要分为圆柱蜗杆传动（图1-20a）、环面蜗杆传动（图1-20b）、锥面蜗杆传动（图1-20c），其中，圆柱蜗杆传动应用最广泛。

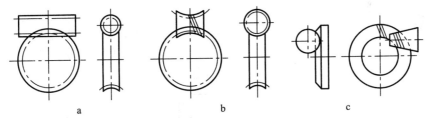

图1-20 蜗杆传动的类型

a. 圆柱蜗杆传动　b. 环面蜗杆传动　c. 锥面蜗杆传动

2. 蜗杆传动的正确啮合条件 ①蜗杆的轴向模数与蜗轮的端面模数相等；②蜗杆的轴向齿形角 $\alpha_1=\alpha_2=20°$；③蜗杆分度圆柱面导程角与蜗轮分度圆柱面螺旋角相等，且旋向相同。

3. 蜗杆传动的材料与结构

（1）材料的选择 蜗杆传动由于齿面相对滑动速度较大，传动效率较低，发热量大，因此，蜗杆不但要有一定的强度，而且应有良好的减磨、耐磨和抗胶合性。蜗杆常用碳钢和合金钢，要求齿面有较高的硬度和较低的表面粗糙度。高速重载的蜗杆常用20Cr或

20CrMnTi 等钢或采用 45 号钢。蜗轮的常用材料是铸造锡青铜和无锡青铜。

（2）蜗杆和蜗轮的结构 一般蜗杆螺旋部分的直径较小，所以常与轴做成一体，称为蜗杆轴（图 1-21）。

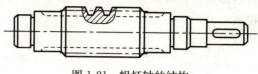

图 1-21 蜗杆轴的结构

蜗轮的结构分为整体式和组合式两种。铸铁蜗轮或直径小于 100mm 的青铜蜗轮常采用整体式结构（图 1-22）。对于尺寸较大的蜗轮，常采用青铜齿圈和铸铁芯的组合结构。图 1-23a 为铸铁轮芯上浇铸青铜齿圈，然后切齿，适用于成批制造的蜗轮；图 1-23b 为青铜齿圈与铸铁轮芯过盈配合连接，并加台肩与紧定螺钉固定，以增强连接的可靠性；图 1-23c 为螺栓连接，适用于大直径的蜗轮。

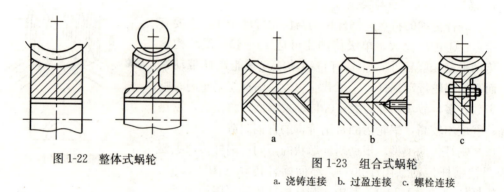

图 1-22 整体式蜗轮   图 1-23 组合式蜗轮
                       a. 浇铸连接   b. 过盈连接   c. 螺栓连接

4. 蜗杆传动的润滑与散热

（1）蜗杆传动的润滑 为了提高蜗杆传动的效率、承载能力及寿命，应充分重视蜗杆传动的润滑。为了减轻磨损及防止胶合破坏，润滑剂通常采用黏度较大的矿物油，并在润滑油中加放添加剂。但是，青铜蜗轮不能采用抗胶合能力强的活性润滑，以免腐蚀。

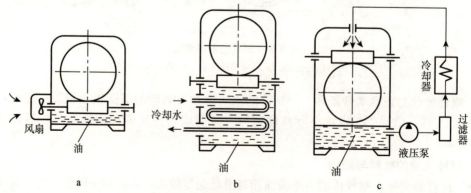

图 1-24 蜗杆传动的冷却方法
a. 风扇冷却   b. 冷却水管冷却   c. 压力喷油冷却

闭式蜗杆传动一般采用油箱润滑。采用油箱润滑时，蜗杆浸油深度为一个齿高。当滑动速度在4m/s以上时，应采用上置式蜗杆，蜗轮带油润滑，这时，蜗轮的浸油深度为1/3半径。开式蜗杆传动应采用黏度较高的润滑油和润滑脂。

（2）蜗杆传动的散热　由于蜗杆传动摩擦损耗大，工作时发热量大，闭式蜗杆传动若不及时散热，将会因油温不断升高而使润滑油稀释，从而更增大摩擦损耗，甚至发生"咬合"，因此，蜗杆箱的工作温度应限制在60～70℃。如果蜗杆箱的工作温度超过限制温度，可采取下列措施：① 在箱体外壁铸散热片，以增大散热面积；② 在蜗杆轴端加装风扇，以提高散热系数（图1-24a）；③ 在箱体油池中装蛇形冷却水管，进行循环冷却（图1-24b）；④ 采用压力喷油循环冷却（图1-24c）。

二、引导机构

变速机械的主要功用是传递运动和动力，改变运动的大小和方向；引导机构的主要功用则是转变运动的形式。任意拼凑起来的构件组合不一定能产生运动，即使能动，也不一定具有确定的相对运动。研究构件的组合在什么条件下才能成为机构，对于分析现有机构或创造新机构都是非常重要的。

（一）平面机构运动简图的绘制

在对现有机械进行分析或设计新机械时，由于实际构件的结构往往比较复杂，为了便于分析和研究，需要用简单的线条和符号绘制机构运动简图，表达机构中各构件之间的运动关系，并略去与运动无关的构件和运动副的外形结构。

两构件之间的相对运动均为平面运动，且各点运动平面相互平行的机构称为平面机构。下面重点介绍平面机构运动简图的绘制。

1. 运动副的类型　使两构件直接接触并能够产生一定相对运动的活动连接称为运动副。如汽油机活塞与连杆、活塞与汽缸体、揉捻机揉桶与三脚架之间的连接都是运动副。两构件组成的运动副，可通过点、线、面接触来实现。机构是由若干个构件通过运动副连接而组成，各构件之间具有确定的相对运动。

（1）低副　通过面接触形成的运动副称为低副。低副又包括转动副和移动副。两构件只能在一个平面内相对转动的运动副称为转动副（图1-25），也称为铰链；两构件只能沿着某一轴线相对移动的运动副称为移动副（图1-26）。

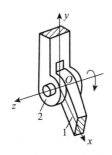

图1-25　转动副
1. 构件1　2. 构件2

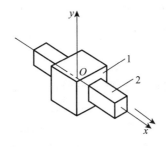

图1-26　移动副
1. 构件1　2. 构件2

（2）高副 通过点或线接触形成的运动副称为高副。车轮与钢轨（图1-27a）、凸轮与从动件（图1-27b）、主动齿轮与从动齿轮（图1-27c）的连接都是高副。

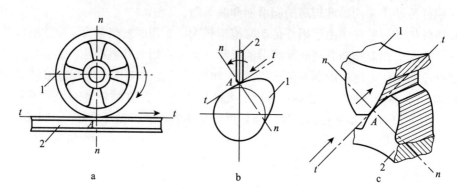

图1-27 高 副
a. 车轮与钢轨 b. 凸轮与从动件 c. 主动齿轮与从动齿轮
1. 构件1 2. 构件2

2. 运动副的符号 机构运动简图中的运动副可按如下表示：

（1）转动副 由构件1和构件2组成转动副的表示方法如图1-28a、b、c所示，用圆圈表示转动副，其圆心代表转动轴线。其中，图1-28a表示组成转动副的两构件都是活动件；图1-28b、c表示转动副中构件2为机架。

（2）移动副 两构件组成移动副的表示方法如图1-28d、e、f所示，移动副构件1为移动件，构件2为导轨，画有斜线的构件表示导轨为固定机架。

（3）高副 两构件组成高副时，在机构运动简图中应当画出构件1和构件2接触处的曲线轮廓（图1-28g）。

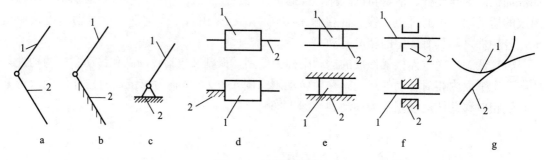

图1-28 运动副的符号
a、b、c. 转动副 d、e、f. 移动副 g. 高副

3. 构件的类型 任何一个机构中，必有一个构件为固定件，一个为主动件，其余都是从动件。

（1）固定件（机架） 固定件是用以支承活动构件的不动构件，在机构运动简图中画有斜线的构件表示固定件。研究机构中活动构件的运动时，常以固定件作为参考系。因此在任何一个机构中，一定有一个构件被相对地看作是固定件。例如汽缸体虽然随汽车运动，但在研究内燃机的运动时，仍将汽缸体看作是固定件。

（2）主动件 主动件是运动规律已知的活动构件。它的运动是由外界输入的，故又称为输入构件。在活动构件中必须有一个或几个主动件，其余的都是从动件。

（3）从动件 从动件是机构中随着主动件的运动而运动的其余活动构件。其中输出运动的从动件称为输出构件，其他从动件则起传递运动的作用。如内燃机曲柄连杆机构的功用是将直线运动转变为定轴转动，因此，曲轴是输出构件，连杆是用于传递运动的从动件，连杆和曲轴都是从动件。

4. 构件的符号 机构运动简图中构件图的表示方法如图 1-29 所示。图 1-29a 表示参与组成 2 个转动副的构件；图 1-29b 表示参与组成 1 个转动副和 1 个移动副的构件；图 1-29c 表示参与组成 3 个转动副的构件；图 1-29d 表示 3 个转动副中心在一条直线上的构件。

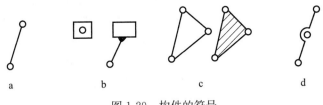

图 1-29 构件的符号

对于机械中常用的构件和零件，还可采用惯用画法，例如用细实线（或点画线）画出一对节圆来表示互相啮合的齿轮，用完整的轮廓曲线来表示凸轮。其他常用零部件的表示方法可参看国家标准 GB/T 4460—2013《机械制图 机构运动简图用图形符号》。

5. 绘制机构运动简图的基本步骤

①确定机架和活动构件数，从主动件开始，按运动的传递顺序标上序号。

②分析组成运动副两构件间的相对运动性质，确定该运动副的中心位置、移动副导路的方位和高副廓线的形状等。

③具有两个以上转动副的构件，其转动副中心的连线即代表该构件。

④选择视图平面。一般选择机械中多数构件的运动平面为视图平面。

⑤以主动件的某一位置为作图位置，选择适当的比例尺，确定各运动副之间的相对位置，并用各种运动副的代表符号和常用机构运动简图符号，将机构运动简图绘制出来。

（二）螺旋机构

1. 螺旋机构及功用 螺旋机构是利用螺杆和螺母组成的螺旋副而组成机构（图 1-30）。

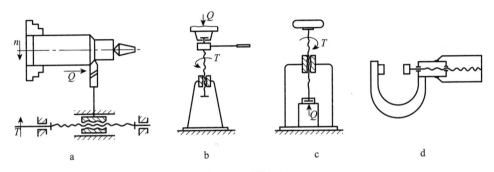

图 1-30 螺旋机构
a. 车削进刀螺旋机构 b、c. 千斤顶螺旋机构 d. 千分尺螺旋机构

螺旋机构的功用：①将主动件的旋转运动变为从动件的直线运动，同时传递运动和动力。②降低运动速度，得到较大的作用力。螺旋式千斤顶就是利用这一功能。

2. 螺旋机构的特点

①结构简单，容易制造，成本低。
②工作连续，传动平稳，无噪声。
③承载能力大，传动精度高。
④只能将一构件的旋转运动转变为另一构件的直线运动，具有自锁性，不能逆向运动。
⑤磨损较大，传动效率较低。

3. 螺旋机构的形式

①螺杆为主动件，作旋转运动；螺母为从动件，沿着机架上的导轨作直线运动。该传动形式适用于行程较大的场合，如单臂式揉捻机的加压装置、车床车削进刀装置（图1-30a）等。

②螺杆为主动件，作旋转和直线运动；螺母固定。该传动形式适用于行程较小的场合，结构简单紧凑，但精度较差，如螺旋压力机、千斤顶（图1-30b、c）等。

③螺母为主动件，作旋转和直线运动；螺杆固定。该传动形式适用于行程较小的场合，结构简单紧凑，但精度较差，如千斤顶（图1-30c）等。

④螺母为主动件，作旋转运动；螺杆为从动件，沿着机架上的导轨作直线运动固定。该传动形式适用于仪器调节机构，如双柱式揉捻机加压装置、千分尺（图1-30d）等。

（三）平面连杆机构

为了清楚地理解平面连杆机构的结构、原理及其应用，列举下面3个例子（图1-31至1-33）。

图1-31所示为液体搅拌器的搅拌机构，利用曲柄摇杆机构中连杆上E点的轨迹实现对液体的搅拌。

图1-32所示为内燃机的曲柄连杆机构，为获取较大的输出功率，要求活塞位移与曲轴转角之间满足给定的函数关系，实现已知运动规律。

图1-33所示为自动装配线的传送机构，要求机构运动时，构件3（摇杆）能将工件W从进输送带L处传送到出输送带H处，同时使工件W翻转。

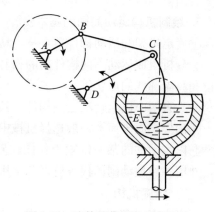

图1-31 液体搅拌器的搅拌机构

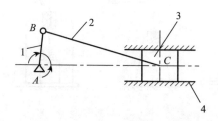

图1-32 内燃机的曲柄连杆机构
1. 曲柄（AB） 2. 连杆（BC） 3. 滑块（C） 4. 机架

以上机构的共同特点是，主动件（AB）的运动都要经过连杆中间构件（BC）传递到从动构件上，即通过连杆的连接，使各构件形成一个连动装置，通常将这种机构称为连杆机构，由于连杆机构各构件之间的相对运动为平面运动，因此也称为平面连杆机构。

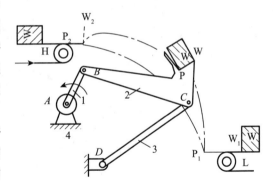

图1-33 自动装配线的传送机构
1. 曲柄 2. 连杆 3. 摇杆 4. 机架
W. 工件 L. 进输送带 H. 出输送带

1. 平面连杆机构的定义 由若干个构件用低副（转动副和移动副）相互连接组成的机构称为平面连杆机构，它是应用最广泛的一种机构。

2. 四杆机构的组成 四杆机构是平面连杆机构最简单的形式。该机构仅由主动件、连杆、从动件和机架4个杆件组成（图1-34）。图中，1、2、3、4为4个构件（也称杆件），4个构件的名称分别为曲柄、连杆、摇杆、机架；A、B、C、D为4个转动副（也称铰链）。曲柄与机架在 A 点相铰接，曲柄可绕 A 点作360°整周转动；摇杆与机架在 D 点相铰接，摇杆可绕 D 点作一定角度的往复摆动（不能作360°整周转动）；曲柄与摇杆通过铰链与连杆连接，连杆不与机架直接相连。

构件1（曲柄）的运动为圆周运动，构件1上各点的运动轨迹均为圆；构件3（摇杆）的运动为圆弧摆动，构件3上各点的运动轨迹均为圆弧；而构件2（连杆）的运动为复杂的平面运动，运动轨迹是多种多样的，利用连杆平面运动的多样性，可以设计出不同功能和动作的运动机构。

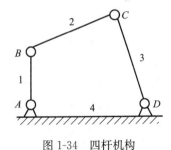

图1-34 四杆机构
1. 曲柄 2. 连杆 3. 摇杆 4. 机架

3. 四杆机构的运动特点

①可以实现多种运动形式的转换，也能实现比较复杂的运动轨迹。

②采用低副连接，能传递较大的载荷。

③容易实施润滑，不易磨损，可提高寿命。

④接触面为平面和圆柱面，容易制造并能获得较高的制造精度，成本低。

⑤缺点是连接处有一定的间隙，高速运动时容易产生冲击、振动和噪声；构件数增多时，设计较困难。近年来，随着电子计算机应用的普及，设计方法的不断改进，平面连杆机构的应用范围还在进一步扩大。

4. 曲柄摇杆机构及其运动特性 在四杆机构中，若与机架相连的杆件一个为曲柄，另一个为摇杆，则称为曲柄摇杆机构。曲柄摇杆机构是四杆机构的基本类型。图1-31所示的液体搅拌器的搅拌机构和图1-33所示的自动装配线的传送机构采用的均为曲柄摇杆机构。

曲柄摇杆机构的主要运动特性有急回特性和死点位置。

（1）急回特性 在图1-35所示的曲柄摇杆机构中，当曲柄 AB 以角速度 ω 作等速转动时，摇杆 CD 作变速往复摆动。曲柄 AB 在转动一周的过程中两次与连杆 BC 共线（曲柄处于 AB_1 和 AB_2 时），对应的摇杆 CD 的位置分别为 C_1D 和 C_2D，即左、右极限位置。

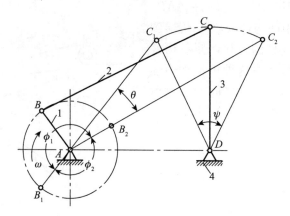

图1-35 曲柄摇杆机构的急回特性
1. 曲柄（AB） 2. 连杆（BC） 3. 摇杆（CD） 4. 机架
ω. 曲柄的角速度 ϕ. 曲柄转角 ψ. 摇杆摆角 θ. 夹角$\angle C_1AC_2$

当曲柄由位置AB_1顺时针转动到位置AB_2时，曲柄转过的角度$\phi_1=180°+\theta$，所用时间为t_1，同时，摇杆从左极限位置C_1D摆动到右极限位置C_2D（通常称为工作行程），摆角为ψ，C点的平均速度为$v_1=\overarc{C_1C_2}/t_1$；当曲柄由位置AB_2顺时针继续转动到位置AB_1时，曲柄转过的角度$\phi_2=180°-\theta$，所用时间为t_2，同时，摇杆从右极限位置C_2D摆回到左极限位置C_1D（通常称为返回行程），摆角仍为ψ，C点的平均速度为$v_2=\overarc{C_1C_2}/t_2$。

显然，由于$\phi_1>\phi_2$，所以$t_1>t_2$，即$v_1>v_2$。由此说明，曲柄1虽作等速转动，但摇杆3空回行程的平均速率却大于工作行程的平均速率，称这种特性为急回特性。在生产实践中，为了缩短非工作时间，提高劳动生产率，许多机械要求有急回特性。

（2）死点位置 在图1-35所示的曲柄摇杆机构中，如取摇杆3为主动件，曲柄1为从动件，则当摇杆摆动至极限位置C_1D和C_2D时，连杆2与曲柄1共线，摇杆作用力对A点的力矩为0，不能使曲柄转动。曲柄摇杆机构的这种位置称为死点位置。

当曲柄摇杆机构处在死点位置时，从动件会出现卡死或运动不确定现象。如缝纫机的踏板机构（图1-36），当主动摇杆1（踏板）作往复摆动时，通过连杆2使从动件曲柄3和与其固联的带轮一起作整周转动，通过带传动使机头主轴转动。在使用缝纫机时，有时会出现踏不动或带轮反转的现象，这是因为机构正处于死点位置而引起的。为了消除死点位置带来的不良影响，可以利用大带轮的惯性作用或对曲柄施加外力（拨动带轮），使机构顺利通过死点位置。

死点位置对于传动一般是有害的。但在工程上有时也利用死点位置的性质来实现某些工作要求，如飞机起落架机构、工件夹紧机构等。

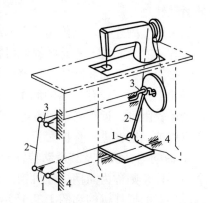

图1-36 缝纫机踏板机构
1. 踏板（摇杆） 2. 连杆
3. 曲柄（带轮） 4. 机架

图1-37所示为工件夹紧机构。抬起手柄使夹头抬起，将工件放入工作台；然后用力按下手柄，夹头向下夹紧工件，这时BC和CD共线，机

构处于死点位置，即使撤去手柄力 F，无论工件对夹头的作用力有多大，都不能使 CD 绕 D 点转动，因此工件仍处在被夹紧状态中。

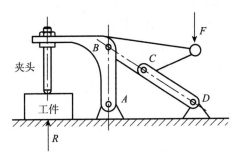

图 1-37 工件夹紧机构

5. 曲柄摇杆机构的演化类型 曲柄摇杆机构一般可通过变更构件长度、变更机架、扩大转动副等途径演化出其他类型的连杆机构。

（1）双曲柄机构 如图 1-38 所示，如果将曲柄摇杆机构的曲柄作为机架，则构件 2 和构件 4 便成为可作圆周转动的曲柄，曲柄摇杆机构演化成为双曲柄机构。在双曲柄机构中，当主动曲柄 1 作等速转动时，从动曲柄 3 作变速转动。

【例1】茶叶惯性筛分机（图 1-39），筛子的运动由双曲柄机构和曲柄滑块机构引导，主动曲柄 1 的匀速转动被转换为从动曲柄 3 的变速转动，再由从动曲柄 3 的变速转动，带动筛子 6 作往复惯性运动，从而使筛子上轻重不同的物料分离，达到筛分的目的。

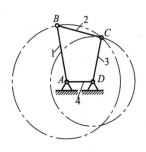

图 1-38 双曲柄机构
1. 主动曲柄 2. 连杆
3. 从动曲柄 4. 机架

【例2】平行双曲柄机构（图 1-40），双曲柄机构的两曲柄长度相等，连杆与机架长度相等，相互平行。

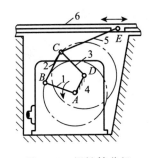

图 1-39 惯性筛分机
1. 主动曲柄 2. 连杆 3. 从动曲柄
4. 机架 5. 连杆 6. 惯性筛

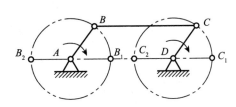

图 1-40 平行双曲柄机构

平行双曲柄机构的运动特点：①两曲柄以相同的角速度作同向转动；②连杆作平面运动（也称平动运动），连杆上任意一点的运动轨迹皆为以曲柄为半径的圆周；③运动方向不确定的现象：当两曲柄、连杆、机架三者共线时，从动曲柄可能出现转动方向不确定的现象。

机械设计中充分利用了平行双曲柄机构的运动特点：①利用平行双曲柄机构的等速、同向转动特性，手拉式烘干机的百叶板翻转机构，使同一层的百叶板作同向转动，使上一层茶叶落到下一层；②利用双曲柄机构连杆的平面运动特性，揉捻机的揉桶内的茶叶可各自作直径相同的圆周运动，搓揉成条；平面圆筛机的圆筛上的茶叶各自作直径相同的圆周运动，滑动过筛；升降机的升降台物品在升降过程中作平面运动，方向不变；③为保证曲柄与连杆、机架共线时从动曲柄转向不变，在机构中安装惯性大的飞轮，借助它的转动惯性，使从动曲柄按原转向继续转动，或采用多组相同机构错开相位排列的方法，以保持从动曲柄的转向不变。

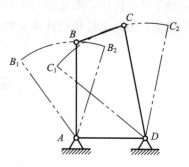

图 1-41 双摇杆机构

(2) 双摇杆机构 如图 1-41 所示，将曲柄摇杆机构中的连杆作为机架，机架作为连杆，则与机架相连的两构件只能作往复摆动，曲柄摇杆机构就演化成为双摇杆机构。在双摇杆机构中，当两摇杆长度相等，则称为等腰梯形机构，该机构的特点是两摇杆的摆角不相等。

车辆操纵前轮的转向机构（图 1-42）采用了等腰梯形机构的特点，将两前轮与转向机构的摇杆固联，使车辆在任意位置时的两前轮轴线交点 O 落在后轮轴线的延长线上。当车辆转向时，由于两摇杆摆动的角度 β 和 δ 不相等，满足了左轮转角大于右轮转角的要求，能保证车辆转向时绕 O 点作转动，4 个车轮都在地面上作纯滚动，从而避免轮胎因滑动引起的磨损。

茶叶抖筛机的双摇杆机构（图 1-43），两根摇杆的一端固定于地面，另一端连接在筛床上，它既能使筛床来回摆动，又能支撑筛

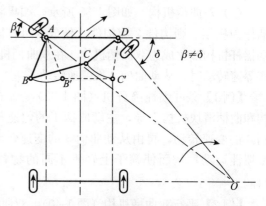

图 1-42 车辆操纵前轮的转向机构

床。工作时，筛子作上抛运动，茶叶离开筛面跳起，使细茶穿过筛面，起到筛分茶叶粗细的作用。

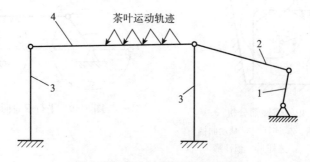

图 1-43 茶叶抖筛机双摇杆机构
1. 曲柄 2. 连杆 3. 摇杆 4. 筛床（连杆）

（3）曲柄滑块机构　如图1-44所示，假设曲柄摇杆机构的摇杆为无限长，则摇杆铰接点 C 的运动轨迹为一直线，C 点作往复直线运动，则曲柄摇杆机构便演化成为曲柄滑块机构。在曲柄滑块机构中，曲柄 AB 作圆周转动，滑块 C 在滑道内作往复直线运动。

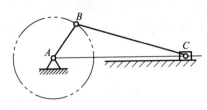

图1-44　曲柄滑块机构

采茶机、修剪机的切割器以及振动理条机等茶业机械都利用了曲柄滑块机构的工作原理（图1-45）。采茶机、修剪机的刀片切割行程、振动槽往复行程皆为曲柄直径，即 $s=2r$。

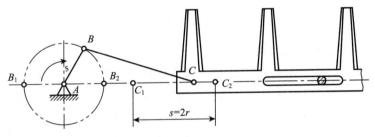

图1-45　采茶切割器的曲柄滑块机构

（4）偏心轮机构　在曲柄连杆机构中，为了加强曲柄的结构强度，往往将曲柄制成偏心轮（旋转中心与几何中心不相重合，偏心距等于曲柄长度），则曲柄连杆机构演化成为偏心轮机构（图1-46）。偏心轮机构在茶业机械中应用较多，如茶叶槽式多功能机、振动式理条机、阶梯式拣梗机、抖筛机、振动式输送机等。

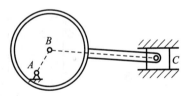

图1-46　偏心轮机构

（四）凸轮机构

凸轮机构是机械中的一种常用机构，应用相当广泛。它主要由凸轮、从动件和机架3个基本构件组成（图1-47）。

凸轮机构的优点是能使从动件获得各种较复杂的、有规律的运动，并且从动件的动作准确、可靠；缺点是凸轮轮廓与从动件之间为点接触或线接触，易于磨损。所以，通常多用于传力不大的控制机构。

凸轮机构的种类繁多，一般按凸轮形状和从动件端部结构形式分类。

1. 按凸轮的形状分类

（1）盘形凸轮　盘形凸轮是凸轮机构的最基本形式

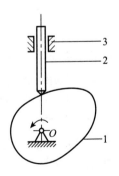

图1-47　凸轮机构
1. 凸轮　2. 从动件　3. 机架

（图1-48a）。一般用于从动件行程或摆动较小的场合，如内燃机进排气门机构。

（2）移动凸轮　移动凸轮是盘形凸轮机构的演化形式（图1-48b）。一般用于靠模仿形机械中，如靠模车削手柄机构、配钥匙仿形机构等。

（3）圆柱凸轮　将移动凸轮卷成圆柱体，轮廓曲线位于圆柱面上，即成为圆柱凸轮（图1-48c）。一般用于从动件行程较大的场合，如自动车床刀架进给机构。

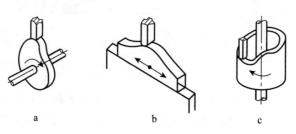

图1-48　凸轮的形状
a. 盘形凸轮　b. 移动凸轮　c. 圆柱凸轮

2. 按从动件端部结构形式分类

（1）尖顶从动件　如图1-49a、d所示，尖顶从动件能实现任意预期的运动规律。但尖顶易磨损，仅适用于传力小、速度低、传动灵敏的凸轮机构，如仪表记录仪。

（2）滚子从动件　如图1-49b、e所示，从动件的一端是滚子，从动件与凸轮之间为滚动摩擦，摩擦阻力小，磨损小，但结构较复杂，适用于速度不高、载荷较大的场合，如各种自动化生产机械。

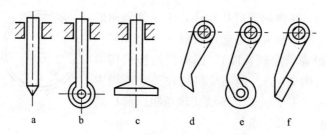

图1-49　从动件端部结构形式
a、d. 尖顶　b、e. 滚子　c、f. 平底

（3）平底从动件　如图1-49c、f所示，从动件的一端为平面，扩大了接触面。凸轮对从动件的作用力始终垂直于端平面，传动效率高，且接触面间容易形成油膜，有利于润滑，减少磨损，传动效率高，故多用于高速凸轮机构。

（五）棘轮机构

1. 棘轮机构的工作原理　棘轮机构是一种间歇运动机构。常用的棘轮机构由棘轮、棘爪和机架组成，如图1-50所示。棘轮通常带有单向棘齿，用键固联在从动轴上，棘爪铰接于摇杆上，摇杆空套在从动轴上，可自由摆动。当摇杆逆时针方向摆动时，驱动棘爪从棘轮齿背上滑过，止退棘爪插入棘轮的齿槽内，阻止棘轮逆时针方向转动，从而棘轮静止不动；当摇杆顺时针方向摆动时，驱动棘爪便插入棘轮的齿槽内，推动棘轮转过一定的角度，此时止退棘爪从棘轮齿背上滑过。装在驱动棘爪和止退棘爪上的扭簧的作用主要是使棘爪紧贴在棘轮轮齿上。

2. 棘轮机构的类型、特点　按棘轮机构的结构特点，可将其分为齿式和摩擦式两类。

（1）齿式棘轮机构　齿式棘轮机构常用的棘齿形状有锯形、矩形和梯形。单向驱动的棘轮机构常用锯形齿（图1-50），双向驱动的棘轮机构用矩形或梯形齿（图1-51）。齿式棘轮机构的棘轮转角为相邻两齿所夹中心角的倍数，故棘轮转角是有级可调的。

（2）摩擦式棘轮机构　如果要实现棘轮转角的无级调节，可采用无棘齿的摩擦式棘轮机构。这种机构是通过棘爪与棘轮之间的摩擦力传递动力的。

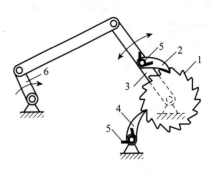

图1-50　单向驱动的棘轮机构
1. 棘轮　2. 驱动棘爪　3. 摇杆
4. 止退棘爪　5. 扭簧　6. 曲柄

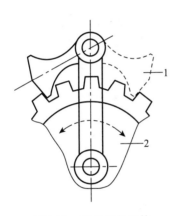

图1-51　双向棘轮机构
1. 主动性　2. 从动件

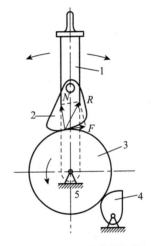

图1-52　摩擦式棘轮机构
1. 从动件　2. 棘爪　3. 棘轮　4. 凸轮

3. 棘轮机构的应用场合　在工程实际中，棘轮机构常用于以下场合。

（1）生产线送给装置　图1-53所示为自动生产线棘轮的送给装置。当接通气源后，气

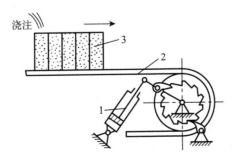

图1-53　棘轮送给装置
1. 活塞杆　2. 输送带　3. 装料装置

缸内活塞杆带动棘轮转过一定角度，将输送带移动一段距离。随后，活塞杆退回，棘轮停止转动，生产线进行工艺动作（如装料）。棘轮机构有规则地时停时动，满足了生产线工艺动作和送给的运动要求。

（2）制动装置　图1-54所示为起重、牵引等机械的制动装置，利用棘轮反转制动原理，防止机构逆转。

（3）超越装置　图1-55所示为安装在自行车小链轮内圈的棘轮超越装置。当脚蹬踏板时，大链轮和链条带动小链轮顺时针转动，通过棘爪的作用，使后轮轴作顺时针转动，驱使自行车前进；当自动车靠惯性前行而踏板不动时，大小链轮停止转动，棘爪从小链轮内圈的齿背上滑过，后轮轴仍在顺时针转动，使后轮轴超越运动，不蹬踏板自行车后轮也能向前滑行。

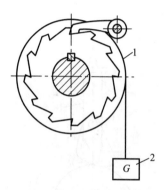

图1-54　棘轮制动装置
1. 制动轮　2. 重块

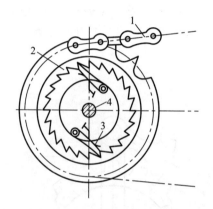

图1-55　棘轮超越装置
1. 链条　2. 小链轮　3. 棘爪　4. 后轮轴

第三节　连接零件

机器由各个零件装配而成，零件与零件之间以各种不同的形式连接。连接分为可拆连接和不可拆连接两大类。在机械连接中，属于可拆连接的有螺纹连接、键连接和销连接等，属于不可拆连接的有焊接、铆接和胶接等。

一、键连接

键连接是用于连接轴与轴上零件（齿轮、链轮及凸轮等），使它们结合在一起，实现轴向固定，并传递转矩的一种连接。键连接具有结构简单、工作可靠、装拆方便等特点。常用的键连接可分为平键连接、半圆键连接、楔键连接、切向键连接和花键连接等。

（一）平键连接

平键是矩形截面的连接件，置于轴和轴上零件的键槽内，键的两侧面为工作面，用以传递转矩。平键分为普通平键和导向平键两种。

1. 普通平键连接　普通平键连接对中性好，装拆方便，适用于高速、高精度和承受变载、冲击的场合，但不能实现轴上零件的轴向定位（图1-56）。

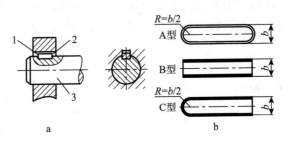

图 1-56 普通平键连接及形式
a. 普通平键连接 b. 普通平键形式
1. 平键 2. 键槽 3. 轴

根据平键的头部形状不同,普通平键有圆头(A型)、方头(B型)和单圆头(C型)3种形式(图1-56b)。其中圆头普通平键(A型)在键槽中能获得较好的固定,不会发生轴向移动,应用最广;单圆头普通平键(C型)多用在轴的端部。

2. 导向平键连接　轴上安装的零件需要沿轴向移动时,可将普通平键加长,采用导向平键连接(图1-57a)。由于导向平键较长,且与键槽配合较松,因此要用螺钉将其固定于轴槽内。

导向平键有圆头(A型)和方头(B型)两种形式,如图1-57b所示。

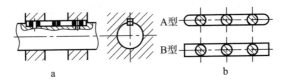

图 1-57 导向平键连接及形式
a. 导向平键连接 b. 导向平键形式

(二)半圆键连接

半圆键连接也是用侧面实现轴向固定和传递转矩(图1-58)。其特点是制造容易,装拆方便,键在轴槽中能沿槽底圆弧摆动,以适应轮毂上键槽的斜度。半圆键连接一般用于轻载或辅助性连接,特别适用于锥形轴与轮毂的连接。

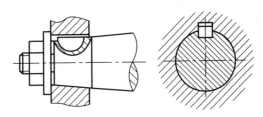

图 1-58 半圆键连接

(三)楔键连接

楔键分普通楔键和钩头楔键两种(图1-59)。楔键的上、下表面为工作面,上表面相对下表面有1∶100的斜度,轮毂槽底面相应也有1∶100的斜度。装配时,将楔键打入轴与轴上零件之间的键槽内,使轴上零件轴向固定,从而实现传递转矩。楔键连接的对中性差,容易松脱,常用于精度要求不高、转速较低、承受单向轴向载荷的场合。

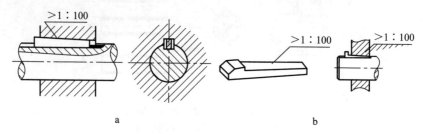

图 1-59　楔键连接

a. 普通楔键连接　b. 钩头楔键连接

(四) 花键连接

花键由带键齿的轴(外花键)和轮毂(内花键)组成,用以传递转矩或运动。根据键齿的形状不同,常用的花键分为矩形花键和渐开线花键两类(图 1-60)。键齿两侧面齿形相互平行的花键称为矩形花键,键齿两侧面齿形为渐开线的花键称为渐开线花键。

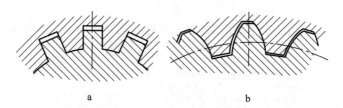

图 1-60　花键连接

a. 矩形花键　b. 渐开线花键

花键连接与其他单键连接相比,具有承载能力强、定心性和导向性好等优点,但制造较困难。适用于载荷大、定心精度要求较高的滑动或固定连接。

二、销连接

1. 销的基本形式　销主要有圆柱销和圆锥销两种(图 1-61),生产上常用的有圆柱销、圆锥销和内螺纹圆锥销 3 种。

2. 销连接的应用及特点　销连接可用来确定零件之间的相互位置,传递动力或转矩,还可用作安全装置中的过载被切断零件。

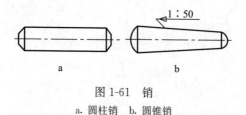

图 1-61　销

a. 圆柱销　b. 圆锥销

用作确定零件之间相互位置的销,通常称为定位销。定位销常采用圆锥销,因为它具有可靠的自锁性(图1-62a)。定位销在连接中一般不承受或只承受很小的载荷。为方便装拆销连接,或对盲孔进行销连接,可采用内螺纹圆锥销(图1-62b)或内螺纹圆柱销。

用来传递动力或转矩的销称为连接销或传力销,可采用圆柱销或圆锥销。

当传递的动力或转矩过载时,用于连接的销首先被切断,从而保护被连接零件免受损坏,这种销称为安全销(图1-63)。

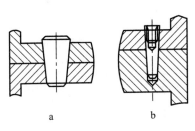

图1-62 定位销
a. 圆锥定位销 b. 内螺纹圆锥定位销

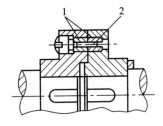

图1-63 安全销
1. 销套 2. 安全销

三、螺纹连接

(一)螺纹的形成及主要参数

1. 螺纹的形成 如图1-64所示,把底角为 ϕ 的挠性直角三角形缠绕在直径为 d_2 的圆柱体上,使三角形的底边与圆柱的底边重合,则斜边在圆柱面上便形成一条螺旋线。将截面为三角形的棱带 K 沿螺旋线方向盘绕在圆柱面上并使之成为一体,则形成了三角形螺纹。同样改变棱带 K 的图形,就可得到矩形、梯形、锯齿形和管螺纹。

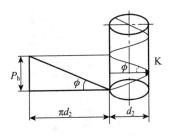

图1-64 螺纹的形成

2. 螺纹的主要参数 以普通螺纹为例说明螺纹的主要参数(图1-65)。

(1)大径 大径指与外螺纹牙顶或内螺纹牙底相切的假想圆柱的直径。内螺纹大径用 D 表示,外螺纹大径用 d 表示。普通螺纹的公称直径指螺纹大径。

(2)小径 小径指与外螺纹牙底或内螺纹牙顶相切的假想圆柱的直径。内螺纹小径用 D_1 表示,外螺纹小径用 d_1 表示。

(3)中径 中径指在轴向剖面内牙厚与牙间宽相等处的假想圆柱面的直径,$d_2 \approx (d+d_1)/2$。内螺纹中径用 D_2 表示,外螺纹中径用 d_2 表示。

(4)螺距 螺距指相邻两牙在中径圆柱面的母线上对应两点间的轴向距离,用 P 表示。

(5)导程 导程指同一螺旋线上相邻两牙在中径圆柱面

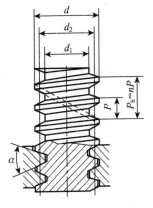

图1-65 螺纹的主要参数

的母线上对应两点间的轴向距离，用 P_h 表示。单线螺纹 $P_h = P$，多线螺纹 $P_h = nP$（n 为螺旋线数目，通常 $n \leqslant 4$）。

(6) 牙型角　牙型角指在螺纹轴向平面内，螺纹牙型两侧边的夹角，用 α 表示。

(7) 螺纹升角　螺纹升角又称导程角，指中径圆柱面上，螺旋线的切线与垂直于螺纹轴线的平面的夹角，用 ϕ 表示（图 1-64）。

（二）螺纹的种类

螺纹的种类较多，在圆柱或圆锥外表面上形成的螺纹称外螺纹（图 1-66a），在圆柱或圆锥内表面上形成的螺纹称内螺纹（图 1-66b）。

1. 按螺旋线的旋向不同分类　螺纹可分为左旋螺纹和右旋螺纹（图 1-67）。顺时针旋转时旋入的螺纹为右旋螺纹，逆时针旋转时旋入的螺纹为左旋螺纹。一般常用的为右旋螺纹。

2. 按螺旋线的数目不同分类　螺纹可分为单线螺纹和多线螺纹（图 1-68）。沿一条螺旋线所形成的螺纹为单线螺纹；沿两条或两条以上的螺旋线所形成的螺纹为多线螺纹，多线螺纹线在轴向等距分布。

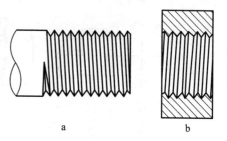

图 1-66　外螺纹和内螺纹
a. 外螺纹　b. 内螺纹

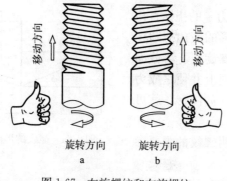

图 1-67　左旋螺纹和右旋螺纹
a. 左旋螺纹　b. 右旋螺纹

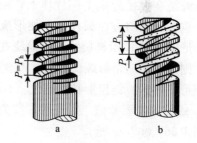

图 1-68　单线螺纹和多线螺纹
a. 单线螺纹　b. 多线螺纹

3. 按螺纹牙型不同分类　螺纹可分为三角形螺纹、矩形螺纹、梯形螺纹和锯齿形螺纹（图 1-69）。三角形螺纹主要用于连接，矩形螺纹、梯形螺纹、齿形螺纹主要用于传动。

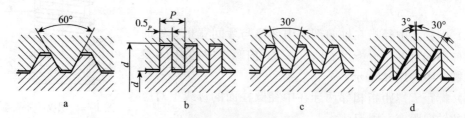

图 1-69　螺纹的牙型
a. 三角形螺纹　b. 矩形螺纹　c. 梯形螺纹　d. 齿形螺纹

（三）螺纹连接的类型及应用

螺纹连接的类型常见的有螺栓连接、双头螺柱连接、螺钉连接、紧定螺钉连接四大类。

1. 螺栓连接　螺栓连接是指螺栓通过被连接件上的通孔，并用螺母锁紧的连接（图1-70）。它只适用于被连接件上为通孔且便于从连接两边装拆的场合。

2. 双头螺柱连接　双头螺桩连接是指螺杆两端均有螺纹，一端旋入被连接件，另一端穿过另一被连接件的孔，并用螺母锁紧（图1-71）。适用于经常拆卸、不便加工通孔且被连接件之一较厚的场合。

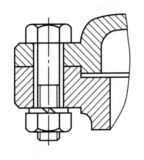 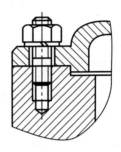

图1-70　螺栓连接　　　　图1-71　双头螺柱连接

3. 螺钉连接　螺杆一端有钉头，螺钉直接拧入被连接件的螺纹孔中，不需用螺母锁紧（图1-72）。多用于受力不大，被连接件之一较厚且不需经常装拆的场合。

4. 紧定螺钉连接　将螺钉直接拧入零件的通孔中，以螺钉末端顶住另一零件的表面或凹孔以固定零件的相对位置。多用于轴和轴上零件的连接。

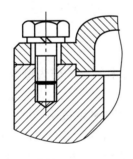 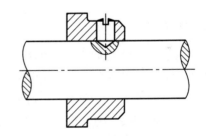

图1-72　螺钉连接　　　　图1-73　紧定螺钉连接

（四）螺纹连接的防松

普通螺纹连接时，一般都具有自锁性。但在长时间的冲击、振动、变载及温度变化较大的条件下，螺纹连接会产生松动。螺纹连接一旦失效，将严重影响机器的正常工作，甚至造成事故。常见的防松装置按工作原理可分为摩擦力防松、机械防松和永久防松三大类。

1. 摩擦力防松　常用的方法有双螺母防松、弹簧垫圈防松、金属锁紧螺母防松和尼龙垫圈防松（图1-74）。

（1）双螺母防松　适用于平稳、低速和重载的固定装置上的连接（图1-74a）。

（2）弹簧垫圈防松　防松效果可靠，应用广泛（图1-74b）。

（3）金属锁紧螺母防松　这种防松可靠，可多次装拆而不降低防松性能，适用于较重要的连接（图1-74c）。

(4) 尼龙垫圈防松　尼龙垫圈机械强度高，耐酸、碱和腐蚀。尼龙垫圈防松是利用尼龙箍紧螺栓，横向压紧螺母（图1-74d）。

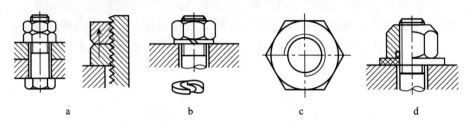

图1-74　摩擦力防松
a. 双螺母防松　b. 弹簧垫圈防松　c. 金属锁紧螺母防松　d. 尼龙垫圈防松

2. 机械防松　机械防松常见的形式有开口销防松、止动垫片防松、止动垫圈防松和串连钢丝防松等。

(1) 开口销防松　开口销通过螺母槽插入螺栓孔中，使螺母、螺栓不能相对转动。

(2) 止动垫片防松　将止动垫片的一舌插入被连接件的预制孔中，另一舌贴在螺母侧面防松。

(3) 串连钢丝防松　螺栓头部钻孔，将钢丝穿入捆扎，以防止螺栓松脱，钢丝的穿绕方向应顺着螺栓旋紧方向。

3. 永久防松　永久防松是将螺母螺栓拧紧后，使其永久地结合在一起，无相对运动。这种防松使得螺纹连接不可拆，适用于连接后不再拆开的场合。常见的有焊接防松、冲边防松和黏结防松。

四、铆接与焊接

1. 铆接　用铆钉将两个或两个以上的被连接件连接起来的方法称为铆接。铆接是一种简单且经济的装配工艺，可获得非常永久性的机械连接，它的特点是设备简单、抗震、耐冲击、牢固可靠。铆接的种类，按铆接方法可分为冷铆和热铆两种，按铆接的应用可分为紧固铆接、紧密铆接和固密铆接3种。铆钉由铆钉头和圆柱形铆钉杆两部分组成。铆钉头具有多种不同的类型，常用的有半圆头、平锥头、平头、沉头、半沉头、扁圆头和扁平头等。

2. 焊接　焊接是把相同或不同材料的两种金属，通过加热、加压或二者并用的方法，使分离的被连接件形成原子间的扩散和结合，从而形成新的金属结构，以达到永久性连接的方法。焊接的本质是利用产生热源的手段，借助焊件达到原子间的扩散和结合，使分离的焊件牢固地连接起来。它的特点是省工省料、接头密封性好、操作方便、成本低，但容易产生焊接变形和焊接缺陷。

第四节　轴、轴承及其他

一、轴

轴是组成机器或部件不可缺少的重要零件，它的主要功用是支承作回转运动的传动零件

(如齿轮、带轮、链轮等)、传递运动和转矩、承受载荷,以及保证轴上零件具有确定的工作位置和一定的回转精度。

（一）轴的分类和应用

1. 按轴心线的形状分类　根据轴线几何形状的不同,轴可以分为直轴和曲轴两大类。

（1）直轴　轴心线为一条直线的轴称为直轴（图1-75）。机器上大部分的轴都是直轴。直轴按其外形不同,分为光轴和阶梯轴。光轴形状简单,加工方便,但轴上零件不易定位和装配；阶梯轴各截面直径不等,便于零件的安装和固定,因此应用广泛。直轴一般为实心轴,但也可制成空心轴。

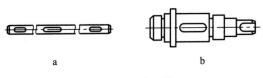

图1-75　直　轴
a. 光轴　b. 阶梯轴

（2）曲轴　轴心线为折线的轴称为曲轴（图1-76）。曲轴是曲柄连杆机构的专用零件（也是构件）,常用于将回转运动转变为直线往复运动或将直线往复运动转变为回转运动。

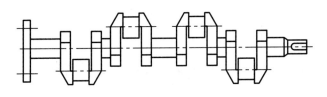

图1-76　曲　轴

2. 按轴所受的载荷分类　根据轴所受的载荷不同,又可将轴分为心轴、转轴和传动轴3类。

（1）心轴　用来支承回转零件,只承受弯矩不传递动力的轴称为心轴。心轴分为固定心轴（图1-77a）和转动心轴（图1-77b）两类。自行车前轮轴采用的是固定心轴,火车车厢轮轴采用的是转动心轴。

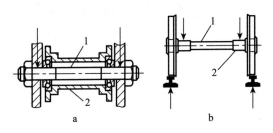

图1-77　心　轴
a. 固定心轴　b. 转动心轴
1. 轮轴　2. 轮毂

（2）转轴　同时承受弯矩和转矩的轴称为转轴。这类轴既支撑回转零件又传递动力，应用最广泛，如图 1-78 所示的变速箱阶梯式转轴。

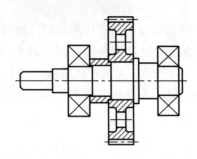

图 1-78　转　轴

（3）传动轴　用于传递动力、承受转矩的轴称为传动轴。这类轴不承受弯矩或弯矩很小，广泛应用于汽车变速箱与后桥间的传动（图 1-79）。

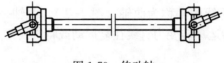

图 1-79　传动轴

（二）轴的结构

以应用最广泛的阶梯轴为例，轴的各部分结构如图 1-80 所示。

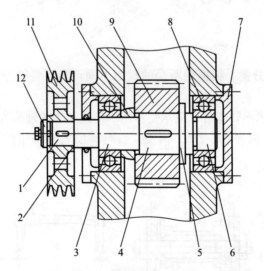

图 1-80　轴的各部分名称
1、4.轴头　2.轴肩　3、6.轴颈　5.轴环　7.轴承盖　8.滚动轴承
9.齿轮　10.套筒　11.带轮　12.轴端挡圈

（三）轴上零件的固定

1. 轴上零件的轴向固定　轴向固定的目的是保证零件在轴上具有确定的轴向位置，防

止零件轴向移动，并能承受轴向力。轴向固定常用以下几种方法：

（1）轴肩和轴环固定　以阶梯轴为例（图1-80），带轮11右向固定、轴承8左向固定皆由轴肩固定；齿轮9右向固定由轴环5固定。这种固定方法简单可靠，可随较大的轴向力，缺点是加大了轴的直径。常用于齿轮、带轮、轴承和联轴器等传动零件的轴向固定（图1-81）。

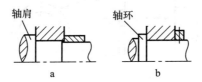

图1-81　轴肩、轴环固定
a. 轴肩固定　b. 轴环固定

（2）圆锥面和轴端挡圈固定　当零件位于轴端且轴上无轴肩和轴环时，可用圆锥面和轴端挡圈固定（图1-82）。

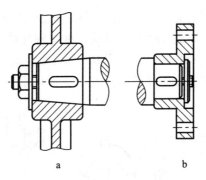

图1-82　圆锥面和轴端挡圈固定
a. 用圆锥面固定　b. 用轴端挡圈固定

（3）轴套固定　套筒常用于轴的中间轴段，对两个间距较小零件起相对固定作用（图1-83）。轴套固定的优点是结构简单、装拆方便，但套筒配合较松，不宜用于高转速的轴上。

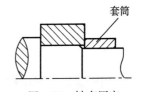

图1-83　轴套固定

（4）圆螺母固定　当零件位于轴端且无法采用轴套固定时，可在轴上车细牙螺纹，用螺母作轴向固定。其承受载荷较大，但因轴上螺纹应力集中，对轴的强度削弱较大。为防止圆螺母松脱，常采用双螺母或螺母加止推垫圈固定（图1-84）。

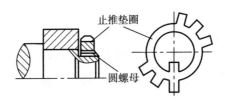

图1-84　圆螺母固定

(5) **弹性挡圈固定** 弹性挡圈大多同轴肩联合使用,其结构紧凑、装拆方便,但只能承受较小的轴向力,且因需在轴上开环形槽而削弱轴的强度。多用于滚动轴承的轴向固定或轴向力不大时的轴向零件的轴向固定(图1-85)。

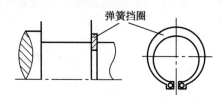

图 1-85 弹性挡圈固定

2. 轴上零件的周向固定 周向固定的目的是传递运动和转矩,防止零件与轴产生相对转动。周向固定的方法如下:

(1) **用键固定** 采用平键连接固定,结构简单,装拆方便,对中性好,可用于较高精度、转速及受冲击或变载荷作用的固定连接。

(2) **用过盈配合固定** 过盈配合主要用于不拆卸的轴与轮毂的连接(图1-86a)。这种方法对轴的削弱性小,对中性好,能承受较大载荷,并有较好的抗冲击性能。过盈量不大时,一般采用压入法装配;过盈量较大时,常采用温差法装配。此外,特殊场合可采用键连接和过盈配合组合的固定方法,使轴上零件的周向固定更加牢固。

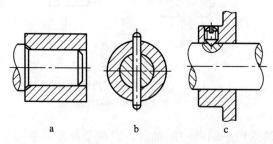

图 1-86 周向固定
a. 用过盈配合固定　b. 用销固定　c. 紧定螺钉固定

(3) **用圆锥销和紧定螺钉固定** 在传递的载荷很小时,可以用圆锥销或紧定螺钉做周向固定(图1-86b、c)。这两种方法均兼有轴向固定的作用。

二、轴承

轴承是支承轴的部件。轴承的主要功能是支承轴及轴上零件,并保持轴的旋转精度;减少转轴与支承的摩擦与磨损。

(一) 轴承的分类

轴承按摩擦性质分类,可分为滑动摩擦轴承(简称滑动轴承)和滚动摩擦轴承(简称滚动轴承)。滑动轴承按工作表面摩擦状态分类,又可分为液体摩擦滑动轴承和非液体摩擦滑动轴承。

1. 液体摩擦滑动轴承 摩擦表面完全被润滑油隔开的轴承称为液体摩擦滑动轴承。工作时轴承的摩擦阻力来自润滑油的内部摩擦,故摩擦系数小,多用于高速、精度要求较高或低速重载的场合。

2. 非液体摩擦滑动轴承 摩擦表面不能被润滑油完全隔开的轴承称为非液体摩擦滑动轴承。工作时,轴承的摩擦系数较大,工作表面易磨损,但结构简单,制造成本较低,因此常用于一般转速、载荷不大及精度要求不高的场合。茶业机械滑动轴承多采用非液体摩擦滑动轴承。

(二) 滑动轴承

1. 滑动轴承的特点 滑动轴承具有承载力高、抗震性好、工作平稳可靠、噪声小、寿命长等特点,尤其适用于工作转速高、冲击和振动大、径向空间设计尺寸受到限制或必须剖分安装(曲轴上轴承)的场合,因此,在轧钢机、内燃机、雷达、天文望远镜及各类仪表中应用广泛。

2. 滑动轴承的类型 工作时,仅出现滑动摩擦的轴承称为滑动轴承。根据所受载荷的方向不同,滑动轴承主要分为径向滑动轴承、止推滑动轴承和径向止推滑动轴承3种形式(图 1-87)。

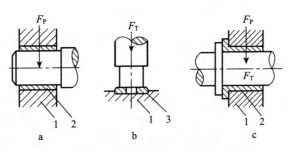

图 1-87 滑动轴承的形式与构造
a. 径向滑动轴承　b. 止推滑动轴承　c. 径向止推滑动轴承
1. 轴承座　2. 轴套　3. 止推垫圈

滑动轴承主要由轴承座、轴瓦或轴套组成(图 1-87)。轴瓦(轴套)是滑动轴承中直接与轴颈接触并有相对滑动的零件。常用的轴瓦(轴套)材料有铸铁、铜合金、粉末冶金、石墨、轴承合金等,其中铜合金和粉末冶金是茶业机械中轴瓦(轴套)的常用材料。为了减轻轴瓦(轴套)与轴颈表面的摩擦和磨损,必须在滑动轴承内加入润滑剂。滑动轴承常用的润滑剂有润滑油和润滑脂。

(1) 径向滑动轴承　常用的径向滑动轴承有以下几种形式:

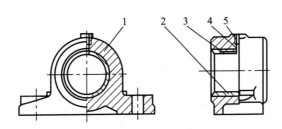

图 1-88 整体式径向滑动轴承
1. 轴承座　2. 整体轴套　3. 油槽　4. 油孔　5. 螺纹孔

① 整体式径向滑动轴承：整体式径向滑动轴承（图 1-88）的特点是结构简单，制造成本低；但安装检修困难。通常应用于轻载、低速或间歇工作的场合，如绞车、手动起重机等。

②对开式径向滑动轴承：对开式径向滑动轴承（图 1-89）间隙可调，装拆方便，克服了整体式径向滑动轴承的不足，因此应用较广泛。

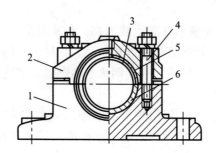

图 1-89　对开式径向滑动轴承
1.轴承座　2.轴承盖　3.油槽　4.双头螺柱　5.上轴瓦　6.下轴瓦

对开式径向滑动轴承的轴瓦分上轴瓦和下轴瓦，为了将润滑剂分布到轴承的整个工作面上，轴瓦上开有油孔，内表面开有油槽，常见的油槽形式如图 1-90 所示。

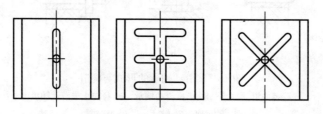

图 1-90　轴瓦上的油槽形式

（2）止推滑动轴承　止推滑动轴承是用于承受轴向载荷的滑动轴承。止推滑动轴承支承轴的端面称为止推端面，轴环称为止推环。工作时，轴的端面或轴环均与轴承的止推垫圈相接触。止推端面有实心与空心两种形式，止推环有单环与多环两种形式（图 1-91）。多环式止推滑动轴支承面积较大，适用于推力较大的场合。

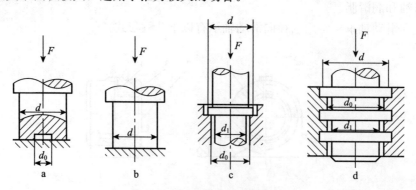

图 1-91　止推滑动轴承的结构形式
a.空心式　b.实心式　c.单环式　d.多环式

（3）径向止推滑动轴承　用于同时承受径向载荷和轴向载荷。径向止推滑动轴承由轴承壳、油封和径向可倾瓦块等组成。

3. 滑动轴承润滑装置

（1）油润滑轴承　非液体摩擦滑动轴承的润滑装置的选用与工况条件有关。对于低速或间歇工作的不重要的轴承可定期向轴承孔注油，油孔处应设置防止杂质进入的装置。对于连续工作又较为重要的轴承应连续供油。常用的润滑装置有针阀式油杯（图1-92）、油环（图1-93）、弹簧盖油杯（图1-94）。

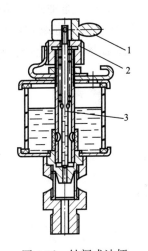

图1-92　针阀式油杯
1. 手柄　2. 调节螺母　3. 针阀杆

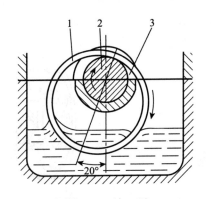

图1-93　油　环
1. 油环　2. 轴阀　3. 上轴瓦

（2）脂润滑轴承　脂润滑轴承只能是间歇供油。常用的润滑装置一种是压配式压注油杯，用黄油枪注入润滑脂；另一种是旋盖式黄油杯（图1-95），转动杯盖，即可将杯体中的润滑脂挤入轴承工作表面。

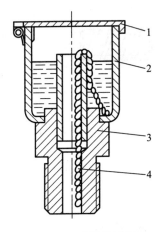

图1-94　弹簧盖油杯
1. 环盖　2. 杯体　3. 接头　4. 芯捻

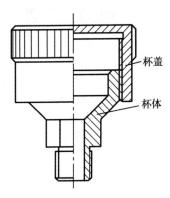

图1-95　旋盖式黄油杯

（三）滚动轴承

1. 滚动轴承的特点　与滑动轴承相比，滚动轴承有以下优点：摩擦阻力小，效率高；运动灵敏，工作稳定；轴承宽度小，结构紧凑；内部间隙小，回转精度高；标准化生产，具有互换性；润滑简便，易于维护更换。缺点：承受冲击能力差；径向尺寸大，安装要求高；高速重载时使用寿命短，噪声大。适用于中、低速以及精度要求较高的场合。

2. 滚动轴承的结构　滚动轴承主要由外圈、内圈、滚动体和保持架组成（图1-96）。外圈的内表面和内圈的外表面上制有滚道，轴承工作时，滚动体在内、外圈的滚道间作自转和公转，并承受外载荷。滚动轴承的内圈紧配合装在轴颈上，随轴颈一起回转；滚动轴承的外圈固定装在轴承座孔内，外圈固定不动。保持架的作用是将滚动体均匀分开，避免相邻两滚动体直接接触，减小磨损。滚动轴承的滚动体有滚珠、滚柱等多种类型，如图1-97所示。

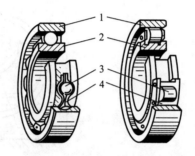

图1-96　滚动轴承的结构
1. 外圈　2. 内圈　3. 滚动体　4. 保持架

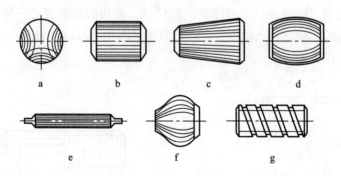

图1-97　滚动体的形状
a. 圆珠　b. 圆柱　c. 圆锥　d. 球面　e. 针状　f. 非对称球面　g. 螺旋状

3. 滚动轴承的类型、特点及代号　滚动轴承按照其所承受载荷的方向可分为以下三大类：

（1）向心轴承　主要承受径向（垂直于轴线）载荷的滚动轴承。

（2）推力轴承　主要承受轴向（平行于轴线）载荷的滚动轴承。

（3）向心推力轴承　同时承受径向载荷和轴向载荷的滚动轴承。

常用的滚动轴承的类型及性能特点见表1-8。

表 1-8　常用滚动轴承的类型、主要性能和特点

类型代号	轴承类型	性能特点	简图
1	调心球轴承	自动调心，不宜承受纯轴向载荷	
2	调心滚子轴承	自动调心，不宜承受纯轴向载荷，且具有较大的径向承载能力	
3	圆锥滚子轴承	可同时承受径向和轴向载荷，以径向载荷为主	
4	推力球轴承	高速时离心力大，极限转速很低	
6	深沟球轴承	主要承受径向载荷，也可同时承受小的轴向载荷，应用广泛，价格最低	
7	角接触球轴承	可同时承受径向和轴向载荷，也可单独承受轴向载荷，能在较高转速下正常工作；一个轴承只能承受单向轴向力，故一般成对使用	
NS	滚针轴承	在同样内径条件下，外径最小，内外圈可分离，有较大的径向承载能力	

滚动轴承代号的构成见表 1-9。

表 1-9　滚动轴承代号的构成

前段代号	中段代号							后段代号				
	五	四	三	二	一							
轴承分部件代号	类型代号	宽度系列代号	直径系列代号		内径代号	内部结构代号	密封与防尘结构代号	保持架及其材料代号	特殊轴承代号	公差级代号	游隙代号	多轴承配置代号	其他代号

前段代号用于表明轴承的分部件，如 L 表示可分离轴承的可分离套圈，K 表示滚动体与保持架组件等。中段代号用于七位数字表示轴承型号，右起第一、二位数字表示轴承内径代号，00、01、02、03 分别表示轴承内径为 10mm、12mm、15mm、17mm，04～99 表示为代号数×5（mm）。后段代号用数字和字母表示轴承的结构、公差和材料的特殊要求。例如，滚动轴承代号为 208 和 6215 含义为：208 表示内径为 40mm 的特轻系列向心球轴承，

6215 表示内径为 75cm 的轻系列深沟球轴承。

4. 滚动轴承的润滑与密封

（1）滚动轴承的润滑　滚动轴承润滑的目的在于减小摩擦，降低磨损，同时起冷却、缓冲和防锈的作用。常用的润滑剂有润滑油和润滑脂两大类。

① 脂润滑：脂润滑主要用于轴颈或轴承回转速度不高的轴承。润滑脂是一种黏稠的凝胶状材料，不易流失，一次加脂可以维持很长时间，便于密封和维护。润滑脂的加入量一般不超过轴承空间容积的 1/3～1/2，以防止摩擦损失和发热过大，影响轴承正常工作。

② 油润滑：油润滑主要用于轴颈或轴承回转速度较高的场合。润滑油的特点是摩擦阻力小，散热效果好；但需要较复杂的供油和密封装置。润滑油的主要性能指标是黏度。一般温度高、载荷大的场合，润滑油黏度应选大些，反之润滑油黏度应选小些。油润滑的方式有油浴润滑、滴油润滑和喷雾润滑等。若采用油浴润滑，则油面高度不应超过最低滚动体的中心，以防止过大的搅油损失和发热。高速轴承通常采用喷雾润滑方式。

（2）滚动轴承的密封　对轴承进行密封的目的是防止润滑剂流失和灰尘、水分及其他杂物侵入轴承，常用的密封方式按照工作原理可分为接触式密封、非接触式密封和组合式密封三大类。

5. 滚动轴承的装拆　装配轴承时，常采用温差法，将轴承放入 80～100℃ 的热油中加热，趁热将轴承套入轴颈。拆卸轴承时，由于滚动轴承的配合通常较紧，需采用拉马专用工具（图 1-98）。从轴上拆卸轴承时，需将拉马的钩头钩住轴承内圈，利用旋紧螺旋的压力将轴承从轴上脱离。

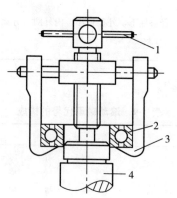

图 1-98　拉马法拆卸滚动轴承
1. 扳手　2. 轴承　3. 拉马钩头　4. 轴

三、联轴器与离合器

联轴器和离合器是用来连接两轴（或轴与回转件），并传递运动和转矩的部件。二者的区别是：用联轴器连接的两轴只有在机器停止运转后，通过拆卸才能彼此分离；采用离合器连接的两轴则可在机器运转过程中随时将两轴分离和接合。

（一）联轴器

1. 刚性固定式联轴器　刚性固定式联轴器是全部由刚性零件组成，不具有缓冲减震、补偿相对位移能力的联轴器。它结构简单、制造容易、无须维护、成本低，适用于载荷平稳、工作中轴线不会发生相对位移的两轴连接。刚性固定式联轴器又分为套筒联轴器、凸缘联轴器。

(1) 套筒联轴器　套筒联轴器由连接两轴轴端的套筒和连接套筒与轴的连接零件（如圆锥销、键等）组成（图1-99）。这种联轴器结构简单，径向尺寸小，可以根据不同轴径尺寸自行设计制造，但轴向尺寸大，装拆时相连的机器设备需作较大的轴向位移，故仅适用于传递转矩较小、转速较小且能轴向装拆的场合。

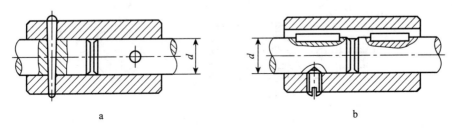

图1-99　套筒联轴器
a. 圆锥销连接　b. 键连接

(2) 凸缘联轴器　凸缘联轴器由两个分装在轴端带凸缘的半联轴器和连接螺栓组成（图1-100）。

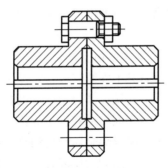

图1-100　凸缘联轴器

2. 刚性可移式联轴器　刚性可移式联轴器具有补偿相对位移的能力，它适用于基础和机架刚性较差、工作中不能保证两轴轴线对中的两轴连接。

(1) 十字滑块联轴器　十字滑块联轴器由两个端面开有凹槽的半联轴器和一个两侧都有凸块的中间圆盘组成（图1-101）。十字滑块联轴器结构简单、制造方便、径向尺寸小，适合于两轴线间相对径向位移较大、传递转矩较大、无冲击低速传动的场合。

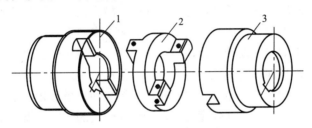

图1-101　十字滑块联轴器
1、3. 半联轴器　2. 中间圆盘

(2) 万向联轴器　万向联轴器由叉形接头、中间连接件和销轴组成（图1-102）。由于各零件之间构成铰链连接，可用于两轴之间偏斜较大的场合。乌龙茶速包机的4支立辊能够实现边转动边平移，即采用万向联轴器连接。万向联轴器结构紧凑，维护方便，广泛用于汽车、拖拉机和机床等的机械传动中，一般是成对使用。

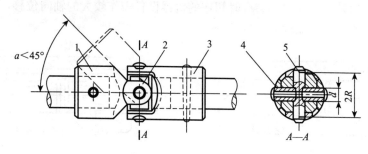

图1-102　万向联轴器
1、3.叉形接头　2.中间连接件　4、5.销轴

3. 联轴器类型的选择　联轴器的类型主要是根据机器的工作特点、性能要求（如缓冲减震、补偿位移等），结合联轴器的性能等进行选择的。通常对低速、刚性大的短轴，选用刚性固定式联轴器；对低速、刚性小的长轴，选用刚性可移式联轴器；对于传递转矩较大的重型机械，选用齿轮联轴器；对高速且有冲击或振动的轴，宜选用弹性联轴器等。

（二）离合器

1. 离合器的组成与分类　离合器主要由主动部分、从动部分、接合元件和操纵部分组成。主动部分与主动轴为固定连接，其上安装有接合元件。从动部分有的与从动轴为固定连接，有的则可相对于从动轴向移动并与操纵部分相连，也有的安装有接合元件。操纵部分控制接合元件的接合与分离，以实现两轴间转动和转矩的传递或中断，即接合与分离。

离合器按离合方式不同，可分成操纵离合器和自动离合器两种类型。操纵离合器可根据操纵方式分为机械操纵、电磁操纵、气压和液压离合器等，自动离合器可根据工作原理分为超越、离心和安全离合器等。离合器按接合元件的工作原理分为牙嵌式离合器和摩擦式离合器两种类型。牙嵌式离合器结构简单、传递转矩大，主、从动轴可同步转动，结构紧凑，但接合时有刚性冲击，只能在静止或两种转速相差不大时接合；摩擦式离合器离合较平稳，过载时可自行打滑，但主、从动轴不能严格同步，接合时会产生摩擦热，且摩擦元件易磨损。

2. 操纵离合器

（1）牙嵌式离合器　牙嵌式离合器靠牙的互相嵌合传递运动和转矩，特点是结构简单，外廓尺寸小，接合后两轴无相对转动，适合于低速或静止状态下接合且要求严格保证传动比的场合。牙嵌式离合器由两个端面制有凸出牙齿的两个半离合器组成，如图1-103所示。工作时，半离合器1用平键与主动轴连接，而半离合器2则用导向平键与从动轴连接，并由操纵装置带动滑环使其沿导向平键在从动轴上作轴向移动，实现两个半离合器的分离与接合。

牙嵌式离合器常用的牙形有矩形、梯形和锯齿形3种。矩形牙不便于离合，仅用于小转矩、静止状态下手动接合；梯形牙强度较高，能传递较大的转矩，离合比矩形牙容易，且能自动补偿牙的磨损和牙侧间隙，故应用最广；锯齿形牙便于接合，强度最高，能传递的转矩最大，但只能单向工作。

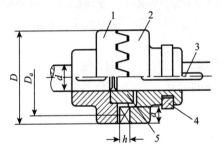

图 1-103 牙嵌式离合器
1、2. 半离合器 3. 导向平键 4. 滑环 5. 对中环

（2）圆盘摩擦式离合器 圆盘摩擦式离合器有单片式和多片式两种。单片圆盘摩擦式离合器如图 1-104 所示。主动摩擦盘与主动轴之间通过平键和轴肩周向和轴向定位，从动摩擦盘与从动轴通过导向平键周向定位，操纵装置拨动滑环使其在从动轴上左右滑动。工作时，可向左施力使两摩擦圆盘接触并压紧，从而产生摩擦力来传递运动和转矩。

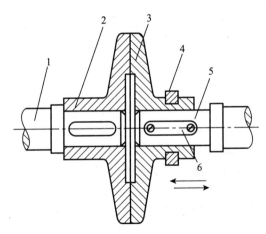

图 1-104 单片圆盘摩擦式离合器
1. 主动轴 2. 主动摩擦盘 3. 从动摩擦盘 4. 滑环 5. 从动轴 6. 导向平键

3. 自动离合器 自动离合器是一种根据机器运动和动力参数（如转速、转矩等）的变化而自动完成接合和分离动作的离合器。

（1）超越离合器 超越离合器的接合和分离与主、从动盘间的相对差速有关。滚珠超越离合器由主动盘（星轮）、从动盘（外环）、滚珠和弹簧组成（图1-105）。工作时，主动盘（星轮）顺时针旋转，滚珠被摩擦力带动而楔紧在槽的狭窄部分，从而带动从动盘（外环）一起旋转，这时离合器处于接合状态；当主动盘（星轮）逆时针旋转时，滚珠受摩擦力的作用被推到槽中宽敞部分，从动盘不随星轮转动，这时，

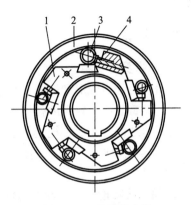

图 1-105 超越离合器
1. 主动盘 2. 从动盘 3. 滚珠 4. 弹簧

离合器处于分离状态。如果主动盘仍按顺时针方向旋转，而从动盘作与主动盘转向相同而转速较大的运动时，则按相对运动原理，离合器即处于分离状态。自动车的摇铃就采用了超越离合器原理。

(2) 安全离合器　当转矩超过一定的数值时，安全离合器将使连接件和被连接件分开及打滑，从而防止机器中重要零件的损坏。安全离合器通常分为牙嵌式和摩擦式两种（图1-106和图1-107）。

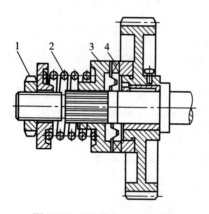 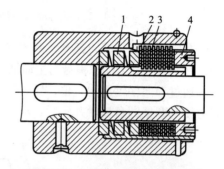

图 1-106　牙嵌式安全离合器　　　　　　　图 1-107　圆盘摩擦式安全离合器
1. 调节螺母　2. 弹簧　3、4. 牙盘　　　　1. 弹簧　2. 外摩擦片　3. 内摩擦片　4. 调节螺母

牙嵌式安全离合器与牙嵌式离合器很相似，只是牙嵌式安全离合器的牙面倾斜角较大，且采用弹簧压紧机构代替滑环操纵机构。工作时，两半离合器由弹簧的压紧使两个牙盘相嵌合，以传递转矩。当转矩超过一定值时，接合牙面上的轴向力将超过弹簧力和摩擦阻力而使两半离合器分离；当转矩降低到某一个确定值以下时，离合器会自动接合。弹簧压力可通过调节螺母进行调节。

圆盘摩擦式安全离合器与圆盘摩擦式离合器相似，只是圆盘摩擦式安全离合器没有操纵机构，而是通过弹簧将内、外摩擦盘压紧，并用螺母调节压紧力的大小。当工作转矩超过离合器所能传递的转矩时，摩擦片接触面间因摩擦力不足而发生打滑，从而对机器起到安全保护的作用。

四、弹簧

（一）弹簧的功用

弹簧具有受力变形和储能、释能的功能，是机械中广泛使用的一种弹性元件。在外载荷作用下，弹簧能产生较大的弹性变形，把机械能或动能转变为变形能；当外载荷卸除后，弹簧又能迅速地恢复变形，把变形能转变为机械能或动能。弹簧常应用在以下方面：

1. 减震或缓冲　利用减震弹簧在弹性变形过程中能够吸收冲击能量的特性，达到缓冲和减震的目的。

2. 储能或释能　用来储存与输出能量，以推动机械运动。如钟表发条（弹簧）。

3. 控制运动　利用弹簧受力变形产生的弹力控制机械运动。如内燃机进排气机构中的进排气门弹簧，控制气门的开闭——凸轮鼎力使气门打开，弹簧力使气门关闭，从而使气门开启或关闭。

4. 测量力的大小　利用弹簧受力后变形量的大小来测量物体的质量。如弹簧秤。

（二）弹簧的类型

弹簧按照所受载荷的种类不同，可分为拉伸弹簧、压缩弹簧、扭转弹簧和弯曲弹簧等 4 种；按照其外形的不同，又可分为螺旋弹簧、环形弹簧、蝶形弹簧、盘弹簧和板弹簧等。常用弹簧的基本类型见表 1-10 和图 1-108。

表 1-10　弹簧的基本类型

弹簧类型实例	拉伸弹簧	压缩弹簧	扭转弹簧	弯曲弹簧
螺旋形	圆柱螺旋拉伸弹簧	圆柱螺旋压缩弹簧 圆锥螺旋压缩弹簧	扭力弹簧	弯曲弹簧
其他	—	蝶形弹簧	涡卷弹簧	板弹簧

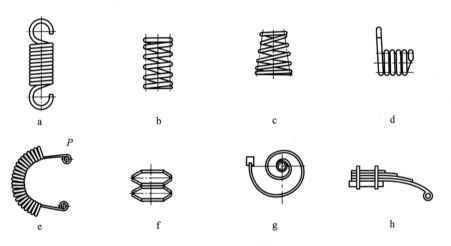

图 1-108　弹簧的基本类型
a. 圆柱螺旋拉伸弹簧　b、c. 圆柱（锥）螺旋拉伸弹簧
d. 扭力弹簧　e. 弯曲弹簧　f. 蝶形弹簧　g. 涡卷弹簧　h. 板弹簧

螺旋弹簧制造简便，应用广泛；蝶形弹簧是用钢板冲压成截锥形的弹簧，这种弹簧的刚性很大，能承受很大的冲击载荷，并具有良好的吸振能力，常用作缓冲弹簧；涡卷弹簧是由钢带盘绕而成，常用作仪器、钟表的储能装置；板弹簧是由若干长度不等的条状钢板叠合在一起并用簧夹夹紧而成，其变形量大，吸振能力强，常用作车辆减震弹簧。

第五节　润　滑　剂

一、概述

（一）润滑剂的基本功能

1. 机械运动与润滑　机械相对运动的接触表面都伴有摩擦、磨损和发热，为了减轻零件之间的摩擦与磨损，应在零件互相接触的表面间加入一层润滑剂，使两个零件表面不直接发生摩擦，减轻零件的摩擦和磨损程度，降低运动阻力，延长零件的使用寿命。为了保持机械的长久正常运行，需要合理的润滑。据科学家测算，世界所有能源的1/3～1/2消耗在机械摩擦上；机械事故中约有40%由润滑不良造成；通过改善润滑条件，可使汽车运输、发电、机械、发动机等四个行业节能11%。因此，润滑剂与人们的生产和生活密切相关。

2. 润滑剂的功能 润滑剂具有润滑、冷却、清洗、密封、防锈等多种功能。

（1）润滑 减轻零件表面的摩擦，大大地降低零件的磨损和功率损失。

（2）冷却 通过润滑剂带走零件所吸收的部分热量，保持零件的温度不致过高。

（3）清洗 利用循环润滑油冲洗零件表面，带走磨损挤落下来的金属细屑。

（4）密封 利用润滑油的黏性，附着于运动零件表面，提高零件的密封效果。

（5）防锈 润滑剂附着于零件表面，防止零件表面与水分、空气及部分燃烧产物接触而引起氧化（生锈）或腐蚀。

（二）润滑剂的类别与用途

润滑剂可分为气体、液体、半固体和固体四大类。气体润滑剂主要用于超高速的精密设备或超精仪器；固体润滑剂主要用于卫星、宇宙飞船和空间站等超高真空、超低温、强氧化还原、强辐射、高温、高负荷条件；液体润滑剂（也称润滑油）和半固体润滑剂（也称润滑脂）在工农业生产上应用最广。

车用润滑剂与工业润滑剂约各占50%。在车用润滑剂中，内燃机润滑油消费比例占85%以上，其余为齿轮油、液压油和润滑脂等。在工业润滑剂中，消费构成为：①普通工业润滑剂，包括液压油、机床油、汽轮机油、压缩机油、工业齿轮油等，约占35%；②工艺用油，包括电气用油、农副产品加工机械用油、印刷用油、橡胶工艺用油等，约占40%；③工业发动机润滑油，包括内燃机车发动机油、船舶发动机油、天然气发动机油等，约占15%；④其他工业润滑剂，约占10%。

二、润滑油

（一）润滑油的组成

润滑油的主要组成是基础油和添加剂。

1. 基础油 基础油包括矿物油和合成油两大类。矿物油是加工原油所得到的不同黏度的润滑油组分，按黏度指数（VI）分为五类，如表1-11所示。

表1-11 我国润滑油基础油分类及代号

	黏度指数 VI	超高 $VI \geqslant 140$	很高 $120 \leqslant VI < 140$	高 $90 \leqslant VI < 120$	中 $40 \leqslant VI < 90$	低 $VI < 40$
	通用基础油	UHVI	VHVI	HVI	MVI	LVI
专用基础油	低凝基础油	UHVIW	VHVIW	HVIW	MVIW	—
	深度精制基础油	UHVIS	VHVIS	HVIS	MVIS	—

2. 添加剂 添加剂为各种极性化合物、高分子聚合物和含有硫、磷、氯等活性元素的化合物。添加剂与基础油配伍后，可改善和提高润滑油的物化性能，得到更加优良的润滑油品。

(1) 黏度指数改进剂　黏度指数改进剂是油溶性的链状高分子聚合物，其作用是增加油品黏度和改善油品的黏温性能，主要用于多级内燃机油、低温性液压油、液力传动油等油品中。

(2) 清净分散剂　清净分散剂的作用是以其碱性中和润滑油在高温过程生成的酸性物质，防止进一步氧化缩合，可将一些油溶或不溶的固体溶解，防止加剧氧化；对漆膜与积炭有很强的吸附性，能将已生成的漆膜和积炭固体小粒吸附并分散在油中。

(3) 抗氧抗腐剂　抗氧抗腐剂的作用是抗氧化、抗腐蚀及抗磨损。主要用于内燃机油、齿轮油及液压油中。

(4) 降凝剂　降凝剂的作用是防止固体烃形成三维网状结晶而导致油品的凝固，降低油品的凝点。

(5) 极压抗磨剂　极压抗磨剂是含硫、磷、氯的有机极性化合物和金属盐的极压剂。作用是在高温、高压条件下，与摩擦副表面金属反应，生成化学反应膜，防止金属咬合，并减少金属表面的磨损。

(6) 油性和摩擦改进剂　油性和摩擦改进剂的作用是使润滑油在摩擦表面形成定向吸附膜，改善摩擦性能，防止金属直接接触。

(7) 抗腐蚀剂　抗腐蚀剂的作用是在金属表面形成薄膜，以防止腐蚀和抑制生成腐蚀物。

(8) 防锈剂　防锈剂的作用是在金属表面形成致密分子膜，防止水与氧渗入金属表面而产生锈蚀。

(9) 抗泡剂　抗泡剂的作用是使泡膜的局部表面张力显著降低而破裂。

(10) 固体添加剂　固体添加剂的作用是提升润滑油油膜的强度。常用二硫化钼、石墨和聚四氟乙烯。

(二) 润滑油的主要性能指标

润滑油的性能与其化学组成相关，取决于它的基础油与添加剂的组成与配伍。

1. 黏度　黏度是液体流动内摩擦力阻力的度量，是评价油品流动性的最基本指标。化学组成不同的润滑油，其黏度不同。黏度分为动力黏度和运动黏度。

(1) 动力黏度　动力黏度是液体在一定剪切应力下流动时内摩擦力的量度，其值为所加于流动液体的剪切应力和剪切速率之比，单位为 Pa·s。动力黏度的大小直接影响润滑油的流动性及在两摩擦面间所能形成油膜的厚度，内摩擦力大，液体流动得慢，则该液体的动力黏度大，反之则黏度小。

(2) 运动黏度　运动黏度是液体在重力作用下流动时内摩擦力的量度，其值为相同温度下液体的动力黏度与其密度之比，单位为 m^2/s 或 mm^2/s。

2. 黏度指数　黏度指数是控制润滑油黏温性能的质量指标。黏度指数越高，油品黏度随温度的变化越小。

3. 倾点和凝点　倾点是在规定的条件下被冷却的试样能流动时的最低温度，单位为℃；凝点是试样在规定的条件下冷却至停止移动时的最高温度，单位为℃。倾点和凝点越低，油品的低温性越好。

4. 酸值　酸值指中和1g油品中的酸性物质所需氢氧化钾的质量，单位为mg。酸值是反映油品中所含有机酸的总量，油品氧化越严重，酸值增值越大，酸值是油品质量的重要指标。

5. 色度　色度指在规定的条件下油品的颜色最接近某一号标准色板的颜色时所测得的

结果。色度用于初步鉴别油品精制深度以及使用过程中氧化变质程度。

6. 闪点 闪点指油品在规定的试验条件下加热，其油蒸气与周围空气形成的混合物遇火源后能够闪烁起火的最低温度（℃）。通常闪点越高，油品的使用温度越高。

7. 残炭 残炭指在规定的条件下油品受热蒸发和燃烧后残余的炭渣。残炭值的大小与油品精制深度和使用过程中变质程度有关。

8. 灰分 灰分指在规定的条件下，油品被炭化后的残留物经煅烧所得的无机物，以%表示。油品中的灰分会增加发动机内的积炭，加大机件的磨损。

9. 机械杂质 机械杂质指油品中所有不溶于溶剂的杂质，以%表示。

10. 水分 水分指油品的含水率，以%表示。油品中一般不允许含水。

11. 防锈性 防锈性指油品阻止与其相接触的金属生锈的能力。

12. 氧化安定性 氧化安定性指油品抵抗空气或氧气的作用而保持其性质不发生变化的能力，单位为 h。

（三）润滑油的分类及适用场合

1. 润滑油的分类 不同的应用领域、使用环境所要求的润滑油的品种、规格、牌号各不相同。我国采用 ISO 6731/0 标准，制定了国家标准 GB/T 7631.1—2008，将润滑油分为 18 组，如表 1-12 所示。

表 1-12 润滑剂、工业用油和有关产品（L类）的分类（GB/T 7631.1—2008）

组别	适用场合	组别	适用场合
A	全损耗系统	P	气动工具
B	脱模	Q	热传导液
C	齿轮	R	暂时保护防腐蚀
D	压缩机（包括冷冻机和真空泵）	T	汽轮机
E	内燃机油	U	热处理
F	主轴、轴承和离合器	X	用润滑脂的场合
G	导轨	Y	其他应用场合
H	液压系统	Z	蒸汽气缸
M	金属加工		
N	电器绝缘		

2. 内燃机油

（1）内燃机油的黏度等级 国际上通用的内燃机油黏度分类采用美国汽车工程师学会（Society of Automotive Engineers，SAE）黏度分类法，我国也采用 SAE J300 对车用发动机油进行黏度分类（表 1-13）。黏度牌号有单级和多级，单级油 30 表示该油的 100℃ 运动黏度应在 $9.3 \sim 12.5 mm^2/s$ 范围内，而对低温性能没有要求；多级油 10W-30 表示该油的 100℃ 运动黏度应在 $9.3 \sim 12.5 mm^2/s$ 范围内，$-25℃$ 低温动力黏度应小于 7 000mmPa·s。多级油可以在寒区冬夏通用。

表1-13　SAE J300—2009黏度级别分类

黏度级别	低温动力黏度 (mmPa·s)	高温动力黏度 (mmPa·s)	高温运动黏度 (mm²/s)	
	最大	最小	最小	最大
0W	6 200（-35℃）	—	3.8	—
5W	6 600（-30℃）	—	3.8	—
10W	7 000（-25℃）	—	4.1	—
15W	7 000（-25℃）	—	5.6	—
20W	9 500（-15℃）	—	5.6	—
25W	13 000（-10℃）	—	9.3	—
20	—	2.6	5.6	<9.3
30	—	2.9	9.3	<12.5
40	—	2.9（0W-40，5W-40，10W-40）	12.5	<16.3
40	—	3.7（15W-40，20W-40，25W-40，40）	12.5	<16.3
50	—	3.7	16.3	<21.9
60	—	3.7	21.9	<26.1

（2）内燃机油的分类　我国内燃机油的分类采用美国石油协会（American Petroleum Institute，API）的分类方法（表1-14）。

表1-14　我国内燃机油等级分类

应用范围	品种代号	特性和使用场合
汽油机油	SC	用于货车、客车的汽油机以及或其他汽油机，要求使用API SC级油的汽油机。可控制汽油机高、低温沉积物以及磨损锈蚀和腐蚀
	SD	用于货车、客车和某些轿车的汽油机以及要求使用API SD、SC级油的汽油机。可控制汽油机高、低温沉积物以及磨损锈蚀和腐蚀的性能优于SC
	SE	用于轿车和货车的汽油机以及要求使用API SE、SD级油的汽油机。抗氧化性能及控制汽油机高温沉积物、锈蚀和腐蚀的性能优于SD或SC
	SF	用于轿车、货车和轻型卡车的汽油机以及要求使用API SF、SE及SD级油的汽油机。抗氧化和抗磨损性能优于SE，可控制汽油机沉积、锈蚀和腐蚀
	SG	用于轿车、货车和轻型卡车的汽油机以及要求使用API SG级油的汽油机。SG质量还包括CC（或更高要求的CD）的使用性能。控制发动机沉积物、磨损和油的氧化性能，优于SF，并具有抗锈蚀和腐蚀的性能
	SH	用于轿车、货车和轻型卡车的汽油机以及要求使用API SH级油的汽油机。控制汽油机磨损、锈蚀、腐蚀、沉积物以及油的抗氧化性能优于SG
	SJ	用于早期的客车、厢式货车和轻型卡车的汽油机以及要求使用API SJ级油的汽油机。比SH性能全面提高
	SL	用于早期的客车、厢式货车和轻型卡车的汽油机以及要求使用API SL级油的汽油机。保护尾气净化系统，防止催化转化器的催化剂中毒，换油周期更长
	SM	适用于目前使用中的所有汽车发动机。使用过程中抗氧化性高、改善抗沉淀性、增强抗磨损性以及提升低温性能，被认定为节能产品

(续)

应用范围	品种代号	特性和使用场合
柴油机油	CB	用于燃料质量较低、在轻到中负荷下运行的柴油机以及要求使用 API CB 级油的发动机。有时也用于运行条件温和的汽油机,控制发动机高温沉积物和轴承腐蚀的性能
	CC	用于在中级负荷下运行的非增压、低增压或增压式柴油机以及重负荷汽油机。对于柴油机具有控制高温沉积物和轴承腐蚀的性能;对于汽油机具有控制锈蚀、腐蚀和高温沉积物的性能
	CD	用于需要高效控制磨损及沉积物或使用包括高硫燃料的非增压、低增压式柴油机以及要求使用 API CD 级油的柴油机。具有控制轴承腐蚀和高温沉积物的性能
	CD-Ⅰ	用于要求高效控制磨损和沉积物的重负荷二行程柴油机以及要求使用 API CD-Ⅰ级油的发动机,同时也满足 CD 级油的性能要求
	CD-Ⅱ	用于要求高效控制磨损和沉积物的重负荷二行程柴油机以及要求使用 API CD-Ⅱ级油的发动机,同时也满足 CD 级油的性能要求
	CE	用于在低速高负荷和高速高负荷条件下运行的低增压和增压式重负荷柴油机以及要求使用 API CE 级油的发动机,同时也满足 CD 级油的性能要求
	CF	用于非道路非直喷式发动机及其他使用含硫量低于 0.5% 的柴油机。防止高温沉积物形成,并具有耐腐蚀的性能,可代替 CD 级油
	CF-2	用于高速二行程发动机,可代替 CD-Ⅱ级油
	CF-4	用于高速四行程自然吸气和蜗轮增压发动机,以及使用含硫量低于 0.5% 的重载高速四行程柴油机。可以高效防止高、低温沉积物形成,可代替 CD 和 CE 级油
	CG-4	用于使用含硫量低于 0.5% 的重载高速四行程柴油机。可以有效防止高、低温沉积物形成,可代替 CD、CE 和 CF-4 级油
	CH-4	用于高速四行程发动机。此油品经特殊合成,可与含硫量最高达 0.5% 的柴油一起使用。严格控制高、低温沉积物和磨损,尤其控制高烟引起的黏度增加和配气机构的磨损,可代替 CE、CG、CF-4 和 CG-4 级油
	CI-4	用于高速四行程发动机,满足美国 2002 年排放要求。可延长装有废气再循环装置(EGR)的发动机的使用寿命,亦可与含硫量最高达 0.5% 的柴油一起使用
	CJ-4	用于高速四行程发动机,满足美国 2007 年排放要求。可与含硫量最高达 0.05% 的柴油一起使用。在维持排放控制系统耐久性方面会更有效

3. 齿轮润滑油 齿轮润滑油的工作条件与其他润滑油有很大差别:一是齿轮间啮合部位接触面积很小,承受压力大(2~3GPa);二是齿轮表面摩擦速度高(3~5m/s),回转次数多,齿轮油容易由齿间的间隙中被压出;三是高温工作,对齿轮油具有较高的黏度、黏温性和低温流动性、热安定性、氧化安定性、抗磨性、防锈性要求,在齿轮接触面上形成牢固的油膜,以保证润滑和减小磨损。齿轮油(G组)包括车辆齿轮油和工业齿轮油。

(1)车辆齿轮油 用于各种车辆的传动箱、变速箱、后桥差速器齿轮的润滑。车辆齿轮油分为 GL-1、GL-2、GL-3、GL-4、GL-5、GL-6 等牌号,牌号越大,黏度等级越高,油性越稠。

(2) 工业齿轮油　用于工业设备中正齿、斜齿、伞齿、人字齿、螺旋伞齿等形式多样的齿轮传动以及蜗轮蜗杆的润滑。工业齿轮油按用途分为 GL-CKB、GL-CKC、GL-CKD、GL-CKE、GL-CKG、GL-CKS、GL-CKT 等质量级别，其中，GL-CKE 齿轮油用于高摩擦的蜗轮蜗杆润滑。

4. 常用润滑油的性能及用途　常用润滑油的主要性能及用途见表 1-15。

表 1-15　常用润滑油的主要性能及用途

名称	牌号	40℃运动黏度（mm^2/s）	倾点（℃）	主要用途	说明
全损耗系统用油 （GB 443—1989） （原机械油）	L-AN5	4.1～5.0	≤-5	轻载老式普通机械的全损耗润滑系统（包括一次润滑）	精制矿物油，但不能用于循环润滑系统
	L-AN7	6.1～7.5			
	L-AN10	9.0～11.0			
	L-AN15	13.5～16.5			
	L-AN22	19.8～24.2			
	L-AN32	28.2～35.2			
	L-AN46	41.4～50.6			
	L-AN68	61.2～74.8			
	L-AN100	90.0～110.0			
	L-AN150	135～165			
车轴油 （SH 0139—1995）	L-AY23	30～40	≤-40	铁路货车滑动轴承	未精制矿物油，低倾点油
	L-AY44	66～81	≤-10		
主轴轴承和离合器用油 （SH 0017—1990）	L-FC2	1.98～2.42	-18～-6	主要用于主轴轴承和离合器，也可用于轻载工业齿轮、液压系统和汽轮机	精制矿物油，抗氧化抗锈蚀
	L-FC3	2.88～3.52			
	L-FC5	4.74～5.06			
	L-FC7	6.12～7.48			
	L-FC10	9.00～11.0			
	L-FC15	13.5～16.5			
	L-FC22	19.8～24.2			
	L-FC32	28.8～35.2			
	L-FC46	41.4～50.6			
	L-FC68	61.2～74.8			
	L-FC100	90.0～110			
液压油 （GB 11118.1—2011）	L-HL15	13.5～16.5	≤-9	适用于机床和其他设备的低压齿轮泵液压系统，也可以用于使用其他抗氧化防锈型油的轴承、齿轮等机械	具有良好的抗氧化和防锈性能的矿物油型液压油，可以在循环液压系统内长期使用
	L-HL22	19.8～24.4	≤-6		
	L-HL32	28.8～35.2			
	L-HL46	41.4～50.6			
	L-HL68	61.2～74.8			
	L-HL100	90.5～110			

5. 润滑油的使用注意事项

①选用适当规格的润滑油,以选择黏度略小而又能保证正常润滑为原则。

②做到"五定",即定点(润滑点)、定时(添加和更换润滑油的时间)、定质(润滑油的品种和牌号)、定量(每次加油量油位控制在 1/3~2/3)、定人(专人负责),以简单图样标示出需要加油的部位、油品名称、加油周期等,并由专人负责,避免用错油品,做好机械保养记录。

③对自动注油的润滑点,要经常检查过滤器、油位、油压、油温和注油量,保持油路畅通。

④检查润滑油状况,如发生乳化、水分、杂质有异常或已到换油周期,应及时进行更换。

⑤定期清洗换油,换油前须将机械用溶剂冲洗干净,切不可用水溶性清洗剂。

三、润滑脂

润滑脂习惯上称为黄油,是由润滑油加入稠化剂(皂类和烃类两种)在高温下混合而成的一种稳定的半固体产品。在常温(20℃)下润滑脂呈半软质,半固体状态。润滑脂广泛应用于工农业、交通运输等各种机械设备的滑动和滚动零件上,起润滑、保护及密封作用。

润滑脂的主要优点:①不需复杂的供油系统,有利于设备的小型化和轻量化;②润滑脂的黏附性好,油膜厚度较大,可用于敞开以及密封不良的摩擦部件;③使用寿命长。

(一) 润滑脂的主要质量指标

1. 锥入度 润滑脂锥入度指在规定的时间、温度条件下,规定质量的标准体落入润滑脂试样的深度,单位用 0.1mm 表示。锥入度是衡量润滑脂软硬程度的重要指标,锥入度值大则稠度小,外观状态较软;锥入度值小则稠度大,外观状态较硬。

2. 滴点 润滑脂受热软化,在开始滴落第一滴时的温度称为滴点。滴点是用以反映润滑脂耐温性能的指标。润滑脂的使用温度一般要比滴点低 20~30℃,甚至 40~60℃才合适,以保证润滑的效果。

3. 水分 润滑脂含水的百分比称为水分。水分对各种润滑脂的性能有很大影响,它以两种形式存在:一种是结合水,例如钙基润滑脂的水是它的主要组成部分,如水分消失会引起润滑脂的分解;另一种是游离水,它被吸附或夹杂于润滑脂中,能降低润滑脂的机械安定性和化学安定性,故应有严格的限制。

(二) 润滑脂的组成

润滑脂是一种具有塑性的润滑剂,由基础油、稠化剂、添加剂三部分组成。润滑脂的性能主要取决于润滑脂的组成和结构,不同组成的润滑脂其结构和性能不同。

1. 基础油 基础油指润滑脂中所含有的液体润滑油,一般占润滑脂的 70%~80%,包括矿物油和合成油两大类。目前绝大部分润滑脂是以矿物油作基础油,包括石蜡基油、中间基油和环烷基油等不同烃类组成的矿物油。因合成油本身具有独特的性能,主要用于高温、低温及真空等特殊条件下使用的润滑脂。合成油包括酯类合成油、聚醚类合成油、合成烃油、聚硅氧烷类合成油、含氟合成油等。

2. 稠化剂 稠化剂占润滑脂的 20%~30%,对润滑油起吸附和固定作用。它决定润滑脂的机械安定性、耐高温性、胶体安定性、抗水性等。稠化剂分为皂基稠化剂和非皂基稠化剂两种。

（1）皂基稠化剂　皂基稠化剂是脂肪或脂肪酸与碱类通过化学反应所形成的盐。用于制皂的皂基原料有牛油、猪油、棉籽油、菜籽油、蓖麻油等天然脂肪，以及硬脂酸、十二羟基硬脂酸、软脂酸、油酸等经加工后的单组分脂肪酸，而碱类主要是氢氧化锂、氢氧化钙、氢氧化钡。

（2）非皂基稠化剂　非皂基稠化剂分为有机稠化剂和无机稠化剂两类。

3. 添加剂　添加剂是加入到润滑脂中，可改善某些使用性能的物质。根据所需润滑脂的性能，可加入结构改善剂、抗氧化剂、金属钝化剂、防锈剂、极压剂、油性剂、抗磨剂、黏附剂等。

（三）润滑脂的分类

1. 按润滑脂稠度等级分类　按锥入度将润滑脂分为 9 个稠度等级，见表 1-16。

表 1-16　润滑脂按锥入度划分等级

润滑脂稠度等级	润滑脂 NLGI 牌号*	锥入度范围（0.1mm）
1	000	445～475
2	00	400～430
3	0	355～385
4	1	310～340
5	2	265～295
6	3	220～250
7	4	175～205
8	5	130～160
9	6	85～115

* NLGI 牌号：按照美国润滑脂协会（National Lubricating Grease Institute）的稠度等级划分，国际通用。

2. 按稠化剂类型分类　根据润滑脂的稠化剂不同，可分为皂基和非皂基润滑脂（表 1-17）。

表 1-17　润滑脂按稠化剂类型分类

润滑脂	稠化剂	实例
皂基润滑脂	单皂基润滑脂（脂肪酸金属皂）	锂基润滑脂、钙基润滑脂等
	混合皂基润滑脂（脂肪酸混合金属皂）	锂—钙基润滑脂、钙—钠基润滑脂等
	复合皂基润滑脂（脂肪酸与其他有机酸的复合物）	复合锂基润滑脂、复合铝基润滑脂、复合钙基润滑脂等
非皂基润滑脂	烃基润滑脂（石蜡和地蜡）	工业凡士林、表面润滑脂等
	有机稠化剂润滑脂（有机化合物）	聚脲基润滑脂、酞菁铜润滑脂等
	无机稠化剂润滑脂（无机化合物）	膨润土润滑脂、硅胶润滑脂等

3. 按润滑脂用途分类　按照润滑脂的用途分类如图 1-109 所示。

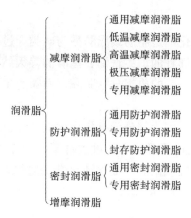

图 1-109　润滑脂按用途分类

4. 其他分类方法　按行业分类，可分为军工用润滑脂、铁路用润滑脂、船舶用润滑脂、汽车用润滑脂、纺织用润滑脂、矿山用润滑脂、化工用润滑脂等；按应用设备、部位分类，可分为阀门润滑脂、轴承润滑脂、减速机润滑脂等；按使用温度分类，可分为低温润滑脂、高温润滑脂等；按承载性能分类，可分为普通润滑脂、极压润滑脂等。

（四）润滑脂的性能及用途

1. 钙基润滑脂　钙基润滑脂的特点是耐水不耐温，适用于汽车、拖拉机、水泵、中小型电动机等各种农业机械的滚动轴承和易与水或潮气接触部位的润滑，转速在3 000r/min以下的滚动轴承一般都可使用。使用温度范围为－10～60℃。1号钙基润滑脂适用于集中给脂系统，最高使用温度为55℃；2号钙基润滑脂适用于一般轻负荷、中转速、中小型机械（如电动机、水泵、鼓风机等）的滚动轴承，汽车、拖拉机的轮毂轴承及离合器轴承等部位的润滑，最高使用温度为60℃；3号钙基润滑脂适用于中负荷、中转速的各种中型机械的轴承，最高使用温度为65℃；4号钙基润滑脂适用于重负荷、低转速的重型机械设备，最高使用温度为70℃。

2. 锂基润滑脂　锂基润滑脂的滴点较高，具有良好的机械安定性、胶体安定性、抗水性、结构稳定性、剪切稳定性、氧化稳定性、防腐蚀性和极压抗磨性能。通用锂基润滑脂可替代钙基、钠基及钙-钠基润滑脂，广泛适用于各种机械设备的滚动轴承和滑动轴承以及其他摩擦部位的润滑。1号锂基润滑脂适用于集中给脂系统；2号锂基润滑脂适用于中负荷、中转速的机械设备，如汽车、拖拉机的轮毂轴承，以及中小型电动机、水泵和鼓风机等；3号锂基润滑脂适用于矿山机械、汽车、拖拉机的轮毂轴承，以及大中型电动机等设备，使用温度范围为－20～120℃。

3. 复合铝基润滑脂　复合铝基润滑脂是一种性能优良的高温润滑脂，具有优良的热稳定性、高温可逆性、泵送性、抗水性、机械安定性等特性，适用于冶金、化学、造纸及其他行业高温、高湿条件下设备的润滑，特别是具有集中润滑系统的机械设备的润滑，使用温度范围为－20～160℃。

4. 复合锂基润滑脂　复合锂基润滑脂是目前极具发展前景的高温润滑脂，除具备锂基润滑脂优良的机械安定性、胶体安定性和氧化安定性外，其滴点高达260℃以上，同时还具有良好的泵送性、较长的轴承寿命，在钢铁、汽车等许多行业得到广泛应用。

5. 膨润土润滑脂　膨润土润滑脂属于非皂基无机润滑脂，是用表面覆盖处理的有机膨润土作稠化剂的润滑脂。它具有良好的高温性能、机械安定性和胶体安定性，适用于矿山、冶金铸造和轧钢机等高温、重负荷、低转速的机械润滑，也用于航空和航天机械。

6. 二硫化钼润滑脂 二硫化钼润滑脂具有良好的润滑性、附着性、耐温性、抗压减摩性等优点，适用于高温、重负荷、高转速的设备润滑。

（五）润滑脂的代号

一种润滑脂只有一种代号，其代号是根据工作温度、水污染、负荷、稠度等工作条件命名，由5个大写英文字母组成，每个字母都有其特定意义（表1-18）。

例如，通用锂基润滑脂分类代号为L-XBCHA1，2，3。L：润滑剂；X：润滑脂固定代号；B：最低工作温度-20℃；C：最高工作温度120℃；H：能经受水洗，防锈等级H级；A：非极压型的负荷条件；1、2、3：稠度等级。

表1-18 X组（润滑脂）分类（GB/T 7631.8—1990）

代号（字母1）	总的用途	使用要求									标记
		操作温度范围				水污染	字母4	负荷EP	字母5	稠度	
		最低温度①，℃	字母2	最高温度②，℃	字母3						
X	用润滑脂的场合	0 -20 -30 -40 <-40	A B C D E	60 90 120 140 160 180 >180	A B C D E F G	在水污染的条件下，润滑脂的润滑性、抗水性和防锈性	A B C D E F G H I	在高负荷或低负荷下，表示润滑脂的润滑性和极压性，用A表示非极压型脂；用B表示极压型脂	A B	可选用如下稠度号： 000 00 0 1 2 3 4 5 6	一种润滑脂的标记是由代号字母X与其他4个字母及稠度等级号联系在一起来标记的

注：①设备启动或运转时，或者泵送润滑脂时，所经历的最低温度。
②在使用时，被润滑的部件的最高温度。

（六）润滑脂的使用

润滑脂在使用时应注意以下事项：

①轴承润滑脂的补充。对于购入后开始运转或停放几个月后又重新运转的机器轴承均应补充润滑脂。补充量不能太多也不能太少，过多将增加轴承运动阻力，导致轴承过热，且易出现润滑脂泄漏现象；过少则润滑脂不能循环到轴承内部，不能起到润滑的作用。一般装脂量为轴承空腔容量的1/2或1/3。

轴承润滑脂的补充如图1-110所示，先将润滑脂充注，再揭开排出口盖，将多余的润滑脂排出，使轴承保持良好的润滑状态。

②更换新润滑脂时，应清除废脂，将部件清洗干净。在补加润滑脂时，应将废旧脂挤出，在排脂口见到新润滑脂时为止。

③定期加换润滑脂。润滑脂的加换时间应根据厂家说明书或具体使用情况而定，既保证

可靠润滑，又不造成浪费。

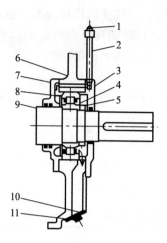

图 1-110　轴承润滑脂的补充
1. 油嘴　2. 导管　3. 外轴承盖　4. 垫圈　5. 螺母　6. 托架　7. 内轴承盖　8. 滚子
9. 主轴　10. 排出口　11. 固定螺栓

④加注润滑脂时，严禁加热融化注入或向润滑脂中加润滑油，否则会使钙基脂变质；防止机械杂质、尘埃和沙粒的混入。润滑脂应在规定工作温度范围内使用，以防引起油皂分离，失去润滑作用。避免不同种类、牌号及新旧润滑脂混用。

复习思考题

1. 一台机器由哪几部分组成？
2. 什么是机械、机器、机构、构件、零件？
3. 试述常用变速机构的类型、功用及其适用场合。
4. 试述常用引导机构的类型、功用及其适用场合。
5. 机器的连接方法有哪些？各有什么特点？
6. 机器动力的连接方式有哪些？
7. 润滑剂包括哪些种类？茶业机械如何正确选用润滑剂？

第二章 动力机械

【内容提要】 本章主要介绍茶业机械常见小型汽油机的工作原理、主要构造、操作技术及维护保养;讲述三相异步鼠笼式电动机的主要构造、工作原理、性能指标及电动机的选择、安装与使用,常见电动机控制设备与控制电路的类型及其功能等内容。

第一节 汽油机

一、概述

(一) 内燃机的分类

内燃机按燃料不同,分为柴油机和汽油机;按完成一个工作循环的行程数不同,分为四行程内燃机和二行程内燃机;按汽缸数目不同,分为单缸和多缸;按冷却方式不同,分为水冷式内燃机和风冷式内燃机。通常按主燃料命名,称为柴油机和汽油机。

(二) 内燃机型号

内燃机产品名称和型号编制规则(GB/T 725—2008)规定,内燃机产品名称均按所采用的主燃料命名;按规格和特征编制型号,型号由阿拉伯数字和汉语拼音的首位字母组成。型号中各符号及其含义如下:

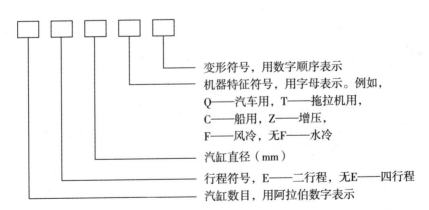

例如,1E40F 汽油机,表示单缸、二行程、缸径 40mm、风冷式汽油机;165F 汽油机,表示单缸、四行程、缸径 65mm、风冷式汽油机。

二、汽油机的工作原理

(一) 基本概念

内燃机工作简图见图 2-1。

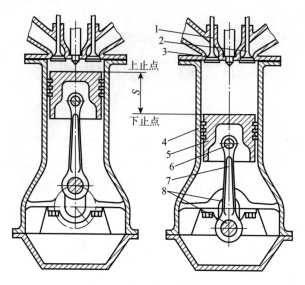

图 2-1 内燃机工作简图

1. 排气门 2. 进气门 3. 喷油器 4. 汽缸 5. 活塞 6. 活塞销 7. 连杆 8. 曲轴

1. 上、下止点 活塞在汽缸内作往复运动时,活塞顶面距曲轴中心最远的位置为上止点,活塞顶面距曲轴中心最近的位置为下止点。

2. 活塞行程 活塞在上、下止点间移动的距离称为活塞行程,用符号 S 表示。它等于曲轴半径的 2 倍。曲轴每转半圈,推动活塞运动一个行程。

3. 汽缸工作容积 汽缸工作容积指上、下止点间的汽缸容积,用符号 V_h 表示。它由缸径 D 和活塞行程 S 决定。

$$V_h = \frac{1}{4}\pi D^2 S \tag{2-1}$$

汽油机的工作容积即为汽油机的排量。

4. 压缩比 压缩比是汽缸总容积 V_a 与燃烧室容积 V_c 之比,用符号 ε 表示。

$$\varepsilon = \frac{V_a}{V_c} = \frac{V_c + V_h}{V_c} \tag{2-2}$$

压缩比表示气体在汽缸内被压缩的程度,压缩比越大,热效率越高。柴油机压缩比一般为 16~22,汽油机压缩比为 5~11。压缩比为 11,相当于把 20℃ 的空气压缩到原体积的 1/11。

(二)单缸四行程汽油机工作过程

四行程内燃机基本工作原理:先将由汽油和空气组成的可燃混合气吸入汽缸并压缩,接着用电火花点燃混合气,混合气燃烧。高温高压燃气推动活塞做功,使汽油机运转,将汽油燃烧产生的热能转化为机械能。

四行程汽油机完成一个工作循环,也就是曲轴转了 2 圈,活塞往复运行进气、压缩、做功、排气 4 个行程,如图 2-2 所示。

1. 进气行程 进气门打开,排气门关闭。曲轴靠惯性转过第一个半圈,带动活塞从上止点向下止点移动,汽缸容积增大,压力低于大气压力。在压力差的作用下,汽油与空气的混合气被吸入汽缸,直到活塞运行到下止点,进气门关闭为止。进气终了时,缸内压力为 73.6~88.3kPa,温度为 350~400K。

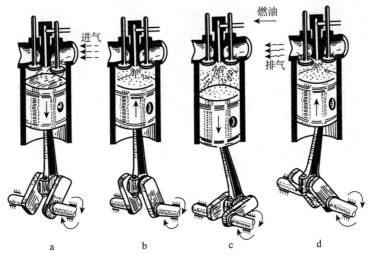

图 2-2 单缸四行程汽油机的工作过程
a. 进气 b. 压缩 c. 做功 d. 排气

2. 压缩行程 进、排气门关闭。曲轴靠惯性转过第二个半圈,活塞从下止点向上止点移动,汽缸容积减少,混合气受压缩。压缩行程终了,压力达 780~1 370kPa,温度达 500~700K(226.85~426.85℃),低于汽油自燃温度(汽油自燃温度为 400~530℃)。

3. 做功行程 压缩行程接近终了,火花塞适时点火,点燃混合气着火燃烧。燃烧使汽缸内压力升高到 2 940~4 410kPa,温度达 2 200~2 800K。高温高压气体迫使活塞从上止点向下止点移动,带动曲轴转过第三个半圈,输出机械能。做功行程终了,汽缸内压力、温度都下降。此时进、排气门仍关闭。

4. 排气行程 排气门打开,曲轴靠惯性转过第四个半圈,带动活塞从下向上,驱赶汽缸内废气。排气终了时,废气压力为 103~108kPa,温度为 800~1 000K。

(三)单缸二行程汽油机工作过程

1. 二行程汽油机的结构特点 二行程汽油机与四行程汽油机相比,结构简单,质量轻,具有以下不同特点:

(1)气孔当气门 二行程汽油机没有进、排气门,而在汽缸壁上开有排气孔、换气孔、进气孔,进气孔接通曲轴箱和进气管,换气孔接通曲轴箱和汽缸内部,排气孔接通汽缸内部和排气管,借助活塞上下移动来控制气孔的开闭。

(2)曲轴箱封闭 曲轴箱不是用来装机油,而用于贮存混合气,因此是密闭的。

2. 二行程汽油机的工作过程 二行程汽油机完成一个工作循环,活塞往复运动 2 次,曲轴转 1 圈(图 2-3)。

(1)第一行程——进气压缩行程 曲轴靠惯性转过第一个半圈,带动活塞从下止点向上止点移动。活塞下方将进气孔打开,曲轴箱因容积增大而将可燃混合气吸入汽缸;活塞上方,换气孔和排气孔关闭,汽缸内的混合气受压缩(图 2-3a)。

(2)第二行程——做功排气行程 当活塞接近上止点时,火花塞产生电火花,点燃混合气。燃烧气体推动活塞向下移动做功;活塞下部将进气孔关闭,曲轴箱内的混合气受到预压;

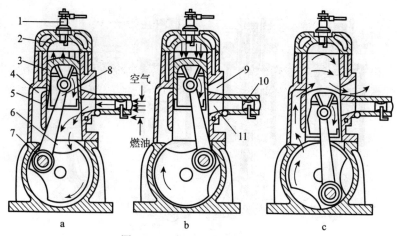

图 2-3　二行程汽油机工作简图
a. 第一行程　b、c. 第二行程
1. 火花塞　2. 缸盖　3. 活塞　4. 换气孔　5. 缸体　6. 曲轴箱
7. 曲轴　8. 连杆　9. 排气孔　10. 化油器　11. 进气孔

活塞继续下行，打开排气孔，具有一定压力的废气从排气孔排出；活塞再下移，打开换气孔，曲轴箱内受到预压的新鲜混合气便经换气孔到汽缸，并起驱逐废气的作用（图 2-3b、c）。因此，第二行程中，汽缸内在做功、排气和换气，曲轴箱的混合气被压缩。

当活塞越过下止点后上行时，下一循环的第一行程又重新开始。如此一个工作循环接着一个工作循环，使二行程汽油机不断运转。

3. 二行程汽油机的工作特点

（1）相同转速下，输出功率较大　当转速相同时，二行程做功为四行程的 1.5～1.6 倍。

（2）启动容易，运转平稳　二行程汽油机的一个行程耗功，一个行程做功。

（3）油耗大　因换气时，部分可燃混合气随废气排掉，油耗增大 1/3。与同类型同系列的汽油机相比，二行程汽油机油耗增加 1 倍，但做功却不能增加 1 倍。

便记口诀：内燃机有二行程，利用气孔当气门；曲轴旋转一周完，行程减少功率增；进气、排气加换气，部分损失油耗增。

三、汽油机的主要构造

（一）汽油机的组成及功用

汽油机由 2 个机构和 4 个系统组成。

1. 曲柄连杆机构　曲柄连杆机构的功用是完成工作循环，改变运动形式，传递动力，使之能连续工作。在做功行程中，将气体膨胀推动活塞的直线运动变为曲轴的旋转运动，输出动力；在其他 3 个行程中，利用飞轮旋转惯性，又将旋转运动变为活塞的往复运动，从而实现工作循环。

2. 配气机构　配气机构的功用是定时开闭进、排气门，保证进、排气门按照内燃机工作循环要求定时地开启或关闭，及时完成换气过程，并在压缩和做功行程中保持汽缸的密闭。

3. 燃料供给系统 燃料供给系统的功用是根据汽油机的工况不同,将汽油与空气按一定比例均匀混合形成可燃混合气,供给汽缸燃烧做功。

4. 点火系统 点火系统的功用是定时产生15~20kV的电压,使火花塞发出电火花,点燃汽缸内的混合气。

5. 润滑系统 润滑系统的功用是润滑、冷却、清洗、密封、防锈内燃机各运动件。

6. 冷却系统 冷却系统的功用是对机内高温部件进行冷却,避免内燃机过热。

(二) 曲柄连杆机构

曲柄连杆机构由机体组、活塞连杆组和曲轴飞轮组组成。

1. 机体组 机体组是内燃机的骨架,是支承和固定内燃机各机构的基础。它主要由汽缸体、汽缸套、曲轴箱、汽缸盖和汽缸垫组成。

(1) 汽缸体 汽缸体用于安装汽缸套,曲轴箱用于支承曲轴。风冷式汽油机的缸体外铸有散热片。

(2) 汽缸套 汽缸套是燃料燃烧、能量转换的场所,也是活塞运动的导轨,常以汽缸套使用寿命作为考核内燃机整机寿命的主要依据。汽缸套分干式和湿式,干式缸套的外壁不直接与水接触,不会漏水,但散热性能差;湿式缸套(图2-4)的外壁直接与冷却水接触,散热性能好,应用普遍,但易漏水。

(3) 曲轴箱 曲轴箱分上、下两部分。上曲轴箱与缸体铸成一体,下曲轴箱也称为油底壳。四行程汽油机的曲轴箱储有润滑油,有通气管与大气相通,以减轻活塞运动阻力和减缓机油变质;二行程内燃机的曲轴箱是兼作换气用的,密封严密,不存放机油。

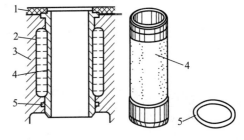

图2-4 湿式水冷汽缸套
1.汽缸垫 2.水套 3.汽缸体 4.汽缸套
5.橡胶密封圈

(4) 汽缸盖和汽缸垫 汽缸盖和汽缸垫用于封闭汽缸上部并与活塞顶构成燃烧室。汽缸盖上加工有火花塞孔座、进气道、排气道和冷却水道。风冷内燃机的汽缸盖上还铸有散热片。

2. 活塞连杆组 活塞连杆组由活塞、活塞环、活塞销、连杆等部件组成。活塞承受燃

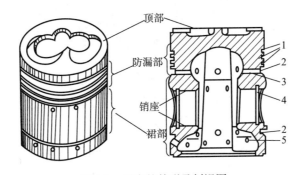

图2-5 活塞的外形及剖视图
1.气环槽 2.油环槽 3.油孔 4.销座卡环槽 5.油孔

气膨胀压力作高速直线往复运动,通过连杆转变为曲轴的旋转运动,以实现工作循环,完成能量转换。

(1) 活塞　活塞用于密封汽缸,承受燃气压力并传递给连杆。它在高温、高压、高速的交变载荷条件下工作,要求其有足够的强度,质量轻且导热性好,目前广泛采用铝合金材料。活塞的构造分顶部、防漏部、裙部和销座4个部分(图2-5)。

(2) 活塞环　活塞环分气环和油环两种(图2-6)。气环的作用是密封、导热,保持活塞与汽缸间的密封,防止漏气,并将热量传递给汽缸壁发散出去;油环的作用是刮油和布油,刮除缸壁上多余的润滑油,防止窜入燃烧室,将适量的润滑油均匀地涂抹在汽缸壁上,形成一层油膜,改善汽缸与活塞的润滑条件。活塞环一般用耐磨合金铸铁制成,为弹性开口圆环,自由状态下的活塞环外径大于汽缸内径,装入汽缸后,紧贴缸壁形成良好密封。

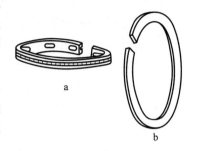

图 2-6　活塞环
a. 油环　b. 气环

(3) 活塞销　活塞销用于连接活塞与连杆。销两端用卡环固定。活塞顶部构成燃烧室的组成部分,其形状与燃烧室的形状有关。

(4) 连杆　连杆用于连接活塞和曲轴,在做功行程中将活塞受到的力传给曲轴使之旋转,在其他3个行程则将曲轴的旋转运动转变为活塞的往复运动。连杆承受力,要求强度高、刚性好和质量轻,多用碳钢或合金钢锻造,杆身断面制成工字形(图2-7)。连杆小头内压有铜衬套并钻有润滑油孔,润滑油由孔流入衬套以润滑活塞销;大头与曲轴的曲柄销相连,一般做成分开式,以便于拆装;连杆大头内装有轴瓦,以减小曲柄销的磨损和摩擦阻力。

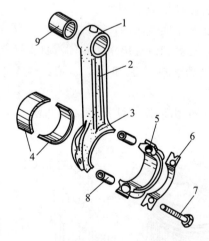

图 2-7　连　杆
1. 连杆小头　2. 杆身　3. 连杆大头　4. 轴瓦　5. 连杆盖
6. 防松垫片　7. 连杆螺栓　8. 定位销　9. 铜套

3. 曲轴飞轮组　曲轴飞轮组用于承受活塞连杆传来的力,转变为扭矩对外输出动力,并使内燃机平稳运转。曲轴飞轮组由曲轴和飞轮组成。

(1) 曲轴　曲轴用于传递动力,并输出动力。

(2) 飞轮　飞轮用于蓄放能量,帮助曲柄连杆机构越过上止点和完成辅助行程,使曲轴运转平稳,并使内燃机易于启动和克服短时超负荷。飞轮为铸铁大圆盘,圆周上刻有上止点和点火提前角等记号,当钢印记号与汽缸体上"0"刻度对准时,可判断活塞的位置或点火时刻。

4. 曲柄连杆机构的使用维护

①四行程汽油机应经常检查并保持油底壳的油面高度。

②四行程汽油机的曲轴箱需保持与大气相通,防止箱内压力太高,干扰运动件运转或机油变质;二行程汽油机的曲轴箱要求保持密闭。

③定期检查各连接件的紧固情况,特别是缸盖螺栓、飞轮螺母、地脚螺钉等。

④定期清除活塞顶部、缸盖处积炭,以免影响压缩比。

⑤不宜长时间超负荷工作和低速空转,以免造成润滑不良,燃烧不完全而积炭。

(三) 配气机构

配气机构用于控制进气门和排气门,保证进、排气门按照内燃机工作循环要求定时地开启或关闭,及时完成换气过程,并在压缩和做功行程中保持汽缸的密闭。

1. 侧置式配气机构的构造　小型四行程汽油机多采用侧置式气门式配气机构(图2-8),由气门组、传动组和驱动组构成。

(1) 气门组　气门用来控制进、排气道的开闭,选用耐热耐磨的优质合金钢制造。气门组包括气门、气门座、气门导管、气门弹簧、弹簧座和锁片,保证气门与气门座紧密贴合,防止漏气。气门弹簧用于使气门与气门座紧密贴合。

(2) 传动组　传动组用来按凸轮外廓形状传递动力。传动组包括挺柱、推杆、摇臂,传递线路:凸轮—挺柱—气门。挺柱的一端装有调整螺钉,用以调整气门间隙。气门间隙是指当气门关闭时,气门杆尾端与挺柱间的间隙。气门间隙过小,将造成气门关闭不严而漏气,引起功率下降和性能恶化;反之,若气门间隙过大,则会使气门开启时间缩短,造成新鲜空气充量不足且废气排不尽,从而降低内燃机功率。

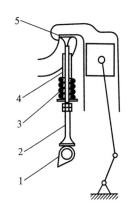

图2-8　侧置式配气机构
1. 凸轮　2. 挺柱
3. 气门弹簧　4. 气门导管
5. 气门

(3) 驱动组　驱动组由凸轮轴与正时齿轮组成,用来控制气门的启闭时刻和开启高度。凸轮轴上制有进、排气凸轮,其数目分别与气门数相等;凸轮的前端装有正时齿轮,正时齿轮由曲轴正时齿轮驱动。四行程内燃机每完成一个工作循环,进、排气门各开一次,即曲轴转两周,凸轮轴转一周。

2. 侧置式配气机构的工作原理

(1) 进气门打开吸气　在进气行程中,活塞下行吸气,进气凸轮顶起,进气门打开,新鲜可燃混合气从进气道进入汽缸。

(2) 进、排气门关闭密封　在压缩和做功行程中,由于进、排气凸轮皆转过,进、排气凸轮皆不起作用,气门在气门弹簧的作用下回到气门座上,进、排气门关闭,汽缸密闭。

(3) 排气门打开排气　在排气行程中,活塞上行排气,废气受到驱赶,这时排气凸轮顶起,排气门打开,汽缸的废气经排气道—排气管—消音器,排出废气。

配气机构工作原理口诀：气门要打开，全靠凸轮转；推动挺柱把力传，没有弹簧不能关。

3. 配气机构的维护保养 维护保养应做到：①定期清除气门积炭；②定期检查和调整气门间隙。

（四）燃料供给系统

1. 基本概念

（1）汽油辛烷值与汽油牌号 汽油机燃点较低，如果部分混合气未达到点火时刻自行着火燃烧，强大的压力冲击波将撞击汽缸，产生爆震燃烧。汽油机的抗爆性能由汽油的辛烷值决定。

一般标准燃料由异辛烷和正庚烷的混合物组成。异辛烷的抗爆性好，辛烷值为 100；正庚烷的抗爆性差，辛烷值为 0。汽油的辛烷值指异辛烷所占的比例。汽油的牌号用辛烷值表示，牌号越高，辛烷值越高，抗爆性能越好，所能承受的压缩比越大，汽油价格越高，反之亦然。如 95 号汽油的抗爆性能高于 92 号，适用于高压缩比、高转速的汽油机，小型汽油机采用 92 号汽油即可。

（2）汽油机不同工况的混合气浓度 可燃混合气浓度可用过量空气系数 α 表示。

$$\alpha = \frac{\text{燃烧 1kg 汽油实际消耗的空气量}}{\text{完全燃烧 1kg 汽油理论上消耗的空气量}} \tag{2-3}$$

①启动时提供极浓的混合气（$\alpha=0.2\sim0.6$）：汽油机冷机启动时，由于流速较慢，混合气在进入汽缸的过程中，一部分汽油变成液态而未加入混合气，造成实际进入汽缸的混合气变稀，因此需要较多的汽油与空气混合，提供极浓的混合气。

②怠速时或小负荷时提供过浓的混合气（$\alpha=0.6\sim0.8$）：怠速指汽油机在无负荷下低速运转的状态。这时油门减小，使混合气量少，易受汽缸残余废气的稀释，为了维护低速稳定工作，怠速时应提供过浓的混合气。

③大负荷时提供较浓的混合气（$\alpha=0.8\sim0.9$）：当 $\alpha=0.8\sim0.9$ 时，因为汽油量和空气量都较多，燃烧速度快，发出的功率最大。

④中负荷提供较稀的混合气（$\alpha=1\sim1.15$）：当 $\alpha=1.15$ 时，能使汽油完全燃烧，但不能发出最大功率，这种浓度可提高经济性。

2. 汽油机燃料供给系统的组成 汽油机燃料供给系统由油箱、沉淀杯和化油器等组成（图 2-9）。

汽油机燃料供给线路：

```
汽油→油箱→开关→沉淀杯→可燃混合气→化油器→进气管→汽缸
空气→空气滤清器─────────────────┘        ↓废气
                                          排气门
                    大气←消音器←排气管←┘
```

汽油从油箱流入沉淀杯，由于其黏度小，杂质易沉淀，用带滤网的沉淀杯滤除汽油中的水分和杂质，然后进入化油器；空气经空气滤清器后也进入化油器；化油器将汽油雾化与空气混合形成可燃混合气，经进气管进入汽缸；燃料燃烧后产生的废气经排气门、排气管、消音器排到大气中。

3. 化油器 化油器由浮子室组件、主喷管、喉管、节气门、主配剂装置、辅助供油装置等组成（图 2-10）。

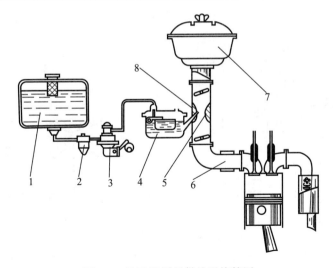

图 2-9 汽油机燃料供给系统简图
1. 油箱 2. 沉淀杯 3. 油泵 4. 化油器 5. 喉管 6. 进气管 7. 空气滤清器 8. 主喷管

（1）浮子室组件 用于存放汽油，保持浮子室油面高度稳定。由浮子室、浮子、针阀等组成。

（2）主喷管和主量孔 用于自动控制喷油量。主喷管一端的主量孔与浮子室相连，控制汽油的喷油量；另一端伸入喉管处，其略高于浮子室油面，以免汽油在汽油机不工作时自行流出。

（3）喉管 用于产生高速气流，并将浮子室的汽油吸出，以便使汽油汽化与空气混合。

（4）节气门（俗称油门） 用于调节进入汽缸的混合气量。节气门开度大，汽油机油门大，混合气进入汽缸的量多；节气门开度小，混合气进入汽缸的量少。

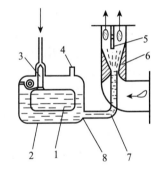

图 2-10 化油器简图
1. 浮子 2. 浮子室 3. 针阀 4. 通气口 5. 节气门 6. 喉管 7. 主喷管 8. 主量孔

混合气的形成：当汽油机处于进气行程时，空气在喉管的流速急速增加，喉管气压显著下降，而浮子室油面受大气压作用，在压力差的作用下，汽油自浮子室流过主量孔，经主喷管喷入喉管中，被高速气流冲散成细雾，汽油不断蒸发、雾化，与空气不断混合，形成可燃混合气。

（5）怠速装置 由怠速量孔、怠速调整针、怠速喷孔、过渡喷孔和节气门组成（图 2-11）。怠速时，汽油机转速低，要求较浓的混合气，此时节气门接近于全闭，节气门前方的喉管处压力很高，接近大气压，汽油不能从主喷管喷出，但节气门后方的气压却很低，怠速喷孔设在此处，汽油从怠速喷孔处呈泡沫状喷出，并受到节气门边缘气流的吹散。

当汽油机由怠速过渡到小负荷时，节气门逐渐开启，怠速喷孔处的气压迅速升高，喷油量很快降低，但主喷管还不能喷油，因而混合气过稀，导致熄火。因此，在怠速喷孔附近设置过渡喷孔，这样，在过渡时有两个喷孔喷油，使得混合气浓度变化平缓。节气门继续开大，主配剂装置参加工作，怠速装置停止工作。为使汽油机在怠速时能稳定地运转，还设有怠速调整针和节气门开度调整螺钉。

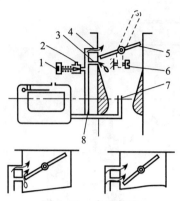
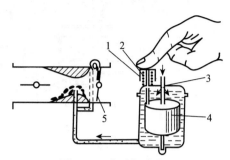

图 2-11 怠速装置
1. 怠速调整针 2. 空气进气孔 3. 过渡喷孔
4. 怠速喷孔 5. 节气门 6. 节气门开度调节螺钉
7. 主喷管 8. 怠速量孔

图 2-12 启动加浓装置
1. 按钮 2. 弹簧 3. 进油孔
4. 浮子 5. 阻风门

(6) 启动加浓装置 常用的启动加浓装置有阻风门和加浓按钮（图 2-12）。阻风门装在化油器入口处。启动时，关小阻风门，一方面使进入化油器的空气量减少，另一方面降低阻风门后的气压，以增加汽油喷出量，使混合气变浓。启动后，应随即打开阻风门，否则会因混合气过浓而造成汽油机熄火。启动加浓按钮在浮子室盖上，启动前按下按钮，浮子室油面升高，汽油从喷油管溢出，提高混合气浓度。

P21 型小型化油器的结构与工作原理（图 2-13）：在化油器下方设有主量孔调整针，以调节供油量，改变混合气浓度。怠速装置有 3 个喷孔，使节气门从小开到大，混合气浓度能平稳过渡。怠速调整针用来调节怠速时的混合气浓度。启动加浓装置设有阻风门和加浓按钮。165F 汽油机采用 P21 型化油器。

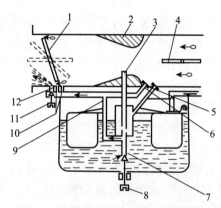

图 2-13 P21 型小型化油器结构原理图
1. 节气门 2. 喉管 3. 主喷管 4. 阻风门
5. 空气量孔 6. 怠速空气量孔 7. 主量孔
8. 主量孔调整针 9. 怠速量孔 10. 过渡喷孔
11. 怠速调整针 12. 怠速喷孔

4. 燃料供给系统的使用维护

(1) 做到"油净""空气净"

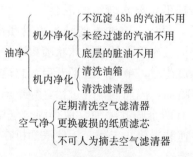

(2) 正确选用柴油、汽油牌号 汽油机压缩比小于 7 时，用 92 号汽油；汽油机压缩比

大于8时，用95号汽油。

(3) 定期清洗化油器、沉淀杯

(4) 定期检查和调整怠速　通过调节怠速针与节气门最小开度调节螺钉，使汽油机获得最低的稳定转速，在节气门开大或关小时，汽油机能平稳运转不熄火。

（五）点火系统

小型汽油机多采用磁电机点火系统，它由磁电机、高压导线和火花塞等组成。

1. 火花塞　火花塞的作用是利用高压电在汽缸中产生电火花。火花塞由中心电极、侧电极、绝缘体及壳体等组成（图2-14）。中心电极与侧电极之间留有0.5~0.7mm的火花间隙。火花塞旋紧在汽缸盖上"搭铁"，接头螺母与高压导线连接。国产火花塞按传热能力分为热型、中型和冷型。热型火花塞的绝缘体裙部长，适用于压缩比小、转速低的汽油机；冷型火花塞的绝缘体裙部短，适用于压缩比大、转速高的汽油机；中型火花塞介于二者之间。

由磁电机产生的高压电流通过高压导线导入火花塞中心电极，在两电极间的间隙跳火后，经侧电极"搭铁"，返回磁电机。

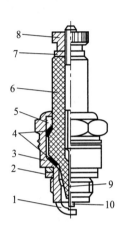

图2-14　火花塞
1. 侧电极　2. 垫圈　3. 壳体
4. 内垫圈　5. 压紧衬套　6. 绝缘体
7. 垫片　8. 接头螺母　9. 绝缘体裙部
10. 中心电极

2. 磁电机　磁电机用于产生高压电流，供火花塞产生电火花。旋转磁铁式磁电机可分为转子式和飞轮式。磁铁在感应线圈内部旋转的为转子式磁电机，磁铁在感应线圈外部旋转的为飞轮式磁电机。小型汽油机多采用飞轮式磁电机，这种磁电机按产生高压电方式不同又可分为有触点式磁电机和无触点式磁电机。

(1) 有触点式飞轮磁电机　有触点式飞轮磁电机由旋转的飞轮组件和固定的底板组件构成（图2-15）。飞轮组件由飞轮和磁铁构成。永久磁铁固定在飞轮内缘，随飞轮旋转。底板组件由感应线圈、断电器和电容器等组成。感应线圈用于产生高压电，其初级线圈与断电器

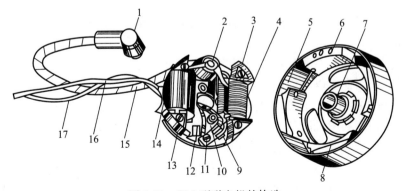

图2-15　CL2型磁电机的构造
1. 高压线接头　2. 电容器　3、13. 铁芯磁掌　4. 照明线圈　5. 飞轮　6. 平衡块
7. 凸轮　8. 磁铁　9. 初级线圈接头　10. 活动触点臂　11. 固定螺钉
12. 固定触点臂　14. 点火线圈　15. 高压导线　16. 熄火线　17. 照明火线

相连，次级线圈与火花塞相连；断电器用于接通和切断低压电路，使次级线圈产生高压，断电触点间隙为0.25～0.35mm；电容器用于保护断电器触点，提高次级线圈的感应电势。

磁电机的工作原理（图2-16）：当飞轮旋转时，线圈切割磁力线而产生感应电动势。当断电器触点闭合时，初级线圈有电流通过，并在铁芯中产生磁通。当初级电流达到最大时，凸轮将断电器触点打开，初级电流及磁通迅速消失，通过互感作用在次级线圈产生15～20kV的高压电，使火花塞产生电火花。当断电器触点打开时，初级线圈产生的自感电动势达300V，导致断电器触点间隙产生电火花，影响磁电机性能。因此，在电路中并联一个电容器，可使触点间不再产生电火花，并有利于提高次级电压。低压电路中设有熄火按钮，按下熄火按钮时，低压电路形成闭合电路，断电器失去作用，次级线圈不能产生高压电，火花塞无电火花产生。

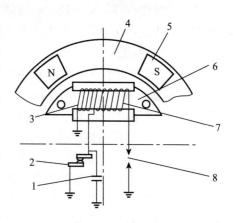

图2-16　CL2型磁电机的电路
1. 电容器　2. 断电器　3. 初级线圈　4. 飞轮
5. 磁极　6. 铁芯　7. 次级线圈　8. 火花塞

有触点式磁电机在使用中易发生触点烧蚀、磨损等故障，维护保养也十分不便。

（2）无触点式磁电机　利用电子元件替代原来的白金触点，因无触点，所以避免了有触点式磁电机存在的上述问题，且启动性能好，点火可靠，工作稳定，寿命长，在1E40F、1E50F等小型汽油机上已应用无触点式磁电机点火装置。

3. 点火系统的使用保养要点　①保持磁电机干燥；②定期检查、调整断电点间隙、点火提前角和火花塞间隙；③正确使用熄火按钮，必须在汽油机低转速下使用熄火按钮，以免磁铁退磁；④定期清除火花塞积炭。

（六）润滑系统

1. 润滑系统的功用

（1）润滑　将机油不断供给各零件的摩擦表面，减少磨损和摩擦所耗的功。

（2）冷却　通过流动的机油将零件的摩擦热带走。

（3）清洗　通过流动的机油把夹入两摩擦表面的尘埃沙粒、金属碎屑等带走，减少零件的磨损和表面擦伤。

（4）密封　润滑油将两摩擦表面的间隙填满，防止漏气。

（5）防锈　润滑油可以避免机件表面的氧化和锈蚀。

2. 内燃机的润滑方式　根据内燃机类型和润滑部位的不同，有如下润滑方式：

（1）压力润滑　利用机油泵的作用将机油以一定的压力注入摩擦部位。其特点是工作可靠，润滑、清洗、冷却效果好，但结构复杂。

（2）飞溅润滑　利用内燃机运动零件飞溅起来的油滴或油雾进行润滑。其特点是结构简单，消耗功率小，但润滑不可靠。

（3）综合润滑　以压力润滑为主，飞溅润滑为辅的润滑。对高速、负荷重的零件表面（如曲轴主轴承、连杆轴承等）采用压力润滑，以保证润滑可靠；对外露、低速飞溅的油滴或油雾能够到达的表面（如汽缸壁等）则采用飞溅润滑。这种润滑既可靠，结构又不太复杂,为现代内燃机广泛采用。

(4) 油雾润滑　油雾润滑是二行程汽油机专用的特殊润滑方式。将机油、汽油按1∶15～25的比例混合,混合油随化油器雾化后进入汽缸内,利用机油油雾的凝结,润滑汽缸壁等摩擦表面。这种方式结构最简单,但不能保证充分、可靠地润滑。

3. 润滑系统的组成　综合式润滑系统(图2-17)一般包括下面几个部分:

(1) 机油泵、油底壳、油管及油道　其功用是使机油在机体内循环流动。机油泵用来加压机油,以形成各重要摩擦表面的压力润滑。

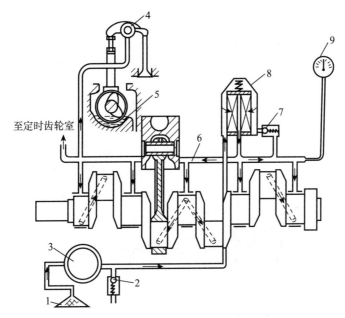

图 2-17　综合式润滑系统简图
1. 集滤器　2. 限压阀　3. 机油泵　4. 摇臂轴　5. 储油池
6. 主油道　7. 安全阀　8. 机油滤清器　9. 机油压力表

(2) 滤清装置　其用于过滤机油,去除油中的各种杂质,保证机油有良好的润滑性能。滤清装置包括集滤器和机油滤清器。

(3) 检视装置　检视装置包括机油压力表、机油温度表、机油标尺等。

(4) 安全装置　安全装置由限压阀和安全阀构成。用于调节和限制机油压力,保证润滑系统安全可靠地运行。

(5) 机油散热器　其用于冷却机油,防止机油温度过高而使润滑系统不能正常工作。

4. 润滑系统的使用维护要点　①启动前先检查油底壳的机油面,不足应添加,并选用正确牌号的机油;②每150～200h更换一次机油;③有机油泵的应注意检查机油箱是否有油,机油压力表是否正常,若出现异常应停机检查;④二行程汽油机应加入混合油。

(七) 冷却系统

1. 冷却系统的功用　内燃机在工作时,燃烧室的温度可达到2 000℃以上,约有1/3的热能被零部件吸收。内燃机温度过高有以下害处:①零件的刚度、强度明显下降,弹力消失;②过热膨胀使正常间隙消失而卡死,易刮伤机件表面;③机油变稀,失去润滑作用;④空气受热膨胀，氧气稀薄，造成燃烧不完全，功率下降；⑤汽油机易产生早燃和爆燃现象。

冷却系统的功用是使内燃机在正常的温度下（水温80~90℃）运行。

2. 冷却系统的类型与特点

（1）风冷系统　以空气作为冷却介质对汽油机进行冷却。主要由机体上的散热片、风扇、导流罩等组成（图2-18）。风扇产生的气流经导流罩引导，吹刷散热器表面，将内燃机冷却；散热片用于增加散热面积，增强冷却效果。

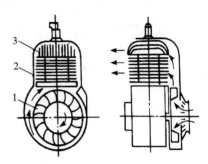

图2-18　风冷系统示意图
1. 风扇　2. 导流罩　3. 散热片

风冷系统的特点是结构简单，使用维护方便，但冷却不均匀，高温部件易过热，不宜长时间运转。小型汽油机常用这种形式。

（2）水冷系统　以水作为冷却介质对汽油机进行冷却。强制循环式水冷系统主要由风扇、水泵、散热器、水套和节温器等组成（图2-19）。靠水泵强制进行水的循环带走热量，水套进出口温差小，冷却均匀可靠，冷却系统的体积小、质量轻。

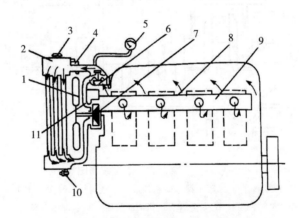

图2-19　强制循环式水冷系统
1. 风扇　2. 散热器　3. 水箱盖　4. 溢水管　5. 水温表　6. 节温器
7. 水泵　8. 水套　9. 配水管　10. 放水阀　11. 旁通管

3. 冷却系统的使用保养要点　①做到水净，使用清洁的软水，如食用水、河水，不用不经软化的井水和泉水；②及时加水；③定期清除冷却系统中的水垢；④保持正常机温，水温表60℃以上才能带负荷工作，适宜水温为80℃。

四、汽油机的操作使用

汽油机在启动前首先要做好准备工作，再按汽油机的操作规程进行启动、运行、停车，以保证人身安全和延长机器的使用寿命。

1. 启动前的准备　小型汽油机启动前的准备工作：①打开油箱开关，揿按加浓按钮，适当关闭阻风门。热机启动时，可不用加浓按钮，阻风门可适当关小或不关小。②将油门手柄放在1/3~1/2开度位置。

2. 启动 小型汽油机采用拉绳启动。启动时将拉绳按规定旋转方向绕在启动轮上,绕的圈数不宜过多,以 2~3 圈为宜,迅速拉动启动绳即可启动。应注意,不要把启动绳缠绕在手上,以防汽油机反转时,导致人身安全事故。

3. 运行与停车

①汽油机启动后,随着转速增大,应及时将阻风门打开。先低速运行 2min,待机温升高至正常后再进行负荷作业。严禁空载大油门高速运转。在运转中应注意有无异常声响和不正常情况,发现故障应立即停机检查。

②停车前应使汽油机空载,先低速运转 2~3min 使机温下降,然后关闭节气门,使转速降至怠速,按熄火按钮,到完全停机为止,关闭油箱开关。

第二节 三相交流异步电动机

一、电动机的类型

(一)电动机的类型和特点

电动机是将电能转化为机械能的动力设备。电动机的种类很多,按电源性质分为直流电动机和交流电动机;按交流电源的相数,交流电动机分为单相交流电动机和三相交流电动机;按定子磁场与转子的转速关系,又分为交流异步电动机和交流同步电动机;按转子的形式,交流异步电动机又分为鼠笼式电动机和绕组式电动机。

三相交流异步电动机(图 2-20)具有结构简单、运行可靠、维护方便、效率较高(电动机 $\eta=70\%\sim90\%$)、质量轻、价格低等优点,其中,三相交流鼠笼式异步电动机较之绕组式异步电动机,结构更简单,质量更轻,价格更低,但其缺点是启动转矩小,不便于调速。目前茶厂动力设备大多数为三相交流鼠笼式异步电动机。

图 2-20 三相交流异步电动机

(二)Y 系列三相交流异步电动机及其型号

Y 系列三相交流鼠笼式异步电动机的节能型产品,自 20 世纪 80 年代起逐步取代 J_2、JO_2 老系列电动机,其应用面广,产量大。

Y 系列三相交流鼠笼式异步电动机型号及其意义如下:

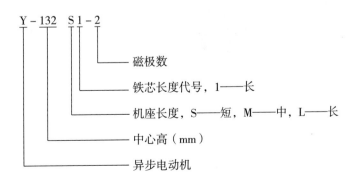

二、三相交流鼠笼式异步电动机的构造及工作原理

(一)三相交流鼠笼式异步电动机的构造

三相交流鼠笼式异步电动机由定子、转子及其他附件组成(图2-21)。

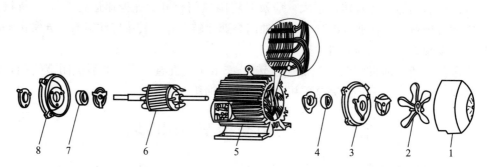

图2-21 三相交流鼠笼式异步电动机的构造
1.罩壳 2.风扇 3.后端盖 4、7.轴承 5.机座和定子 6.转子 8.前端盖

1. 定子 定子的作用是通入三相交流电,产生旋转磁场。它由定子铁芯、定子绕组、端盖和机座组成。定子铁芯起导磁的作用,用0.35～0.5mm绝缘硅钢片叠成。定子绕组起产生旋转磁场的作用,由漆包线制成三相绕组,对称地嵌放在线槽内,每相绕组引出两个线头,分别称始端和末端。Y系列电动机三相绕组的始、末端分别用U_1U_2、V_1V_2、W_1W_2标志,U为第一相,V为第二相,W为第三相,下标1表示始端,下标2表示末端。机座用于安装定子,支撑转子,机座接线盒内有6个接线柱,与三相电源相接,机座上还固定有该型号电动机的铭牌。

2. 转子 转子的作用是在旋转磁场作用下产生转矩,由转子铁芯、转子绕组和转轴组成(图2-22)。转子铁芯由圆形硅钢片叠压,硅钢片圆周上转子线槽内嵌放转子绕组;鼠笼式电动机的转子绕组用浇铸铝液铸成,在转子铁芯的两端形成导电圆环,分别把转子绕组线槽内的铝条连为一体,由于转子外形像笼子,故称鼠笼式;定子与转子之间的间隙称为电动机气隙,一般为0.25～1.5mm,定子铁芯、转子铁芯和气隙组成电动机的磁路;转轴用于支承转子铁芯,并输出机械转矩。

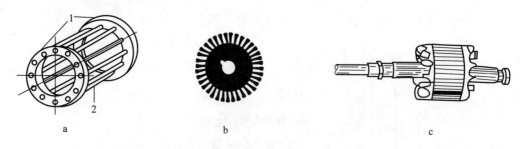

图2-22 转 子
a.转子绕组 b.转子铁芯 c.转轴
1.端环 2.笼条

（二）三相交流异步电动机的工作原理

1. 定子产生旋转磁场　如图 2-23 所示，当三相交流电变化一个周期时，电动机定子绕组产生的合成磁场也旋转了一周，三相电流周而复始变化，电动机的合成磁场便不停地旋转，形成了定子旋转磁场。旋转磁场的方向与三相交流电的相序相同，为顺时针。

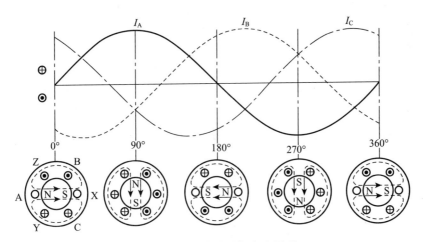

图 2-23　定子旋转磁场产生原理

2. 转子产生感应电流　定子旋转磁场作用在转子绕组上，相当于鼠笼式转子的笼条逆时针方向切割磁力线，由于转子导体被端环接通为闭合导体，根据"闭合导体切割磁力线时将产生感应电流"原理，导体内产生感应电流。通过右手定则（图 2-24），转子上半部导体内的感应电流由内向外，而下半部导体内的感应电流则由外向内。

3. 转子转动原理　再根据"通电导体在磁场中受到力的作用"原理，在旋转磁场和感应电流的共同作用下，转子产生顺时针的转动力矩（图 2-24），从而使电动机顺时针旋转。

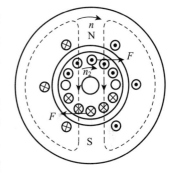

图 2-24　转子转动原理图

4. 电动机的转向　电动机转向与旋转磁场方向相同，而旋转磁场方向又与三相交流电相序相同，因此，电动机转向由三相交流电相序决定。利用这个原理，可实现电动机的正反转。如果电动机的转向与茶业机械的转向不符，只需将接到电动机的三相电源线中的任意两条线对调，便可改变电动机的旋转磁场方向，从而改变电动机转向。

5. 电动机的转速

（1）同步转速　同步转速也称为旋转磁场转速，用 n_1 表示，单位为 r/min。

$$n_1 = \frac{60f}{p} \tag{2-4}$$

式中　f——交流电频率，50Hz；

　　　p——磁极对数。

磁极数指电动机定子绕组在通入交流电后产生的 N 级和 S 级的数目，p 为电动机磁极数除以 2。

(2) 异步转速 异步转速也称为电动机转速,用 n_2 表示,单位为 r/min。电动机转速 n_2 总是略低于磁场转速 n_1,两者之差用转差率 S 表示,一般 S 为 2%～5%。电动机转速 n_2 用下式表示：

$$n_2 = n_1(1-S) \qquad (2-5)$$

当电动机磁极数为 2 时, $p=1$, $n_1=3\,000$r/min, $n_2=2\,900$r/min, $S=3\%$；
当电动机磁极数为 4 时, $p=2$, $n_1=1\,500$r/min, $n_2=1\,450$r/min, $S=3\%$。

6. 电动机转矩

(1) 启动转矩 启动转矩指电动机在额定电压、额定频率作用下,在启动瞬间所输出的转矩。三相交流异步电动机在启动时电流增大,电压下降,而其启动转矩降低,因此三相交流异步电动机不宜频繁启动。

(2) 额定转矩 额定转矩指电动机在额定电压、额定频率、额定转速作用下所输出的转矩。

(3) 最大转矩 最大转矩指电动机在额定电压、额定频率作用下能产生的最大转矩。最大转矩大于额定转矩。如果负载转矩超过最大转矩,电动机将产生堵转现象。

三、三相交流异步电动机的性能指标

电动机上的铭牌载明电动机的主要性能指标及工作特性,是选用、安装、维修和使用电动机的依据(图 2-25)。

		三相异步电动机			
型号	Y80M1-2	功率	0.75 kW	频率	50 Hz
电压	380 V	电流	1.8 A	接法	△
转速	2 830r/min	温升	75℃	绝缘等级	E
功率因数	0.84	质量	10 kg	工作方式	S1
防护等级	IP44	编号	XXXX		
	××××电机厂		出厂年月××××年×月		

图 2-25 电动机的铭牌

1. 接法 接法指电动机在额定电压下定子三相绕组的连接方法。电动机定子三相绕组的始端、末端均引到接线盒内,国家规定用 U_1、V_1、W_1 表示首端,用 U_2、V_2、W_2 表示末端。定子绕组的 6 个端头可以有星形(Y)和三角形(△)两种接法。

(1) 星形(Y)接法 将定子绕组的 3 个末(始)端连在一起,3 个始(末)端分别与三相电源相接(图 2-26a)。

(2) 三角形(△)接法 将定子绕组的始、末端依次连接起来,并引出 3 条线分别与电源相接的接线方法(图 2-26b)。

Y 系列鼠笼式异步电动机中容量在 3 kW 及以下的电动机定子绕组一般按 220V 电压设计,三相绕组接成星形(Y)；3 kW 以上电动机的定子绕组一般按 380V 电压设计,三相绕

组接成三角形（△）。

2. 额定电压　额定电压指三相定子绕组在标定接法下规定使用的线电压。对于某一台电动机，其各相绕组所能承受的相电压是一定的，当采用不同接法时，其线电压与额定电压不同，接线错误将引起电压过低或过高，不能正常运行甚至造成损坏。

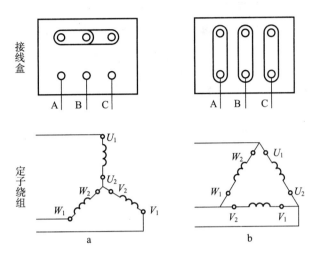

图 2-26　三相异步电动机的接线方法
a. 星形接法　b. 三角形接法

3. 额定电流　额定电流指三相定子绕组在标定接法及额定负载时电源上的线电流。电动机工作时，电流随电源线电压及负载而变化。在额定电压下，电流随负载增减而增减，负载超过额定值时，电动机因电流增大，出现过热而易烧损；在额定负载下，线电压过高或过低将使电流超过额定值，导致电动机过热而烧毁。

电动机启动瞬间，转子导体与旋转磁场的相对速度较大，转子导体中感应电流使定子绕组的相电流增大到额定电流的 4～7 倍，因此必须将启动电流限制在一定范围之内。

4. 功率、功率因数和效率　输入异步电动机的电功率不是全部转换为机械功，部分电能经电磁转换后返回电源，部分电能消耗于电阻、磁阻和摩擦阻力。

（1）视在功率　输入电动机总的电功率称为视在功率。

（2）无功功率　三相交流电输入定子绕组产生交变的旋转磁场，定子绕组在交变磁场作用下产生自感电流返回电源，这部分电能仅进行电磁转换，并未对外做功，称为无功功率。

（3）有功功率　异步电动机用于产生电磁力矩（机械能）、克服绕组导体电阻和磁路磁阻等所消耗的电功率称为有功功率。

（4）功率因数　功率因数指电压与电流相位差的余弦，即功率因数 $\cos\phi$ ＝有功功率/视在功率，它反映输入电动机的视在功率转换为有功功率的程度。

功率因数随电动机的负载而变化。电动机在额定负载时的功率因数一般为 0.7～0.9，负载减轻则功率因数下降，空载时的功率因数仅为 0.2～0.3，因此减少电动机的空载可以节能。

（5）效率　效率指电动机有功功率转换为输出功率的程度，即效率 η ＝机械功率/有功功率。电动机铭牌上标示的效率指在额定负载时的效率，电阻、磁阻和摩擦阻力都要消耗功率使电动机发热，电动机效率一般为0.7~0.9。随着负载减轻，输出功率减少，效率降低；超载时，损耗功率增加，效率亦下降。

5. 额定功率　额定功率指在额定电压及额定负载时转轴输出的机械功率。

6. 转速　电动机铭牌上标出的额定转速指在额定功率下的转轴转速。

7. 温升、绝缘等级、工作方式　电动机运行时因电阻、磁阻转化的热量而使绕组、铁芯温度升高，温度超过规定时将导致电动机过热破坏绝缘而烧毁。

（1）温升　温升指电动机工作时，其端盖温度比环境温度升高的数值。一般电动机的温升不高于20℃，如果测得的端盖温度超过环境温度25℃，则说明电动机有过热现象。

（2）绝缘等级　绝缘等级指电动机内导体与导体之间隔离绝缘材料的耐热等级。通常绝缘材料的等级及允许工作温度如表2-1所示。按电动机铭牌标示的温升与绝缘等级可确定允许的工作温度，便于运行中监测。

表2-1　电动机的绝缘等级和温升

绝缘等级	环境温度（℃）	允许温升（℃）		允许温度（℃）	
		铁芯	绕组	铁芯	绕组
A	40	60	55	100	95
E	40	75	65	115	105
B	40	80	70	120	110

（3）工作制　工作制指电动机在负载情况下能持续工作的时间和先后顺序，分为连续（S1）、短时（S2）、断续（S3）三种工作制。连续运行的电动机在额定功率下可长期连续运行，也适应短时运行方式。

四、电动机的选择与使用

（一）电动机的选择

1. 型号和防护等级选择　茶业机械动力大多属于中小功率容量作业机械，一般选用Y系列三相交流鼠笼式异步电动机。在空气干燥、灰尘少、无水土飞溅的场合应选用防护式电动机，在尘土飞扬、潮湿的场合应选用封闭式电动机。

2. 电压选择　电动机铭牌上的电压指额定线电压，即电源电压。若标注380V，所接电源电压380 V；若标注220 V，所接电源电压为220 V。

3. 功率选择　选择的电动机应符合生产设备工作性能、使用环境、安装形式等要求，按被拖动的机械设备功率的1.2倍选择电动机功率，不可太大或太小，防止出现"小马拉大车"或"大马拉小车"现象。

4. 转速选择　若茶机的转速较高时，电动机转速容易匹配，转速高的电动机，质量轻，价格便宜，功率因数和效率都较高，使用经济；若茶机的转速较低，与电动机转速悬殊时，如果强求电动机转速与工作机转速一致，将使电动机成本与运行成本提高，应考虑选用较高转速的电动机，适当增设传动系统减速。

（二）电动机的启动

启动过程指电动机转速为零到其达到额定转速的过程，一般为5~10s。异步电动机的启动电流一般为额定电流的4~7倍，启动电流大，电动机容易发热，而启动过程绕组的感抗很大，功率因数很低，启动转矩较小。因此鼠笼式电动机不能带负荷启动，也不宜频繁启动。

1. 直接启动　直接启动指直接给电动机加上额定电压的启动方法，也称全压启动。直接启动的设备简单，操作方便。但采用该方法是有条件的，一般要求启动时引起的电网压降应不大于供电网额定电压的10%；有照明负载时，电网压降应不大于5%；有专用变压器供电时，电动机最大功率应不大于变压器容量的20%~30%，以免电网波动太大。

我国规定：电源容量在180kVA以上，7kW以下的电动机可采用直接启动，7kW以上的电动机常采用降压启动。

2. 降压启动　常用的降压启动方法有Y-△换接启动和自耦降压启动两种。

(1) Y-△换接启动　启动时先接成星形，待转速稳定时再换接成三角形。星形接法电动机取用的线电流仅为三角形接法的1/3，可减轻对电网造成的压降。但Y接启动时的启动转矩仅为△接启动时的1/3。Y-△换接启动方法只适用于标定接法为△的电动机，且只能空载或轻载启动。国产Y系列鼠笼式异步电动机中容量在3kW以上的，标定接法均为△，宜采用Y-△换接启动。

降压启动设备可采用专门的Y-△启动器，常用的Y-△启动器有QX_3-13、QX_3-30、QX_3-55、QX_3-125等型号。

(2) 自耦降压启动　该方法利用三相自耦变压器降低电动机启动时的线电压和线电流，在转速正常时换下三相自耦变压器，换接到电源上，使电动机在额定电压下运行。

(三) 电动机的安装

1. 机械部分安装

(1) 安装位置　电动机安装地点应选择在防湿、防雨淋、防水泡、防日晒以及通风散热条件好的场所，以便于操作、监视、维护和检修，环境温度最高不要超过40℃。

(2) 安装地脚螺栓　地脚螺栓的安装有两种方式：一种是电动机与生产机械共用地脚板，这种安装方式只要使用符合规格的螺栓，并将螺母紧固即可。另一种是电动机和生产机械固定于混凝土基础上。基础一般采用砖石和混凝土结构，基础的边缘应超出机组外缘150mm左右，基础的表面应高出地面150mm左右。当电动机安装位置离地面很高时，可用角铁或槽钢焊成支架来固定电动机，支架的下端固定在混凝土基础上。

(3) 电动机的校正　安装时应使电动机的转轴处于水平位置。若基础不平，应在电动机底座下面加垫圈或铁片。对于联轴器直接传动，电动机转轴与茶机转轴必须同心，两联轴器间应留有2~4mm的间隙，以免相碰。对于皮带传动，电动机转轴与茶机转轴必须平行，两皮带轮位置应对正，两者之间的距离应保证皮带有最适当的松紧度。

2. 电路部分安装

(1) 电动机接地　电动机金属外壳必须可靠接地，以免发生触电事故。接地装置可利用混凝土基础中的钢筋，也可将长0.5m以上的钢管打入地下。

(2) 电动机引线　引线指电源到电动机的连接导线。引线一般用带绝缘外皮的铜线或铝线，也可采用橡胶套三芯或四芯电缆。导线截面的大小应按电动机的额定电流查手册选定。引线沿地面敷设时，应用塑料管或钢管加以防护，以免受损受潮漏电。

(3) 电动机接线　电动机定子绕组应按铭牌规定接成Y接或△接。若Y接误接成△接，则因每相电压过高，电流将很大，可能烧坏电动机；若△接误接成Y接，则因电压过低，电动机无法启动或带额定负载运行。

3. 安装后的检查　新安装的电动机在使用前应作如下检查：

①检查电动机及与之配套机器的基础是否牢靠，螺栓是否拧紧，传动带张力是否正常，联轴器等机械零部件是否完好。如有不妥应进行调整。

②检查电动机接线是否符合要求，外壳接地是否良好。

③根据铭牌标示数据，如电压、频率、转速、功率等电源、负载比对是否相符。

④用手扳动电动机转轴，检查转子能否自由转动，转动的声音是否正常。

（四）电动机的运行与维护

1. 启动前的检查　启动操作时，应遵守以下规程：

①新的电动机或 3 个月以上不用的电动机，应检查电动机的绝缘电阻。用兆欧表（500V）测定，电动机绝缘电阻 R 必须大于 $1MΩ$。测定电动机三相绕组之间的绝缘电阻（3 项）及绕组与机壳之间的绝缘电阻（3 项）必须满足要求。

②检查电动机与作业机械有无异常，联轴器的螺栓和销子是否完整、紧固，皮带是否过松或过紧。

③检查电源电压是否正常，通常不应超过额定电压值的 10%或低于 5%。

④新安装或检修的电动机，若出现反转，应立即断电停机，将电动机任两相电源线对调，再通电启动。

2. 安全操作

①用闸刀开关直接启动的电动机，开闸、合闸动作应迅速，避免正面对着开关。

②多台电动机启动操作，应由大到小逐台启动，不得同时启动。

③尽量避免频繁启动，以免电动机发热。电动机冷态启动时连续启动次数不宜超过 4 次，每次间隔时间一般不小于 2～3min；热态启动时连续启动次数不宜超过 2 次，间隔时间要更长些。

④合闸后若电动机光响不转或启动时间延长，应立即断电，查明原因并处理。电动机不转的常见故障原因有电源缺相、熔断丝烧断、接线点松脱、工作机械卡滞等。

3. 运行中的监护

（1）注意电源电压变化　检查电源电压是否正常，通常不应超过额定电压值的 10%或低于 5%，三相电压差不得超过额定电压的 5%。在电压长期偏低的地方，选用的电动机功率应比工作机械功率大一些，以避免电动机温度过高。

（2）监测电动机的三相电流　在安装有电流表的场合，应常监视电流的大小以及三相电流是否相等。如果任一相与其他两相偏差 10%以上，说明电动机有故障，应停机检查排除故障。

（3）监视电动机的温升　在没有电流表的场合，则应监视电动机的温升，一般用手背轻轻触及电动机外壳，若感觉烫手，说明电动机温升太高，应停机查明原因。最常见的故障是由于熔断丝烧断而引起电动机缺相运行或电动机长期过载运行。

（4）防止电动机两相运行　三相异步电动机在运行中若断一相，一般不会停转，这种情况叫两相运行。一相熔断器熔断、线路或电动机接头脱落都会引起两相运行。两相运行时，三相电动机成为单相电动机，其额定功率就会下降很多，如仍带原负载运转，转速将明显降低，引起绕组中的电流增大，导致电动机烧毁。

(5) 注意气味和声音　电动机绝缘漆烧焦时会产生气味，若发出绝缘漆的特殊气味或焦煳味，应立即拉闸停机。电气故障或轴承损坏都会发出特殊的声响，如电动机扫膛为"呲呲"声，轴承缺油为"丝丝"声，轴承破损为"咕咕"声。

(6) 保持电动机清洁干燥　保持电动机通风良好，周围应清洁无杂物，防止沙土、灰尘、水及汽油等进入电动机内。

五、电动机控制设备与控制电路

(一) 电动机控制设备与电路的功能

在茶厂实际使用电动机过程中，经常还会遇到一些特殊情况，如电网电压降太大、电动机超载以及电路发生短路等。为避免电动机受到损害，需要对电动机进行接通、分断、转换、控制、保护、调节等方面的控制和保护，这一类设备属于低压电气控制设备。

电动机控制设备的基本功能：

1. 接通分断　控制电路的接通、断开和电动机的正反转。

2. 欠压保护　当电源电压低于电动机额定电压的85%以下时，能自动切断电源，保护电动机。

3. 过载保护　当额定线电流达到电动机额定电流的120%，且作业机械超载时间超过20min时，自动切断电流，保护电动机。

4. 短路保护　当电动机发生短路故障时，产生很大的短路电流，可能烧毁电源甚至引起火灾，这时应立即切断电源。

(二) 电动机控制电器

1. 塑壳闸刀开关　塑壳闸刀开关用于电路的电源开关和小容量电动机非频繁启动的操作开关，结构简单，应用广泛。塑壳闸刀开关由操作手柄、熔断丝、触刀、触点座和底座组成(图2-27)。塑壳的作用是防止极间电弧造成电源短路和防止电弧飞出灼伤操作人员，熔断丝起短路保护作用。

安装闸刀开关时，手柄应向上合闸，不得倒装，以免手柄可能因自动下滑而引起误合闸，造成人身安全事故。接线时，将电源线接在熔断丝上端，负载线接在熔断丝下端，开闸后闸刀开关与电源隔离，并便于更换熔断丝。

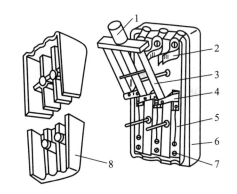

图 2-27　塑壳闸刀开关结构图
1. 手柄　2. 触点座　3. 触刀　4. 支座　5. 熔断丝
6. 瓷底板　7. 接线柱　8. 胶盖

2. 熔断器　用于电动机的短路保护。按工作元件的安装形式及灭弧方式不同分为下列产品。

(1) 瓷插式熔断器　如图2-27所示，瓷插式熔断器的熔体更换方便，价格低，分断能力较低，一般用于工作电流比较稳定的照明及电热电路；若用于动力负载电路，应选配熔点低而熔断时限长的铅合金熔断丝。

(2) 密闭管式熔断器　如图2-28所示，管式熔断器由钢纸管及铜帽构成，内装熔体。熔断时，电弧热使钢纸管局部分解产生气体灭弧。密闭管式熔断器的熔体可更换，分断能力较高，插头插座裸露，一般用于封闭式负荷开关或配电箱中。

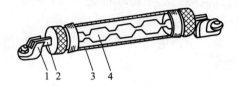

图 2-28　密闭管式熔断器
1. 插座　2. 插头　3. 熔管　4. 熔体

（3）螺旋式熔断器　如图 2-29 所示，螺旋式熔断器由瓷帽、熔管、端盖构成，管内充填石英砂灭弧，上端盖有熔断指示红标，熔体熔断，红标掉落。螺旋式熔断器的熔管更换快速、简便，分断能力强，规格多，广泛用于配电及负载电路中。

3. 空气开关　用于通断电路，不频繁地启动电动机，对电动机等实行保护，应用广泛。

（1）结构原理　如图 2-30 所示，手动合闸后，动、静触点闭合，脱扣联杆被锁扣的锁钩钩住，它又将合闸联杆 5 钩住，将触点保持在闭合状态。发热元件与主电路串联，电流流过时发出热量使热脱扣器向左弯曲，过载时脱扣器弯曲，将脱扣锁钩推离脱扣联杆，松开合闸联杆，动、静触点受脱扣弹簧作用而迅速分开。电磁脱扣器 8 有一圈与主电路串联，短路时，它使铁芯脱扣器上部的吸力大于弹簧的反力，脱扣锁钩向左弯曲，最后也使触点断开。如果要求手动脱扣时，按下按钮 2 就可使触点断开。热脱扣器与电磁脱扣器互相配合，热脱扣器担负主电路的过载保护，电磁脱扣

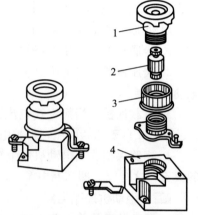

图 2-29　螺旋式熔断器
1. 瓷帽　2. 熔管　3. 瓷套　4. 瓷座

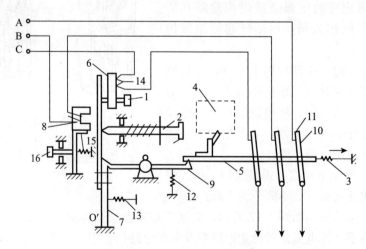

图 2-30　空气开关结构原理图
1. 整定旋钮　2. 脱扣按钮　3. 脱扣弹簧　4. 合闸机构　5. 合闸联杆　6. 热脱扣器　7. 锁扣　8. 脱扣器　9. 脱扣联杆　10. 动触点　11. 静触点　12、13. 弹簧　14. 发热元件　15. 脱扣弹簧　16. 调节旋钮

器担负短路保护。当空气开关由于过载而断开后,应等待 2～3min 才能重新合闸,以使热脱扣器回复原位。通过改变热脱扣器所需要的弯曲程度和电磁脱扣器铁芯机构的气隙,可以对脱扣电流进行整定。

(2) 类型　常用的低压自动空气开关主要有框架式和塑料外壳式两类产品。

(3) 选用　根据电路的保护要求和不同保护特性选择空气开关类型,并按电路的工作电流确定主触头和脱扣器的电流等级,选定空气开关的型号。

4. 主令电器　主令电器的作用是通断、换接控制电路,以控制电动机的启动、停车、制动和调速等。主令电器可以直接用于控制电路,也可以通过接触器间接作用于控制电路。常用的主令电器有按钮开关、主令开关和行程开关。

(1) 按钮开关　按钮开关用于将指令转变为电信号,控制主电路的通断。它由按钮、复位弹簧、触头及壳体组成(图 2-31)。按钮是感测元件,接受指令;触头是执行元件,通断控制电路发出的信号;每个按钮配置 1～6 对常开触头及 1～6 对常闭触头。依按钮开关的功能分为单按钮开关和组合多按钮开关,一般红色表示停止按钮,绿色或黑色表示启动按钮。

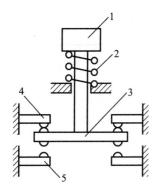

图 2-31　按钮开关结构示意图
1. 按钮　2. 复位弹簧　3. 动触点
4. 常闭触点　5. 常开触点

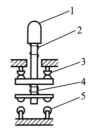

图 2-32　直动式行程开关
1. 触钮　2. 弹簧
3. 常闭触点　4. 触点弹簧　5. 常开触点

(2) 行程开关　行程开关的作用是将运动物体碰触的机械动作信号转变为电信号,控制主电路的通断,也称为限位开关。直动式行程开关的结构如图 2-32 所示。触钮是感测元件,接收运动物体的动作信号;常闭触点是执行元件,通断控制电路发出的信号。

5. 交流接触器　交流接触器用于控制电动机的启动、反转、制动和调速等。它具有体积小、价格低、维护方便及可实现频繁远距离操作的特点,是电力拖动控制系统中最常用的控制电器。

(1) 主要结构　交流接触器由以下 5 个部分组成(图 2-33)。

① 电磁机构:由电磁线圈、铁芯和衔铁组成。电磁线圈为感测元件,其串接于控制线路中接收电信号;

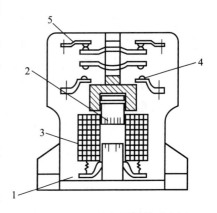

图 2-33　交流接触器结构示意图
1. 铁芯　2. 衔铁　3. 电磁线圈
4. 常开触点　5. 常闭触点

铁芯为双 E 形衔铁。

② 主触点和灭弧装置：主触点用于主电路控制负载，允许通断的电流值较大。电流 20A 以上的交流接触器均装有灭弧罩。

③ 辅助触点：用于控制电路中的自锁、连锁及信号输出，容量较小。有常开和常闭辅助触点，结构均为桥式双断点。

④ 反力装置：由反力弹簧和触点弹簧组成，与电磁力构成一对相反的作用力，使执行元件触点动作，以通断电路。

⑤ 支架和底座：用于接触器的固定和安装。

(2) 工作原理　当交流接触器线圈通电后，在铁芯中产生磁通，衔铁产生吸力，主触点在衔铁的带动下闭合，主电路接通；衔铁同时还带动辅助触点动作，使原来打开（闭合）的辅助触点闭合（打开）。当线圈断电或电压显著降低时，电磁吸力消失或减弱，衔铁在反力弹簧的作用下打开，主触点、辅助触点又恢复到原来状态。

(3) 交流接触器的选用　在电力拖动控制系统中，交流接触器的作用类别及用途如表 2-2 所示。

表 2-2　交流接触器的类型与用途

电流种类	作用类别	通电条件 I_T/Ie	断电条件 I_D/Ie	典型用途
AC 交流	AC1	1	1	照明、电热电路通断
	AC2	4	4	绕组式电动机的启动和中断
	AC3	6	1	鼠笼式电动机的启动和中断
	AC4	6	6	鼠笼式电动机的启动、反接制动、反向和点动

注：I_T、I_D、Ie 分别表示接通电流、分断电流和主触点额定电流。

生产中广泛使用中小容量的三相鼠笼式异步电动机，多采用 AC3 类接触器；如果负载明显地属于重任务类，则选用 AC4 类接触器。

根据电动机的功率和操作情况来确定接触器主触点的电流等级。当接触器的使用类别与所控制负载的工作任务相对应时，一般应使主触点的电流等级与所控制的负载相当或稍大一些。当接触器控制电容器或白炽灯时，由于接通时的冲击电流可达额定值的几十倍，因此从接通方面来考虑，宜选用 AC4 类接触器；若选用 AC3 类接触器，则应降低到 70%～80%额定容量使用。此外，还应注意使接触器线圈的电流种类和电压等级与控制电路相同，触点数量和种类应满足主电路和控制线路的要求。

6. 热继电器　热继电器的作用是对三相交流电动机实行过载保护。

(1) 主要结构　热继电器由热元件、常闭触点、整定旋钮、推板等组成（图 2-34）。

① 热元件：产生热效应的发热元件，串接于负载电路中。热元件由电阻丝和双金属片组成。电阻丝通电使双金属片发热，双金属片是将两种线膨胀系数不同的金属片焊合为一体，受热后可产生弯曲。

② 常闭触点：串联于交流接触器线圈的回路上，受推板和杠杆控制。常闭触点闭合时，交流接触器线圈保持通电状态，反之断电。

③ 整定旋钮：整定旋钮起调节整定动作电流的作用。整定旋钮为一个偏心轮，改变它

的半径，可改变双金属片与推板之间的接触距离，从而调节整定动作电流。

(2) 工作原理　当电动机过载时，负载电路的过量电流使热元件的双金属片发热而弯曲，产生一定位移，推动推板等动作机构动作，使常闭触点打开，切断控制电路，通过接触器等执行电器分断电动机电路。热继电器有二相式和三相式、手动复位和自动复位、带断相保护和不带断相保护等结构形式。

(3) 热继电器的选用　过载能力强的电动机，按电动机额定电流值确定热继电器热元件的额定电流；过载能力弱的电动机，按电动机额定电流值的90%确定热元件的额定电流。

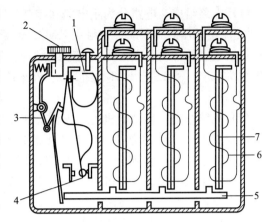

图 2-34　热继电器结构原理图
1. 复位按钮　2. 整定旋钮　3. 杠杆
4. 常闭触点　5. 推板　6. 热元件　7. 双金属片

(4) 热继电器的操作　热继电器动作后，需待双金属片冷却复原后，才能将触头复位重新接通电路，以免双金属片及动作机构的传动杠杆变形而改变动作特性。自动复位的产品一般在动作后5min内可自动复位，手动复位的产品一般在动作后2～5min可用复位按钮复位。在热继电器动作后，应分断电源电路，检查用电设备、导线及继电器的有关工作元件。

(三) 电动机控制电路

1. 闸刀开关控制电路　目前茶厂大多采用闸刀开关控制电路（图 2-35a）。电动机与三相电源之间直接通过闸刀开关连接，当闸刀开关 QS 合上时，电动机就启动运转。其结构简单，操作方便，但对电动机的保护性能较差。

2. 磁力启动器控制电路　磁力启动器由交流接触器、热继电器、按钮组成（图 2-35b），该控制电路具有"三大保护"功能，适用于频繁启动的中小型电机。

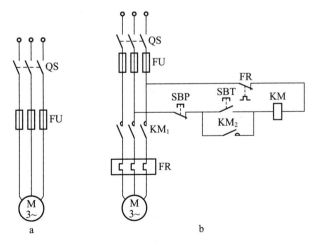

图 2-35　电动机直接启动电路
a. 闸刀开关控制　b. 磁力启动器控制

(1) 电路组成　电路分为主电路和控制电路。电动机三相绕组分别经热继电器的热元件 FR、交流接触器的 3 个动合主触头 KM_1、熔断器 FU、闸刀开关 QS 接到电源上，构成主电路；热继电器的常闭触点 FR、交流接触器的线圈 KM、启动按钮 SBT、交流接触器的常开辅助触头 KM_2（SBT 与 KM_2 先并联）、停车按钮 SBP 等串联接在电源的任意两相，构成控制电路。

(2) 电路原理　启动电机时，先合上闸刀开关 QS，再按下启动按钮 SBT，控制电路通电，使线圈 KM 产生磁力，将交流接触器常开主触头 KM_1 吸合，电动机即启动。由于辅助触头 KM_2 随主触头一起吸合，电动机启动后虽松开 SBT，但控制电路仍有电流通过，线圈磁力仍保持主电路接通。停机时，按下停止按钮 SBP，控制电路断电，交流接触器的线圈磁力消失，交流接触器的主触头和辅助触头同时断开，主电路被断开，电动机停止运转。

①欠压保护：若电源电压降低至额定电压的 85% 以下时，控制电路中的交流接触器线圈因磁力不足以吸住主电路中的主触头，主电路自行断开，可避免电动机在欠压情况下因长期运行而遭损坏，实施"欠压保护"。

②过载保护：若电动机处于过载状态时，热继电器的热元件 FR 动作，使热元件的常闭触点 FR 断开，控制电路断电，电机停止运行，可避免电动机长期过载运行而烧毁，实施"过载保护"。

③短路保护：若电路中出现短路故障时，熔断器 FU 熔断，对电路实施"短路保护"。

复习思考题

1. 试述四行程汽油机的工作循环。
2. 试述二行程汽油机的工作循环。
3. 二行程汽油机与四行程汽油机有哪些异同点和优缺点？
4. 汽油机由哪几大部分组成？
5. 汽油机在不同工况（启动、运行、停车）下要掌握哪些关键技术？
6. 汽油机平时的操作保养要点有哪些？
7. 如何提高汽油机的使用寿命？如何降低汽油机的油耗？
8. 试述 Y 系列三相异步电动机的特点。
9. 三相异步电动机的转速、转向和转矩有什么特点？
10. 三相异步电动机有哪些主要性能指标？
11. 如何正确选择、安装、使用电动机？
12. 茶厂常见的电动机控制电器有哪些？
13. 什么是短路保护、欠压保护、过载保护？
14. 如何提高电动机的效率及使用寿命？

第三章 茶园机械

【内容提要】 本章介绍了茶园节水灌溉的类型与特点、喷灌系统、微灌系统的组成及使用技术，茶树病虫害防治机械（包括液力式喷雾机、气力式喷雾机、离心式喷雾机）的构造、原理和使用技术，采茶机与茶树修剪机的类型、构造、工作原理和操作保养技术，茶园土壤耕作机械的类型、构造、原理及使用技术。

第一节 茶园节水灌溉设备

一、概述

（一）我国水资源状况和利用水平

水是农业的命脉，水资源状况和利用水平是评价一个国家或地区经济能否持续发展的重要指标之一。我国是贫水国，我国人口占世界总人口的18.82%，而淡水资源只占世界总量的8%，人均水资源占有量只为世界人均水平的1/4。我国是世界上人均水资源最贫乏的13个国家之一。我国农业用水占社会总耗水量的80%以上，节水重点在农业。节水灌溉指以尽可能少的水投入，取得尽可能多的农作物产量而采取的技术措施。

（二）节水灌溉系统的类型及特点

节水灌溉技术主要包括喷灌和微灌。喷灌产生于19世纪90年代（美国），微灌产生于20世纪30年代（以色列），20世纪70～80年代我国开始推广茶园喷灌和微灌。喷灌和微灌都采用增压水泵和输水管道，但其主要区别在于管道系统组成、喷（灌）水部件以及水压等方面。

1. 喷灌 喷灌指灌溉水通过水泵增压，经过管道输送到田间，由喷头将水滴洒布在作物及地表的全园灌溉技术。喷灌的优点如下：

（1）节水均匀 喷灌可根据作物需水状况灵活调节喷洒水量，基本不产生地面径流和深层渗漏，灌水均匀，比传统地面灌溉节水40%～60%，水利用率达71%～93%，灌水均匀度达80%～90%。

（2）省工省地 喷灌比传统灌溉提高工效20～30倍，便于实现自动化灌溉；不要求地面平整，可提高土地利用率7%～12%，山区丘陵茶园发展喷灌十分有利。

（3）增产优质 适用于所有浅根作物及茶、果、菜等经济作物，创造良好的水、肥、气、热条件；夏季降温，冬季防霜冻。经济作物可增产35%～45%，提高产品品质。

（4）保持水土 可根据土壤质地选择喷灌强度和雾化强度，避免土壤冲刷。

喷灌的缺点是受风力影响较大、设备投资和运行费用较高、易滋生杂草等。

2. 微灌 微灌指将灌溉水和作物生长所需的养分通过水泵增压，经过低压管道输送到田间，由灌水器以微小流量（250L/h以下）直接输入作物根部土壤的局部灌溉技术。微灌系统按灌水器类型不同分为滴灌、微喷灌、渗灌等。微灌的优点如下：

（1）省水节能　微灌的灌水量较小，灌水准确，比喷灌省水12%～25%；微灌系统工作压力（100kPa）低于喷灌压力（300kPa），灌水效率高且节能。

（2）灌水均匀　灌水均匀度可达80%～90%。

（3）增产优质　土壤地表湿度小，可防止杂草生长和病虫害滋生，增产15%～30%，提高品质。

（4）自动控制　可自动调节灌水速度，集灌水、施肥、喷药多功能一体化。

微灌的缺点是灌水器容易堵塞，对灌溉水的过滤要求严格。

二、喷灌系统及设备

（一）喷灌系统的组成

喷灌系统一般由水源工程、首部枢纽、输配水管道系统和喷头组成（图3-1）。

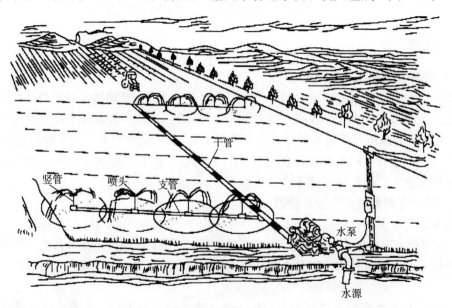

图3-1　管道式喷灌系统

1. 水源工程　水源工程的作用是集蓄、沉淀及过滤，为系统提供满足喷灌水量和水质要求的水源。喷灌的设计保证率一般要求不低于85%，在来水量足够大、水质符合喷灌要求的地区，可以不修建水源工程。对于轻小型喷灌机组，应配套满足其流动作业要求的田间水源工程。

2. 首部枢纽　为了管理和操作方便，将喷灌系统中的水泵、控制器、电气设备、过滤器、压力表、逆止阀等集中安装在喷灌系统的首部，故称为首部枢纽。首部枢纽包括加压（水泵、动力机）、计量（流量计、压力表）、控制（闸阀、球阀、给水栓）等设备。在没有自然水头压力的地区，喷灌系统的工作压力需要水泵提供。与水泵配套的动力机在有供电的情况下应尽量采用电动机，无供电条件的地区只能采用柴油机、汽油机或拖拉机。轻小型喷灌机组移动方便，通常采用喷灌专用自吸泵。

3. 管道系统　管道系统的作用是将压力水流输送到田间喷头，常分为干管和支管两级。

干管起输配水的作用,将水流输送到田间支管中去;支管是工作管道,其上按一定间距安装竖管,竖管上安装喷头,压力水通过干管、支管、竖管,经喷头喷洒到田面上。管道系统的连接和控制需要一定数量的管道连接配件(如直通、弯头、三通等)和控制配件(如给水栓、闸阀、电磁阀、进排气阀等)。管道根据敷设状况可分为地埋管道和地面移动管道。喷灌机组的工作管道则一般与行走部分结合为一个整体。

4. 喷头 喷头的作用是将具有一定压力的水流喷射到空中,散成细小的水滴并均匀地散布在所控制的灌溉面积上。控制喷头的喷灌强度,可使单位时间喷洒水量适应土壤入渗能力,不产生径流。为适应不同地形、不同作物种类,喷头按照工作压力分为高压喷头、中压喷头、低压喷头;按照工作状态分为固定式、旋转式和孔管式喷头;按照喷洒方式分为全圆喷洒和扇形喷洒。

(二)喷灌系统的类型与选用

喷灌系统按照安装使用方式分为以下 3 种类型:

1. 固定式喷灌系统 除喷头外,其他设备均作固定安装(图 3-1)。水泵动力机组安装在固定泵房内,干管和支管埋入地下,竖管安装在支管上并高出地面,喷头固定安装在支管上作定点喷洒。该系统操作简便,生产率高,可实现自控,便于结合施肥和喷药,占地少,但设备投资大。适用于坡度较大的丘陵地区和灌水期长且频率高的经济作物,如茶园、菜园、果园等。

2. 移动式喷灌系统 该系统的全部设备均可移动,仅需在田间设置水源(图 3-2)。喷灌设备可在不同地点轮流使用,设备利用率高,投资少。缺点是移动费力,路渠占地多。适合于小规模茶园或苗圃灌溉。

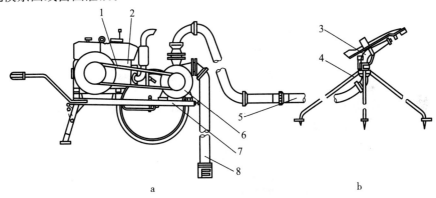

图 3-2 移动式喷灌系统机组
a.动力机组 b.喷头装置
1.三角皮带 2.发动机 3.摇臂式喷头 4.支架 5.出水管 6.离心泵 7.移动机架 8.进水管

3. 半固定式喷灌系统 该系统综合了固定式和移动式喷灌系统的优点,克服了两者的部分缺点,将水泵动力机组和干管固定安装,只移动装有若干喷头的支管,干管上每隔一定距离设有给水栓向支管供水(图 3-3)。

喷灌系统的选型应根据当地地形、作物、经济和设备条件等具体情况,考虑各喷灌系统的特点,综合分析比较,作出最佳选择。一般可根据以下原则选型:①在地形坡度陡、劳动力成本高的茶园可采用固定式喷灌系统;②在地形平坦、面积不大、离水源较近的茶园可采

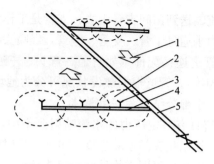

图 3-3 半固定式喷灌系统示意图

1. 支管移动方向 2. 喷洒范围 3. 立管与喷头 4. 支管 5. 主管

用移动式喷灌系统；③在有 10m 以上自然水头的地方应尽量选用自压喷灌系统，以降低动力设备的投资和运行成本。

三、离心泵

离心泵指利用叶轮旋转离心力进行扬水的设备。喷灌系统和微灌系统常采用离心泵对灌溉水进行增压。离心泵的特点是流量小，扬程高；进水口方向与出水口方向相互垂直。喷灌系统常采用的有普通离心泵和自吸离心泵。

（一）普通离心泵

1. 型号 常见的有单级单吸离心泵（如 IB、IS 型泵）和单级双吸离心泵（如 S 型泵）。以 6B20 型离心泵为例，说明其型号意义。

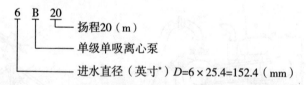

6　B　20
　　　　└─ 扬程20（m）
　　└─── 单级单吸离心泵
└────── 进水直径（英寸*）$D = 6 \times 25.4 = 152.4$（mm）

2. 主要构造 普通离心泵由叶轮、泵壳、泵轴、轴承、密封装置、支架等组成（图 3-4），分为转动部分和固定部分，转动部分包括叶轮、泵轴等，固定部分包括泵壳、密封装置等。

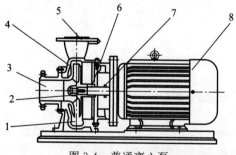

图 3-4 普通离心泵

1. 叶轮 2. 泵轴 3. 进水口 4. 密封环 5. 出水口 6. 填料函 7. 甩水圈 8. 电动机

---

* 英寸：非国家法定计量单位，1 英寸＝25.4mm。余同。

(1) 叶轮 叶轮将机械能转变为水流的动能和压能。
(2) 泵轴与轴承 泵轴用于安装叶轮，泵轴由滚珠轴承支承。
(3) 泵壳 汇集叶轮甩出的水，将水流的动能转变为势能。泵壳的外形类似蜗壳（故也称"蜗壳"），沿流道的断面积由小变大。泵壳设有充水孔、放气孔和放水孔。
(4) 密封装置用于减小轴与轴孔的间隙，减缓泵内压力水沿轴的渗漏。常用的密封装置有密封环和填料函。

3. 工作原理 普通离心泵的工作过程包括压水和吸水两个过程（图3-5）。

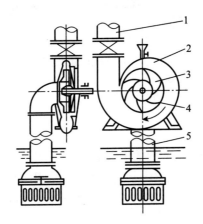

图3-5 普通离心泵工作原理图
1.出水管 2.蜗壳 3.叶轮 4.叶片 5.进水管

(1) 压水过程 启动前，需向泵内和进水管灌水或抽气，以排尽进水管内空气。启动后，电机带动叶轮高速旋转，水受离心力的作用沿着叶轮切线方向甩入泵壳，流速降低，压力增高，水流的动能转化为压能，高压水沿出水管流向高处。

(2) 吸水过程 叶轮的水被甩离后，叶轮中心形成负压，而水源水面受大气压作用，在压力差的作用下，水从进水管吸入泵内叶轮处。

叶轮连续转动，不断地压水和吸水，形成连续扬水过程。

（二）自吸离心泵

自吸离心泵是在单级单吸离心泵基础上改制而成。

1. 构造特点 自吸离心泵的构造如图3-6所示，其构造特点：①将泵体的进水口位置抬高，构成一个贮水室，使叶轮淹没在水中；②泵体出口处膨大，构成气水分离室；③设置回水孔，让脱气后的水回到泵壳内，再与空气混合而不断脱气。

2. 工作原理
(1) 吸气混合 叶轮旋转，叶轮中心的水被甩离而形成负压，将进水管中的空气吸入，空气与叶轮四周的水混合形成"气水混合物"。

(2) 脱气回水 "气水混合物"压力增高后被压入容积较大的气水分离室，水流速度骤降，压力降低，迫使水中的空气自动逸出，而脱气后的水则下沉，经回水孔进入叶轮处。

自吸离心泵利用泵壳内存贮的少量水与进水管中的空气进行混合—脱气—混合循环反复，经若干秒后，将进水管内的空气排尽，完成自吸过程，水泵开始正常泵水。

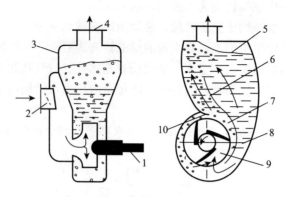

图 3-6 自吸离心泵构造图
1. 泵轴 2. 进水口 3. 泵壳 4. 出水口 5. 气水分离室
6. 隔板 7. 内流道 8. 外流道 9. 叶轮 10. 泵舌

(三) 离心泵的性能参数

1. 流量 流量指水泵在单位时间内的出水量,用 Q 表示,单位为 m^3/s、m^3/h、L/s 等。

2. 扬程 扬程指水泵理论上能够将水扬送的高度,用 H 表示,单位为 m。水泵的铭牌上标示的扬程值为理论扬程。由于水流经管道时消耗部分能量,引起扬程损失,使水泵的实际扬程小于理论扬程。

3. 允许吸上真空高度 以水泵不发生汽蚀为度的水泵最大吸上真空高度,用 H_s 表示,单位为 m。H_s 值是表示水泵吸水能力的参数,也是确定水泵安装高度的依据。水泵安装高度指进水池水面至水泵轴中心线的垂直距离。

水泵安装高度＝允许吸上真空高度－吸水管路损失

4. 功率 功率包括轴功率 N_Z 和有效功率 N_X。轴功率 N_Z 指动力机输入水泵轴的功率,有效功率 N_X 指水泵传给水流的输出功率。功率单位为 kW。

5. 效率 效率指有效功率 N_X 与轴功率 N_Z 之比,表征水泵轴功率转化为有效功率的程度,用 η 表示。由于轴承摩擦阻力和水流摩擦、挤压的内耗,水泵效率一般为 60%～80%。

6. 转速 转速指泵轴的额定转速,用 n 表示,单位为 r/min。水泵铭牌标示的转速为额定转速,实际转速一般不超过额定转速 10%。

(四) 离心泵的选配与安装

1. 离心泵的选配 包括两个方面的内容:一是根据喷灌或微灌系统所需的流量和扬程选配与之相适应的离心泵,二是根据离心泵的额定转速和轴功率选配合适的动力机。

2. 离心泵的安装

(1) 安装场地的选择 选择土质坚固、干燥并有足够平坦面积的地方,以利操作维护。尽量靠近水源,以降低吸水扬程。

(2) 出水管的安装 喷灌、微灌系统的出水管直接与系统的干管相接。出水管应安装牢固,根据需要采用多个支承固定压水管,防止由于机组的振动引起管道系统的损坏。

(3) 吸水管的安装 吸水管的内径应大于水泵进口内径,采用变径管连接。吸水管上的任一点不得高于水泵的进口,否则将使吸水管内空气排不尽,造成出水量不足或抽不上水。

(五)离心泵的使用

1. 启动 启动前应向吸水管及泵壳内灌满水,将空气排尽再启动;出水管装有闸阀的水泵,启动前应将闸阀关闭,待水泵转速达到正常后才慢慢打开闸阀,调节到所需流量。闸阀关闭后,水泵的运转时间不应太长(不超过3min),以免引起水泵发热。

2. 停机 若出水管装有闸阀,应先关闭闸阀,使水泵进入空转状态后再停机;如出水管上没有闸阀,则应逐渐降低转速后再停车,以防水柱突然倒流回泵内损坏机件。冬季停车后,应放尽泵内及管内的水,以防冻裂泵壳及管道。

3. 安全操作 运行中应注意监听机组的声音是否正常,若有不正常的声音,要停机检查,排除故障后再启动。注意轴承温度,以不烫手为宜,一般不超过50℃,每工作800~1 000h,应更换新润滑油;检查填料压盖的松紧度,一般以每分钟渗出30~50滴水为宜。

四、摇臂式喷头

摇臂式喷头是目前喷灌系统中应用最广泛的喷头。

(一)摇臂式喷头的主要构造

摇臂式喷头主要由喷头体、转动密封装置、驱动机构和换向机构组成(图3-7)。

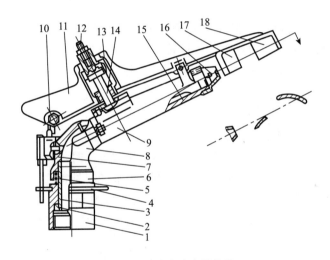

图 3-7 摇臂式喷头的构造

1. 轴套 2. 密封圈 3. 空心轴 4. 限位环 5. 防沙弹簧 6. 弹簧罩 7. 换向机构
8. 弯头 9. 喷管 10. 反转钩 11. 摇臂 12. 调节螺钉 13. 摇臂弹簧
14. 摇臂轴 15. 稳流器 16. 喷嘴 17. 偏流板 18. 导水板

1. 喷头体 喷头体的作用是稳定水流,并将水流压力能最大限度地转变为动能。它由弯头、喷管、喷嘴等构成。喷管为渐缩的锥形管,仰角30°~35°,内设有稳流器,用以消除水流的旋涡;喷嘴为大锥度流道,有的喷头采用双喷嘴或三喷嘴,可改善水量分布状态。

2. 转动密封装置 转动密封装置用于封闭空心轴与轴套间的间隙,防止漏水。由轴套、空心轴、橡胶密封圈、防沙弹簧等构成。

3. 驱动机构 驱动机构用于驱动喷头体转动和粉碎射流。由摇臂和摇臂弹簧等组成。

摇臂由摇臂体、偏流板和导水板构成。导水板受水流冲击而使摇臂摆动,摇臂弹簧用于使摇臂回摆。

4. 换向机构 换向机构用于使喷头换向转动。由换向器、反转钩、限位环组成。常用的换向器由摆块、弹簧、拨杆等组成(图3-8)。

(二)摇臂式喷头的工作原理

1. 喷洒 压力水经喷嘴喷出,压能转化为动能,形成射流。射流的水柱与摇臂拍击并与空气撞击而粉碎成水滴洒落地面。

2. 喷头转动 射流经偏流板折射到导水板,摇臂向外摆并将摇臂弹簧扭紧。接着摇臂在弹簧力的作用下回摆,撞击喷头体,使喷头转3°~5°。摇臂再次受到射流冲击外摆,第二次往复摆动。摇臂受射流作用,摆动、回摆反复进行,使喷头间歇旋转。调节摇臂弹簧的松紧度可以调节摇臂的摆幅和拍击频率。

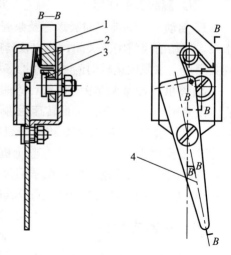

图3-8 摆块式换向器
1. 摆块 2. 换向弹簧 3. 摆块轴 4. 拨杆

3. 喷头换向 喷头体转动至换向器的拨杆碰到限位环时,拨杆拨动换向弹簧使摆块突起,摇臂尾部的反转钩撞击摆块使喷头体反转;当拨杆碰到另一限位环时,拨动弹簧使摆块复位,反转钩不再撞击摆块,喷头体正转。调节限位环的位置,可改变喷头扇形喷洒的范围。

(三)摇臂式喷头的主要参数

1. 工作压力 工作压力指喷头的进水口压力,用 p 表示,单位为 kPa 或 Pa。单喷嘴喷头,压力适中时,水量分布曲线近似等腰三角形;压力过低时,大量水集中在远处,中间水量少;压力过高时,近处水量集中,远处水量不足。节能起见宜选用低压喷头。

2. 喷水量 喷水量指喷头的流量,用 Q_P 表示,单位为 m^3/h。

3. 射程 射程指雨量筒每小时收集的水深为 0.3mm 的那一点至喷头中心的距离,用 R 表示,单位为 m。

4. 喷灌强度 喷灌强度指单位时间内喷洒到灌溉面积的水深,用 ρ 表示,单位为 mm/h。根据计量标准不同,喷灌强度分为点喷灌强度、平均喷灌强度和组合喷灌强度。

(1)点喷灌强度 单位时间内喷洒到极小面积上的水深,用 ρ_i 表示。点喷灌强度是计算喷灌均匀度的依据。

(2)平均喷灌强度 单个喷头的喷水量与整个湿润面积 A_P 之比,用 ρ_P 表示。圆形喷洒时,$A_P = \pi R^2$。喷头性能表中的喷灌强度即指单个喷头的平均喷灌强度。

(3)组合喷灌强度 由若干个同一型号的喷头按某一组合形式喷洒,其所喷洒的公共面积上的平均喷灌强度,用 ρ_Z 表示。

$$\rho_Z = \frac{1\,000 Q_P}{ab} \tag{3-1}$$

式中 Q_P——喷头的喷水量(m^3/h);

a——支管方向上的喷头间距(m);

b——支管间距（m）。

组合喷灌强度是衡量整个系统喷灌质量的重要指标，应保证组合喷灌强度小于土壤的入渗速度，以保证喷灌系统不产生宏观上的径流和积水。

5. 雾化指标 雾化指标指在喷头喷洒范围内的单位面积上，一定量的水滴对土壤及作物的打击动能，用 p_d 表示。实测该值困难，可采用以下经验公式：

$$p_d = \frac{100p}{d} \tag{3-2}$$

式中 p——喷头的工作压力（kPa）；

d——喷嘴的直径（mm）。

喷头工作压力越大，喷嘴越小，雾化程度越好。规定不同作物的 p_d 值如下：蔬菜及花卉为 4 000～5 000，茶树、果树等经济作物为 3 000～4 000，草坪及绿化林木为 2 000～3 000。

五、微灌系统与设备

微灌系统主要由水源、首部枢纽、输配管网、灌水器、自动控制系统等组成（图 3-9）。首部枢纽包括水泵动力机组、施肥罐、过滤器、流量计、流量调节阀、压力表、调压阀等；输配管网包括干管、支管、毛管以及管道接件、控制调节设备；自动控制系统包括土壤墒情监测传感系统、作物数据监测信息系统、气候环境监测系统等。

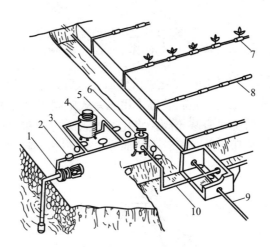

图 3-9 微灌系统的组成
1. 水泵 2. 流量表 3. 压力表 4. 施肥罐 5. 闸阀
6. 过滤器 7. 灌水器 8. 毛管 9. 支管 10. 主管

微灌系统按加压方式分为机压式和自压式，按灌水器类型分为滴灌、微喷灌、渗灌、涌灌等。

（一）首部枢纽

1. 过滤器 过滤器的作用是净化灌溉水，过滤水中的粉粒、水垢、有机污染物等杂质，保证滴灌系统正常工作。过滤器可分为滤网式、叠片式、离心式、沉沙式等类型（图 3-10）。

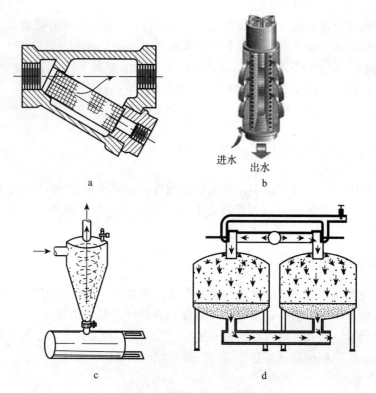

图 3-10 过滤器种类
a. 滤网式　b. 叠片式　c. 离心式　d. 沉沙式

2. 施肥装置　施肥装置的作用是将化肥溶解后注入管道系统随水滴入土壤，不仅省工，而且施肥均匀，可充分发挥肥效。施肥装置常用压差式施肥罐（图 3-11）。施肥罐的进水管和出液管与干管并联，干管上设有减压阀。将化肥加入罐内，密闭罐口，适当关小减压阀，使减压阀前后的干管中形成压力差，干管中的部分水流经进水管入罐，溶解化肥，肥液经出液管进入干管。

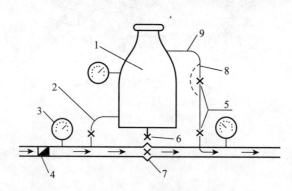

图 3-11　压差式施肥罐示意图
1. 施肥罐　2. 进水管　3. 压力表　4. 单向阀
5. 调节阀门　6. 放水阀　7. 减压阀　8. 旁通　9. 出液管

大面积微灌系统可采用自动施肥机（图3-12）。系统通过外部、内部的环境参数传感器及电阻率（EC）、pH传感器综合考虑各方面因素，通过控制肥料溶液的EC、pH来达到自动施肥的目的。针对不同的作物进行不同配方施肥，保持作物适宜的水肥条件。

3. 控制设备 用于控制管道系统中的流量和压力。常设有监测装置和控制装置。监测装置设有流量表、压力表和真空表，控制装置设有闸阀、气阀和流量调节器。

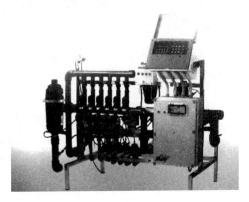

图3-12 自动施肥机

（二）**灌水器**

灌水器的作用是将末级管道中的压力水流均匀而稳定地分配到田间。灌水器的性能好坏直接影响到微灌系统是否工作可靠以及灌水质量的高低，因此被称为微灌系统的"心脏"。茶园苗圃常用的灌水器为滴头和微喷头。

1. 滴头

（1）线源滴头 适用于茶树等行播作物，能沿毛管均匀施水，提供所需要的直条形湿润区。其优点是抗堵性能好，流量均匀；用材省，轻巧，造价低。线源滴头包括微孔毛管（图3-13a）、滴灌带（图3-13b）。

（2）点源滴头 适用于株行距较大的作物。类型有长流道滴头和孔口式滴头。长流道滴头如微管滴头（图3-13c）、孔口式滴头（图3-13d）、内镶式滴头（图3-13e），内镶式滴头具有安装方便、使用寿命长、适应性广的优点，但价格较高。

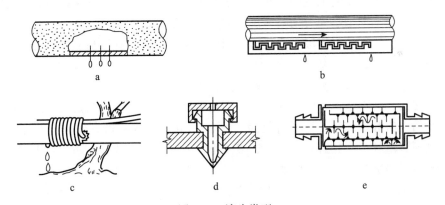

图3-13 滴头类型

a. 微孔毛管　b. 滴灌带　c. 微管滴头　d. 孔口式滴头　e. 内镶式滴头

2. 微喷头 微喷头用于微喷灌系统，分为旋转式微喷头（图3-14）和折射式微喷头（图3-15）。

（三）**管道与接件**

微灌系统的管道主要使用聚乙烯（PE）管材，各种规格的管材均有相应的管接件，主要有直接头、三通、弯头、螺纹接头、旁通和堵头等。

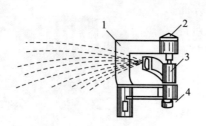

图 3-14 旋转式微喷头
1. 支架 2. 散水锥 3. 旋转臂 4. 接头

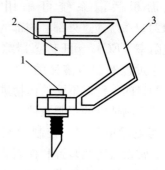

图 3-15 折射式微喷头
1. 喷嘴 2. 折射锥 3. 支架

第二节 茶树病虫害防治机械

一、概述

茶树在生长过程中，常会遭到病菌、害虫的侵袭和杂草的危害，在进行灭菌、杀虫和除草等茶树病虫害防治过程中，应当减量施药，精准施药，提高安全科学用药水平，实现经济与生产、生态与环境相协调。

（一）病虫草害防治方法

目前针对病虫草害的防治方法主要有药剂防治法、物理防治法和生物防治法。

1. 药剂防治法 药剂防治法是消灭病虫草害的有效方法，应用很广。它是将高效、低毒的化学药剂喷洒到遭受病虫危害的作物或土壤中，迅速而有效地毒杀病虫，消灭杂草。茶园施药方法按照药物剂型不同分为喷雾法、弥雾法、超低量喷雾法。

（1）喷雾法 喷雾法也称液力式喷雾。药剂以水为载体，利用喷雾机对浓度较小的药液施加一定的压力，通过喷头雾化成大量直径为 $100\sim300\mu m$ 的雾滴。喷雾法属于常量喷雾，其喷雾量较大，射程较远，雾滴展布性好，药害小，操作容易。

（2）弥雾法 弥雾法也称气力式喷雾。利用风机的高速气流将药液（浓度一般比常规喷雾高 2～10 倍）吹散、破碎，形成直径为 $75\sim100\mu m$ 的雾滴吹送到作物上。弥雾法属于低量喷雾，其喷雾量较少，具有省水省工、雾滴小、射程远、工效高、防治效果好等优点。

（3）超低量喷雾法 超低量喷雾法也称离心式喷雾。将少量高浓度药液（一般为油剂原液）滴在高速旋转的转盘上，靠离心力把药液雾化成直径为 $15\sim75\mu m$ 的细小雾滴，靠自然风将其送到作物上。超低量喷雾法的喷雾量极少，具有用药量少、喷洒效率高、药滴细、覆盖面大、药效好等优点，但药剂必须采用高效低毒油剂药液，施药技术要求严格，否则易产生药害或使人中毒。

2. 物理防治法 物理防治法是指利用光、色、水、气等物理方法诱捕害虫。目前应用较广泛的是光电诱杀法（如太阳能杀虫灯、LED 诱捕灯）、色板诱捕法等，利用昆虫的趋光性和对紫外光的反应敏感性，将害虫诱至灯下的收集器内杀死。

3. 生物防治法 生物防治法是指利用天敌控制植物病虫害和田间杂草，如信息素诱杀、味源诱杀、核型多角体病毒（生物农药）防虫等，其具有减少环境污染、降低农药残留、降低农业成本等优点，生物制剂机械化生产、天敌工厂化繁殖、天敌饲养和施放等生物防治技术将成为今后研究发展的方向。

（二）病虫害防治机械的发展趋势

1. 风助技术 药械增设辅助风机，利用风机的风力，提高雾滴的附着量，增强雾滴的穿透性。

2. 选择性喷洒技术 WeedSeeker杂草跟踪喷雾系统通过光电传感器判别，有杂草存在时自动开启喷头，对靶喷洒，无杂草时自动停喷，节约用药60%～80%。

3. 精量喷雾技术 Airmatic精量喷雾系统配有风速传感器，通过调整药液和气流的压力，将雾滴分为非常细、细、中等、粗、非常粗5种雾滴，作业时系统可根据环境的风速情况，确定喷药最佳雾滴尺寸范围，实现雾滴可控喷洒。

4. 静电喷雾技术 ON－TARGET静电喷雾头使用12V直流电，通过充电装置使雾滴带上极性电荷，使目标与雾滴之间形成静电场，带电雾滴因受到目标异性电荷的吸引而快速飞向目标的各个方面（正反面吸附雾滴），可减少药液损失65%，节省人力50%。

5. 先进施药机械 特殊用途的喷头、喷头外围加装护罩（减少药液飘移）、精确计量泵加药以及机电一体化植保机械等，面板显示植保机械的行走速度、喷液量、压力、喷洒面积和药液量等，操控电磁阀，调节压力、喷液量、各路喷杆的喷雾作业。

6. 无人机喷药 无人机喷药具有以下优点：①无人机喷药的雾化程度和药液附着力高，飞机螺旋桨的强大气流能够使药液进入作物的不同部位，因此可节省30%用药量和98%用水量；②工效高，小型无人机喷药一天可以喷洒33.3hm^{2}地，是人工喷雾的几十倍；③采用远距离遥控操作和飞控导航技术，自主完成喷雾作业，并可实时观察喷洒作业的进展情况。

二、液力式喷雾机（器）

（一）手动喷雾器

背负式手动喷雾器是目前我国农村最常用的植保机具，占国内植保机械市场80%以上，担负农作物70%以上的防治面积。喷雾器具有结构简单、使用方便、适应性广等特点。

1. 主要构造 背负式手动喷雾器由液泵、空气室、药液箱、喷洒部件等组成（图3-16）。

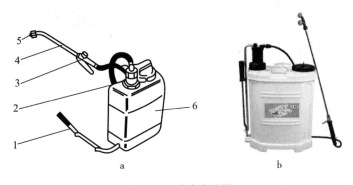

图3-16 手动喷雾器
a. 结构示意图 b. 外形图
1. 加压手柄 2. 空气室 3. 揿压式开关 4. 喷杆 5. 喷头 6. 药液箱

(1) 液泵　液泵的作用是对药液进行增压，主要由泵筒、塞杆、皮碗、进出液阀组成。液泵的直径为38mm，最大流量达2.3L/min。皮碗由抗老化的优质塑料制成。液泵上装有安全限压阀，可根据不同的喷头和作业要求，更换弹力不同的安全阀，可使工作压力分别设定在0.2、0.3、0.4、0.6MPa。液泵的操作手柄可装在药液箱的左侧或右侧，便于操作。

(2) 空气室　空气室的功用是蓄积能量和均衡压力，使药液能以稳定的压力均匀而连续地喷射。新式喷雾器的空气室安装在药箱内，与液泵合二为一。

(3) 药液箱　药液箱的容量为15L，仿人体后背形状设计，材料采用聚乙烯塑料。药液箱壁上标有加液水位线；加液口设有滤网，阻止杂物堵塞喷头；箱盖上设有通气孔，使药液箱与大气相通。

(4) 喷洒部件　喷洒部件起雾化药液的作用，主要由喷雾软管、揿压式开关以及各种喷杆和喷头组成。喷雾软管采用橡胶管或聚氯乙烯软管；揿压式开关可按作业的需要，长时间或瞬间开启阀门，实现连续喷雾或点喷；喷杆的形式如图3-17所示；喷头分为切向离心式（图3-18）和狭缝式（图3-19）两种类型。

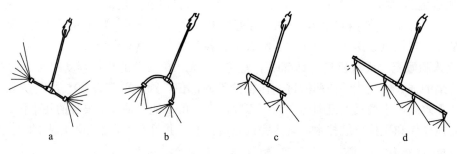

图3-17　喷雾器喷杆类型
a. T形侧喷头　b. U形双喷头　c. T形双喷头　d. T形四喷头

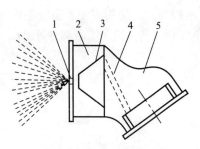

图3-18　切向离心式喷头
1. 喷孔片　2. 喷头帽　3. 圆锥体
4. 切向流道　5. 喷头体

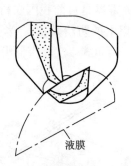

图3-19　狭缝式喷头示意图

切向离心式喷头由喷孔片、喷头帽、圆锥体、切向流道、喷头体等组成。工作时，高压药液从切向流道进入喷头帽，在圆锥体的导向作用下，药液高速旋转，从喷孔喷出的液体形成扭转的空心圆锥形薄膜，与空气撞击粉碎成细雾滴。切向离心式喷头构造简单，工作压力较小，适用于手动喷雾器。

狭缝式喷头的喷嘴上开有两条相互垂直的半月形槽,两槽相切处形成一方形喷孔,当压力药液进入喷嘴后,分为两股相对称的液流,并在喷孔处汇合,互相撞击,细碎成雾滴喷出,与空气撞击进一步细碎成雾滴。狭缝式喷头的雾滴分布均匀,喷幅宽,射程较远,低压与高压均能适用,广泛用于人力和机动液力喷雾机上。

2. 工作过程 手动喷雾器的工作过程如图 3-20 所示。工作时上下揿动摇杆,通过连杆使塞杆在泵筒内作上下往复运动,行程为 40~100mm。当塞杆向上运动,泵筒空腔容积不断增大,形成局部真空,药液在压力差的作用下冲开进液阀进入泵筒,完成吸水过程;当塞杆向下运动,泵筒内的药液压力骤然增高,迫使进液阀关闭,出液阀打开,药液通过出液阀进入空气室;空气室液面不断升高,空气室的空气被压缩,对药液产生压力,打开开关,药液通过喷杆进入喷头而雾化喷出。

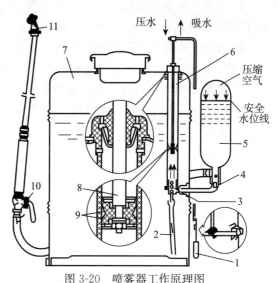

图 3-20 喷雾器工作原理图
1. 摇杆 2. 吸液管 3. 进液球阀 4. 出液球阀
5. 空气室 6. 泵筒 7. 药箱 8. 塞杆
9. 皮碗 10. 开关 11. 喷头

(二)电动喷雾机

电动喷雾机在手动喷雾器的基础上发展起来,具有节能环保、抗腐蚀、压力强、喷雾均匀、操作者劳动强度低等特点,广泛适用于果树、花卉、烟草、茶树等作物的病虫害防治。电动喷雾机由蓄电池、直流电机、液泵、喷洒部件、开关等组成(图 3-21)。

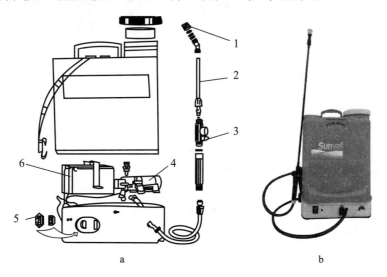

图 3-21 电动喷雾机
a. 结构示意图 b. 外形图
1. 喷头 2. 喷杆 3. 喷射开关 4. 隔膜泵 5. 电源开关 6. 蓄电池

1. 动力 电动喷雾机的动力包括12V-8Ah/12Ah的蓄电池与电压12V的直流电机，并配有12V专用充电器，电压220~240V。

2. 液泵 采用无金属微型隔膜泵，工作压力为0.2~0.4MPa，体积小，质量轻，压力高，使用寿命长，并设有压力保护开关，自动限压保护。

3. 喷洒部件 喷洒部件主要由胶管、手把开关、喷杆和喷头等组成，完成喷洒雾化工作。喷头具有三重过滤网保护，避免杂质颗粒渗入喷头。

4. 药箱 药箱用于盛装药液，容量分为16L和20L两种规格。药箱的背部根据人体工程学原理设计，背负舒适。

5. 喷射开关 喷射开关用于控制喷液量大小。为了减轻作业者的疲劳强度，喷射杆上设有自动锁功能，连续喷雾时，将自动锁打开，无需揿按开关即可喷雾。

6. 底座 底座用于放置蓄电池、液泵等部件。

（三）机动喷雾机

机动喷雾机的流量大，压力高，射程远，属中等雾滴型喷洒，在水源丰富地区可以就地吸水、自动混药。该机结构紧凑、操作维修方便、耐磨损、耐腐蚀、寿命长、适应性强、用途广泛，适用于农田、茶园、果园的病虫害防治和喷洒除草剂。

1. 主要构造 担架式喷雾机的构造如图3-22所示，由动力和喷雾两部分组成。动力部分采用165型内燃机，喷雾部分由ZMB240型隔膜泵、混药器及喷射部件等组成。

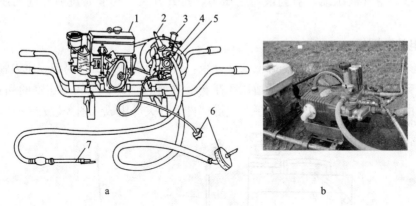

图3-22 担架式喷雾机
a.结构示意图 b.外形图
1.内燃机 2.压力表 3.调压阀 4.隔膜泵 5.回水管 6.吸药过滤器 7.喷枪

（1）隔膜泵 隔膜泵的作用是通过改变泵腔的容积进行吸液和排液。隔膜泵主要由空气室、气室隔膜、活塞隔膜、进液阀、出液阀等组成（图3-23）。当动力机带动偏心轮旋转时，驱动活塞作往复运动。当活塞右移时，左侧泵腔的容积增大而产生负压，使进液阀开启，出液阀关闭，液体在压力差的作用下被吸入泵腔；与此同时，右侧的泵腔容积缩小，使进液阀关闭，出液阀开启，液体受活塞的推挤作用从泵腔排出。当活塞左移时，工作情况正相反。偏心轮转一周，可排液两次。

（2）射流式混药器 射流式混药器的作用是利用射流原理将母液与水按一定的比例均匀混合。混药器由吸药滤网、射流体、射嘴、混药室等组成（图3-24）。工作时，打开截止阀，由液泵排出的高压水流经过射嘴时，流速急剧升高，形成足够的真空度，将母液由药液桶吸入混药室与水自动混合。

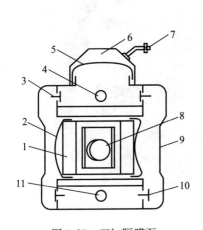

图 3-23 双缸隔膜泵
1. 活塞 2. 活塞隔膜 3. 出液阀 4. 出液口
5. 气室隔膜 6. 空气室 7. 打气嘴 8. 偏心轮
9. 泵盖 10. 进液阀 11. 进液口

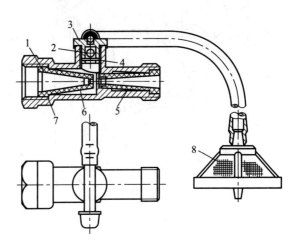

图 3-24 射流式混药器
1. 垫圈 2. 玻璃球 3. T形接头 4. 销套
5. 衬套 6. 射嘴 7. 壳体 8. 吸药滤网

2. 工作过程 工作时，发动机通过偏心轮滑块机构带动活塞作往复运动，将水吸入泵腔，再压送到空气室内，在调压阀的限制下，工作压力稳定在 1 500～2 500kPa 范围内。打开截止阀，高压水和药液通过混药器自动混药后，经喷雾胶管到喷枪，作远射程喷雾。当要求雾滴细小和近距离喷雾时，将压力调节在 1 000～1 500kPa 范围内，喷枪更换成喷头，先将药液按比例配制好，不用混药器，直接用吸水滤网吸药。

三、气力式喷雾机

气力式喷雾机又称弥雾机，采用风助技术，增强药剂的附着性，提高作业质量。该机具有结构简单、经久耐用、射程远、工效高、弥雾和超低量喷雾一机多用等优点，广泛适用于山区和较大面积的作物病虫害防治。

（一）主要构造

背负式弥雾机主要由汽油机、离心风机、药箱总成和喷洒装置等组成（图 3-25）。

1. 汽油机 汽油机是离心风机的动力。常采用二行程小汽油机，转速 5 000r/min，功率 1.2kW。

2. 离心风机 离心风机的作用是产生高速气流将药液破碎雾化并输送雾滴。采用叶轮后弯式风机，转速 5 000～8 000r/min。

3. 药箱总成 药箱总成的作用是盛放药液，引进高速气流增加药箱压力。主要由药箱、药箱盖、滤网、进气塞等组成。药箱盖的密封圈用发泡橡胶制成，保证密封可靠。

4. 喷洒装置 喷洒装置的作用是输送高速气流和药液。包括弯头、软管、输液管、喷管、药液开关及喷头等。弯头的功用是改变风机出口气流的方向；软管在作业时可任意改变

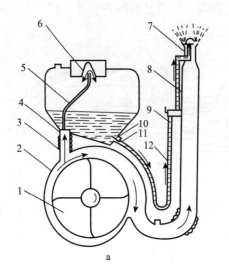

图 3-25 弥雾机示意图
a. 结构示意图　b. 外形图
1. 叶轮　2. 风机壳　3. 进气阀　4. 进气塞　5. 进气管　6. 滤网
7. 喷头　8. 喷管　9. 开关　10. 粉门　11. 出水塞　12. 输液管

喷洒方向；喷头的功用是利用高速气流将送至喷头的药液吹散成细小雾滴。常用固定叶片式弥雾喷头，也称梅花形喷头（图 3-26），喷头体外圈均布 8 个螺旋叶片，每个叶片的背风面均设有直径 3～4mm 的圆形喷孔，药液呈八股细线液流喷出。

（二）工作原理

弥雾机工作时，风机产生高速气流，大股气流流向喷管，使弥雾喷头产生一定的负压；小股气流经进气塞到达药液箱，对药液施加压力，在药箱与喷头之间的压力差作用下，药液经输液管到弥雾喷

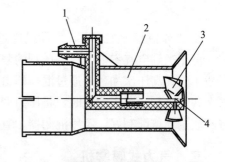

图 3-26 弥雾喷头
1. 输液管　2. 喷管　3. 梅花形叶片　4. 喷孔

头的 8 个喷孔径向喷出，并受高速气流撞击，被剪切成细小雾滴，由风力送往远处作物。

四、离心式喷雾机

离心式喷雾机也称超低量喷雾机。离心式喷雾机利用高速转盘的离心力将少量的农药原液或高浓度油剂雾化成数量极多、大小均匀的雾滴，借助自然风力或风机产生的风吹送、飘移、穿透和沉降到植株上，达到良好的覆盖密度和防治效果。根据雾化转盘的驱动方式不同，离心式喷雾机可分为直流电机驱动和风机气流驱动两种。

（一）电动离心式喷雾机

1. 主要构造　电动离心式喷雾机由雾化齿盘组件、流量器、微型直流电动机、药液瓶和把手等组成（图 3-27）。

2. 工作原理　工作时，微型直流电动机驱动齿盘组件作高速旋转运动（7 000～8 000r/min），

药液瓶内的药液在重力作用下经流量器流入两齿盘缝隙,在离心力的作用下,药液迅速在齿盘上形成一层薄膜,又在离心力作用下,药液克服表面张力和齿盘表面的黏附力向外缘移动,并从齿尖射出,形成一条条细丝,受空气的进一步撞击,药液细丝粉碎成极细小的雾滴,借助风力及自重的作用,飘移、扩散和沉降到作物上,喷幅达到3~5m。

（二）风送离心式喷雾机

在弥雾机的基础上,更换以下配件:将弥雾喷头换成超低量喷头,弥雾开关换成超低量开关,即更换为风送离心式喷雾机。

风送超低量喷头由流量开关、空心轴、分流锥、驱动叶轮、空心齿盘组件等组成（图3-28）。流量开关可调节排液量,设4个直径分别为0.8mm、1.0mm、1.3mm、3.0mm的流量调节孔；空心轴将流量开关与前后齿盘的缝隙相连接；前后齿盘各制细密小齿,由驱动叶轮驱动旋转；驱动叶轮有6个叶片,叶轮后方装有分流锥。

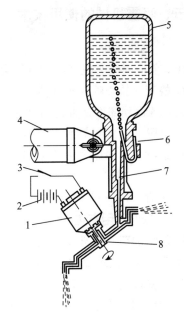

图3-27 电动离心式喷雾机
1.直流电动机 2.电池 3.开关 4.把手
5.药液瓶 6.进气管 7.流量器 8.雾化齿盘

工作时,当风机产生的高速气流由喷管吹向喷口时,由于分流锥的导向和增速作用,气流从喷口喷出后吹动叶片,使驱动叶轮和前后齿盘以10 000r/min的转速旋转。进入药液箱的少量高速气流加压药液,使药液经输液管、流量开关流入空心轴,再由空心轴流入前后齿盘之间的缝隙中。药液在高速旋转的齿盘离心力作用下,沿着前后齿盘的齿尖抛出,与高速气流碰撞破碎成极细小的雾滴,并被高速气流吹向远处。

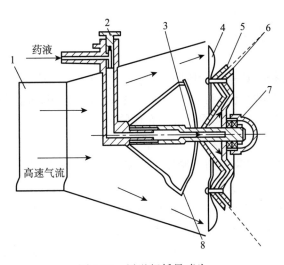

图3-28 风送超低量喷头
1.风管 2.超低量开关 3.空心轴 4.驱动叶轮 5.后齿盘 6.前齿盘 7.轴承 8.分流锥

五、喷雾机械的使用技术

(一) 机具准备

作业前应对喷雾机（器）进行全面检查和维护，使之处于正常的工作状态。

1. 检查　检查喷雾机（器）各滤网是否完好，各连接部件是否紧固，接头是否畅通而不漏液，各运动部件是否转动灵活，压力表和安全阀是否正常。

2. 试喷　正式喷雾前，用清水试喷，检查有无渗漏或堵塞，喷雾质量是否符合要求。

3. 选喷头　根据喷雾作业要求，正确选择喷雾机（器）的类型、喷头形式及喷孔的尺寸。

4. 润滑　在各注油点加注润滑油，并检查动力机的润滑油油面。

(二) 操作使用方法

1. 加水加药　喷雾器在加水加药液时须通过滤网，避免杂物进入导致水泵阻塞；水箱加满液后，应将药箱盖拧紧，防止作业过程中药液溢出。

2. 喷雾行走方法　采用梭形走法，按规定的行走速度匀速行驶，以保证单位面积上的喷药量。无论喷雾机是开或是关，喷杆都不得对着人或动物。

3. 喷雾作业

(1) 常量喷雾　应先使喷雾机具的液泵正常工作，达到规定的工作压力，然后打开喷药开关喷药。工作时应经常检查，保持喷头所需的药液压力。喷射开关开启后，随即摆动喷杆喷洒，严禁停留在一处喷洒，以防止引起药害；左右摇动喷杆，以增加喷幅，前进速度与摆动速度应适当配合，以防止漏喷，影响作业质量。

(2) 弥雾　弥雾喷洒虽然也属针对性施药，但由于其雾滴直径较小，部分雾滴属飘移累积性施药。作业时，不可直接对着作物近距离喷洒。当观察到作物叶片被吹动，说明已有雾滴附着。在作业时，应使喷头来回摆动，且保持行走速度与喷头摆动频率相协调。使用背负式喷雾机时，人走一步喷头来回摆动一次。

(3) 超低量喷雾　超低量喷雾是飘移累积性施药，其有效喷幅与自然风力有关，单位时间内的作业面积与行走速度及有效喷幅有关，单位面积施药量与单位时间药液流量及作业面积有关。风速超过 5m/s 时不能喷药，有较大上升气流时也不能喷药。为确保操作人员安全，超低量作业时，应将喷管朝着顺风向一边伸出，与风向一致或稍有夹角；当风向与走向的夹角小于 45°时，应停止喷药。为避免药害，喷头不可直接对准作物，应高出作物一定距离，这样有利于借自然风力使雾滴飘移沉降在作物上。

(三) 喷雾质量检查

喷雾质量的检查项目包括雾滴覆盖密度（雾滴个数/cm^2）、雾滴均匀程度和施药量等。雾滴覆盖密度的检查方法：在作物的上、中、下部夹上白纸片。在油剂农药中加入 0.2% 印刷油墨蜡红或在水剂农药中加红染料。喷药后取回白纸片，检查雾滴覆盖密度（雾滴个数/cm^2）和雾滴分布均匀程度是否符合要求。雾滴覆盖密度为 8~10 个/cm^2 的最远处的白纸片位置到喷头的距离，即有效喷幅。

(四) 维护保养

1. 清洗喷雾机具　喷雾机每次工作后，须用清水喷几分钟，以洗净药液箱、液泵、管路和喷射部件内残存的药液,并清洗药液箱、液泵和管路,防止药液腐蚀机件。

2. 润滑防锈 按照说明书规定,清洁、检查、润滑和更换有关部件,除橡胶和塑料件外,机具内外涂漆的外露零件要涂上润滑脂,以防生锈腐蚀。

3. 晾干存放 喷雾器长期存放时,应卸下三角皮带、喷雾胶管、喷射部件、混药器和进水管,将喷射部件的开关打开,拆下药箱盖,将药箱和喷射部件倒挂在室内干燥通风处,橡胶制品应悬挂在墙上,以免压、折受损,切忌与腐蚀性农药或化肥等放在一起。保养后机器应放置于干燥通风处,勿近火源,避免日晒。

4. 充电 电动喷雾机的蓄电池若长时间不使用,应每隔2~3个月充一次电;充电器应放置在干燥通风、安全、离地50cm以上的地方。

(五)安全使用与注意事项

①操作人员应戴口罩、手套,穿长袖上衣并扎紧袖口,穿长裤和鞋袜。作业中禁止吸烟和饮食。作业后用肥皂洗净手和脸。

②作业中,注意检查并保持规定的喷雾压力、开关和各处接头有无渗漏药液,发现故障,应停止作业检查排除故障。

③喷药作业应做到顺风喷、隔行喷、倒退喷、早晚喷,以确保安全。

第三节 采茶机与茶树修剪机

一、概述

(一)机械化采茶的优势

茶叶采摘是茶叶生产过程中用工最多的一项作业,其用工量占全年茶园管理用工的60%~80%,属于劳动密集型作业。当前茶区采工日趋紧张,采茶工资不断上涨,推广机械化采茶有以下优势:

1. 提高效率,减轻劳力 单人采茶机的日采鲜叶量为350kg,双人采茶机的日产量为900~1 500kg,手工日采鲜叶量为60~70kg,机采比手工采茶提高工效10~25倍;手工修剪1hm²成年茶园需用工30个,而双人茶树修剪机日修剪量为0.67~1hm²,可提高功效10倍以上。与人工修剪、采摘相比,机械化采剪作业可大大提高效率,降低劳动强度,可以把茶农从繁重的体力劳动中解脱出来,同时节本增收,增加效益。

2. 节约成本,提质增效 茶叶生产成本中,劳动力成本高达40%,其中采茶工资占80%。机修剪直接成本(人工工资、维修费、油耗等)仅占手工修剪的30%;机采费用仅为人工采茶的1/10左右,一般在1~2年内可收回投资,茶园经济效益高。

3. 适时采摘,保质保量 适时采摘,保持茶叶嫩度和品质,减少漏采,且因机采工效高,可选择最佳时段(10:00~16:00)采茶,避免手采的捏伤变红。

采茶机械化是一项系统工程,它包括机采茶园栽培管理、采茶机性能、采茶机操作使用技术。机采茶园的栽培管理技术是基础,采茶机械是关键,操作使用技术是提高效益的保证。机采茶园栽培管理标准:条列式种植,行距1.5~1.8m,平地、缓坡地,台面宽2m以上,茶行长度30~40m,667m²产75kg以上干茶,茶园地头区域宽度不小于2.5m,茶园防护林和行道树间隔不小于2.5m。机采用户正确选择采茶机、修剪机,掌握机械的使用技术至关重要。

(二) 采茶机的类型与性能

1. 采茶机的类型 采茶机按行走方式可分为可搬型、自走型和乘用型;按操作方式可分为双人抬式与单人背负式;按切割面的形状可分为弧形与平形;按动力可分为机动和电动;按采摘原理可分为折断式采茶机(图 3-29)和切割式采茶机(图 3-30),切割式采茶机按切割器形式不同分为往复切割式采茶机(图 3-30a)和螺旋滚刀式采茶机(图 3-30b)。

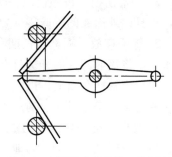

图 3-29 折断式采茶机工作原理

折断式采茶机的工作原理是通过活动橡皮采指和固定金属采指的相对运动,使茶叶受到一定弯曲力后在幼嫩部位折断,其具有芽叶完整率高、嫩度基本一致的优点,但采净率低,茶树蓬面损伤严重,许多折而未断,受伤的茶芽红萎,影响茶树生长发育和下轮采摘。

切割式采茶机通过动、定刀片的相对运动,在一定高度上对鲜叶进行切割,它具有采后茶蓬整齐美观、对鲜叶和树体的机械损伤少等优点,但对芽叶的老嫩无选择性,要求茶树发芽整齐,树冠面平整。

图 3-30 切割式采茶机的类型
a. 往复切割式 b. 螺旋滚刀式

2. 采茶机的作业质量

(1) 采摘原理对采茶机作业质量的影响 往复切割式采茶机刀片在一个采摘面上切割,采后蓬面整齐美观,对鲜叶和茶树机械损伤较小,茶梢完整率为 70%～75%;螺旋滚刀式采茶机的刀片沿采摘面作圆周滚动前进,茶梢从顶端到基部被切割 2～3 次,芽叶的机械损伤较大,茶梢完整率为 30%～40%。

(2) 机采操作对采茶机作业质量的影响 机采操作时刀口忽高忽低,机速与刀速不匹配,将使茶梢完整率降低。

(3) 不同茶类对采茶机作业质量的影响 乌龙茶采摘标准为开面 3～4 叶,机采茶梢完整率高于红茶、绿茶;大宗红绿茶机采质量高于名优茶。

3. 采茶机的工作效率 采茶机的工作效率包括工效 [m^2/(台·时)] 和台时产量 [kg/(台·时)]。工效与采茶机性能有关,台时产量与采茶机性能、茶园产量、年采摘批次有关。一般双人平形采茶机工效为 1 333 m^2/(台·时),适用于树冠未封行的茶园;双人弧形采茶机工效为 1 000 m^2/(台·时),适用于成龄投产茶园;单人采茶机工效约 266.6 m^2/(台·时)。

(三) 修剪机的类型与性能

1. 修剪机的类型 茶树修剪机按修剪类型可分为轻修剪机、重修剪机、修边机、台刈机；轻修剪机按操作方式可分为双人弧（平）形修剪机、单人手提式修边机，均为往复切割式；重修剪机有轮式和三人抬式；台刈机为侧挂式，有硬轴传动和软轴传动两种类型。

2. 修剪机的作业质量 茶树修剪作业质量包括树冠平整度和切口质量。机械修剪因刀片切割速度高，切口平整光滑，枝条的裂伤率仅为 2.2%，作业质量均优于人工修剪。

3. 修剪机的工作效率 机械修剪工效比人工修剪高 10 倍以上。一般双人修剪机工效为 1 333m²/（台·时），单人修剪机工效为 666.7m²/（台·时），重修剪机工效为 666.7～1 000m²/（台·时），台刈机工效为 333.3m²/（台·时）。

二、采茶机

（一）双人采茶机

双人采茶机由汽油机、减速器、离合器、切割器、集叶风机、送风管、集茶袋及机架等组成（图 3-31）。

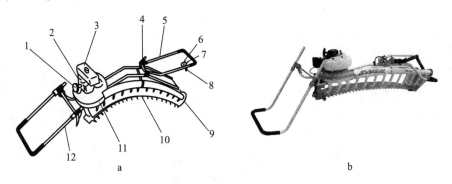

图 3-31 双人采茶机
a. 结构示意图　b. 外形图
1. 化油器　2. 启动绳　3. 油箱　4. 开关　5. 主把手　6. 离合器手柄　7. 油门手柄
8. 停车按钮　9. 送风管　10. 切割器　11. 风机　12. 副把手

1. 汽油机 单缸风冷式二行程汽油机（图 3-32），是刀片和集叶风机的动力，功率 1.2～1.6kW，转速 6 000r/min。汽化器为膜片式，使汽油机可在任意角度作业，汽油机油门手柄装在主机手的一侧，电开关分别装在采茶机的主、副操作手柄上。

2. 传动机构 采茶机刀片的动力传动线路：汽油机—三角带（减速比为 2）—闭式齿轮（减速比为 2）—双偏心轮滑块机构—双动式上下刀片。采茶机集叶风机的动力传动线路：汽油机—主动三角带轮—集叶风机。汽油机工作时，风机同时运转。

3. 离合器 离合器的作用是接合和分离动力。采用"三角皮带—张紧轮"的形式，即摩擦式离合器，离合器手柄与油门手柄装在一起，安

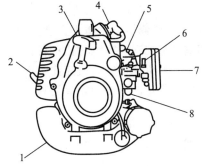

图 3-32 风冷膜片式汽油机
1. 油箱　2. 排气管　3. 启动绳　4. 火花塞
5. 汽化器　6. 阻风门　7. 空滤器　8. 泵油按钮

装在三角皮带传动级。当离合器手柄张紧时，张紧轮压紧三角皮带，动力传给刀片；当离合器手柄放松时，张紧轮离开三角皮带，动力被切断，刀片停止工作。

4. 切割器

（1）构造　采茶机的刀片组件称为切割器，由上刀片、下刀片、压刃板、导叶板、调节螺钉等构成（图3-33）。切割器为双动式上下刀片，刀片间隙为0.3~0.4mm。压刃板上有若干加油孔，润滑高速运动的上下刀片，使其处于半液体摩擦状态下工作，以减少磨损和功率消耗。

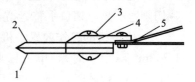

图3-33　切割器的结构
1. 下刀片　2. 上刀片　3. 调节螺钉
4. 压刃板　5. 导叶板

（2）切割图　图3-34为采茶机曲柄旋转两周、刀片往复4个行程S、机子匀速前进4个进程H，刀片的运动轨迹，称为切割图。切割图可用于分析评价机采和机剪作业质量。

作业时，刀片边往复运动边随机子前进，其绝对运动轨迹是往复运动和前进运动的合成。当刀片由左向右运动时，刀刃a_0b_0将鲜叶推到MN中线处切割；当刀片回程时，刀刃a_1b_1将鲜叶推到$N'M'$处切割。当茶梢处于切割图的不同位置时，可能遇到4种切割情况：

Ⅰ区：一次切割区（右斜线区域），也称标准切割区。该区域的茶梢仅受一次切割，芽叶完整，切割面略有不平。

Ⅱ区：二次切割区（左右斜线交叉区域）。该区域的茶梢被刀刃扫过两次，芽叶受破损，但切割面平整度提高。

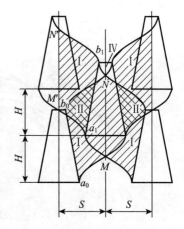

图3-34　切割器的切割图
H——刀片进程　S——刀片行程
Ⅰ. 一次切割区　Ⅱ. 二次切割区
Ⅲ. 三次切割区　Ⅳ. 漏割区

Ⅲ区：三次切割区（图中不出现）。该区域的茶梢被刀刃扫过3次，芽叶破损加剧，但切割面平整。修剪机的进程H较小，行程S较大，常出现3次切割区。

Ⅳ区：漏割区（空白区）。该区域的芽叶未受到切割而留在茶树上。

4种切割区的比例决定机采、机剪的作业质量。根据采茶机技术要求，机采鲜叶的完整率应在70%及以上，漏采率在3%以下，因此，采茶机的一次切割区应占70%~75%，不能出现三次切割区，漏割区在3%以下；机修剪对茶蓬平整度要求高，不许漏剪，而对剪下的枝叶不作要求，修剪机的一次切割区与二次切割区的比例各占40%~50%，存在少量的三次切割区，但漏割区为零。

（3）刀机速比　刀机速比β指刀片切割速度v_d与机子前进速度v_j之比，是影响切割区比例、切割质量的重要因素。刀片切割速度公式如下：

$$v_d = \frac{S \cdot f}{30\ 000} \tag{3-3}$$

式中　v_d——刀片的切割速度（m/s）；
　　　S——刀片的行程（mm）；
　　　f——刀片的往复频率（1/min）。

机子前进速度与刀片进程之间的关系式为：

$$v_j = \frac{H \cdot f}{30\ 000} \tag{3-4}$$

式中 v_j——机子的前进速度（m/s）；

H——刀片的进程（mm）。

由式3-3和式3-4可得：

$$\beta = \frac{v_d}{v_j} = \frac{S}{H} \tag{3-5}$$

刀机速比 β 太大，重切区增大，茶梢破碎率增大，且机器振动加剧，能耗和机械损耗增大；β 值太小，茶蓬的整齐度降低，可能出现折断、拉断、枝条倒挂、漏切等质量低劣情况。因此应合理确定采茶机、修剪机的刀机速比。

对于某种采、剪机型，刀片尺寸一定，行程 S 为常数，刀机速比则由进程 H 值唯一确定。试验表明，采茶机最佳刀机速比为 0.8～1，轻修剪机的最佳刀机速比为 1.9～2.2。采茶机的刀机速比仅为轻修剪机的一半。采茶机的刀片速度宜低些，机子前进速度宜快些，以减少重切和芽叶破碎，提高工效，节约油耗；轻修剪机的刀片速度宜高些，机子前进速度低些，以降低切割阻力，延长刀片使用寿命，减少枝条撕裂率，提高茶蓬平整度。

刀片切割速度由汽油机的转速决定，机子前进速度由机手步行速度决定。试验表明，机采的汽油机工作转速推荐范围为 4 000～4 500r/min，机修剪的汽油机工作转速推荐范围为 5 000～5 500r/min；采茶机和轻修剪机的前进速度分别掌握在 0.5～0.6m/s 和 0.4～0.5m/s。

5. 集叶风机与送风管 集叶风机的作用是及时将机采叶集送到集叶袋。采用全幅风机，风压为 1 863Pa，风量为 2 160m³/h，出口处的风速为 30m/s。送风管由主风管和 11～13 个支管组成，将风机产生的气流均匀地分配到切割器的刀刃口，以收集机采鲜叶。

6. 集茶袋 集茶袋用于放置机采鲜叶，用轻薄而耐磨的尼龙布制成，长 3m。集茶袋的上方装有尼龙纱网，以便集叶气流排出。

7. 机架与操纵机构 机架用于安装汽油机以及各工作部件，由左右墙板、纵横梁、主副操作手柄组成（图3-33）。主、副操作手柄用端面齿（菊花形胀套）和偏心紧固器与机架纵梁连接；副操作手柄用伸缩胀套调节其伸长长度。作业时，可根据茶蓬的高低、宽度和操作者身高调节主、副操作手柄的最佳位置。

（二）单人采茶机

单人背负式采茶机有机动和电动两种，主要由动力、传动机构、采茶机头三部分组成（图3-35）。

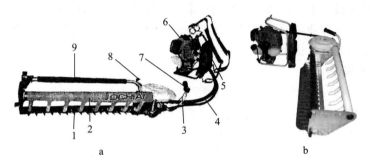

图 3-35 单人背负式采茶机
a. 结构示意图　b. 外形图
1. 刀片　2. 风管　3. 油门开关　4. 软轴　5. 背垫　6. 汽油机　7. 左手柄　8. 集叶风机　9. 右手柄

1. 动力 机动式单人采茶机采用单缸风冷膜片式二行程汽油机,功率820.6W,转速6 000r/min。电动式单人采茶机由蓄电池组为直流电机供电,直流电机带动切割器工作。

2. 传动机构 动力传动线路:汽油机—齿轮(减速比为4~7)—双偏心轮滑块机构—双动式上下刀片。

3. 离合器 采用飞块摩擦式离合器(图3-36)。当加大油门时,汽油机转速上升,主动盘飞块的离心力超过弹簧拉力而紧贴在从动盘上,靠摩擦力将动力传递给从动盘,驱动切割器工作;当关小油门时,汽油机转速下降,飞块的离心力小于弹簧拉力,从而与从动盘分离,切割器停止工作。

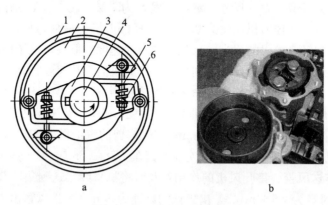

图3-36 飞块摩擦式离合器
a. 结构示意图 b. 外形图
1. 从动盘 2. 飞块 3. 主动盘 4. 主动轴 5. 弹簧 6. 调节螺钉

4. 切割器 切割器刀片的有效幅宽为750mm;刀片材料采用65Mn钢,采用淬火和高温回火热处理;刀片形式以平形为主。

5. 软轴和软管 软轴用于传递动力,软管用于支承和固定软轴。软轴两端用螺纹和半圆插头分别与减速器和离合器输出轴连接。连接时,将软轴的一端插入齿轮箱的方孔中,同时把软轴套压入齿轮箱内,用橡胶封套住齿轮箱壳,拧紧定位螺钉。

6. 减震垫 减震垫用海绵与皮革制成,背负时贴附于操作者背上,以减轻劳动强度。

(三)采茶机的操作使用

正确掌握修剪机和采茶机的操作使用技术,是保持机具完好、提高机具的工效、延长机具的使用寿命、保证作业质量、节省燃料和减轻劳动强度的技术关键。操作使用技术包括操作方法、维护保养和故障排除。

1. 汽油机的操作

(1)启动前准备 按20~25:1的比例配制好汽油和机油的混合油,加入油箱中。交替揿按油箱底部的橡皮按钮和膜片式汽化器底部的泵油按钮(图3-37a),排除进油管和汽化器内的空气,使燃油顺利进入汽化器内;将离合器手柄放在"分离"位置,并将油门手柄置于一半开度(图3-37b),阻风门关闭2/3,沿切线方向拉动启动绳,即可启动。

(2)启动运行 启动后,将阻风门全开,汽油机怠速运转2~3min,然后逐渐开大油门,并将离合手柄放在"接合"状态(修剪机靠离心力自动接合),油门手柄置于3/5开度(修剪机油门置于4/5开度)。

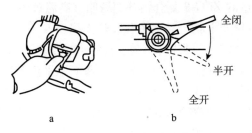

图 3-37 小汽油机启动示意图
a. 泵油 b. 油门手柄位置

（3）停车　停车时，关小油门，使汽油机怠速运转 2～3min，再按停车按钮停车，切忌高速使用停车按钮。

2. 采茶机的操作

（1）装集叶袋　将集叶袋挂于机架的挂钩上，扣眼对准中间的挂钩，袋口下部夹于导叶板与助导板之间，使滤风网朝上。

（2）调节操作手柄　松开主、副操作手柄的偏心紧固器和伸缩胀套，调整好手柄的最佳位置，再将其锁紧。

（3）采茶作业　双人采茶机系跨行作业（图 3-38），由 3～5 人操作，远离汽油机一侧的是主机手，另一侧是副机手，辅助人员扶持集茶袋在茶蓬面滑移。对于茶蓬宽度在 1m 以下的幼龄茶园，可一次性完成采摘作业；对于幅宽在 1m 以上的成龄茶园，应来回两次完成采摘作业，先采靠近主机手一侧的半个蓬面，以便使汽油机远离副机手，减少噪声和废气的污染。为保证采摘质量，便于操作者行走，机子与茶行的夹角为 15°～20°。行走方法：主机手在前后退走，副机手在后前进走，采茶机前进速度控制在 0.5～0.6m/s。行走速度必须均匀，不可忽快忽慢。

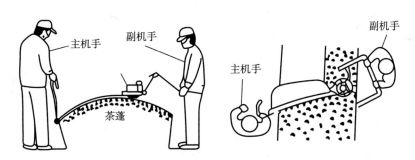

图 3-38 机采作业行走方法示意图

（4）转弯换行　采茶机换行或出叶时，应关小油门，放松离合器，使刀片停止运转，以保证人身安全。

3. 采茶机的维护保养

（1）采茶机的清洗　每班机采结束，应清除机身及切割器的杂物和灰尘，并用清水清洗上下刀片上沉积的茶汁、茶垢。清洗时应将减速器一端抬高，以免水流入减速箱体，造成润滑油变质降低润滑性能。

（2）润滑保养　定时向刀片加油孔注入机油润滑，加油后揩净油渍以免污染茶叶。每工作 4h 在减速箱内加入适量的 ZFG-2 复合钙基润滑脂（高温黄油）。单人采茶机每班工作前，在软轴和半圆插销上涂少量润滑脂，起润滑和散热作用。

(3) 刀片间隙的检查调整　采茶机长期使用将使刀片间隙增大。刀片间隙太大，将影响采茶机切割性能，造成剪切不利落、切口不整齐、蓬面不平整等现象，必须重新调整刀片间隙。采茶机适宜的刀片间隙为 0.3~0.4mm。

检查方法：启动汽油机，使汽油机在工作转速下运转 10min，停机后用手感测刀片压刃板螺钉的温度。若该温度与手温相近，说明间隙正常；若温度过高，表明间隙过小。

调整方法：拧松刀片调节螺钉的锁紧螺母，将刀片调节螺钉全部拧紧后再反向旋松 1/4~1/3 圈，再拧紧锁紧螺母。

(4) 送风管的维护　采茶机工作时，被切割断的茶梗容易随气流进入风管，沉积于主风管的末端或堵塞靠近末端的支管，影响风机风管的正常工作，应及时清除。清除方法：取下风管末端的橡皮塞，启动汽油机，将风管的杂物吹尽，再装回橡皮塞。

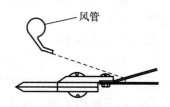

图 3-39　集叶风管的正确形状

(5) 采茶机的存放　切割器一定要平放，不允许在切割器和集叶风管上部放置重物或在下部垫塞物体，以免造成部件变形或刀片间隙改变。检查风管形状是否正确的判断方法（图 3-39）：风管支管下沿的延长线应指向刀片螺钉中心，如对不准则说明风管可能变形。

三、茶树修剪机

（一）轻修剪机

1. 双人修剪机　双人修剪机（图 3-40）采用单缸风冷式二行程汽油机，排量 33.6mL，日本 G3KF 型，浮子室汽化器，功率 1 268.2W，转速 6 500r/min；飞块摩擦式离合器输出，利用油门大小控制切割器的工作与停止。

图 3-40　双人轻修剪机
1. 主把手　2. 油门开关　3、10. 菊花形胀套　4. 启动绳　5. 油箱
6. 减速箱　7. 汽油机　8. 调节螺钉　9. 刀片　11. 副把手

(1) 汽油机　单缸风冷式二行程汽油机，功率为 1 268.2W，转速 6 500r/min。采用膜片式汽化器，适用于任何方向角度作业。

(2) 传动机构　传动机构包括齿轮减速器和双偏心轮机构。齿轮与双偏心设计在同一箱体内，修剪机的减速比为 3.5，偏心距为 10mm。

(3) 离合器　采用飞块摩擦式离合器，利用油门大小控制切割器的工作与停止。

(4) 切割器　切割器是修剪机的核心部件。切割器有弧形和平形两种形式。切割器刀片的有效幅宽为 750mm。常用的修剪机切割器结构参数见表 3-1。

表 3-1　修剪机切割器的结构参数

结构参数	XS-1040 双人修剪机	XD-750 单人修剪机	XZ-800/1200 重修剪机
齿高（mm）	22	22	40
齿距（mm）	40	35	60
刀角（°）	45	45	34
切割角（°）	9	9	11

(5) 集叶风机　采用全幅式集叶离心风机，将修剪下的枝条及时吹出茶蓬面，代替人工清叶。

2. 单人修剪机　单人修剪机在茶园管理中应用较多。单人修剪机可用于茶树蓬面修剪和茶树修边，修剪的茶树枝条直径在 8mm 以下，多应用于幼龄茶园的轻修剪。

单人修剪机由汽油机、离合器、减速器、切割器、集叶风机、软轴组件及机架等组成（图 3-41）。

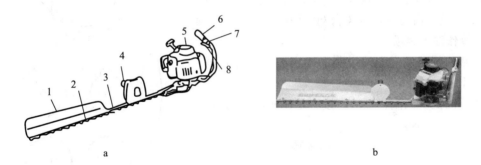

图 3-41　单人修剪机
a. 结构示意图　b. 外形图
1. 导叶板　2. 刀片　3. 调节螺钉　4. 右手柄　5. 汽油机　6. 左手柄　7. 电门开关　8. 油门手柄

3. 轻修剪机的操作　修剪机作业时机子与茶行的夹角为 30°，轻修剪机的前进速度控制在 0.4～0.5m/s。单人修剪机既可用于修剪茶蓬面又可用于修边（故也称修边机）。作业时允许机子在任何角度下工作而汽油机不熄火。由机手一人操作。

（二）台刈机

茶树台刈指从茶树离地 50～100mm 高度处将地上部全部刈除的一种修剪方式。因为台刈的切割点较低，树桩刚性好，通常采用肩挂式割灌机圆盘锯进行切割，因此台刈机也是肩挂式割灌机。肩挂式割灌机具有质量轻、机动性好、用途广、适应性强等优点。

1. 主要构造　肩挂式割灌机按照传动部件的不同可分为软轴传动及硬轴传动两种。硬轴传动肩挂式割灌机由汽油机、传动部件、离合器、工作部件、操纵部件及背挂部件组成

（图 3-42）。当汽油机转速达到离合器接合转速（3 000 r/min 左右）时，离合器自动接合，通过套管里的传动轴将动力传递至减速箱减速后，将动力传递给工作部件，切割刀具旋转进行切割作业。当工作部件遇到障碍物、受到很大阻力时，汽油机转速降低，离合器自动分离，切断动力，工作部件停止转动，这时应迅速减小油门，解除发动机的负荷。

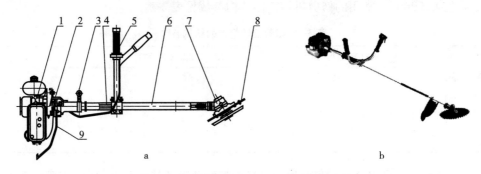

图 3-42 硬轴传动肩挂式割灌机
a. 结构示意图 b. 外形图
1. 发动机 2. 离合器 3. 背挂件 4. 传动轴 5. 操纵部件 6. 套管 7. 减速器 8. 刀片 9. 支架

割灌机的工作部件是旋转式切割器。应根据不同作业内容选择不同形式的切割器（图 3-43）：修剪小草、嫩草可用尼龙绳切割器，切割杂草、嫩枝条可用双刃、3 刃及 8 齿刀片，茶树台刈宜用圆锯片。

2. 操作注意事项

① 新的割灌机应先按说明书规定进行磨合后再正式使用。

② 汽油机所用混合燃油应按一定比例混合均匀、过滤后方可加入油箱。

③ 汽油机启动后，应先怠速运转 3～5min 再投入作业。

④ 割茶园杂草、小灌木时，可双手左右摆动连续切割；割直径 3～8 cm 的乔、灌木时，只能由一方单向切割，一次伐倒；切割直径 8 cm 以上的乔、灌木时，应根据倒下的方向，先割下锯口，然后伐倒。

⑤ 卡锯时，应关小油门，抽出锯片，再继续工作，严禁离合器长时间打滑。

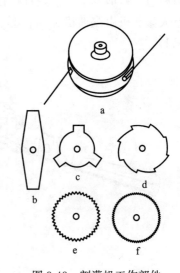

图 3-43 割灌机工作部件
a. 尼龙绳切割器 b. 双刃刀片 c. 3 刃刀片
d. 8 齿刀片 e. 40 齿圆锯片 f. 80 齿圆锯片

（三）重修剪机

重修剪机主要用于老龄茶园的改造，主要切割直径在 30mm 以下的茶树枝条。切割的幅宽有 800mm 和 1 200mm 两种，生产率较高，3 人配合作业，抬拖两用，以抬为主。

重修剪机的切割部件与轻修剪机相似，整机由汽油机、减速器、切割器、行走升降机构、机架等组成。汽油机为风冷式二行程汽油机，功率为 2.5kW，转速 6 000r/min；减速器速比为 7。机架上有 3 只手柄，可调节高低，正常作业时 3 只手柄调成丁字形；修剪梯级茶园时，一端的手柄调到机架下端，便于一人站在下一级梯台上操作；田间行走时，将靠汽油机一端的两只手柄合二为一，3只手柄成为一字形，便于在茶园小道中通行；运输装箱时，将3只手柄折叠贴附于机架，减少箱体体积。行走装置由两只拖轮和轮架组成，当修剪平地和缓坡地茶园时，装上拖轮，可以减轻劳动强度。升降机构为一套安装在轮子上的螺旋机构，通过转动手轮，可调节刀片的切割高度，范围在350～450mm之间。

第四节　茶园土壤耕作机械

一、概述

（一）茶园土壤耕作的作用

茶园耕地是使用各种机械对茶园进行耕作的过程，通过对土壤的耕翻和疏散，为茶树种植和生长创造良好的土壤条件。茶园耕作主要包括翻土、松土、覆埋杂草或肥料等，主要目的是通过翻转土层，把杂草、修剪的残枝连同虫卵、病菌、草籽等和失去结构的表层土壤翻埋下去，使耕层下部结构未经破坏的土壤翻上来，以恢复土壤团粒结构，增厚耕层，同时改善土壤的理化性质，提高土壤肥力，积蓄水分和养分，增加土壤的透气性。

（二）茶园土壤耕作类型

我国素有"七挖金，八挖银""茶地不挖，茶芽不发"的茶园耕作经验。

1. 种植前的深耕与整地　茶树种植前的深耕是决定以后茶园能否高产、优质和稳产的首要因子。一般常规种植茶园要求深垦600～700mm，平地缓坡可采用机耕，用1LS系列铧式犁可做到上翻下松，不乱土层。为了防止局部积水，在深垦之后，要经过多次整地，待土壤充分下沉后方可种茶。

2. 茶树行间深耕　因地因园制宜。幼龄茶园种植前只进行局部条耕的，应及早在行间未行深耕的地方深耕，深度不得小于500mm，宽度以不伤根为限；成龄茶园茶根已密布行间，一般以浅耕为主；衰老茶园或有"挖伏山"习惯的旧式茶园，在深耕时，丛间、行间要深些，一般为250～300mm，丛下和根颈处要浅些，一般为100～150mm；对于密植速成茶园，一般不宜深耕。

3. 茶园浅耕　茶园浅耕的主要目的是疏松表土，破除表层板结，改善土壤与大气的气体交换能力，也起到清除杂草的作用。因此，浅耕要勤，不宜过深，一般100～150mm。浅耕要结合清根和培土，夏秋浅耕时要把根颈部的枯枝烂叶清出放在行间，以便腐解；秋冬浅耕时要将根部用肥土壅培，以防冻害。一般每当茶季结束后，结合追肥进行浅耕，保证茶园表土疏松，又无杂草。

（三）茶园耕作机械的类型与功用

1. 茶园耕作机械的类型　茶园耕作机械从大田耕作机械演变而来，结合茶园耕作特点，更换相应的工作部件，完成茶园土壤耕作。目前茶园耕作机械根据土壤耕作任务不同分为耕地机械、整地机械和中耕机械。

（1）耕地机械　对整个耕层进行耕作的机械，如应用较广的铧式犁等。我国地域辽阔，各地的耕作要求不同，生产和使用的铧式犁也有所不同。

（2）整地机械　耕地后对浅层表土再进行整理的机械，如旋耕机（耕地、整地兼用），通过高速回转的旋耕刀铣切破碎土壤。其优点是碎土充分，耕后地表平坦，具有犁耙合一的作业效果，作业质量较好，工效高。

（3）中耕机械　起疏松表土、清除杂草的作用，疏松茶园土壤但不翻转。目前我国有10多种型号的小型中耕施肥机适合于茶园机械化中耕作业。我国台湾有50多家耕耘机制造厂，种类齐全，如3CG-45型多功能茶园管理机、3SL-11山地履带式多功能茶园管理机、茶园迷你型中耕管理机、FK-800中耕机、浅耕培土施肥机、有机肥撒布机、割草机、除草机、开沟机、筑畦犁、培土机等。

2. 多功能茶园耕作机械

（1）多功能茶园耕作机械　多功能茶园耕作机械节能高效作业的关键机件之一是横向宽度和底架高度可调的多用底盘，将动力与配套作业机具直联驱动，确保茶园耕作机械能适应不同地形的茶园。多功能茶园耕作机械由动力机械、履带、操作台、驾驶室、支撑架、连接板等组成（图3-44）。

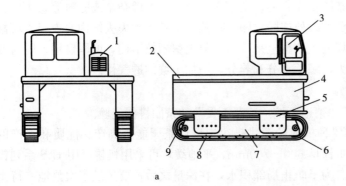

图3-44　多功能茶园耕作机
a. 结构示意图　b. 外形图
1. 动力机械　2. 操作台　3. 驾驶室　4. 支撑架　5. 挡泥板　6. 履带　7. 连接板　8. 履带轮　9. 液压马达

多功能底盘可安装多种茶园耕作机具，配套螺旋耕作机具时作业参数为耕深50cm，耕宽30cm；有机肥施肥效率667m^2 0～1.53t，颗粒肥施肥效率667m^2 0～49.3t。底盘高度高于茶树，避免作业时损坏茶树。履带的宽度小于茶树行间距，底盘两端履带间距可调，以便完成不同茶树行间距的作业目的。

（2）深松施肥机具　茶园深松施肥机具由排肥装置、四杆升降机构、犁箭式深松器等组成（图3-45）。液压马达输出轴通过链传动带动排肥器转动，将肥料斗中的肥料均匀有序地释放到排肥软管中，经排肥硬管直接排施到深松过的土壤中；通过液压马达驱动四杆升降机构的摆杆作垂直振动，以完成深松作业；在升降油缸的驱动下，带动犁箭式深松器和排肥硬管同时升降到任意位置，以保证深松和施肥深度一致。

（3）中耕除草机具　中耕除草机具由手扶动力平

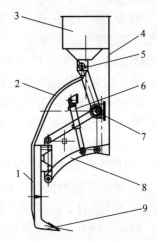

图3-45　深松施肥机具结构示意图
1. 排肥硬管　2. 排肥软管　3. 肥料斗
4. 机架　5. 排肥器　6. 升降油缸
7. 液压马达　8. 四杆升降机构　9. 犁箭式深松器

台、旋耕机（微耕机）组成（图3-46），具有除草和施肥功能，适用于陡坡茶园耕作。作业参数：耕深10cm，耕宽25cm；颗粒肥施肥效率667m² 0～49.3t。

二、铧式犁

1. 铧式犁的种类 铧式犁按不同方法可分为不同种类。按动力分为畜力犁和机力犁；按翻垡方向分为单向犁和双向犁；按耕作深度分为普通种植犁（100～150mm）和深耕犁（150～300mm）；按用途分为通用犁（水田犁、旱地犁）和特种犁（山地犁、果园犁、开沟犁等）；按与拖拉机连接方式，可分为牵引犁、悬挂犁、半悬挂犁以及与拖拉机直接连接的犁。

图3-46 茶园中耕除草机具

（1）牵引犁 通过牵引装置以一点挂接在拖拉机的牵引板上，拖拉机对犁只起牵引作用（图3-47a）。牵引犁具有行走轮和调节机构，用于支承犁、调节耕深及保持犁的水平，因此其结构复杂、质量大、灵活性差，主要适用于平原地区。

（2）悬挂犁 通过悬挂架与拖拉机的悬挂机构以三点连接，靠拖拉机的液压系统操纵犁的起落和调节耕深（图3-47b）。悬挂犁的结构简单紧凑，质量轻，机动性强，应用最广，尤其适宜在小块田地和园艺作物的行间耕作。

（3）半悬挂犁 前部像悬挂犁，通过悬挂架与拖拉机液压悬挂机构相连，但悬挂架与犁架通过杆件铰接（图3-47c）。半悬挂犁比牵引犁结构简单、质量轻、机动性强、易转向，是大功率拖拉机的配套产品。

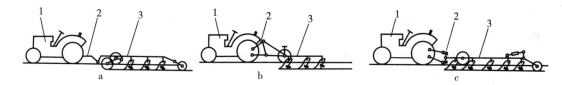

图3-47 铧式犁的连接方式
a. 牵引式 b. 悬挂式 c. 半悬挂式
1. 拖拉机 2. 连接机构 3. 犁

2. 犁体曲面类型 南方地区使用的犁的犁体曲面类型分为碎土型、翻土型、窜垡型、通用型4种（图3-48）。

碎土型犁体曲面是扭柱形，土垡在运动中变形大，断条和碎土能力强，适合于土壤的耕翻作业；翻土型曲面凸胸扭翼，能使土垡侧向滚翻，覆盖性能强，但断条、架空性能较差，适合于要求覆盖性能好的场合使用；窜垡型是传统的犁体曲面类型，胸部较陡，翼部较宽，使土垡窜高，腾空翻转，架在前一垡条上，适合于窄幅深耕、作畦和晒垡的场合；通用型是凸胸短翼的扭曲曲面类型，综合性能较好，广泛适用于农田、果园和苗圃的水耕和旱耕。

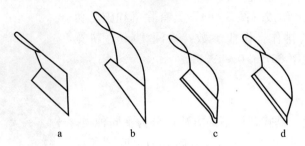

图 3-48　南方犁的犁体曲面类型
a. 碎土型　b. 翻土型　c. 窜垡型　d. 通用型

三、旋耕机

1. 主要构造　旋耕机由操纵机构、机架、传动装置、旋耕刀、挡土罩等组成（图3-49）。

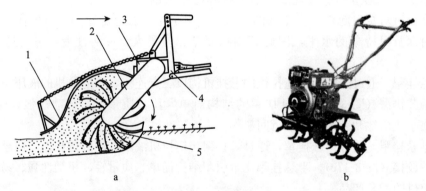

图 3-49　旋耕机
a. 结构示意图　b. 外形图
1. 挡土板　2. 侧边传动箱　3. 齿轮箱　4. 悬挂架　5. 旋耕刀

（1）机架　机架包括左、右主梁，齿轮箱壳体，侧板及侧边传动箱壳体。主梁上还装有悬挂架，以便与拖拉机连接。

（2）传动装置　传动装置的作用是将拖拉机动力输出，经过减速增扭和改变传动方向后，再经传动箱驱动刀辊工作。

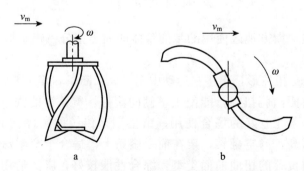

图 3-50　刀辊配置方式
a. 立式　b. 卧式

(3) 刀辊 刀辊由刀轴和旋耕刀组成。刀辊的配置有立式和卧式两种（图 3-50），前者称立式旋耕机，后者称卧式旋耕机。卧式旋耕机刀辊的旋转方向分为正转和反转，刀辊的旋转方向与拖拉机前进时车轮的旋转方向相同者为正转，反之为反转。反转旋耕机的翻土、覆盖性能优于正转旋耕机。

旋耕刀在刀轴上安装有刀座或刀盘（图 3-51）。刀座又分为直线形和曲线形两种。曲线形刀座滑草性能好，但制造工艺复杂。用刀座安装旋耕刀时，每个刀座只能装一把刀；用刀盘安装时，每个刀盘可根据不同需要安装多把旋耕刀。

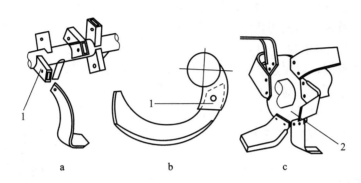

图 3-51 刀座与刀盘
a. 直线形刀座 b. 曲线形刀座 c. 刀盘
1. 刀座 2. 刀盘

(4) 旋耕刀 旋耕刀是旋耕机的主要工作部件，卧式旋耕机的旋耕刀有凿形刀、直角刀、弯刀 3 种形式（图 3-52）。

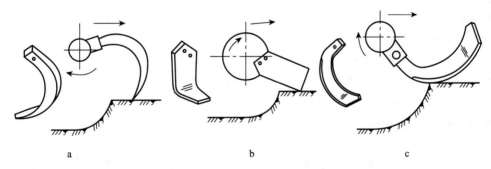

图 3-52 旋耕刀形式
a. 凿形刀 b. 直角刀 c. 弯刀

凿形刀具有凿形刃口（图 3-52a），入土性能好，对土壤有较大的松碎作用，但容易缠草，适合于在较疏松的土壤中工作。

直角刀的刃口由正切刃和侧切刃构成，两刃相交成 90°左右（图 3-52b）。工作时先由正切刃从横向切开土壤，再由侧切刃逐渐向后切开土垡。直角刀的刀身宽，刚性好，有较强的切土能力。

弯刀有侧切刃和正切刃两部分（图 3-52c）。工作时先由离回转轴较近的侧切刃开始切土，再由近及远，逐渐置身离回转轴较远的刃口，最后由正切刃从横向切开土垡。弯刀容易将杂草切断。

安装凿形刀时，其钩形应与刀轴的旋转方向一致；弯刀的弯头朝上，与刀轴的旋转方向相反。

(5) 挡土罩及平土拖板　挡土罩装在刀辊上方，其作用是挡住旋耕刀抛起的土块，将其进一步破碎，并保护驾驶员的安全。平土拖板的前端铰接在挡土罩上，后端用链条连接到机架上，其离地高度可以调整。拖板的作用是提高碎土和平整地面的效果。

2. 工作原理　旋耕机工作时，旋耕刀一边旋转，一边随动力机械前进。刀片在前进和旋转过程中不断切削土壤，其绝对运动是前进和旋转运动的合成，刀刃上切土部分各点的运动轨迹为余摆线。旋耕刀的圆周速度 v_d 必须大于机组前进速度 v_j 才能切削土壤。旋耕速度比 λ（v_d 与 v_j 的比值）通常为 4～10。λ 的大小对旋耕机的工作性能有重要影响。λ 值高，耕作强度提高；而 λ 值低，耕作强度减弱。当刀轴转速一定时，机器前进速度越慢，碎土效果越好；反之则碎土效度差。前进速度的快慢又直接关系到生产率的高低，所以应综合考虑各种因素，在耕深和碎土程度满足要求、拖拉机功率允许的情况下，尽量提高前进速度，以获取较高的生产率。

四、中耕机械

中耕机械主要是完成茶园的松土、除草、施肥等中耕作业。用于松土除草的工作机械有牵引式的（如除草铲、松土铲）和驱动式的（如旋转锄、旋转犁、旋耕机），用于施肥的工作机械有中耕追肥机。

1. 除草铲　除草铲的工作宽度较宽，入土性能略低。除草铲分为单翼除草铲和双翼除草铲两种形式（图3-53）。单翼除草铲由水平切刃和垂直护板组成。水平切刃起切除杂草和松碎表土的作用；垂直护板起保护幼苗不被土壤覆盖的作用，适用于幼苗期除草。双翼除草铲的铲刀左右两翼结构对称，通常安装在行间中部，其除草作用强，松土作用较弱，一般配合单翼锄草铲使用。

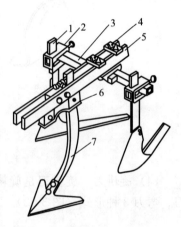

图3-53　除草铲的结构示意图
1. 单翼铲　2. 横臂固定卡
3. 横臂　4. U形固定卡　5. 纵梁
6. 纵梁固定卡　7. 双翼铲

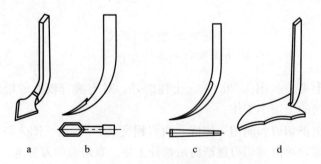

图3-54　松土铲类型
a. 箭形　b. 尖头形　c. 凿形　d. 犁形

2. 松土铲 松土铲用于茶树的行间松土。松土铲的工作宽度较窄，入土性能好，其使土壤疏松而不翻转或少翻转，利于蓄水保墒和促进根系发育，松土深度可达130~160mm。松土铲由铲尖和铲柄两部分组成。松土铲常见的有箭形铲、尖头形铲、凿形铲和犁形铲4种（图3-54）。

箭形铲（图3-54a）的铲尖呈三角形，工作面为凸曲面，耕后土壤松碎，沟底比较平整，松土质量较好。尖头形铲（图3-54b）和凿形铲（图3-54c）的宽度很窄，它利用铲尖对土壤产生的扇形松土区来保证松土宽度。由于扇形松土区上宽下窄，所以松土层底面不平整，松土深度不一致，但它对土层的搅动较少。犁形铲（图3-54d）的翼部较长，能保证上下土层基本不变，适用于垄作除草松土。

3. 旋转锄 旋转锄（图3-55）用于茶行的挖掘松土。三把旋转锄安装在动力输出轴的水平横轴上，横轴转速40~80r/min。旋转锄的切

图3-55 旋转锄

土间距较大，切下的土块较厚，耕深比旋耕机深，达150~250mm，但对茶树的根系破坏较少。

4. 旋转松土器 旋转松土器是一种破坏板结层的机具。按驱动方式不同分为驱动型（图3-56a）和从动型（图3-56b）。驱动型旋转松土器由拖拉机动力输出轴或中耕机行走轮驱动，碎土能力强，但土壤位移较大；从动型旋转松土器因土壤阻力而转动，用弯齿插入土中将板结层刺破，由于齿尖的运动轨迹为摆线，因此它只刺破板结层而不移动土层。

a　　　　　　　　　b

图3-56 茶园旋转松土器

a. 驱动型　b. 从动型

复习思考题

1. 试述节水灌溉系统的类型及其特点。
2. 试述喷灌系统的类型及其特点。
3. 试述微灌系统的类型及其特点。
4. 试述喷灌机和喷雾机在构造、原理、应用场合上有什么不同?
5. 试述国内外先进的施药技术有哪些?
6. 试述茶园常用的植保机械有哪些?
7. 试述喷雾机、弥雾机、超低量喷雾机在构造上的主要区别是什么?适用场合分别是什么?
8. 试述如何正确使用喷雾机(器)、弥雾机、超低量喷雾机?
9. 试述采茶机常见的类型有哪些?各有哪些特点?
10. 试述离合器起什么作用?飞块摩擦式离合器的工作原理是什么?
11. 试述如何正确操作和保养采茶机?
12. 试述茶园耕作机械的类型与功用。

第四章 茶叶初加工机械

【内容提要】 本章主要介绍鲜叶储青机械与设备，萎凋机械与设备，做青机械与设备，杀青机械，茶叶整形、揉捻、包揉、揉切机械，解块筛分机械，发酵设备，干燥机械与设备等八大茶类初加工设备的主要类型、特点、构造、工作原理、设备选型计算及其操作技术、维护保养技术，并介绍了绿茶、红茶、乌龙茶、白茶等茶类的加工连续化生产线的组成特点、工作原理及其设备配置方法。

第一节 储青机械与设备

一、概述

（一）储青的意义

1. 采后鲜叶的生理变化 鲜叶采摘后仍具有呼吸功能，由于鲜叶生机衰退、呼吸基质不足和供氧条件的限制，使细胞中的糖类分解，产生 CO_2，并放出大量的热量，使叶层空气温度（又称堆温）升高。堆层高 60cm 时的堆温变化经历 3 个阶段（图 4-1）：第一阶段由室外温度转变为室温，经历时间与室内外温度差有关，一般需 0.5～2h；第二阶段，堆温在 8～12h 范围内达到最大值，平均温升可达 10～12℃；第三阶段温度呈稳中有降的趋势，比第二阶段堆温降低 1～2℃。

茶鲜叶自然堆层不同点之间的堆温差异可达 15℃。上部堆温显著高于下部堆温，距叶层上表面 1/5 区域为最高温度区（可超过 50℃），越往下温度越低；中间堆层温度显著高于两侧表面温度。

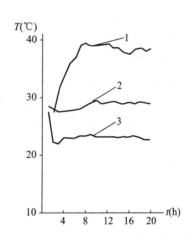

图 4-1 鲜叶叶层空气温度的变化趋势
1. 自然堆积（室温 30℃） 2. 机械通风（室温 30℃） 3. 机械通风（25℃）

2. 堆温与叶温的关系 堆温指叶层空气温度，采用 S500-EX 型温湿度记录仪测定；叶温指鲜叶或在制叶的温度，采用 PT100 接触式温度传感器测定。叶温直接影响鲜叶的物理化学变化及鲜叶品质，因此叶温是直接参数，堆温是间接参数。试验表明，同一点的叶温比堆温平均高出 2～3℃，堆温与叶温的变化趋势基本一致。说明储青过程中鲜叶的叶温高于叶层的堆温，堆温和叶温均受到鲜叶呼吸热、鲜叶堆积条件（高度、堆内鲜叶坚实程度）及堆内空气流动状态影响。采用机械通风储青技术，向鲜叶叶层通入低温高湿的新鲜空气，降低堆温和叶温，提高空气相对湿度，稀释 CO_2 浓度，创造鲜叶有氧呼吸的环境条件，是抑制鲜叶呼吸作用，保持鲜叶生命力的有效方法。

(二) 储青、热风萎凋、摊青之间的区别

1. 储青 储青指向鲜叶堆积层通入低温高湿的新鲜空气，降低叶温，延缓鲜叶的呼吸消耗，保持新鲜度的鲜叶前处理过程。储青的目的是为了"保"鲜，即尽可能地延缓鲜叶变化进程，"保"住鲜叶的品质成分及物理性状，缓和茶叶生产过程中无法避免的洪峰期冲击。机械储青比传统摊放可减少茶厂厂房面积，减少生产投资。储青是所有茶类的鲜叶采后处理过程。

2. 热风萎凋 热风萎凋指向鲜叶堆积层通入一定温度的热空气，提高叶温，散失水分的过程。萎凋的目的是降低茶叶水分，增强酶活性和细胞膜透性，增加茶叶香气前体物质，为多酚类酶促氧化、不溶性物质水解、改善茶叶香气与滋味打下基础，同时使叶质萎软，便于揉捻。萎凋是红茶、乌龙茶、白茶加工的第一道工序。

3. 摊青 摊青指向鲜叶堆积层通入适量的新鲜空气的绿茶摊放过程。摊青的理化变化介于储青与萎凋之间，不仅"保"鲜叶品质，而且"促"鲜叶的理化变化。摊青的目的是控制鲜叶含水率，促使部分多酚类氧化，增加氨基酸含量，改善成品茶的香味。

综上，虽然储青、热风萎凋、摊青的设备及其工作原理相似，都是对鲜叶堆积层通以一定压力的空气，驱除叶层内多余热量或为叶层提供热量，保持或有目的地改变茶叶品质成分，但三者的工艺目的不同，工艺参数也有所不同。

(三) 储青的主要技术参数

1. 叶层厚度 储青的叶层厚度影响叶温的高低。储青叶层太厚，透气性差，加大风量又易使叶片水分蒸发；叶层太薄，储青设备利用率低，占地面积大。一般储青叶层厚度以 $0.6\sim1m$ 为宜，摊叶量在 $60\sim100kg/m^2$。

2. 风压 储青过程中需要向叶层内通入新鲜的空气，叶层内流动的空气既能驱散热量，又能带走 CO_2，保证鲜叶维持正常的呼吸作用，避免鲜叶因无氧呼吸而产生异味。储青设备的风机风压影响叶层内空气流动的穿透力。风压与摊叶量（叶层厚度）呈幂函数曲线关系（图 4-2），当摊叶量从 $0kg$ 增至 $25kg$ 时，叶堆内的风压急剧增加，随着摊叶量继续增加，风压增量逐渐降低。

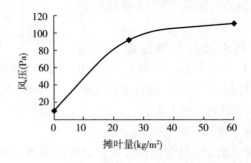

图 4-2 风压与摊叶量的关系曲线

3. 风量 储青设备的风量过低，鲜叶易升温红变；而风量过高，将加速鲜叶的水分蒸发。风量设计应考虑能够及时排除鲜叶多余的热量。通风量 W 的计算公式如下：

$$W=\frac{Q}{(I_i-I_o)\cdot\rho_o} \qquad (4-1)$$

式中 W——储青每千克鲜叶单位时间内所需的通风量 $[m^3/(kg \cdot h)]$;

Q——每千克鲜叶单位时间内需排除的热量 $[kJ/(kg \cdot h)]$,包括田间热 Q_1 和呼吸热 Q_2;

I_i、I_o——室内、室外空气的焓 (kJ/kg);

ρ_o——室外空气密度 (kg/m^3)。

(1) 田间热 Q_1 鲜叶从室外温度降低到室内温度所需排除的热量称为田间热,由下列公式计算:

$$Q_1 = \frac{(T_1 - T_2)c}{t} \qquad (4-2)$$

式中 Q_1——每千克鲜叶单位时间内需排除的田间热 $[kJ/(kg \cdot h)]$;

T_1——鲜叶储青前叶温 $(℃)$;

T_2——鲜叶储青叶温 $(℃)$;

c——鲜叶的比热 $[kJ/(kg \cdot ℃)]$;

t——从储青前叶温降到储青叶温所需的时间,一般为 0.5~2h。

(2) 呼吸热 Q_2 鲜叶采后单位时间内产生的呼吸热。可按入储初期的平均呼吸强度计算:

$$Q_2 = 0.01068 f \qquad (4-3)$$

式中 Q_2——每千克鲜叶单位时间内产生的呼吸热 $[kJ/(kg \cdot h)]$;

0.01068——鲜叶有氧呼吸所产生的热量 (kJ/mg),以 CO_2 计;

f——鲜叶平均呼吸强度 $[mg/(kg \cdot h)]$,以 CO_2 计。

茶厂的储青设备风量 W 大多按经验值 $1.5m^3/(kg \cdot h)$ 计算。对于长10m、宽1.5m 的储青槽,摊叶量为1 200kg,需选配风量为1 800m^3/h 的低压轴流风机。

4. 相对湿度 储青过程中一般要求空气相对湿度达到90%以上。加湿方法:①在储青槽风机进风口处配置超声波加湿器,水蒸气随空气进入储青槽;②在储青槽的槽底和通风板洒水,提高空气湿度。

5. 储青时间 鉴别鲜叶的新鲜程度主要从外观的色泽与香气两个方面。叶色鲜艳→枯暗→红变,香气清香→花香→花果香,如果堆放时间过长,糖分大量消耗,蛋白质水解成氨基酸和酰胺,产生腐败气体。因此应尽量缩短储青时间,一般为 12 h,最多不超过 16 h。

二、储青机械与设备

(一)储青槽

储青槽由槽体、通风板、轴流风机、风管、时间继电器、加湿器等组成(图4-3)。

1. 槽体 槽体的作用是构成通风道,引导新鲜空气向上送往叶层。槽体建在储青间内,为地下矩形沟槽,槽体尺寸为宽900mm、深500mm,槽体两侧和底面用水泥粉刷。槽底坡度为1%~2%,靠近风机的前部深,远离风机的后部浅,以便使槽体内各点的风压相等。可根据茶厂日生产量配置一条或多条并列储青槽,每条间距为400mm。

2. 通风板 通风板既能通风又能摊放鲜叶。通常采用厚度为2~3mm 的金属冲孔板,孔径为2mm,孔面积约为板面积的1/3,通风板覆盖于槽面上。

3. 轴流风机 轴流风机的作用是为空气提供动力,克服储青叶层的阻力,并以一定的

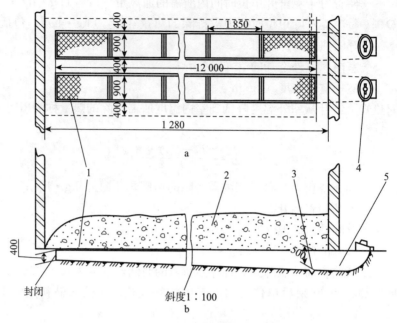

图 4-3 储青槽结构示意图（单位：mm）
a. 俯视图　b. 剖视图
1. 通风板　2. 鲜叶　3. 排水沟　4. 轴流风机　5. 弯形沟道

速度流动（图 4-4）。轴流式风机的特点是空气沿着轴向送出，风压小，风量大，适用于需风量大的通风换气场合。储青设备的轴流风机安装在风机室，空气通过斜向下弯的弯形管道，透过通风板均匀地吹向叶层。风机室与储青间之间隔开，风机室与外界保持良好的通风条件。为了工作方便，风机室与储青间之间设有门窗。

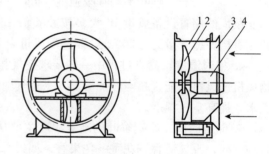

图 4-4 轴流式通风机
1. 机壳　2. 叶轮　3. 吸风口　4. 电动机

4. 风管　风管用于连接储青槽体与轴流风机，风管为一个渐变管，一端方形与槽体相接，另一端圆形与风机相接。风管的长度应大于 1.5m，以保证气流平稳流动。为控制和调节的需要，通常在风管上设置测量孔和阀门。通风管道的截面积 F 由下式计算：

$$F=\frac{L}{3\,600v} \tag{4-4}$$

式中　F——通风道的截面积（m^2）；

L——通风道的空气流量（m^3/h）；

v——通风道的空气流速（m/s），储青槽通风道的空气流速一般取 1m/s。

5. 辅助装置　辅助装置包括鲜叶输送撒布装置、时间继电器、超声波加湿器等。

（1）鲜叶输送撒布装置　储青槽的摊叶厚度高达 1m 以上，每平方米摊叶量可达 120kg 以上，鲜叶如用人工搬运和堆积，不仅劳力消耗大，而且摊叶均匀性差，芽叶也会遭到损伤，因此大型茶厂常用鲜叶输送撒布装置。该装置由输送带和撒布装置等组成。

① 输送带：输送带包括斜输送带、提升机和横向输送带、纵向输送带等。鲜叶进厂后，由斜输送带输送入地坑内；提升机将鲜叶提升到横向输送带，横向输送带可以正、反方向运转，也可以在轨道上作横向移动，从而使鲜叶可以到达横向的每一个位置；横向输送带下方布置若干纵向输送带，它接收横向输送来的鲜叶，边移动边下落叶子，以同样方法将鲜叶送到纵向的每一个位置。输送带一般间歇运行，通过电控系统控制其工作。

② 撒布装置：撒布装置分为扒送式和布叶式。扒送式撒布装置最简单，扒叶器装于斜输送带上，高度可调节，扒叶器旋转，将鲜叶不断地扒至进叶输送带上；布叶式撒布装置作水平360°旋转，将下落后的叶子均匀地撒布在槽面上。

（2）时间继电器　时间继电器用于间歇控制风机的启闭，间断通风，以适应不同摊叶量对不同风量的需要，避免因风量太大造成鲜叶过多失水。一般开始时连续通风1.5~2 h，待叶温降至室温后，进行间歇通风，即每通风20 min，停40 min，依此循环反复。这种通风方式有利于叶层温度上下一致，避免因下层叶子疲软被压而"饼结"。

（3）超声波加湿器　超声波加湿器用于增加空气相对湿度。采用超声波高频振荡，将水雾化为粒径1~5μm的超微粒子，通过风扇将水雾扩散到空气中，湿润空气。超声波加湿器具有加湿强度大、加湿均匀、加湿效率高、节能省电、使用寿命长等特点。

（二）网带式储青机

网带式储青机主要由上料输送装置、箱体、送风加湿装置、制冷增湿机、人机界面电气控制系统等组成（图4-5）。该储青机实现了储青作业的机械化和连续化，性能特点是操作方便、工效高、节约劳动力、占用厂房面积小、储青质量好，是一种先进的储青设备。

图4-5　网带式储青机

1. 箱体　储青的主要场所。箱体由型钢和钢板制成，为了使作业时由空调机送入的冷空气和增湿机送入的水蒸气不泄漏，箱体进、出叶端装有插板，储青时将插板插入。

2. 网带式摊叶装置　用于摊放储存鲜叶。不锈钢摊叶网带共9层，最上层与进叶输送带衔接，组成一个整体。出叶振动槽用于将从箱体后下部排出的鲜叶送出。

3. 传动机构　实现进叶和出叶，由电动机、减速箱、减速链、网带链等组成。

4. 制冷增湿机　控制储青温湿度，使机箱内温度保持在18~20℃，有效控制鲜叶失水，储青时间可达24h，保证鲜叶不变质。

(三) 网架式储青设备

小型茶叶加工厂和名优茶加工中多使用这种设备进行鲜叶储青或摊放，也可以用于少量鲜叶的萎凋。网架式储青设备将鲜叶摊放在网盘上，利用自然气候条件进行摊青、储青或萎凋。通过开闭门窗或利用环境控制系统调节温、湿、风的大小，温度过低或阴雨天能加温，并控制室内各点的温度比较一致。这种摊青设备结构简单，投资省，易于操作，可比传统地面摊放节约厂房面积70%。网架式摊青设备由支架、网盘、环境控制系统等部分组成（图4-6）。

图 4-6 网架式储青设备

1. 支架 用于放置摊叶网盘，一般可放 5~8 层网盘，每层高度为 270~300mm。支架可用木料或不锈钢金属材料制成。

2. 网盘 用于摊放鲜叶。每个网盘面积为 $1.5m^2$，深度为 150mm，网盘边框一般用木料制成，底部为不锈钢丝网，网盘为抽屉式，可自由推进和拉出，便于进叶和出叶。储青和摊放时，摊叶量为 $2~3kg/m^2$，单次鲜叶最大处理量 400kg；室内自然萎凋时，摊叶量为 $0.50~0.75kg/m^2$。

3. 环境控制系统 用于调节储青（萎凋）时的空气温湿度，使室内温度保持在 20~24℃，相对湿度 60%~70%。环境控制系统由冷暖空调、加湿器等组成，储青间面积在 $50m^2$ 以内需配备空调的配电功率 15kW，制冷量 18kW，制热量 10kW，风量 $3\,000m^3/h$，加湿器加湿量 6kg/h。

(四) 箱式储青设备

箱式储青设备为日本抹茶、蒸青茶、煎茶加工厂的鲜叶保鲜设备，其主要由上料输送带、行车撒布机、储青箱体、送风加湿装置、耙叶装置、电气控制柜等组成（图4-7）。该储青设备的送风加湿装置齐全，鲜叶最大摊叶厚度可达1m，储青量大，工效高，占地面积小；设备配备了完整的光电传感器、行程开关等自动检测设备，因此储青过程自动化程度高。目前该设备已在国内推广应用。

箱式储青设备工作过程：上叶输送带将鲜叶提升到水平输送带，通过振动槽连续送到可左右移动和正反转的行车，行车前后端的光电传感器可以感知当前鲜叶的投料情况。行车将鲜叶均匀撒布到箱体任一位置，直至摊叶厚度达到1m左右。送风加湿机由离心风机和超声波加湿器组成，其将新鲜湿冷空气通过风道和通风板送入箱体内部的叶层，带走鲜叶的呼吸

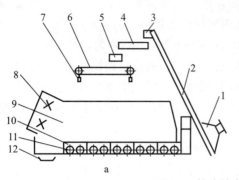
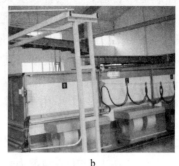

图 4-7 箱式储青设备
a. 结构示意图 b. 外形图
1. 冷却风机 2. 上叶输送带 3. 进叶口 4. 水平输送带 5. 振动槽 6. 行车
7. 光电传感器 8. 耙叶器 9. 储青箱 10. 风道 11. 加湿器 12. 出叶口

热,保鲜时间可达 10h 左右。储青结束,箱体底部的链式输送带缓慢移动,使鲜叶向出叶口移动,在耙叶器的翻动下,鲜叶自动落入集叶输送带,进入下一工序。

(五) 车式储青设备

车式储青设备由储青小车、鼓风机、通风管等组成,具有结构简单、操作灵活的特点,常见于日本的绿茶储青。付制时,脱下一辆小车,推至作业机边,即可投入加工,这种储青设备使用较方便。

1. 储青小车 储青小车如图 4-8 所示。一台风机可串连 6 辆小车,小车上装有槽形箱,槽形箱的尺寸为 1.8m×1m×1m (长×宽×高)。箱体下部装有一块通风网,网下为风室,风室前后装有风管,可与风机或其他小车风管相连。每个储青小车可装鲜叶 200kg。

图 4-8 储青小车
1. 槽形箱 2. 闸门 3. 通风网 4. 车轮

2. 风机与通风管 用于输入新鲜空气。其安装于储青小车上,风机吹出的冷风,通过风管进入串联起来的风室,透过金属冲孔板均匀进入叶层,吹散水汽,降低叶温。

三、储青机械的使用技术

在使用储青机械时应注意避免出现沿槽长度或宽度、厚度方向风量分布不均匀,导致一部分鲜叶因风量太大而水分散失较多,另一部分鲜叶因风量太小而红变,芽叶各部位间及各个芽叶间的不均匀等问题。

1. 沿储青槽体长度方向不匀 储青槽的前、后两端风力不均匀,产生原因:①储青槽底的坡度设计制造不合理；②风管长度太短，造成气流紊乱，消耗能量；③槽面铺叶不匀有漏洞，造成气流"短路"。可以通过在风管内加导流板加以改善。

2. 沿储青槽体宽度方向不匀 储青槽宽度两侧的风力不均匀，产生原因：①风机安装位置不准确，风机轴心线与槽体长度方向轴线不平行，造成沿槽宽度方向上的不匀；②摊叶不匀或摊叶的金属网格凹陷或槽内侧墙壁倾斜阻挡，均可造成宽度方向上的不匀；③轴流风机和槽体之间的风管太短；④采用垂直偏转调节风门时，调节叶片不规则。需提高安装精度，及时更换损坏的金属网格。

3. 沿储青槽体厚度方向不匀 槽式装置厚度方向上的不匀，产生原因：①摊放叶层太厚，下部叶层疲软，在上层叶子的重力作用下，逐渐地被压紧成饼状，严重时会堵塞冲孔板及叶间"气路"；②空气湿度太低，应合理控制摊叶厚度，配置效果较好的超声波增湿装置，采用正反向交替通风，使气流自下而上和自上而下交替地进行，不仅叶层内部温度分布比较一致，干湿程度也比较一致，但结构较复杂，投资较大。

4. 槽内无规则局部不匀 无规则不匀产生的原因：①操作不当，鲜叶进槽时未被充分抖散，可能形成茶团；②鲜叶进槽时部分叶子已经受损；③原料混杂造成，可采用人工或机械充分将茶团解散，撒布均匀。

第二节 萎凋机械与设备

一、概述

(一) 萎凋及其理化变化

1. 萎凋 萎凋是红茶、乌龙茶、白茶初加工的第一道工序。萎凋指将进厂鲜叶经过一段时间失水，使一定硬脆的梗叶呈萎蔫凋谢状态的环境调控工艺过程。萎凋过程，鲜叶在适宜的温、湿、风、光环境条件下，叶温保持在 25~28℃，水分适度蒸发，内含物自体分解作用逐渐加强，温和渐进地发生一系列物理和化学变化。

2. 萎凋过程的物理变化 鲜叶在萎凋温度为 25~35℃ 的条件下，叶温升高，水分蒸发，叶态萎缩，茎叶柔软，叶质柔软性、弹塑性增强，梗叶水分差加大，叶缘向叶背卷缩，叶面皱缩，叶色变暗。

3. 萎凋过程的化学变化 叶组织细胞脱水，细胞液浓缩，细胞膜透性增大，多酚氧化酶及其他酶类的活性提高，叶内淀粉、多糖、蛋白质、果胶等物质发生分解，内含物适度转化，大分子物质分解为简单的小分子物质，增加叶内可溶性物质，茶叶芳香物质也发生系列变化，茶叶香气前体物质增加。酶系反应方向强烈地趋向水解，导致多酚类酶促氧化，蛋白质理化特性改变，酶由结合态变为自由态，酶活力增强，促使部分贮藏物质和结构物质分解成简单物质，芳香物质组分发生一系列变化，叶绿素被破坏，有利于茶类品质特征的形成。

(二) 萎凋主要技术参数

萎凋主要技术参数包括温度、相对湿度、风量、失水率、失水速率。

1. 温度 温度对萎凋过程的影响最显著。温度与萎凋失水速率以及萎凋化学反应速度呈正相关。温度较高，青叶水分子汽化速度加快，酶活性在一定范围内随温度的升高而加强，从而使鲜叶各种理化反应速度加快；温度太低，萎凋进程缓慢。一般萎凋温度为 25~35℃，叶温以 25~28℃ 为宜。

2. 相对湿度　空气相对湿度与萎凋失水速率呈负相关。空气相对湿度低，叶片水分蒸发速度快；反之，水分蒸发速度慢。萎凋过程适宜空气相对湿度一般为50%~70%，最高不超过85%。

3. 风量　通风是保证萎凋正常进行的重要条件。在一定范围内，风量越大，风速越高，水分蒸发越快；反之则相反。萎凋过程适宜风量一般为1~2 [m^3/ (min·kg)]。

4. 失水率与失水速率　失水率是表征不同茶类萎凋程度的物理参数。白茶萎凋的失水率最大，其次是红茶，乌龙茶最小。失水速率是表明茶叶单位时间内的失水率的物理参数，是叶温和风量的综合反应参数。失水率和失水速率共同决定着萎凋时间和萎凋程度。

（三）萎凋的方式与特点

生产上常采用的萎凋方式有日光萎凋、热风萎凋、室内自然萎凋、复式萎凋等。

1. 日光萎凋　日光萎凋也称晒青。在晴天温度为20~35℃，相对湿度为55%~65%的条件下，将鲜叶均匀地薄摊于水筛、萎凋竹帘或晒青布上，使之均匀接受日光照射，使叶质萎软，鲜叶发生一定的物理化学变化的过程。日光萎凋具有设备简单、萎凋快、成本低、节约能源、绿色环保及茶叶风味品质突出、香气高、滋味醇等优点；缺点是易受季节和气候的影响，造成产品质量不稳定。

2. 热风萎凋　热风萎凋也称加温萎凋。将鲜叶置于萎凋房、萎凋槽或萎凋机内，摊叶厚度为0.2m左右，利用轴流风机吹送温度28~35℃、相对湿度60%以下的热风，使叶内水分散失的过程。这种萎凋方法不受不良气候的影响，萎凋时间缩短，生产率较高，适合于规模化生产，但茶叶香气不如日光萎凋，且能源消耗较大。

3. 室内自然萎凋　室内自然萎凋也称室内萎凋。将鲜叶摊放于室内的萎凋帘或筛子上，摊叶量为0.5~0.75kg/m^2，室温为20~24℃，相对湿度60%~70%，风速0.1~0.5m/s，使鲜叶水分缓慢散失的过程。这种萎凋方法设备简单、投资小，但易受低温高湿不良天气的影响，且劳动强度大，难以适应大规模生产需要。

4. 复式萎凋　日光萎凋与室内自然萎凋反复交替，鲜叶间歇地接受日光萎凋和室内萎凋的过程。这种萎凋方法制成的毛茶花果香明显、滋味醇和、品质好，但传统方式的劳动强度大，不过目前已实现机械化作业。

二、日光萎凋设施与设备

日光萎凋根据机械化程度分为简易型和机械型，前者称为日光萎凋设施，后者称为日光萎凋设备。

（一）日光萎凋设施

日光萎凋设施结构简单，投资省，建造和操作方便，在茶区广泛应用。

1. 主要构造　日光萎凋设施由晒青场、晒青布、棚架等组成（图4-9）。

（1）棚架　棚架起透光遮雨的作用，由热镀锌钢管、PC阳光板、遮阳网等构成。棚架高度一般为3~5m，热镀锌钢管的壁厚1.2~

图4-9　茶叶日光萎凋设施
1.PC阳光板　2.遮阳网　3.立柱　4.晒青场

2.5mm，直径为20~32mm，使用年限可达8~10年，耗钢量为2~3kg/m²；PC阳光板具有质量轻、透光率高（85%~90%）、抗弯性和抗冲击性强等特点，光线透过阳光板呈散射状分布到晒青场上，可模拟自然的日光萎凋；遮阳网为聚乙烯带纺织的网状覆盖材料，遮光率达70%，有电动或手动两种启闭形式。棚架应通风散热性好，以自然通风为主，利用热压和风压原理，将茶青散发的水蒸气和棚架内的高热高湿气体排出。

（2）晒青场　晒青场是鲜叶日光萎凋的场所。一般为水泥砂浆地面，四周留排水沟，便于清扫和冲洗。

（3）晒青布　晒青布用于摊放鲜叶，起隔热、保洁和方便翻拌的作用。晒青布尺寸一般为4m×4m，采用轻质、耐磨的尼龙布。晒青布的四角用小沙袋压好，以防大风席卷。

2. 工作过程　根据天气条件和日光强度（太阳总辐照度一般为300~500 W/m²）进行晒青，一般在下午4：00进行，避免光照太强灼伤青叶。晒青时，将鲜叶薄摊于晒青布上，摊叶量0.4~0.6kg/m²，为了提高萎凋的均匀度，每隔一段时间用竹扫帚轻翻青叶。当萎凋达到适度时，人工将晒青布的四角提起收集青叶，待室内摊晾后进入下一工序。

（二）日光萎凋设备

日光萎凋设备具有绿色节能、连续化、清洁化、节省劳动力等特点。

1. 主要构造　日光萎凋设备由日光萎凋房、遮阳装置、鲜叶撒布机、网带式摊叶机、补光装置等组成。

（1）日光萎凋房　日光萎凋房一般建于茶厂车间的楼顶，便于接受日光辐照。它由PC阳光板、通风窗、排风机等组成。铝合金或塑钢通风窗建于主风向的两侧，排风机建于萎凋房的背风墙上方。晴天干爽气候时，利用通风窗自然通风排湿；天气炎热或无风时，利用排风机及时排除茶青散发的水蒸气或高热空气。

（2）遮阳装置　遮阳装置用于遮挡强日光辐射，避免鲜叶灼伤。它由遮阳网和拉幕机构（图4-10）组成。拉幕机由电机、减速器、传动轴、链传动、钢丝线等组成，通过电开关和遥控器控制遮阳网的开闭。

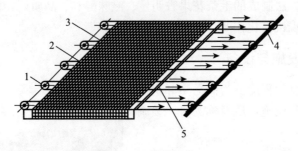

图4-10　拉幕机构
1. 固定油轮　2. 遮阳网　3. 钢丝线　4. 传动轴　5. 边框

（3）日光萎凋机　日光萎凋机用于在日光萎凋房内的连续化、自动化萎凋作业。萎凋机按主体结构分为单层式（图4-11a）和多层式（图4-11b）两种。单层式日光萎凋机适用于红茶、乌龙茶、白茶的日光萎凋，其结构简单、透光透气性好，但占地面积较大；多层式日光萎凋机适用于白茶的复式萎凋，其摊茶面积大，空间利用率高，顶层光照度最大，自上而下逐层减小。日光萎凋机宽度一般为2.5~3m，长度依萎凋房而定，摊叶厚度20~50mm，最大摊叶量为4kg/m²。网带为食品级高分子材料所制，通风透气，机械化强度高。

图4-11 日光萎凋机
a. 单层式 b. 多层式

(4) 鲜叶撒布机 鲜叶撒布机用于均匀撒布茶青。结构为弯形叶片齿耙，通过低速旋转，将茶青分布于网带宽度范围内。

(5) 补光装置 补光装置用于阴天时人工补光萎凋，激发茶叶内含物分子产生光生物化学作用。它由远红外光源或LED光源、反光罩、排风扇等组成。LED光源安装在网带摊叶机上方20～30mm处，平均光合有效辐射强度为50～200 [$\mu mol/(m^2 \cdot s)$]，光质可为单色光或组合光；反光罩可以提高光的利用率；排风扇使叶层保持空气流通，及时带走水蒸气，促进鲜叶失水。

2. 工作过程 萎凋时，茶青由提升机从地面输送到日光萎凋房，由撒布机匀摊在网带上。网带行走速度由无级变速器控制，可根据天气条件、日光强度、茶树品种及茶青量等调节网带速度和晒青时间；通过2～4级网带的叠替，茶青自动翻拌，均匀失水；萎凋结束，萎凋叶通过摊叶机自动下叶，进入下一工序。阴雨天气萎凋时，可利用补光装置进行人工萎凋。

三、热风萎凋设备

热风萎凋设备按照摊叶方式不同分为槽式、架式、连续式等多种类型。

(一) 槽式萎凋设备

红茶、乌龙茶加工常采用槽式萎凋设备。槽式萎凋设备结构简单，投资省，操作方便，不受天气影响；但工效较低，能耗较高。

1. 主要构造 槽式萎凋设备由萎凋槽、萎凋帘、加热装置、轴流风机和排湿装置等组成（图4-12）。

(1) 萎凋槽 萎凋槽起送风配风和支承萎凋帘的作用。槽体尺寸一般为10m×1.5m×0.9m（长×宽×高）。槽体两侧为平行壁板，一般用砖头砌成水泥面，也可用木板或钢板等构筑（图4-13）。为了保证使槽体长度方向各点风量均匀一致，槽底做成一定斜坡，进口500mm处坡度为18°，其他处坡度为2.5°～3°。

(2) 萎凋帘 萎凋帘或称通风板，用于盛放茶青并可通风。萎凋帘（通风板）盛叶部分一般采用金属钢丝网、尼龙丝网或竹片制成。萎凋帘为柔性结构，宽度为1.5m，由槽面上的纵横搁条支承，槽体末端装一卷轴，可将卷帘卷起下叶；通风板为刚性结构，每块通风板

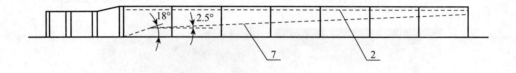
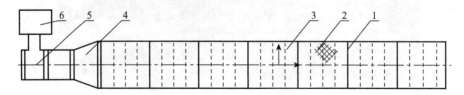

图 4-12 槽式热风萎凋设备结构示意图
1. 槽体　2. 萎凋帘　3. 搁板　4. 渐变管　5. 低压轴流风机　6. 加热装置　7. 槽底斜面

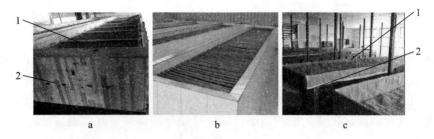

图 4-13 萎凋槽类型
a. 木板式　b. 水泥砖式　c. 钢板式
1. 萎凋帘　2. 萎凋槽

宽度 1.5m、长度 2m，一个萎凋槽可铺放若干个通风板，下叶时，将槽体一侧的壁板翻下，便可将通风板上的茶青扫入筐内。为了使叶层上下萎凋均匀，需要定期进行人工翻拌。

（3）加热装置　加热装置提供萎凋所需的热风。常见的加热装置有炭炉、燃煤（柴）热风炉、燃油热风炉、燃气热风炉以及电炉等。

（4）低压轴流风机　轴流风机向萎凋槽强制提供一定风压和风量的热风，提高鲜叶与空气之间的湿热交换效率，驱散叶层的水蒸气。萎凋槽一般选用风量为 16 000～20 000 m³/h、风压为 3.3～4.0kPa 的 7 号轴流风机，风机转速为 1 440r/min，配用电动机功率 2.8kW。

（5）排湿装置　排湿装置的作用是及时将萎凋室内的水蒸气排出，防止室内水蒸气滞留影响萎凋失水效率。可分为自然通风排湿和机械通风排湿两种形式。前者在萎凋室开进风窗和排风窗（天窗），依靠热压和风压排湿；后者在萎凋室安装排风机，依靠风力动力强制排湿。

2. 工作过程　将鲜叶以一定厚度（15～20cm）均匀铺放在萎凋槽面上，利用轴流风机将热风吹入叶层，带走茶青散失的水分，达到萎凋的目的。操作使用注意事项如下：

①铺叶时不留空隙，以防气流短路；如发现有飘叶现象，应适当加大摊叶厚度并铺平。

②根据不同茶类的萎凋工艺要求，控制萎凋温度和萎凋时间。萎凋过程遵循风量先大后小、温度先高后低的原则。

③对于晴天叶，应先吹热风后吹冷风；对于雨水叶、露水叶，应先吹冷风后吹热风。

④经常检查萎凋槽进风口的温度表,如发现温度过高或过低,应调节百叶式冷风门的开度。若仍达不到要求,可降低或升高炉温。

⑤为使上下叶层萎凋程度均匀一致,应定时进行翻动,由两位工人同时操作,翻动其所在一侧的叶层。

3. 维护保养

①每班萎凋作业完成后,清理槽底和槽面的残留茶叶。

②经常检查电动机和风机的轴承温升,如有过热现象,必须立即停止使用,待故障排除后方可重新使用;检查热风炉的炉管和炉膛各部分有否烧裂,若发现立即修补和更换。

③每年茶季结束后,对热空气发生炉、电动机、风机进行全面检查,调换和修补烧裂的炉条、炉管和炉膛;电动机和风机轴承如有损坏须更换,并加足润滑脂。

④萎凋帘如有损坏应及时修补,妥善保管萎凋帘,待下年茶季再使用。

(二)架式萎凋设备

白茶自然萎凋和加温萎凋通常采用架式萎凋设备。其特点是多层摊叶,占地面积小,摊叶量大,设备简单,操作方便;但室内温湿度分布均匀性较差,人工翻叶劳动强度较高。白茶架式萎凋设备按萎凋方式不同分为自然萎凋式(图 4-14a)和加温萎凋式(图 4-14b),前者适用于政和白茶传统自然萎凋,后者适用于福鼎白茶人工热风萎凋。

图 4-14 白茶架式萎凋设备
a. 自然萎凋式 b. 加温萎凋式

1. 主要构造 架式萎凋设备由萎凋室、萎凋架、萎凋帘、控温控湿装置、通风设备等组成。

(1)萎凋室 在室内排列萎凋架,将鲜叶摊放在筛子上,利用自然气候条件或人工控制进行萎凋。萎凋室通风良好,避免日光直射,门窗可启闭,晴天时采用自然通风萎凋,适宜的温度范围为 20~24℃,相对湿度为 60%~70%;低温阴雨天加温萎凋,控制温度范围为 28~30℃,相对湿度为 65%~75%;空调萎凋控制温度为 24~27℃,相对湿度为 60%~85%。

(2)萎凋帘 萎凋帘有竹饼和网盘两种形式。竹饼萎凋帘常用于白茶萎凋,竹饼长 2.5m、宽 0.8m,一般有 15~20 层,每个竹饼可摊放茶青 1.8~2kg;网盘萎凋帘一般有 5~8 层,每层高度为 300~400mm,网盘一般为不锈钢丝网,每个网盘面积为 1.5m² 左右,深度约为 150mm,摊叶量为 0.50~0.75kg/m²。网盘可自由推进和拉出,以便于上叶和出叶。

(3) 控温控湿装置　在加温萎凋室配备控温控湿装置，常见的有热风炉和空气能加热除湿设备。热风炉以煤、柴、油、气为热源，通过送风装置均匀地将热风送入萎凋室，使萎凋温度提高，湿度降低；空气能控温控湿设备以电为能源，应用热泵加热除湿的原理，通过压缩机进行制冷剂的液化和汽化，吸取室外机蒸发器的热量，转移到室内机冷凝器释放，实现热量转移，同时，将空气中多余的水蒸气冷凝析出，达到升温除湿的效果。

(4) 循环风机和排湿装置　当摊叶量大、叶层空气流动性较差时，需要在萎凋室安装若干台循环风机和排风机。循环风机一般采用工业风扇，起扰动萎凋层空气，提高气流速度，均匀叶层间温湿度的作用；排风机安装在送风的另一侧，以便当室内湿度过高时及时将水蒸气排出。

2. 工作过程　将鲜叶摊放在萎凋帘上，摊叶厚度为15～25cm。根据不同茶类的工艺要求，控制萎凋热风的温湿度，并利用风机将热风送入萎凋架各叶层中，茶青与热空气进行热交换，促进茶青蒸发水分，同时通过排湿风机或热泵将水分排出。

（三）连续式萎凋设备

连续式萎凋设备的主要特点是连续化作业，机械化、自动化程度高，操作方便，工效高，占地面积小，萎凋质量好，是一种比较先进的萎凋设备，适用于大中小型茶叶加工厂。

1. 主要类型　连续式萎凋设备分为半封闭式和敞开式两种类型。

(1) 半封闭式萎凋机　半封闭式萎凋机适用于在无温湿度调节功能的萎凋间内使用。该机由上叶输送带、萎凋箱、传动机构、风机、风道、加热装置、电气控制箱等组成，类似于自动链板式茶叶烘干机。萎凋机装有多层百叶板和空气导流系统。百叶板用于摊放茶青，与链条一起移动；导流系统把热空气引入箱内，由一台风量为60 000m³/h的大型离心风机产生强大压力，将热空气导向第一层（底层），穿过叶层，呈S形导向第二层，直至第五层，最后将废气从顶层排出机外。鲜叶从第五层连续翻落4次，从底部出叶，完成均匀萎凋。

(2) 敞开式萎凋机　敞开式萎凋机适用于具有温湿度调控的萎凋间内使用。该机主要由上叶输送带、网带式输送带、通风系统、电气控制箱等组成（图4-15）。无供热装置，一般为8～12层。上叶输送带采用食品级透气尼龙网带，宽度为2.5～3m，由大套筒滚子链带动；为使各点鲜叶萎凋均匀，在萎凋机两侧配置通风系统，由风机、通风道、通风孔等组成，以便将热风送入萎凋叶层；奇偶层的滚子链分别由两台3kW电磁调速电动机带动。

2. 工作过程　鲜叶由上叶输送带送入萎凋机，随萎凋机缓慢移动，并自上而下一层层下落。由热风炉和通风系统供应35℃热风，热风穿过各层链板的鲜叶进行萎凋。萎凋时，应注意根据鲜叶老嫩及含水率状况，适度调节进叶量、温度、风量和萎凋帘行进速度。

四、萎凋风量计算及风机选配

萎凋热风风量的计算可根据热平衡法，即依据

图4-15　敞开式萎凋机

萎凋失水所对应的吸热量与热空气放热量相平衡的原理确定。

（一）萎凋吸热量 $Q_{吸}$ 的计算

萎凋吸热量 $Q_{吸}$ 由下式计算：

$$Q_{吸}=W \cdot q \tag{4-5}$$

式中　W——萎凋叶的失水量（kg）；

　　　q——水的蒸发潜热（kJ/kg）。

1. 萎凋叶失水量 W　萎凋过程鲜叶的失水量按下列公式计算：

$$W=m_1 w_1 - m_2 w_2 \tag{4-6}$$

式中　m_1——鲜叶的质量（kg）；

　　　m_2——萎凋叶的质量（kg）；

　　　w_1——鲜叶含水率（%），一般为75%；

　　　w_2——萎凋叶含水率（%）。

根据萎凋工艺前后的茶叶干物质质量不变，即：

$$m_1(1-w_1) = m_2(1-w_2) \tag{4-7}$$

由式4-7移项，得：

$$m_2 = \frac{m_1(1-w_1)}{1-w_2} \tag{4-8}$$

将式4-8代入式4-6并移项，得：

$$W = \frac{m_1(w_1 - w_2)}{(1-w_2)} \tag{4-9}$$

2. 水的蒸发潜热 q　水在0℃时的蒸发潜热为 2 500 kJ/kg，100℃时的蒸发潜热为 2 256 kJ/kg，汽化热随温度的升高而降低，呈线性规律递减，如图4-16所示。

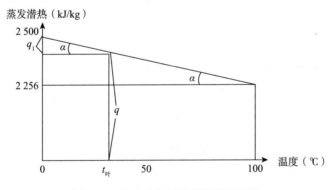

图4-16　茶叶萎凋过程蒸发潜热计算

$$q = 2\ 500 - q_1 = 2\ 500 - tg\alpha \times t_{叶} \tag{4-10}$$

由图4-16可知：

$$tg\alpha = \frac{2\ 500 - 2\ 256}{100} \tag{4-11}$$

将式4-11代入式4-10，得到叶温为 $t_{叶}$ 时水的蒸发潜热计算公式：

$$q = 2\ 500 \frac{(2\ 500 - 2\ 256)\ t_{叶}}{100} = 2\ 500 - 2.44 t_{叶} \tag{4-12}$$

式中 q——叶温为 $t_{叶}$ 时水的蒸发潜热（kJ/kg）；

$t_{叶}$——叶温（℃），一般为 25～28℃。

3. 萎凋过程吸热量 $Q_{吸}$ 的计算

$$Q_{吸} = (m_1 w_1 - m_2 w_2) \cdot (2\,500 - 2.44 t_{叶})$$

$$= \frac{m_1(w_1 - w_2)}{1 - w_2} \cdot (2\,500 - 2.44 t_{叶}) \tag{4-13}$$

由于萎凋时间远远大于叶子的升温时间，故叶温升高所需的热量忽略不计。

（二）萎凋热风放热量 $Q_{放}$ 的计算

萎凋过程热风的放热量 $Q_{放}$ 由下式计算：

$$Q_{放} = V_0 \cdot (t_1 - t_2) \cdot c_V \tag{4-14}$$

式中 $Q_{放}$——热风放出的热量（kJ）；

V_0——标准状态（0℃）下的空气量（m³）；

t_1、t_2——萎凋槽进风口、出风口的空气温度（℃）；

c_V——空气在萎凋过程中的平均容积比热 [kJ/（m³·℃）]，可取 $c_V = 1.30$ [kJ/（m³·℃）]。

（三）萎凋所需空气量 V 的计算

1. 热平衡方程 根据热空气放出的热量应与鲜叶吸收的热量相等，列出热平衡方程：

$$Q_{吸} = Q_{放} \cdot \eta \tag{4-15}$$

式中 η——热效率，可取 50%～60%。

2. 标准状态下萎凋所需的空气量 V_0 将式 4-13、式 4-14 代入式 4-15 中，并移项分别得到：

$$V_0 = \frac{(m_1 w_1 - m_2 w_2) \cdot (2\,500 - 2.44 t_{叶})}{(t_1 - t_2) \cdot c_V \cdot \eta}$$

$$= \frac{m_1(w_1 - w_2) \cdot (2\,500 - 2.44 t_{叶})}{(1 - w_2) \cdot (t_1 - t_2) \cdot c_V \cdot \eta} \tag{4-16}$$

3. 热风状态下萎凋所需的空气量 V 由于风机位于萎凋进口处，风机送出的热风量就等于萎凋槽进口温度状态下的热空气量，因此换算成进口温度的空气体积 V 如下：

$$V = (1 + \frac{t_1}{273}) \cdot V_0 \tag{4-17}$$

将式 4-13 或式 4-14 代入式 4-15，分别得到：

$$V = \frac{(m_1 w_1 - m_2 w_2) \cdot (2\,500 - 2.44 t_{叶})}{(t_1 - t_2) \cdot c_V \cdot \eta} \cdot (1 + \frac{t_1}{273})$$

$$= \frac{m_1(w_1 - w_2) \cdot (2\,500 - 2.44 t_{叶})}{(1 - w_2) \cdot (t_1 - t_2) \cdot c_V \cdot \eta} \cdot (1 + \frac{t_1}{273}) \tag{4-18}$$

4. 萎凋风机风量 V_h 风机风量指单位时间（小时）内轴流风机吹送的空气量（m³/h），即萎凋供热所需的总空气量 V 除以萎凋时间 h，得到下式：

$$V_h = \frac{(m_1 w_1 - m_2 w_2) \cdot (2\,500 - 2.44 t_{叶})}{(t_1 - t_2) \cdot c_V \cdot \eta \cdot h} \cdot (1 + \frac{t_1}{273})$$

$$= \frac{m_1(w_1 - w_2) \cdot (2\,500 - 2.44 t_{叶})}{(1 - w_2) \cdot (t_1 - t_2) \cdot c_V \cdot \eta \cdot h} \cdot (1 + \frac{t_1}{273}) \tag{4-19}$$

（四）T30 型轴流风机的选配

根据上述计算得到风机风量，查询 T30 通用型轴流通风机手册，可得到萎凋槽轴流风机型号及轴流风机的标称风量、风压和叶轮直径等参数。

第三节 做青机械与设备

一、概述

（一）乌龙茶做青及做青方式

1. 做青 做青指青叶受到机械力的作用使叶缘组织损伤，茶多酚氧化与聚合，促进芳香化合物形成的缓慢渐进式工艺过程。做青过程将机械力与环境调控相结合，摇青与晾青反复交替。摇青指对青叶的动态技术处理过程，青叶产生跳动、摩擦、碰撞，叶梢硬挺"还阳"，促使叶缘细胞损伤，多酚类物质氧化与聚合；晾青指摇青之后青叶的静置过程，在适宜的温湿度条件下，青叶散失一定的水分，降低苦涩味，形成花果香，叶梢萎软"退青"。通过多次的摇青和晾青，最终形成乌龙茶香气浓郁、滋叶醇厚的品质特征。

2. 乌龙茶做青方式 根据摇青和晾青的机械化程度，乌龙茶做青方式一般分为摇晾分置式和摇晾一体式两种。

（1）摇晾分置式做青 摇晾分置式做青（图 4-17）指采用摇青机摇青，在做青间内的晾青架上晾青的做青方式。闽南乌龙茶、台湾冻顶乌龙茶、台湾高山乌龙茶和广东乌龙茶等采用这种做青方式。该做青方式工艺精细，灵活性和适应性较强，青叶通风条件好，但人工搬运茶青的劳动强度大。

（2）摇晾一体式做青 摇晾一体式做青（图 4-18）指摇青与晾青同时在做青机内进行的做青方式。闽北乌龙茶普遍采用这种做青方式。这种做青方式的机械化程度高，占地面积小，可局部调控做青环境，便于实现自动化控制，但做青机内青叶的通风性较差。

图 4-17 摇晾分置式做青

图 4-18 摇晾一体式做青

（二）摇青原理及工艺原则

1. 摇青方式 摇青按操作方式分为手工摇青和机械摇青。手工摇青又分为手工旋转摇青和手工往复摇青（图4-19a、b）。手工摇青为传统摇青方式，其青叶受力均匀，但生产效率低、劳动强度大，仅适合于制作小批量茶。机械摇青分为滚筒摇青（台湾称为"浪青"）和振动摇青（图4-19c、d），目前生产上普遍采用滚筒摇青。

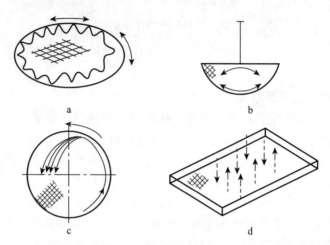

图4-19 常见的乌龙茶摇青方式
a. 手工旋转摇青 b. 手工往复摇青 c. 机械滚筒摇青 d. 机械振动摇青

2. 摇青的作用 摇青的作用主要表现在两个方面：一是通过青叶与青叶、青叶与机具之间的摩擦碰撞，适度破坏叶细胞组织，使酶与化合物结合，促进青叶内含物转化；二是使青叶获得机械动能和内能，增强叶梢组织的输导机能，促进嫩梗中的水和可溶性内含物向叶面输送，并蒸发水分，通过摇青实现热能所难以诱发的化学反应，使青叶内含物质朝着有利于乌龙茶品质形成的方向变化。

3. 摇青的工艺原则 做青前期要求摇匀、摇活，摇青力应以运动力为主，摩擦力为辅，通过手工翻动或低转速摇青，提高青叶动能，增强对青叶内部水分的疏导功能，促进茶青"走水"，并避免叶组织损伤造成"死青"；做青后期要求摇香、摇红，摇青力应以摩擦力为主，通过高转速摇青，增大青叶之间的摩擦碰撞，促使叶细胞适度损伤，诱发香气。同时应根据不同品种、不同嫩度、不同气候、不同做青阶段灵活掌握摇青转速。摇青总原则是摇青转速从低到高，时间先短后长，摇青程度先轻后重。

（三）晾青原理及工艺原则

1. 晾青方式 分置式做青的晾青过程是将青叶摊放在空调做青间的水筛内静置，做青间温度控制在18～25℃，相对湿度为65%～80%。一体式做青的晾青过程是青叶在综合做青机内静置，做青间温度控制在20～30℃，相对湿度为50%～85%。

2. 晾青的作用 从微观能量学分析，晾青过程是青叶释放能量的过程，青叶通过呼吸作用使叶温升高，叶内水分散发，位能较高的大分子物质将逐步降解成位能较低的小分子物质。做青前期，摇青时间较短（1～5min），青叶吸收能量少，晾青过程释放的能量也少，所需的晾青时间较短（30～60min）；做青后期，摇青时间较长（10～20min），青叶吸收能量多，晾青过程释放的能量也多，所需的晾青时间较长（90～120min）。

3. 晾青的工艺原则 对于分置式做青方式，应利用空调控制做青间环境温湿度，晾青层间适度通风换气,以避免青叶变色变味,鲜爽度降低;对于一体式做青方式,需要适时打开做青机上的离心风机,强制通风,及时将叶层内部的热量和水蒸气带走,以控制青叶的失水速度和生化反应速度。晾青总原则是时间先短后长,摊叶厚度由薄到厚。

二、摇青机械与设备

摇青机械是闽南、广东、台湾等乌龙茶生产区广泛使用的摇青设备。摇青机械的特点是构造简单,造价低廉,操作方便,生产率较高;但摇青均匀度低于手工摇青。

(一)摇青机械的类型与型号

1. 摇青机类型 按摇青机转速控制方式可分为单转速摇青机和无级变速摇青机。

单转速摇青机为传统乌龙茶摇青机,20 世纪 70~80 年代在乌龙茶生产区广泛使用。单转速摇青机结构简单,操作方便;但由于转速单一且较高,摇青工艺较为粗泛,移动性能差。无级变速摇青机可根据不同摇青阶段要求调节转速高低,实现摇青的精细化,摇青质量较高。目前无级变速摇青机已在乌龙茶生产区推广使用。

台湾的摇青机人性化设计周全,在摇青机上方增设支架,方便操作者放置进出茶门,使摇青场所整洁无障碍;摇青机下方的圆钢管将两端机架连接起来,使摇青机牢固,同时方便摇青机推移。

2. 摇青机型号 乌龙茶摇青机型号中各符号的含义如下:

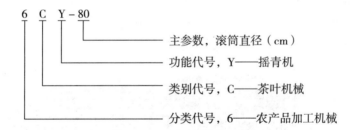

(二)摇青机械的构造与原理

1. 主要构造 乌龙茶摇青机由摇笼、传动轴、传动机构、电动机、电气控制系统等组成(图 4-20)。

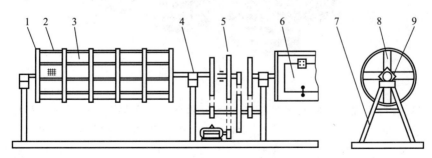

图 4-20 摇青机结构
1.圆箍 2.横条 3.摇笼 4.轴承 5.传动机构 6.进出茶门 7.机架 8.辐条 9.钢板

(1)摇笼 摇笼是摇青机的主要工作机构。通常由竹木制造,直径 0.8m,长 2.5m,摇笼容叶量为 40~75kg。单转速摇青机的转速一般为 22~28r/min,无级变速摇青机的转速一般为6~28r/min。摇笼内部有若干木制直形导叶板,以增加摇青机的摩擦力;摇笼上有排进出茶门,采用弹簧门闩式或活页片固定,可方便操作者快速装卸。

(2) 传动轴　传动轴用于带动摇笼转动。传动轴为半轴式,通过与辐条和钢板连接,带动摇笼转动。这种连接使摇笼内无通轴,摇笼空间大,方便进叶,且不伤茶青。

(3) 电机与传动机构　电动机的功率为1.1~1.5kW,传动机构将电动机转速降低后传给摇笼。单转速摇青机的动力传动线路:电机—三角皮带—三角皮带—三角皮带—摇笼;无级变速摇青机的动力传动线路:电机—三角皮带—蜗轮蜗杆—链—摇笼。

(4) 电气控制系统　电气控制系统用于控制摇青机的运转和报警,由无级变速器、时间继电器、报警器等组成。无级变速器通过控制电动机电频率,控制摇青机的转速在6~16r/min范围;时间继电器可供用户在0~6min内设定摇青时间,摇青时间到时发出报警,提醒工人看青或者下叶,便于同时操作多台摇青机。

2. 工作过程　茶青随着摇青机的旋转而翻转,在滚筒体的摩擦力和导叶板的作用下,青叶被带到一定高度后向下抛落,产生机械运动力,促进茶青"走水",并使青叶之间、青叶与筒壁之间产生机械摩擦碰撞,使叶缘细胞受到一定损伤,青叶散发水分,茶多酚适度酶促氧化。

(三) 其他辅助设备

1. 晾青架和水筛　晾青架用于放置水筛,水筛用于摊放茶青。单列式晾青架(图4-21)的尺寸为1m×1m(长×宽),双列式晾青架的尺寸为2m×1m(长×宽),每列放置15~20层水筛。晾青架的底部安装万向轮,以方便移动。水筛为带筛孔的竹制茶具,水筛的直径为900~1 000mm。

图4-21　单列式晾青架

2. 做青环境控制设备　做青环境控制设备包括空调、除湿机、循环风扇和排风扇等。

(1) 空调　空调的作用是控制做青间的温度,保持做青温度为20~22℃,相对湿度为65%~75%。做青空调有分体式、柜式、专用空调和中央空调等类型,可根据做青间的面积和茶青量进行选择,一般可按照10m²配2 500W空调的经验进行选配。分体式空调器制冷量较小,适合于面积较小的做青间;柜式空调器制冷量较大,适用于面积较大的做青间。一般做青间需配备2台及以上空调,使温湿度均匀分布。

(2) 除湿机　对于海拔高、湿度大的茶区,应配置空气除湿机,以提高做青间的温度,降低湿度，加快青叶的"走水"速度。

(3) **循环风扇** 一般采用吊扇，以均匀做青间各摊叶层的空气温湿度。

(4) **排气扇** 排气扇的作用是强制通风，排湿排浊，满足做青间空气新鲜度的要求。排气扇一般安装在做青间侧墙上方。采取间歇排气通风，既保证做青间的空气新鲜，又减少空调冷气外泄，节约能源。以做青间容叶量 200 kg 为例，经计算，消除做青间 CO_2 所需最小通风量约为 $300m^3/h$，该做青间通风制度为每隔 1～3h 换气一次，换气时间 2min 左右。

3. 温湿度显示仪 温湿度显示仪用于测定和显示做青间的温湿度。温湿度仪分为酒精干湿球温湿度计、指针式温湿度计和数显式电子温湿度仪 3 种类型。酒精干湿球温湿度计价格便宜，维护方便，但相对湿度需要查表换算；指针式温湿度计显示直观，维护方便，但精确度较低；数显式电子温湿度仪读数直观，价格便宜，生产上广为使用，但要注意使用长久有一定飘移，需定期校正。

(四) **摇青机的使用操作**

1. 安装 摇青机应安装在平整的地面上，一般靠墙，注意摇青机转向应由外向内，以便从下到上带起香气，方便看青做青，并可保护茶门。

2. 装叶与卸叶 每次摇青时，打开进出茶门装叶，容叶量以占摇笼容积的 70%～80% 为宜。装叶时应将青叶抖散，装叶后关紧茶门。摇青结束时，打开茶门，人工取出筒内茶青，并将剩余残叶扫净。

3. 摇青 设置好转速和时间。前期转速较低（10r/min 以下），时间较短；后期转速较高（16～28r/min），时间较长。清香型乌龙茶做青工艺参数见表 4-1。

表 4-1 清香型乌龙茶空调做青工艺参数

(孙云，2007)

工序	晒青（min）	摇青时间（min）	晾青时间（min）
晒青	20	—	10
第一摇	—	5	115
第二摇	—	10	110
第三摇	—	50	1 200

注：做青温度为 18～20℃，相对湿度为 57%～66%。

4. 维护保养

①注意保持三角皮带的干净，不沾油污，以防打滑。

②定期检查传动皮带的张紧度，一般用拇指按压三角皮带紧边，若下垂量超过 30mm，应调整张紧装置。

③茶季结束，将摇青机清理干净，盖上防尘布，保持机身整洁。

三、综合做青机械与设备

(一) **综合做青机的特点及类型**

1. 综合做青机的特点 综合做青机的特点是萎凋、摇青、晾青一机多用；能局部调节滚筒内的做青温湿度和空气流量，适应不同季节、不同气候对做青环境的要求，通过提高做青温度，缩短做青时间，提高工效；滚筒转速可无级变速或两级可调，以适应不同品种、不同鲜叶嫩度以及不同做青阶段的摇青力变化要求；并配以时间电子开关或PLC可编程控制器，实现乌龙茶做青的机械化和自动化。

2. 综合做青机的类型及型号 综合做青机按滚筒直径分为92型、100型、110型、120型4种，按做青控制程度分为手动式、自动式和智能式。乌龙茶综合做青机的型号中各符号的含义如下：

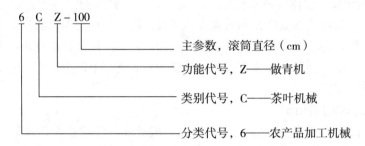

（二）综合做青机械与设备的构造

1. 综合做青机的构造 综合做青机由滚筒、电动机、通风管、风机、加热装置、电气控制系统等组成（图4-22）。

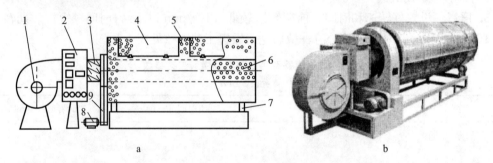

图4-22 综合做青机
a. 结构示意图　b. 外形图
1. 离心风机　2. 控制箱　3. 加热装置　4. 进出茶门　5. 滚筒　6. 通风管　7. 机架　8. 电动机　9. 传动机构

（1）滚筒　做青机的主要工作机构。滚筒容叶量为100～250kg。滚筒由厚度0.8mm的镀锌或不锈钢板冲板围成。滚筒壁设一进茶门，端面设一出茶门。滚筒内壁钉有木质直线导叶板，起翻叶和促进出叶的作用。滚筒转速一般为8～16r/min。

（2）电动机　做青机的动力。采用三相异步电动机，分为电磁调速、双级变速、变频调速等类型，电动机功率为2.2kW。

（3）进气通风系统　用于做青机的强制通风。由离心风机、通风管等组成。通风管设在滚筒的中心线上，由冲孔镀锌板卷成，直径为260mm。离心式通风机的风压为588Pa，风量为6 000～7 000 m³/h。

（4）加热装置　用于加热空气，提供萎凋和做青所需的热量。采用木（竹）炭、液化气、电加热等能源。闽北乌龙茶生产大多采用炭炉加热，简单易行，经济实用，但木炭燃烧的炉气和炭粒易进入青叶，影响茶叶卫生质量；液化气和电加热安全卫生，可实现自动控温。

（5）电气控制系统　用于控制做青机的吹、摇、停等系列动作。手动式做青机采用闸刀开关、倒顺开关等低压控制器，工人用手动控制做青机工作；自动式做青机应用PC、PLC、触摸屏控制器、电气控制箱等，可同时独立控制2~16台做青机，实现手动和自动切换，节省3/4用工量，避免了操作者疲劳造成的工艺差错，目前已在闽北乌龙茶生产区推广应用；智能式做青机应用温湿度、质量、色差等多种传感器感知青叶的变化，PC上位机与PLC下位机联动，可在线采集、修改和记录做青机工艺数据，是未来做青机的发展趋势。

2. 其他做青辅助设备

（1）做青间　乌龙茶做青的场所（图4-23）。做青间具有温度调节、开放且可密闭、通风换气的功能。一个做青间一般安装2台做青机。气候适宜时，敞开门窗，充分利用自然条件做青、晾青，节约能源；当遇到低温阴雨气候，则将做青间简易密闭，采取加温、排湿技术控制做青环境。

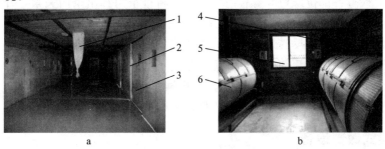

图4-23　乌龙茶做青间
a. 做青间外　b. 做青间内
1. 茶青进口　2. 推拉门　3. 做青间　4. 排湿风机　5. 推拉窗　6. 做青机

（2）排湿风机　用于将做青间高湿气流排出。排湿风机安装在做青间侧墙上，便于在萎凋、做青过程中进行通风换气和排湿。

（三）做青机的使用操作

1. 装叶　打开进茶门装叶，容叶量以占滚筒容积的70%~80%为宜。装叶时应将青叶抖散，装叶后关紧茶门。

2. 加温萎凋　先吹冷风后吹热风，热风温度为35~45℃。每隔30min，以8r/min的转速慢转1~2min，使青叶翻动散热，散失水蒸气，均匀萎凋。含水率高的青叶吹风时间延长，翻动时间缩短，反之亦然。萎凋阶段历时2~4h。萎凋结束后，吹冷风30min，降低叶温，散发水汽，然后进入做青过程。萎凋过程中，掌握好进风温度，通过将炭炉移近风机进风口，向通风管供送热风；当需要吹冷风时，将炭炉移开即可。

3. 做青　做青过程包括吹风—摇青—晾青，生产上通常称为"吹—摇—停"。风温控制在25℃左右，摇青时滚筒正转，转速为8~16r/min。吹风时间为5~30min，摇青30~60min，晾青10~30min，完成一个工艺循环。吹风—摇青—晾青反复交替4~8次。做青过程中，摇、晾时间逐渐递增，看青做青，灵活掌握。

4. 发酵　静置发酵1~1.5 h，以做青叶呈现三红七绿，香气浓郁为做青适度，随后立即下机炒青。

以夏季武夷水仙为例,做青全程历经6.5~8 h,做青机工艺参数见表4-2。

表4-2　夏季武夷水仙的做青工艺参数

摇青次数	一	二	三	四	五	六	合计
吹风时间（min）	30	30	30	15	15	10	130
摇青时间（min）	2	3	4	4	11	30	54
晾青时间（min）	30	30	50	45	45	静置发酵1h	260
转速（r/min）	8	8	8	16	16	16	

5. 下叶　做青结束后,打开出茶门端盖,滚筒反转,自动下叶。

6. 维护保养

①使用前,检查各部位螺钉和螺栓有无松动,将进茶门和出茶门关紧,开机试运转2~3min,确认风机运转方向和滚筒运转正常后,开始作业。

②手动控制时,滚筒正反转切换,应先停机再切换,以免电机电流超载。

③每次做青结束,应扫清筒内余叶,方可进行下一次作业。

④保持三角皮带的干净,并定期检查皮带张紧度。

⑤茶季结束,将摇青机清理干净,盖上防尘布,保持机身整洁。

四、层架式做青设备

机械层架式萎凋设备主要用于台湾乌龙茶萎凋和做青。该设备的主要特点是用中央空调控制温湿度,多层摊放,结构紧凑,摊叶量为50kg/m²,生产率为3 000kg/批。

1. 主要构造　该设备由萎凋架、萎凋帘、机械提升装置、中央空调、通风系统等组成（图4-24）。

（1）萎凋间　尺寸为13.5m×7.5m×5.0m（长×宽×高）。萎凋间的北侧配备1台中央空调,由15排每排33支圆孔的带孔三合板围成回风室,构成排气通风系统。

（2）萎凋架　用于支撑萎凋帘。尺寸为5.5m×5.5m×3.8m（长×宽×高）,为角钢焊成,左右对称两架。萎凋架层高240mm,共10~15层。

图4-24　机械层架式萎凋设备
1. 机械提升装置　2. 中央空调　3. 萎凋架　4. 通风系统

（3）萎凋帘　用于摊放鲜叶。萎凋帘长5m,宽5m。可平移和升降,由钢架、滚轮、钢丝架、φ10mm 的塑料孔板、尼龙丝网灯等组成。

（4）机械提升装置　用于升降萎凋帘，使其在任一高度（0～15层）定位。提升装置由提升架、钢缆、滑轮、电动机、减速机等组成。

（5）温湿度控制系统　该系统由中央空调、送风装置、回风装置等组成。

2. 工作过程　电动机带动提升架将萎凋帘降到地面，人工将鲜叶均匀地平铺在萎凋帘上，提升机将萎凋帘升至某一层架高度，手工将萎凋帘推入层架，依此反复，完成摊叶和放置。中央空调的8个送风口各有水平和垂直向下的两个风向，使萎凋机各层的气流均匀分布。干热空气均匀地吹送到上下各萎凋层中，使空气与青叶之间进行湿热交换。

五、空调做青间冷负荷计算

空调做青间的耗冷量通常包括以下6个方面。

1. 做青间围护结构的耗冷量 Q_1　夏暑茶季节，由于外界环境温度高于做青间温度，外界热量必然经做青间的围护结构传入室内，因此做青间围护结构（包括墙壁、地面、屋面的导热系数）决定了热量传递的速度。

做青间围护结构的传导热量（kJ/h）可用下式计算：

$$Q_1 = KF(t_1 - t_2) \tag{4-20}$$

式中　K——做青间围护结构的导热系数 [kJ/(h·m²·℃)]；

　　　F——做青间围护结构的面积（m²）；

　　　t_1、t_2——做青间外、内温度（℃）。

做青间是由具有不同导热系数的建筑材料所组成的平壁，K 值的计算公式为：

$$K = \frac{1}{\frac{1}{\alpha_1} + \frac{\delta_1}{\lambda_1} + \frac{\delta_2}{\lambda_2} + \cdots + \frac{1}{\alpha_2}} \tag{4-21}$$

式中　δ_1、δ_2——各层隔热材料的厚度（m）；

　　　λ_1、λ_2——各层隔热材料的导热系数 [kJ/(h·m²·℃)]；

　　　α_1、α_2——外壁、内壁的对流放热系数 [kJ/(h·m²·℃)]，一般为 31.4～41.9 kJ/(h·m²·℃)。

常用的做青间围护材料的导热系数见表4-3。

表4-3　几种常用材料的导热系数

材料名称	密度（kg/m³）	导热系数 [kJ/(h·m·℃)]
水泥砂浆	1 700	3.14
砖	1 200	1.88
松木（纵纹）	350～600	0.50
锯木屑	200～250	0.25～0.33
软木（板）	150～260	0.21
聚苯乙烯泡沫塑料（板）	20～30	0.14～0.17

【例1】做青间长12.1m、宽7.6m、高3.1m（图4-25），西、南、北三面墙壁砖厚250mm，外壁面抹20mm的水泥砂浆，东面采用双层胶合板，天花板为单层胶合板，胶合板厚度为20mm，做青间内壁全部用胶合板封面。设室外最高温度为40℃，做青间设计温度为22℃，试计算其各壁的导热系数及做青间围护结构的耗冷量。

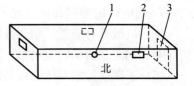

图4-25 做青间立面
1. 排风机 2. 空调器 3. 大门

解：
(1) 各围护材料导热系数的计算
①西、南、北三面墙的导热系数K_1的计算：

$$K_1=\frac{1}{\frac{1}{36.7}+\frac{0.02}{3.14}+\frac{0.25}{1.88}+\frac{0.02}{3.14}+\frac{0.02}{0.21}+\frac{1}{36.7}}=3.4\ [kJ/(h\cdot m^2\cdot ℃)]$$

②东面墙的导热系数K_2的计算：

$$K_2=\frac{1}{\frac{1}{36.7}+\frac{0.02}{0.21}+\frac{0.02}{0.2}+\frac{1}{36.7}}=4.1\ [kJ/(h\cdot m^2\cdot ℃)]$$

③天花板的导热系数K_3的计算：

$$K_3=\frac{1}{\frac{1}{36.7}+\frac{0.02}{0.21}+\frac{1}{36.7}}=8.3\ [kJ/(h\cdot m^2\cdot ℃)]$$

(2) 墙面积的计算
①西、南、北三面墙面积的计算：

$$F_1=12.1\times3.1\times2+7.6\times3.1=98.58\ (m^2)$$

②东面墙面积的计算：

$$F_2=7.6\times3.1=23.56\ (m^2)$$

③天花板面积的计算：

$$F_3=12.1\times7.6=91.96\ (m^2)$$

(3) 各围护材料耗冷量Q_1的计算

$$Q_1=(K_1F_1+K_2F_2+K_3F_3)\times(t_1-t_2)$$
$$=(3.4\times98.58+4.1\times23.56+8.3\times91.96)\times18=21\ 510\ (kJ/h)$$

2. 做青间通风换气所引起的耗冷量Q_2 室内外空气流动、太阳辐射等耗冷量Q_2近视为Q_1的20%~50%。

3. 青叶降温所需的耗冷量Q_3

$$Q_3=G_c(t_1-t_2)/h_1 \tag{4-22}$$

式中 G——青叶的质量（kg）；
c——茶叶的比热容[kJ/(kg·℃)]，青叶的比热容为3.4kJ/(kg·℃)；
t_1——做青前的叶温（℃）；
t_2——做青间的温度（℃）；
h_1——降温时间（h），包括空调预冷时间。

【例2】做青间每天加工1 000kg青叶，进入做青前的叶温为27℃，做青间叶温为20℃，青叶降温时间为 3h（包括预冷），求青叶降温所需的耗冷量。

解：$Q_3 = 1\,000 \times 3.4 \times (27-20)/3 = 7\,933$ （kJ/h）。

4. 运行操作耗冷量 Q_4　运行操作耗冷量包括做青间室内照明、门的开启、操作人员活动体温产生的热量所引起的耗冷量。

(1) 室内照明耗冷量 q_1 的计算

$$q_1 = 3.6W \tag{4-23}$$

式中　W——照明用电功率（W）。

(2) 电动设备运行耗冷量 q_2 的计算

$$q_2 = 3\,600N \tag{4-24}$$

式中　N——电机功率（kW）。

一般应将摇青机置于空调做青间之外，以节省空间，避免摇青时的茶毛黏附于空调器上，影响其制冷效率。当摇青机置于室外时，可不计电机耗冷量。

(3) 操作人员散热量 q_3 的计算

$$q_3 = 3.6 q' n$$

式中　q'——每个人的散热量（W），一般 215W；

　　　n——操作人员人数。

【例3】做青间 40W 日光灯共 4 盏，操作人员 1 人，计算运行操作时的耗冷量 Q_4。

解：$Q_4 = q_1 + q_3 = 3.6 \times 40 \times 4 + 3.6 \times 215 = 1\,350$ （kJ/h）。

5. 青叶散湿所需的耗冷量 Q_5

$$Q_5 = G \times \frac{(w_1 - w_2) \times (2\,500 - 2.44 t_{叶})}{(1 - w_2) \times h} \tag{4-25}$$

式中　G——做青间青叶的质量（kg）；

　　　w_1——做青前青叶的含水率，$w_1 = 70\%$；

　　　w_2——做青叶的含水率，$w_2 = 40\%$；

　　　$t_{叶}$——做青过程平均叶温（℃），一般为 20℃ 左右；

　　　h——做青总历时（h）。

6. 总耗冷量 Q

$$Q = Q_1 + Q_2 + Q_3 + Q_4 + Q_5 \tag{4-26}$$

【例4】数据同例 1 至例 3，若夏暑茶做青时间为 18h，计算散湿耗冷量及做青间总耗冷量。

解：

(1) 做青间的散湿耗冷量 Q_5 的计算

$$Q_5 = 1\,000 \times \frac{(0.70 - 0.40) \times (2\,500 - 2.44 \times 20)}{(1 - 0.40) \times 18} = 68\,088 \text{ （kJ/h）}$$

(2) 总耗冷量 Q 的计算

$$\begin{aligned} Q &= Q_1 + Q_2 + Q_3 + Q_4 + Q_5 \\ &= 21\,510 + 21\,510 \times 35\% + 7\,933 + 1\,350 + 68\,088 \\ &= 106\,409.5 \text{ （kJ/h）} \\ &= 29.56 \text{ （kW）} \end{aligned}$$

该做青间约需3台7.5kW的空调器,平均每10m²做青间面积约需2.5kW空调。

各部分耗热比例见图4-26。做青间围护结构的耗冷量所占的比例最大,其次是青叶失水所占的耗冷量,因此在实际生产中,要求所选的做青间围护材料既经济又节能,还应控制降温幅度,以减少青叶失水的耗冷量。

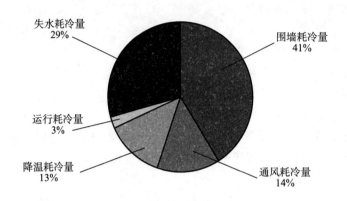

图4-26 空调做青间各部分耗冷量的比例

第四节 杀青机械

一、概述

(一) 杀青与杀青机械

1. 杀青 杀青是绿茶、乌龙茶、黄茶、黑茶加工的重要工序。杀青指通过提供一定的高温条件,迅速升高叶温,快速破坏茶叶酶活性的热加工工艺。通过杀青,阻止多酚类化合物的酶促氧化,散发水分,使叶质变柔软,增加韧性,便于揉捻成条。随着水分的蒸发、青草气的挥发、苦涩味的消除,获得茶叶应有的色、香、味。

2. 杀青机械的主要类型及特点 杀青机根据传热原理不同,主要分为蒸汽杀青机、热风杀青机、滚筒杀青机、微波杀青机、远红外杀青机等几种类型,其中又以滚筒杀青机因杀青叶品质好、香气高、成本低、可连续生产,使用最为广泛。

(1) 锅式杀青机 以炒锅为主要工作机构的杀青机械。锅式杀青机代表了中国传统杀青风格,杀青质量好,成品茶叶香鲜爽,滋味浓烈,但锅式杀青机工效较低,逐渐被滚筒杀青机所取代。

(2) 槽式杀青机 以槽锅为主要工作机构的杀青机械,生产上较少应用。

(3) 滚筒杀青机 以滚筒作为主要工作机构的杀青机械。其特点是杀青叶品质好、香气高、成本低、与后续工序匹配方便,目前在我国茶叶杀青机中约占80%。

滚筒杀青机按加热方式分为燃煤(柴、气)滚筒杀青机、电热滚筒杀青机、高温热风滚筒杀青机、电磁滚筒杀青机,按工作方式分为连续式滚筒杀青机和间歇式滚筒杀青机。

(4) 蒸汽杀青机 利用蒸汽与鲜叶进行对流传热,迅速抑制酶的活性,软化叶质的杀青机械。蒸汽杀青机的特点是升温快,保色保绿,清爽嫩香型风味突出,不苦涩,且比滚筒杀青机节约能耗15%~20%。蒸汽杀青机又分为纯蒸汽杀青机和汽热杀青机。

(5) 微波杀青机　利用微波使茶青水分子发生激烈摩擦而使茶叶快速升温汽化蒸发水分的杀青机械。微波杀青机的特点是升温迅速，受热均匀，清洁卫生，保色保绿，滋味鲜爽甘醇，比远红外杀青机节约能量 1/3～1/2。

(6) 远红外杀青机　利用远红外辐射线作为热源的杀青设备。其具有杀青均匀、连续化作业、节能环保和有效降低苦涩味等特点。

(二) 杀青机的主要技术参数

1. 杀青温度　杀青温度包括筒温和叶温。筒温指杀青机的滚筒温度，筒温直接影响杀青叶温；筒温采用热电偶温度计测定，筒温一般为 260～360℃。叶温的高低和上升的快慢直接影响杀青叶的质量；叶温采用红外测温仪测定，杀青叶温一般为 65～85℃。

杀青时掌握"高温杀青，先高后低"的原则。高温杀青，迅速使叶温达到 80℃以上，钝化酶活性；杀青后期，适当降低温度，避免杀青叶出现芽尖、叶缘炒焦现象及内部化学成分的损失。

2. 杀青时间　杀青时间太短，造成杀青不足，易出现红梗红叶，在揉捻时叶液易流失；时间太长，杀青叶水分太少，揉捻难成条，易断碎。

杀青时掌握"嫩叶老杀，老叶嫩杀"的原则。老、嫩叶杀青时间往往相差 1 倍以上。嫩叶中酶活性较强，含水率较高，应老杀；反之老叶宜嫩杀，以避免杀青叶含水率过低，揉捻时成条困难或产生焦边。一般滚筒连续杀青机杀青时间为 2～3 min。

3. 投叶量　投叶量太多，供热量小于需热量，叶温上升慢，杀青不匀，易产生红梗红叶；投叶量太少，供热量超过需热量，叶温迅速上升，易出现焦叶，影响品质，并且生产率不高，能耗大，效益低。

杀青时掌握"老叶多投，嫩叶少投"的原则。老叶含水率低，杀青所需的热量少，投叶量宜多些；反之嫩叶投叶量要少些。一般 80 型锅式杀青机每锅投叶量为 6～8kg，65 型连续式滚筒杀青机每筒投叶量为 3～5kg，110 型间歇式滚筒杀青机每筒投叶量为 25～30kg。

4. 翻炒方式　利用闷炒形成的高温蒸汽的穿透力，使梗脉内部迅速升温；利用抛炒使叶子蒸发出来的水蒸气和青草气迅速散发，保持叶色翠绿。

杀青时掌握"抛闷结合，多抛少闷"的原则。滚筒转速太高，叶温上升慢，易产生红梗红叶；滚筒转速太低，翻抛作用弱，不利于水分蒸发和青气散发，易产生水闷味。滚筒转速一般为 20～25r/min。一般大型滚筒杀青机的排湿性能优于小型滚筒杀青机，风机强制排湿效果优于自然对流排湿。

二、滚筒杀青机

(一) 连续式滚筒杀青机

1. 性能特点　连续式滚筒杀青机的特点：①连续作业，单一转向；②叶量少，传热快，2～3 min 即完成杀青，适用于绿茶杀青；③生产率高；④杀青均匀一致，无焦边焦叶。连续式滚筒杀青机在我国茶叶加工厂广泛应用。

连续式滚筒杀青机按滚筒直径分为 30 型、35 型、40 型、50 型、60 型、70 型、80 型，60～80 型在生产中较常见，30 型和 35 型在名优绿茶杀青中常见。

6CST-80 型滚筒杀青机的型号中各符号的含义如下：

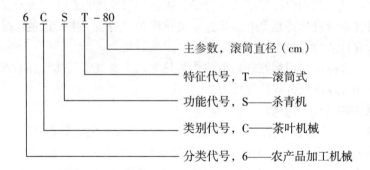

2. 主要构造 该机主要由滚筒、导叶板、排湿装置、机架、传动装置、炉灶等组成（图 4-27）。

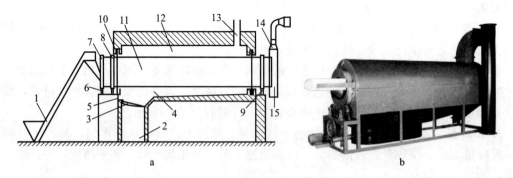

图 4-27 连续式滚筒杀青机
a. 结构示意图 b. 外形图
1. 上叶装置 2. 进风洞 3. 炉栅 4. 炉膛 5. 炉门 6、7. 齿轮齿圈 8. 托轮圈
9. 托轮 10. 挡烟圈 11. 滚筒 12. 烟道 13. 烟囱 14. 排湿装置 15. 出茶口

（1）上叶装置 上叶装置用于自动投叶杀青。由进叶斗、输送带、匀叶轮、传动机构等组成（图 4-28）。进叶斗为落地式，输送带上有搁板，可防止鲜叶下滑；匀叶轮转速为 15～36r/min，轴心可上下移动，以调节投叶量；输送带电机功率为 250W，转速为 1 350r/min，通过三角皮带、无级变速器和链传动降低输送带的速度。

图 4-28 杀青机上叶装置
a. 正面图 b. 侧面图

（2）滚筒 滚筒是杀青作业场所。常见的滚筒直径为 0.3～0.8 m，用厚 4～6mm 的

钢板卷焊而成。杀青时滚筒温度达250℃以上,当鲜叶投入筒中,随着筒体的转动,茶叶在导叶板的作用下翻滚、抛散,交替接触筒壁。由于传导和辐射作用,叶温迅速上升至80℃以上,使鲜叶内酶的活性迅速钝化,防止多酚类氧化,形成名优绿茶的色、香、味品质。

(3) 导叶板　导叶板的形状为螺旋形,共有4～6条,焊接在滚筒内壁上,起推送茶叶,增强茶叶翻抛的作用。导叶板有导叶角、螺旋角、后倾角等结构参数(图4-29)。

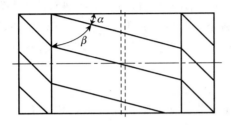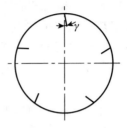

图4-29　滚筒杀青机导叶板结构参数

①导叶角 α:导叶板长度方向与滚筒轴向的夹角。导叶角的大小决定了茶叶的推进速度。在0°～45°范围内,α越大,茶叶的推进速度越快。导叶角一般取15°左右。

②螺旋角 β:导叶板长度方向与滚筒径向的夹角,与导叶角互为余角。导叶角为15°时,则螺旋角为75°。只要确定其中一个参数,滚筒导叶角长度方向的位置就能确定。

③后倾角 γ:导叶板高度方向与滚筒半径方向的夹角。后倾角 γ 越小,带茶高度越大。一般后倾角为15°～25°。

(4) 传动机构　滚筒杀青机一般使用三级减速,转速可在25～30r/min范围内调节。第一级为无级变速器减速;第二级为胶带轮减速;第三级为齿轮或链轮减速,两只被动链轮与两只主动托轮同轴,靠主动托轮与筒体上的筒箍的摩擦驱动滚筒旋转。

(5) 排湿降温装置　用于及时排除滚筒内的水蒸气。排湿降温装置设于滚筒出叶口,由排风导管和排湿风机组成。排风导管直径为400mm;排湿风机转速为715r/min,功率为250W。

(6) 冷却装置　用于快速降低杀青叶的温度,保色保绿。冷却装置常见的有输送带冷却风机和直吹式冷却风机两种形式。

(7) 炉灶　一般小型名优茶滚筒杀青机多采用电热炉或燃气炉,也有用煤或木柴作为燃料;大型滚筒杀青机仍以煤加热为主,但在一些先进的大型茶叶加工厂已开始使用燃气加热和生物质颗粒燃烧炉。

①燃煤柴灶:主要由燃烧室、热交换室、烟囱等组成。燃煤柴灶一般由耐火砖砌成拱形炉灶,炉膛下有条形炉栅16根,头端直接放于滚筒中心下方,炉栅离滚筒底部25cm,以便集中火力加热旋转的滚筒。热交换室用普通砖砌成。烟囱高度为10～12m,烟囱口开在滚筒中心的下方,使焰气经热交换室逸出至烟囱前,沿斜下方流动,可充分利用焰气的余热加热滚筒后端。烟道内设有一可移动闸板,开闭烟道可调节炉温。

②电炉:一般使用交流电为能源,可以在加热段滚筒外壁下方2～3cm处均匀分布环形电加热管,电热管之间间隔15～20cm。距离滚筒1cm处设有温度传感器,可自动控制杀青机的温度。

③燃气灶：燃气灶安装在滚筒下方，并有进气孔和观察孔，以保证燃气能够正常燃烧和不产生漏气现象。

④生物质炉：生物质颗粒为采用竹木下脚料压制而成类似粉笔头大小的颗粒，属于国家支持推广的新型环保燃料。杀青机生物质炉可由燃煤炉改装，配置一个螺旋输送器自动投料，与燃煤相比，具有节约人工、温度稳定、环保节能、节省成本等优点。

3. 工作过程 鲜叶由上叶装置送入滚筒，随着筒体的转动，在螺旋导叶板的带动下，使茶叶在筒内产生滚翻、抛扬和前进运动。滚筒以热传导为主，热对流、热辐射为辅，茶叶在筒内热空气及炽热滚筒壁的周期碰触下，叶温快速升高到70℃以上，酶迅速丧失活力，同时叶细胞水分迅速汽化而使叶质萎软，又由于抛扬运动，鲜叶中的青草气驱散而形成茶香，且杀青叶叶色翠绿。

4. 使用与保养

①杀青作业开始前，除尽筒内的残叶及其他残物，检查杀青机所有的传动部件和紧固件，确认其处于完好状态，各润滑点应加足润滑油。

②先开机后生火升温，避免滚筒局部过热变形。同时将鲜叶盛满盛叶斗，待筒体呈暗红色即可上叶，投叶时应根据随时观察到的杀青叶质量灵活调节投叶量。

③应经常检查杀青机的出叶质量。如果杀熟度不足，应适当减少进叶量；如焦叶较多，应适当增加进叶量，并适当压火。

④作业过程中如遇异常事故（如停电等）应立即退火，并尽快设法取出筒内的茶叶。待恢复正常后，应先清除筒内残叶，然后再投叶杀青。

⑤杀青叶出叶后应快速开启风扇降低叶温，待叶温降至室温，经摊晾回潮后再进行下一道工序。

⑥燃煤灶在杀青即将结束时（尚有25kg左右鲜叶）即可开始退火；杀青全部结束后，须退尽炉内余火、余渣，清除筒内残叶、焦叶，并清理机器工作面和周围环境。

⑦每个茶季结束，均应对全机做一次检查和检修，磨损严重的零件要更换。

（二）6CST-110型滚筒杀青机

1. 性能特点 6CST-110型滚筒杀青机为间歇式滚筒杀青机，其具有以下特点：①通过筒体的正转与反转进茶和出茶，正转杀青，反转出叶，间歇作业；②每批杀青叶量较多，升温和走水时间较长，5~10min完成杀青；③在滚筒同一端进叶和出叶，筒体较短，透气性能较好，故又称为短滚筒杀青机；④滚筒由传动轴带动，噪声较小。6CST-110型滚筒杀青机既可以作为杀青设备，又可以兼作炒干设备使用，具有一机多能的特点。

2. 主要构造 6CST-100型滚筒杀青机由滚筒体、传动轴、导叶板、轴流风机、传动机构等组成（图4-30）。

滚筒体是该机的主要工作部件，直径为1 100mm，长度为1 330mm，投叶量为40~50kg/筒；导叶板4条，导叶角为24°；出叶板4条，导叶角为45°；滚筒通过幅条与传动轴连接，转速为20~22r/min。轴流风机安装在滚筒进出口的另一端，可正反转，正转吹风出叶，反转吸气排湿。

（三）6CST-85/90型燃气式滚筒杀青机

1. 性能特点 该机的主要性能特点：①滚筒转速可无级变速；②采用液化气作燃料，温度控制方便，升温快，热效率高；③具有自动计时、温度显示、电磁调速等功能，清洁卫

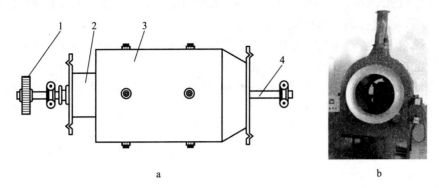

图 4-30 6CST-110 型滚筒杀青机
a. 结构示意图　b. 外形图
1. 传动机构　2. 轴流风机　3. 滚筒　4. 传动轴

生,安全省电;④适合于乌龙茶杀青。

2. 主要构造　该机由滚筒、燃烧器、排湿风机、电控箱、电动机、传动机构等组成(图 4-31)。

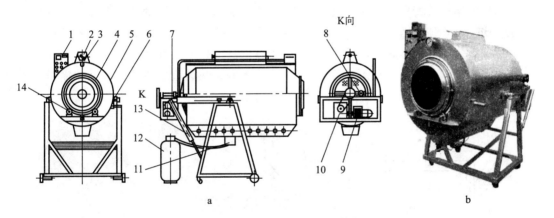

图 4-31 燃气式滚筒杀青机
a. 结构示意图　b. 外形图
1. 电控箱　2. 排烟窗　3. 温度传感器　4. 滚筒　5. 燃气炉外罩　6. 出茶手柄　7. 主轴　8. 排气扇
9. 调速电动机　10. 减速箱　11. 点火器　12. 液化气罐　13. 缓冲器　14. 托轮

(1) 滚筒　滚筒内径为 0.9m,长 2m,进出叶端为锥形,直径为 0.6m;滚筒内设直型 3 条导叶板和 1 条炒手板,导叶板起翻炒叶子的作用,炒手板起解团抖散的作用;滚筒可无级变速,转速一般控制在 22~26r/min,炒青前期转速宜低些,使茶叶充分接触筒壁,快速升高叶温,后期转速宜高些,提高翻炒排湿功效。滚筒外设一个固定外筒,包容燃烧器、排烟窗等,排烟窗用于调节滚筒温度。

(2) 燃烧器　燃烧器用于加热滚筒。由排式燃烧器、液化气罐、总阀、调压阀、电磁气阀、点火开关等组成。排式燃烧器均匀分布燃烧火力点 22~24 个,采用电子点火,电磁阀受点火开关控制,断电时自动关闭熄火。

(3) 排湿风机　排湿风机用于杀青后期排除水蒸气。2 台排湿风机对称安装在滚筒进出叶口的另一端，由电控箱控制排湿风机的启闭。

(4) 电控箱　电控箱包括电源开关、温度表、转速表、滚筒调速旋钮、计时器、排湿风机开关等。电控箱安装于滚筒前端，方便操作。

(5) 电动机与传动机构　采用电磁调速电动机，功率为 0.75kW。滚筒传动线路：电动机→三角皮带→蜗轮蜗杆→链→滚筒。

3. 使用操作

①打开电控箱电源开关，并将滚筒转速旋钮调整到适宜位置，前期转速为 20～22r/min，后期转速为 24～26r/min。

②依次打开液化气罐总阀、调压阀、点火气阀，电子点火，点燃燃烧器，加热滚筒，可根据杀青时的温度需要，通过调节气量和排烟窗开度来调整筒温。

③当筒温达到工艺要求（180～230℃）时，即可投叶杀青。每筒投叶量为 3～10kg，同时按计时器清零计时。

④在杀青过程中，当滚筒内水蒸气较多时，可打开排气扇进行抽湿。

⑤杀青结束，手动或气动倾倒滚筒，滚筒边转动边出叶。

（四）高温热风滚筒杀青机

高温热风滚筒杀青机（也称热风杀青机）适用于绿茶、乌龙茶杀青。其特点是热风温度高，杀青快速、均匀、透彻，杀青叶色泽翠绿，含水率低于一般传统杀青，有利于后续工序处理，成茶香气、滋味良好。常见的有 6CSF-100 型高效热风杀青机。

1. 主要构造　6CSF-100 型热风杀青机主要由滚筒、热风管、热风炉、上叶输送装置和机架机座等组成（图 4-32）。

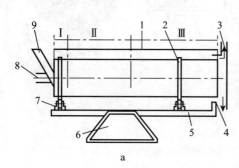 

图 4-32　高温热风杀青机
a. 结构示意图　b. 外形图
1. 滚筒外壳　2. 滚筒　3. 出风口　4. 出茶口　5. 机架　6. 机座　7. 托轮　8. 热风管　9. 进叶口
Ⅰ. 密封段　Ⅱ. 闷杀段　Ⅲ. 脱水段

(1) 上叶输送带　装在滚筒的进叶端，定量输送青叶。

(2) 滚筒　热风杀青机的核心部件。筒体由薄钢板卷制，铰接安装在机架上，机架安装在机座上，机架和筒体的轴向夹角可在±2°范围内调节。滚筒分为密封段、闷杀段和脱水段。密封段不让热风从进茶口逸出；闷杀段的筒壁无孔，避免热风逸至筒外，以提高杀青温度；脱水段的筒壁带孔，热风通过孔眼逸出筒外。滚筒转速为 2.5～25r/min，台时产量为350kg。

(3) **热风装置** 由高温热风炉和热风管组成。热风炉产生的热风温度要求达到300～350℃，因此炉膛采用耐高温特殊合金钢板等特殊设计而成。

(4) **冷却装置** 冷却装置用于迅速降低排出筒体的杀青叶叶温。它由不锈钢丝网带和冷却风机组成，风机向网带吹冷风，使杀青叶降温并进一步脱水。

2. 工作过程 杀青过程中，热风通过热风管进入筒体的闷杀段，与送入筒体内的鲜叶均匀接触，鲜叶迅速吸收热量使叶温升高，酶活性钝化，杀青叶继续沿滚筒前进到滚筒脱水段，利用杀青余热进行脱水和进一步钝化酶的活性，使杀青叶翠绿，杀青更彻底。随后杀青叶进入网带冷却机冷却，大量的冷风使叶面的水分快速蒸发。

3. 使用操作

①作业时，点火使热风炉运行，进口热风温度须达到300℃以上，否则杀青不足。

②控制闷杀段杀青时间仅为15～20s，杀青全程时间为1.5～2.5min。通过调节滚筒体的倾斜角，控制杀青时间，保证杀青和脱水，防止杀青叶干边、焦边、爆点。

(五) 电磁滚筒杀青机

电磁加热是一种较新型的加热方式，它采用磁场感应涡流原理，利用电力控制柜的高频电流通过环形线圈，产生无数封闭磁力线，当磁场的磁力线通过导磁物，即会产生无数的小涡流，从而使导磁物自行高速发热。电磁滚筒杀青机的热效率可达50%～60%，比传统电热管杀青机能耗降低40%左右，劳动强度低，作业环境好，操作简便，能够根据投叶量大小自动调节加热功率，通过与上料机有机配合，杀青质量稳定，可应用于名优绿茶清洁化、连续化生产线。常见的有60型、80型、110型3种型号，台时产量为150～300kg，配电功率70～90kW。

1. 主要构造 电磁滚筒杀青机由滚筒、电磁加热线圈、隔热材料、温度传感器、传动机构、控制柜、机架等组成（图4-33）。

图4-33 电磁滚筒杀青机

(1) **滚筒** 80型电磁滚筒杀青机滚筒直径800mm，采用不锈钢材料，全筒共分为3段，每段可单独调控温度，依鲜叶大小、老嫩、含水率的不同进行精准控制；滚筒内设置导叶板，导叶角一般为8°～10°，以利于杀青叶在滚筒内受热及滑动保持较佳状态；筒体倾角和转速可调。

(2) **电磁加热线圈** 电磁加热线圈均匀分布固定在滚筒外壁。由3组功率不同的电磁加热器和软开关组成。采用电磁加热方式直接对滚筒进行加热，减少了传统电热管先加热空气，再由空气加热筒体的两道热能传递所导致的热能损耗，能量转换率和热能利用率显著提高。

(3) 红外测温装置 温度传感器用强力胶水黏结在保温材料上。采用在线式红外测温仪实时检测滚筒筒壁温度，响应快，反馈时间短，可有效减少温度波动幅度，降低能耗损失。红外测温仪与智能温控软件相结合，通过设置杀青温度、温度上下限、正负偏差报警值、数据输出方式、输出周期、加热滞后时间以及显示加热运行状态、温度反馈信息等参数，实现电磁滚筒杀青机温度的远程精确控制。

(4) 保温层 保温层的作用是维持滚筒内部特定的高温条件，减少热量散失，降低环境温度，提高热能利用率。保温层由玻璃棉及高分子复合隔热材料组成，紧贴电磁加热线圈的外环层。

(5) 传动机构 滚筒传动电动机功率为 1.1kW，排湿风机电动机功率为 0.37kW。

(6) 辅助部件 包括进出水管、筛网、罩板、出叶风机等。

2. 工作过程 工作时，通过电力控制柜设定滚筒温度，由温度传感器对滚筒温度进行监测，并反馈于电控柜，实现对滚筒温度的精准调控；同时，电动机通过传动机构将动力传导于导向轮、滚筒，使滚筒旋转；鲜叶进入滚筒后，在导叶板的作用下，在滚筒内边加热边向前运动，直至最后从滚筒出口流出，完成杀青工序。

3. 使用操作

(1) 安装操作 根据指示位置安装好进水管和出水管。

(2) 预热操作 打开进水管供水；接通电源；预设温控仪温度：第一段温度范围在 250~270℃，第二段温度范围在 225~245℃，第三段温度范围在 180~220℃，嫩叶温度高些，老叶温度低些。

(3) 杀青操作 先启动滚筒运转；通过电磁软开关，首先开启第一段电磁加热，2min 后开启第二段电磁加热，再过 2min 后开启第三段电磁加热；待 3 段温度达到预设温度，进行投叶杀青，杀青时间 2~3min。

(4) 关机操作 杀青结束，先关 3 段电磁加热软开关，再关闭上叶输送带，1h 后待滚筒温度降至 100℃ 才可关闭滚筒电机，切断总电源。

三、蒸汽杀青机

蒸汽杀青机属于热对流导热型杀青机。蒸汽杀青机主要适用于日本煎茶的生产。常见的有网筒式蒸汽杀青机。

1. 主要构造 网筒式蒸汽杀青机由网筒、螺旋推进器、搅拌手、倾斜度调节器、机架、电机、传动机构、蒸汽锅炉及蒸汽输送系统等组成（图 4-34）。筒体为网状，安装在悬挂架上，其倾斜度可调，用以控制蒸青的时间；螺旋推进器用于将鲜叶输送到筒体内，安装在筒体前端；网筒的主轴上安装若干个 45°螺旋搅拌手，起翻拌和推进叶子的作用，筒体与搅拌手各自用无级变速调节，作同方向转动，筒体转速为 6.25~62.5r/min，搅拌手转速为 69.5~695r/min；网筒外设有蒸汽护罩，起引导流通蒸汽的作用。

图 4-34 网筒式蒸汽杀青机

2. 工作过程 工作时，燃油蒸汽锅炉产生过热蒸汽（压强为19.613～29.420kPa）通过蒸汽输送系统的耐热胶管，切线喷入滚筒体，鲜叶由输送带定量地送入筒体，由螺旋推进器向前推进，在搅拌手的作用下，茶叶呈半悬浮状态，充分与蒸汽混合，迅速提高叶温，在高温高湿状态下，短时间内完成杀青，流出滚筒。

四、汽热杀青机

蒸汽热风混合型杀青机也称汽热杀青机。该机的特点是将蒸汽与热风混合进行杀青，短时高温蒸青，同时克服了蒸汽杀青叶含水率高、香气不足的缺点，杀青叶含水率可降到45%左右，杀青叶芽头成朵，色泽翠绿，香气提高。该机组可保证加工叶杀匀杀透，茶叶色泽翠绿，不产生焦叶，可除去夏暑茶的苦涩味，使绿茶滋味更加醇正。

1. 主要构造 汽热杀青机的构造与蒸汽杀青机相似，主要由上叶输送带、蒸青装置、脱水装置、冷却装置、吹风送叶装置、蒸汽热风发生炉等组成（图4-35）。

（1）上叶输送带 选用茶机常用的上叶输送带，将鲜叶送入杀青室。

（2）蒸青装置 由箱体组成的蒸青室和通过室内的蒸青网带组成。网带用于摊叶并带动鲜叶前进，网带下方设有进气管，将蒸汽和热风混合气导入蒸青室。

（3）脱水装置与冷却装置 脱水装置与冷却装置连为一体，共用一条金属网带，网带前半段用热风脱水，后半段用冷风冷却。

（4）供热装置 蒸汽锅炉和热风炉分别提供蒸汽和热风。蒸汽为常压蒸汽，在混入热风后可使其温度提高到120℃以上，使蒸青时间大大缩短；热风温度达到130℃左右，可使蒸青叶芽头色泽翠绿，香气提高。

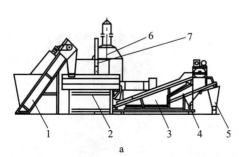

图4-35 汽热杀青机
a. 结构示意图 b. 外形图
1. 上叶输送带 2. 蒸青装置 3. 脱水装置 4. 冷却装置 5. 送叶装置 6. 热风炉 7. 蒸汽锅炉

2. 工作过程 当蒸汽热风混合气温度达到120℃，热风温度达到130℃左右时，鲜叶由上叶输送带均匀送入蒸青室，落到蒸青网带上，并随网带不断前进。由蒸汽热风发生炉送来的混合气，经蒸青网带穿透叶层进行短时高温杀青，杀青时间为30～50s。蒸青叶进入脱水装置的金属输送带上进行脱水，由热风炉经风管送来的130℃左右的干热风穿透叶层，使杀青叶含水率迅速降低到60%左右，接着用冷风对杀青叶进行冷却。快速脱水实现蒸汽杀青工艺与绿茶炒干工艺的有机结合。

五、微波杀青机

1. 微波杀青的原理 微波指频率在 300MHz～300GHz 范围内的电磁波,其可直接透入青叶内部,使青叶水分子相互间剧烈摩擦而产生热能,使叶内各部分在瞬间获得热量而升温,从而使大量水分从茶叶中逸出,达到杀青的目的。微波加热时,茶叶内部温度高于表面温度,热传递方向与湿传递方向一致,而常规加热方式却相反,因此大大加快了水分的蒸发速度。

目前广泛用于工业微波加热的磁控管工作频率有 915MHz 和 2 450MHz 两种,鉴于茶叶微波杀青机主要用于中高档名优绿茶以及设备成本等因素,茶叶微波杀青机一般选用的频率为 2 450MHz。

2. 微波杀青的特点

①杀青时间短,受热均匀,保持茶叶自然舒展,克服传统杀青加热难以迅速、及时钝化鲜叶中酶活性的难点。

②无高温热源,避免了局部过热现象的发生,加热均匀,制成的干茶滋味醇和,但香气略低,往往需要将微波杀青机与热风杀青机配合使用。

③具有热力和生物效应,茶叶滋味甘醇,色泽翠绿,品质提高。

④节约能源,与远红外线加热相比,节约能耗 30%～50%。

⑤清洁卫生,避免煤、柴燃料对茶叶造成的二次污染,提高茶叶的卫生质量。

3. 设备构造 生产上常采用隧道式微波杀青机,输出功率一般为 4～20kW,台时产量为 15～100kg。隧道式微波杀青机主要由微波室、磁控管、波导传输器、能量抑制器、排风和冷却装置、传输机构、控制装置等组成(图 4-36)。

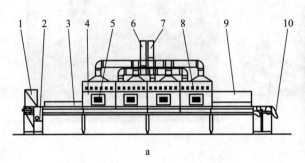

图 4-36 茶叶微波杀青机
a. 结构示意图 b. 外形图
1. 进茶口 2. 自动调偏装置 3. 能量抑制器 4. 杀青腔 5. 可视窗 6. 排湿管
7. 排热管 8. 磁控管 9. 控制箱 10. 出茶口

(1) 喂料口 喂料口用于控制杀青叶量,通常配置匀叶轮,使茶青均匀铺设于输送带上。

(2) 输送装置 用于输送茶青,使杀青过程连续化。茶叶输送装置采用食品专用的耐高温高分子材料制成,可耐 500℃ 的高温,输送带位于微波磁控管辐射带的下方,其行走速度可无级调节。

（3）磁控管　微波杀青机的核心部件。输出功率为4~20kW，通过磁控管产生的电磁波均匀地照射到茶青，内、外同时加热。磁控管电路均采用冷风强制冷却。杀青腔正面有可开启的观察门，门上装有观察窗，作业时可观察杀青腔内的工作情况。目前我国规定用于工业加热使用的微波频率为915MHz和2 450MHz，2 450MHz磁控管的穿透深度和炉体尺寸较915MHz磁控管的小，目前我国使用较多的是功率为1kW的2 450MHz小型磁控管。

（4）波导传输器　用于将微波能从磁控管耦合出来，并送到谐振箱内对茶叶进行加热。

（5）能量抑制器　用于防止微波的泄漏，装于杀青输送带的两端。

（6）杀青腔　杀青腔也称谐振箱，用于安装磁控管等微波发射装置。用铝质材料制成，既可减轻重量，又可减少微波损耗和泄漏。与输送装置共同形成隧道式杀青腔体，顶部开有微波能量输入口和排湿口，每只谐振箱装有排湿风机和冷却风机，磁控管的阳极和阴极电路均采用冷风强制冷却。谐振箱的正面有可开启的观察门，用于箱内的清洁和检查维修。若打开观察门，磁控管高压电路会自动断电，停止微波释放。当前生产中应用的茶叶微波杀青干燥机有9、12、15、21个谐振箱和磁控管等不同功率形式。

（7）电器控制箱　电器控制箱具有自动开关控制微波功率、无级变速控制输送带速度等功能。在每个磁控管对应的输送带处装有光电传感器自动检测装置，能自动控制微波磁控管的启闭，以保护磁控管，且避免输送带缺料灼烧。

4. 工作过程　鲜叶均匀平铺于微波杀青机输送带上，摊叶厚度为30~50mm，鲜叶在微波的作用下，快速升温到酶钝化温度（60~80℃），同时蒸发水分，经过3~5min微波照射，完成高品质杀青。

5. 使用操作

①打开电源，机器运转，调试输送带，检查风机是否正常运行，确保散热功能。

②开启磁控管，无自动检测装置的微波杀青机，杀青之前必须用湿毛巾平摊通过输送带，使机器处于工作状态；有光电传感器的杀青机无需放置湿毛巾，直接均匀投叶杀青即可。杀青时，打开排气口；出叶时，打开风机。

③杀青结束，续摊湿毛巾，关闭磁控管，待杀青腔散热10min，切断电源。

第五节　整形、揉捻、包揉、揉切机械

一、概述

（一）茶叶造型的影响因素

茶叶在制品是多样性的，包括固体（散粒）、液体（茶汁），其干物质成分和含水量变化大。因此，在茶叶成型过程中，既有不同种类和大小的造型作用力，又有茶叶在制品的机械力学特性对造型工艺的协同作用。

1. 茶叶的应力与应变

（1）茶叶应力　加工过程中，茶叶在制品受外力而变形，因其形变而引起内力。茶叶某一点的内力集度称为茶叶该点的应力P。应力可分为正应力和剪应力，单位为N/m^2。茶叶应力随外力的增加而加大，到达某一限度将引起破坏。

（2）茶叶应变　在应力作用下，茶叶的变形程度称为应变。应变可分为线应变和角应变。

(3) 茶叶应力—应变图　鲜叶拉伸过程应力—应变曲线如图 4-37 所示。

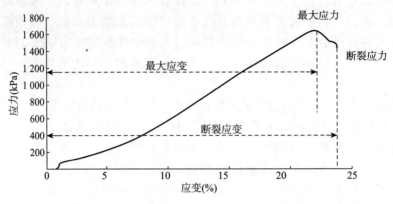

图 4-37　茶叶叶片拉伸的应力—应变曲线图

由图 4-37 可知，茶鲜叶拉伸变形经历 3 个阶段：弹性变形—塑性变形—断裂。过了弹性变形阶段，继续拉伸，叶片将产生最大应力，这就是茶叶叶片的强度极限；过了最大应力点，继续拉伸茶叶，叶片将产生"屈服"现象，应力明显降低，应力与应变不再是线性关系，稍加施力，叶片也会变形，即产生塑性变形，最大应变与断裂应变之差越大，茶叶塑性越好；如继续拉伸，叶片停止塑性变形而产生断裂。

综上表明，茶叶弹性变形（应变）远大于塑性变形（应变），茶叶的弹性很强；塑性变形总是出现于弹性变形之后，茶叶造型须反复多次进行，而使其越过弹性变形阶段。茶叶定型须在塑性变形与断裂点之间进行，定型太早，叶片弹塑性较高，外形不紧结，甚至出现扁条或团块；定型太迟，叶片脆性增大容易断裂，产生大量茶末，影响制率。

2. 茶叶的柔软性、塑性和弹性　茶叶柔软性指茶叶物料变形的难易程度，茶叶塑性指茶叶物料产生塑性变形或永久变形的能力，茶叶弹性指茶叶物料产生弹性变形或恢复变形的能力。一般地说，茶叶造型时，要求叶片的柔软性好，受力后容易变形；塑性强，变形后能保持现状；弹性大，受力后不成扁条或团块。

鲜叶的柔软性、塑性和弹性随成熟度提高而下降。不同含水率阶段茶叶在制品的柔软性、塑性和弹性如图 4-38 所示。鲜叶含水率高，柔软性、塑性较差，而弹性好；随着加工过程含水率下降，细胞空隙增加，叶片内部相互间作用的排斥力减小，使茶叶柔软性、塑性

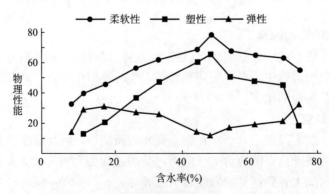

图 4-38　不同含水率茶叶的柔软性、塑性和弹性

增强，而弹性变差；含水率为40%～55%时，柔软性和塑性呈明显峰值；随着水分继续减少，叶片内部结构紧凑，内力增强，柔软性、塑性随之下降，而弹性呈一高峰；进一步蒸发水分，茶叶近似固态，形变困难，柔软性和塑性降低，弹性变差，脆性增大。

（二）茶叶造型的技术原理

1. 茶叶外形与造型工艺 茶叶的外形分为扁形、片形、卷条形、卷曲形、针形、眉形、球形、半球形、珠形、束形、尖形、朵形、颗粒形等，其造型方法也大不相同。整形是名优绿茶的主要造型工艺，揉捻是绿茶、红茶、乌龙茶、黑茶、黄茶等茶类的主要造型工艺，包揉是颗粒型乌龙茶的主要造型工艺，揉切是红碎茶的主要造型工艺。

2. 茶叶造型与作用力和造型机械 茶叶的造型作用力分为拉、压、弯、扭、剪等5种。扁形茶以搓揉按压力为主，采用槽锅加热和压辊加压，使茶叶受到反复碰撞和摩擦按压；卷曲形茶、半球形茶、珠形茶以扭转、压缩、弯曲综合力为主，以茶叶与炒锅、炒手之间高频次的往复碰撞翻拌，或以液压力、气压力压缩茶包，从不同方向压缩弯曲茶叶，或采用速包机和平板机进行扭转、压缩、弯曲；条形茶以搓揉弯曲力为主，采用揉捻机使茶叶各点作圆周运动，从不同方向搓揉茶叶；颗粒形茶以剪切、绞挤、压缩综合力为主，采用揉切机对茶叶进行高强度搓揉和绞切。

二、名优绿茶整形机械

整形是形成名优绿茶品质特征的关键工序。目前我国名优茶的扁形、针形、球形、条形茶炒干整形已基本实现机械化作业。炒干属于传导干燥，茶叶通过与加热固体表面接触而获得热量，随着炒干整形，茶叶水分散失，逐步形成茶叶特有的外形。目前，常见的炒制整形机械主要有扁形茶炒制机械、针形茶炒制机械、球形茶炒制机械和条形茶炒制机械。

（一）扁形茶炒制机械

扁形茶炒制机械根据扁形茶手工炒制技术设计，其集青锅与辉锅于一体，操作简便，生产效率高，生产效率是手工炒制的5～10倍，劳动强度低，制茶品质稳定。

1. 扁形茶炒制机

（1）型号 扁形茶炒制机的型号主要由类别代号、特征代号和主参数3部分组成。6CCB-701型扁形茶炒制机的型号标记各符号含义如下：

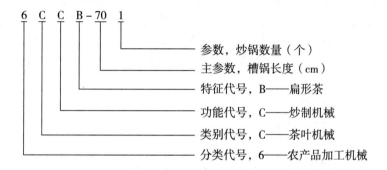

该机自动控制投叶量、炒锅温度、杀青时间、炒茶压力、出茶、清理压板、加油等多种动作，集高中档扁形茶的杀青、理条、压扁、成形、炒干、磨光为一体，连续化作业。

（2）主要构造 该机主要由自动投叶装置、炒茶锅、电热管、炒板、刮板加压调节机构、传动机构、自动控制系统等组成（图4-39）。

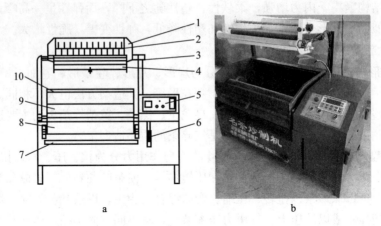

图4-39　6CCB-701型扁形茶炒制机
a. 结构示意图　b. 外形图
1. 储叶斗　2. 匀叶器　3. 输送带　4. 加油管　5. 控制面板　6. 加压手柄
7. 出茶斗　8. 炒茶锅　9. 炒板　10. 刮板

①送料装置：送料包括鲜叶和茶油粉的投放。投叶装置由进茶斗、输送带、匀叶器等组成。输送带慢速间歇运转，主机通过质量传感器在线检测当前的鲜叶质量，当鲜叶实际质量量达到设定值时，输送带停止工作，等待下料；食用茶油粉装于透明带孔加油管，加油管定时自动旋转，粉状茶油通过加油管小孔添加到炒锅内，加油管拆装方便。

②炒茶锅：炒茶锅为曲线形槽锅，一般为碳钢材料制成，炒茶锅工作温度为170~220℃。

③电热管：炒茶锅热源。采用红外线电热管，安装在炒茶锅下方，以硅藻土为保温材料隔热。

④炒手：炒手起压扁和翻炒茶叶的作用。炒手由炒板和刮板组成，炒板和刮板通过导杆与传动轴连接，炒板导杆与划杆导杆之间成90°夹角（可调）。炒板主要起压扁茶的作用，用弧形钢板外面紧包棉布制成；刮板主要起翻炒的作用，由直条钢片构成，将锅底茶叶带起翻炒抖散，散失水分。茶锅后上方装有清理毛刷，可实时清除压板上的青叶。

⑤加压机构：加压机构用于调节炒手压力，由四连杆机构组成。杀青时，手柄将炒手传动轴抬起松压，炒板与锅壁保持一定间隙；整形时，使炒板与锅壁贴紧整形。炒板加压的轻重程度还可通过传动轴导杆的长短调节。主机通过位置传感器信号控制压板电机，精确调节加压量。

⑥出茶机构：当炒制完成需要出茶时，主机控制出料电机旋转180°，打开出茶门，主轴运转3~5圈出茶，出茶结束电机再旋转180°，关闭出茶门。

⑦自动控制系统：自动控制系统包括控制电机动作和炒锅温度。电机共有67个，自动控制匀叶器、输送带、进茶斗、炒手、加压机构、出茶机构等部件动作，协同工作；控温系统由铂电组温度传感器、温控器等组成，自动控制不同炒茶时段的温度。

（3）工作过程　炒手作顺时针运转。在适宜温度控制下，将鲜叶均匀投入炒茶锅内，随着炒板和划杆的旋转及锅壁的高温炒制，青叶的酶活性被破坏，完成杀青。在炒制过程中，由于炒板、划杆的特殊结构与炒茶锅的有机结合，在制叶能够沿轴向顺序排列，被不断翻炒卷紧，完成理条。每次开机或停机，主机将检测主轴位置信号，准确地将压板停止在锅体上方，避免茶锅高温烧坏压板。

（4）使用操作

①开机前准备：炒茶机控制面板如图4-40。接通电源，按"启动"键自检；设置温度，茶锅开始加热；设置下叶量；在储叶斗均匀摊放鲜叶。

②炒制：待设定温度达到时，按"编程"键进入自动炒茶程序：称叶→启动炒手电机→下叶→按"加压"键加压炒茶。中途缺料时自动报警，及时补充鲜叶。

③出茶：当在制叶含水率降至15%~20%，形成扁平外形时，打开出茶门出叶。炒茶结束，系统自动复位并切换到待机状态。

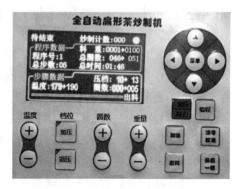

图4-40 自动炒茶机控制面板

④维护保养：每次使用前后，应清除机上障碍物；经常检查各部位螺栓的紧固情况，发现松动及时拧紧；齿轮、齿条、链轮、链条等运动部位要定期加润滑油；茶季结束机器封存之前，应将茶锅加热均匀涂抹茶油防锈。

2. 槽式杀青理条机 槽式杀青理条机于20世纪90年代创制（图4-41）。它具有结构简单、操作方便、间歇作业、一机多用的特点，兼具杀青与理条功能，适合于针形茶和扁形茶的炒制。但振动噪声较大。

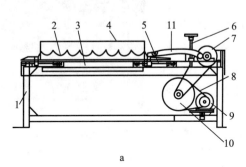

图4-41 槽式杀青理条机
a. 结构示意图　b. 外形图
1. 机架　2. 多槽锅　3. 电热管　4. 吹风管　5. 导轨　6. 调整手轮　7. 二级皮带
8. 一级皮带　9. 电动机　10. 从动轮　11. 曲柄滑块机构

（1）主要构造　槽式杀青理条机主要由多槽锅、电热管、吹风排湿装置、单调式无级变速器、传动机构、电动机等组成。以6CMD40/3型茶叶理条机为例。

①多槽锅：杀青理条作业的主要工作部件。多槽锅长1m，宽0.6m，由11条横截面呈变体U形的槽锅并联而成，锅体一侧设翻板式出茶门，向上拉动锅体即打开出茶门。槽锅振动频率为90~220次/min，温度为80~150℃，生产率为20kg/h。

②电热管：通过辐射传热加热多槽锅体。配用的电机功率为0.55kW，3组电热管总功

率为 8kW。

③吹风排湿装置：及时排除茶叶炒制散发的水蒸气，避免湿热作用。由小风机、风管、出风道等组成。出风道设在 U 形槽顶一侧，可根据投叶量和茶叶水汽情况，开启风机进行排湿。

④单调式无级变速器：仅改变一个轮径的无级变速器为单调式无级变速器，用于调节槽锅的往复运动速度。其主要由手轮、丝杆、电机机座、主从动轮、预紧弹簧等组成。手轮在一定范围内旋转，当顺时针旋转手轮，电机机座上升，预紧弹簧压紧使两半片主动轮间距变小，直径变大，而从动轮直径不变，减速比下调，槽锅速度增大；当逆时针旋转手轮，机座下降，两半片皮带轮间距变大，则主动轮直径变小，减速比上调，槽锅速度减小。

⑤电动机与传动机构：传动线路为电动机→三角皮带（单调式无级变速器）→三角皮带→曲柄滑块机构→槽锅。曲柄为偏心轮结构。

（2）工作过程　槽锅作往复运动，槽锅内在制叶在热辐射作用下受热均匀失水，在往复振动力、加压棒重力和热力的作用下，在制叶沿着锅体轨迹被摩擦挤压、翻动成条。调整锅温和往复运动频率，控制失水速度和作用力大小，完成杀青、理条作业，制成的干茶条索扁平、芽叶完整、锋苗显露、色泽绿润。

3. 滚筒式扁形茶辉干机　滚筒式扁形茶辉干机用于扁形茶理条辉干脱毫作业，其具有提高茶条重实度、使茶叶外形光扁平直、生产率高等特点，按筒体大小分为多种型号。

（1）主要构造　滚筒式扁形茶辉干机主要由筒体、炉体、温度控制装置、传动机构、罩壳、机架等部分组成（图4-42）。

筒体是机器的主要工作部件，由传动机构链传动带动旋转。圆形筒体筒壁上压有较低的凸筋，起对扁形茶炒制的收条和紧条作用。筒体由罩壳包裹，下部装有以电为热源的炉灶，用于对转动的筒体加热，炒制温度通过温控仪设定并进行自动控制。筒体在机架上的安装形式有两种，一种是固定安装在机架上，顺时针转动炒茶，逆时针转动出茶；另一种是将筒体、罩壳、炉灶和传动机构等组装成一个部件，在筒体部件的轴线重心位置两侧设销轴，并销装在机架上。筒体出茶端配有一端盖，以磁铁吸装在筒体端口上，方便装上和取下。

图 4-42　滚筒式扁形茶辉干机

（2）工作过程　作业时，筒体处于水平状态，由传动机构带动旋转作业，炉灶对筒体加热，炒制温度为 60~80℃。当筒温达到炒制要求时，将含水率约为 10% 的扁形茶在制叶投入，在制叶边受热蒸发水分，边随筒体转动，伴随着茶条与茶条之间、茶条与筒壁之间的相互摩擦，同时因茶条受到自身相互的挤压力和筒体的向心力，茶条表面的毫毛、毛刺及黄色角化层等被逐渐磨去，趋向光滑、紧结，峰苗显露，色泽绿翠，重实度提高，达到辉干、脱毫和磨光之目的。炒制结束，用手轻压装于罩壳前端的手柄，可将加工叶倒出机外，完成出叶。同样可操作手柄，使筒体进出茶口向上倾斜进茶，然后放平继续炒制。

（二）针形茶炒制机械

针形茶除了采用槽式理条机、阶梯式连续理条机炒制之外，还可以采用针形茶整形机、茶叶精揉机等进行炒制。

1. 6CFG-60A 型针形茶整形机 该机由传动机构、振动机构、炒茶锅和加压机构等组成（图 4-43）。

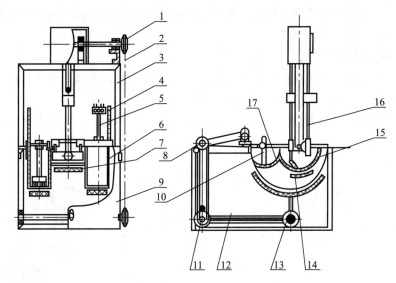

图 4-43 6CFG-60 型针形茶整形机结构示意图
1. 链轮 2. 链条 3. 机架 4. 挡茶板 5. 排叶刷 6. 排叶槽 7. 电热炉 8. 振动机构
9. 前门 10. 回叶刷 11. 电动机 12. 三角胶带 13. 传动轴 14. 压板 15. 炒锅
16. 加压杆 17. 回叶槽

工作过程：采取振动理条和上下运动加压的工艺原理。茶叶在制品在槽锅内循环流动，在炒锅的前后振动力作用下整齐排列成行，在炒手的推动下，茶叶从后方推向前方，由下向上不断翻转，均匀吸收锅温，蒸发水分。当炒手后推上升时，茶条在槽锅两侧流出，落入排叶槽，又由排叶刷扫至回叶槽，再经回叶刷扫入炒茶锅。依此循环往复，茶叶在反复推压、摩擦、振动、碰撞等作用下逐步形成条索。

2. 精揉机 精揉机主要用于蒸青煎茶的整形工序，也可用于针形茶的整形。一台精揉机组一般由 4 个揉釜组成，揉釜由揉盘、传动机构、机架、加压机构等组成（图 4-44）。

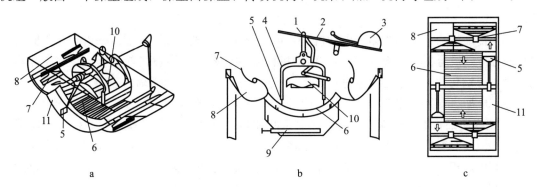

图 4-44 精揉机揉釜结构
a. 立体图 b. 主视图 c. 俯视图
1. 主轴 2. 导轨 3. 重块 4. 搓手架 5. 复刷 6. 揉盘 7. 回转帚 8. 滑动流槽
9. 加热装置 10. 搓手 11. 沟槽

工作过程：搓手在揉盘的搓茶板上作往复运动，茶叶在制品在搓手的挤搓力的作用下，不断向两边沟槽散落。沟槽内的复刷不断把茶叶扒送到揉盘两端的沟槽内，沟槽内的回转帚又将茶叶扫入揉盘，如此循环反复。茶叶一边在搓手的不断作用下逐渐理直炒紧，一边受热干燥，达到针形茶的工艺要求。

（三）球形茶炒制机械

球形茶炒干机适合于各种球形茶的整形工艺，具有结构紧凑，便于运输、安装和维修的特点。球形茶炒干机常见机型为双锅曲毫机。

1. 双锅曲毫机主要构造　该机由茶锅、炒板、传动机构、调位装置、加温装置等组成（图4-45）。

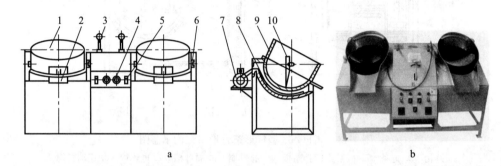

图4-45　双锅曲毫机
a. 结构示意图　b. 外形图
1. 炒叶腔　2. 出茶板　3. 调节手柄　4. 电器开关　5. 电炉开关　6. 轴承座
7. 电动机　8. 电炉盘　9. 茶锅　10. 炒板

（1）锅体　锅体是球形茶炒干机的主要工作部分，对茶叶产生向心推力，双锅并列，结构紧凑，锅口直径为500mm，投叶量为12～20kg/锅，锅温为80～100℃。

（2）炒板　通过炒板的往复摆动，产生挤压搓揉，使茶叶逐步达到干燥和圆紧的目的。炒板呈弧形，与弯轴连接，弯轴最大摆幅为90°，摆动频率为25～56次/min。炒板有大、小两种摆幅。大摆幅以抛炒为主，有利于散失茶叶水分；小摆幅作用力较小，防止茶叶断碎。

（3）传动机构　传动线路为电动机→三角皮带（单调式无级变速器）→齿轮→曲柄摇杆机构→牙嵌式离合器→炒板（摆动）。传动机构安装有大、小偏心装置两套，通过离合器拨动滑套，分别与大、小偏心装置进行连接，产生炒板大、小不同摆幅的运动。

（4）电加热装置　配置在曲面锅体的正下方，单锅电炉丝热功率为6kW，分3级档控制。

2. 双锅曲毫机工作过程　锅体导热对茶叶加热，通过锅体形状和弧形炒板运动使茶条受到多方向反复弯曲力作用，茶叶边失水边逐渐形成卷曲的外形，实现卷曲形茶的自动炒制作业。利用炒板还可实现提毫作业，茶毫毛尖端脱离茶条的粘连，呈自然松散状态，足烘后白毫显露，达到提毫的工艺要求。

（四）条形茶炒制机械

条形茶炒制机械主要有瓶式炒干机和滚筒式炒干机两种类型（图4-46）。

1. 瓶式炒干机　瓶式炒干机的筒体两端小中间大，炒茶部分呈锥体，形如花瓶而得名。

该机按滚筒直径大小分为60型、70型、80型、100型、110型、120型等，其中大生产以100型、110型较为常见。

(1) 主要构造　以100型瓶式炒干机为例，该机由滚筒体、传动机构、机架及炉灶等部分组成（图4-46a）。

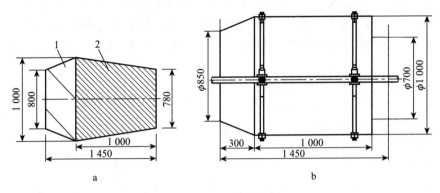

图4-46　条形茶炒干机（单位：mm）
a. 瓶式炒干机　b. 滚筒式炒干机
1. 出叶导板　2. 筒体

①滚筒体：滚筒体由2～3mm的薄钢板卷焊而成，端面设风扇罩，另一端为进出茶口。筒体内焊有螺旋出叶导板和凸棱，两端焊有挡烟板圈。滚筒转速一般为35～40r/min。

②传动轴：传动轴用于连接和带动滚筒转动。传动轴采用钢管制作而成，筒体借助8根双头螺栓、2个十字形固定器连接于传动轴上，轴两端用轴承支承在角铁支架上。有的瓶式炒干机不设传动轴，而是利用传动托轮的转动，带动筒体滚动。

③排湿风扇：采用4翼风扇，为防止茶叶被风扇的风力吸出，在风扇与筒体之间装有20目的钢丝网。

④传动机构：传动线路为功率1.1kW电动机→三角皮带→齿轮箱→滚筒。滚筒两种转速采用塔式胶带轮变换。进出茶、停车时用倒顺开关控制。

⑤炉灶：瓶式炒干机的加热部分。

(2) 工作过程　茶叶在受热均匀的筒体内不断旋转，由于受滚筒离心力、凸棱摩擦力以及茶叶重力的作用下，部分茶叶被带到一定高度后自由落下，散发水分，部分茶叶沿筒壁下滑，挤搓紧条，周而复始交替进行，达到干燥和紧条的目的。

(3) 使用操作　操作时应掌握好筒温，炒二青筒温为180～200℃，辉干筒温为90～100℃，温度先高后低，随着茶叶逐步干燥，将筒温逐渐降低。根据茶叶水分变化掌握炒干时间，一般二青为20～30min，辉干40～60min。在茶叶炒制过程中，不论是二青或辉干，均应开启排湿风扇。倒转出茶时，应让筒体停转后再反转，以免损坏电机。工作结束前，尚留有部分鲜叶时，开始退火。

(4) 维护保养

①在开始作业前，应对机械各传动件、传动齿轮做一次全面检查，并在各润滑点上添加润滑油；检查和清除机体内的焦叶杂物；开动机器试运转，观察全机运转是否正常。

②作业过程应注意机械的运转情况，当发现有故障，应立即停机检查。

③工作结束后,整理和清洁工作面,退尽余火。每年茶季结束,应对全机做一次检修,特别是托轮及其轴承,如磨损严重要及时更换,并修理炉灶。

2. 滚筒式炒干机 该机筒体呈圆筒状,故而得名。滚筒式炒干机分为连续式和间歇式两种类型,后者生产应用较为广泛。

(1) 主要构造 由筒体、排湿风扇、传动机架及炉灶等部分组成(图4-46b)。滚筒炒茶腔长度为1 000mm,直径为1 000mm;滚筒前端设有45°螺旋出叶板,高度为60mm,后端设有带钢丝的纱网排湿孔以及排湿风扇,并设有排湿罩壳和挡烟板。筒体与转轴通过十字撑杆连接。

(2) 工作过程 滚筒边加热边旋转,当滚筒正转时,茶叶随着筒体旋转而滚翻,不断地接触筒壁吸收热量,茶温升高,蒸发水分,及时排除筒内水蒸气,有利干燥,不致闷黄和产生水闷气。茶叶在各种力的作用下挤压和紧条,形成色泽翠绿的干茶。

三、揉捻机械

揉捻的作用:①对茶叶进行搓揉挤压,卷紧条索,缩小体积,增加茶叶容重;②适度破坏叶组织,挤出茶汁,利于冲泡;③叶细胞损伤,茶汁外溢,加速多酚类化合物的酶促氧化,促进茶叶色香味的形成。

(一) 揉捻机的类型及型号

1887年,印度Jackson发明了三曲柄揉捻机,至今已有一百多年历史。揉捻机的结构相对复杂,种类也比较多。揉捻机按揉桶的大小分为大型、中型、小型揉捻机;按揉桶的回转方式分为单动式揉捻机和双动式揉捻机;按加压方式分为杠杆加压式揉捻机、螺旋加压式揉捻机、电动加压式揉捻机、气动加压式揉捻机;按揉盖支承方式分为单柱式揉捻机(图4-47a)和双柱式揉捻机(图4-47b),小型揉捻机多采用单柱式,大中型采用双柱式,但揉捻机作业为间歇性;按揉桶和揉盘结构不同分为桶式揉捻机和锅式揉捻机(台湾揉捻机);按揉捻机的自动化程度分为单机式揉捻机和连续式揉捻机等。

图4-47 揉捻机类型
a. 单柱式 b. 双柱式

6CR-55型以上的大中型揉捻机采用双柱式结构,其刚性好,运行平稳无噪声,其中90型揉捻机为双动式,揉桶与揉盘同时相向回转;6CR-45型以下的中小型揉捻机多为单动单柱式,其结构简单,但加压机构的螺母易磨损,工作噪声较大。

连续式揉捻机适用于红绿茶批量加工,其具有工效高、生产规模大、用工省、劳动强度低,连续化、标准化程度高等优点。连续式揉捻机组分为单列式和双列式（图 4-48）。前者由 4～8 台揉捻机和出叶输送带组成,适用于中小型连续化茶叶加工生产线,其造价省、工效高、操作方便;后者由 6～8 台揉捻机、自动投叶装置、出叶输送带组成,适用于大中型连续化茶叶加工生产线,其投叶和出叶的自动化程度高,但造价较高。

图 4-48 连续式揉捻机组
a. 单列式揉捻机组　b. 双列式揉捻机组

揉捻机的型号标记如下:

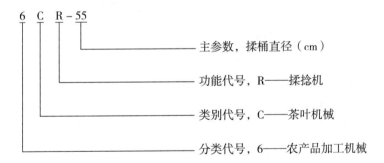

（二）揉捻机的主要技术参数

1. 桶径与投叶量　桶径与投叶量影响揉捻的质量和效率。投叶量过多,揉捻不均匀,条索不紧,扁条断碎多,茶叶品质较差;投叶量过少,茶条难以揉紧,同时影响揉捻效率。投叶量与揉捻机大小、茶叶老嫩等有关。90 型揉捻机投叶量为 140～160kg（萎凋叶）,65 型揉捻机投叶量为 55～60kg,55 型揉捻机投叶量为 30～35kg,45 型揉捻机投叶量为 15～16kg,40 型揉捻机投叶量为 7～8kg;茶叶老嫩不同,投叶量不同,嫩叶多投,老叶少投。

2. 转速　转速与揉桶直径有关。转速过低,茶叶挤压搓揉作用力小,不利于茶叶翻转,造成条索粗松,细胞破碎率下降;转速过高,揉捻作用力和离心力增大,导致碎茶率增高,条索回弹而粗松,同时还会引起机器的严重振动,增加能耗,加剧机器磨损。一般转速以 45～55r/min 为适宜。

3. 揉捻时间和揉捻程度　揉捻时间与投叶量、叶质老嫩、萎凋质量、气温高低等条件有关。揉捻时间遵循揉透、成条、不断碎,以及老叶重揉、嫩叶轻揉的原则。红茶的揉捻程度以揉捻叶细胞破碎率达80%以上,条索紧卷,茶汁充分外溢,用手紧握茶汁溢而不成滴流为适度;绿茶的揉捻程度以揉捻叶细胞破碎率为45%~55%,成条率达80%以上,茶汁黏附叶面,手摸有湿润黏手感觉为宜。

4. 加压和松压 压力轻重是影响揉捻质量的主要因素之一。根据叶子在揉桶中翻动成条的规律,一般掌握轻—重—轻的加压原则。揉捻开始一段时间不加压,使叶片初步成条;然后逐步加压收紧茶条;揉捻结束前一段时间应调为轻压,解散茶团,回收茶汁。加压遵循"先轻后重,逐步加压,轻重交替,最后不加压"的原则。

(三)揉捻机主要构造

揉捻机由揉桶装置、揉盘装置、加压机构、传动机构、机架等组成(图4-49)。

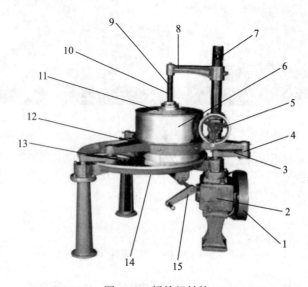

图 4-49 揉捻机结构

1. 皮带 2. 蜗杆箱 3. 曲柄 4. 曲柄销 5. 加压手轮 6. 揉桶 7. 立柱与丝杆 8. 加压臂 9. 加压杆 10. 加压弹簧 11. 揉盖 12. 三脚架 13. 棱骨 14. 出茶门 15. 出茶门手柄

1. 揉桶装置 揉桶装置是揉捻机的主要工作机构,由揉桶、三脚架和双曲柄机构等组成(图4-50)。

(1)揉桶 揉桶为圆筒形,目前常采用不锈钢材料制成。根据揉桶直径分为30型、35型、40型、45型、55型、65型、80型和90型等不同系列,生产上以45型和55型揉捻机较为常见。

(2)三脚架 三脚架用于固定揉桶,使其在双曲柄机构带动下作平面回转运动。三脚架通过曲柄销与双曲柄机构的主、从动曲柄活动连接,也成为双曲柄机构中的连杆构件。

(3)双曲柄机构 双曲柄机构的作用是将旋转运动转变为平面回转运动。由曲柄、曲柄销、三脚架等

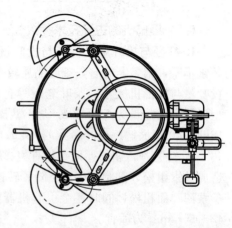

图 4-50 揉桶装置与揉盘装置简图

组成。主动曲柄（与传动轴相连）与另一根曲柄构成双曲柄机构，形成平面回转运动，另一根曲柄只是利用三角形的稳定性原理起平稳机构运动的作用。三根曲柄方位相同并相互之间成120°圆周等分，通过曲柄销与主动轴和从动轴连接，作曲柄定轴旋转，带动揉桶（即连杆）作水平回转运动。

合理选用曲柄长度R是提高揉捻质量的重要因素之一。曲柄长度影响揉桶在揉盘上的运动幅度。当揉桶直径一定，曲柄长度增大，则揉幅增大，在制叶的回转线速度加大，揉捻作用增强。但曲柄过长，容易造成机器运转不稳定，加速机器磨损。

2. 揉盘装置 揉盘装置是对茶叶产生搓揉挤压的部件，由揉盘、棱骨、出茶门、机架等组成。

（1）揉盘 揉盘用302不锈钢板包制而成，揉盘面呈凹状，揉盘凹度也是影响揉捻质量的重要因素之一。一般小型揉捻机下凹4°~5°，中型揉捻机下凹5°~6°。揉盘三支座孔以120°等分，主轴和两根从动轴各通过相应的座孔。

（2）棱骨 棱骨的作用是增强摩擦阻力，促进揉捻叶向上翻转并扭转起条。分为外棱骨和内棱骨，外棱骨10~20条，内棱骨5~6条，分别镶嵌于揉盘和出茶门。棱骨用铸铁棱条外包不锈钢制成。棱骨断面有圆形和半圆形等。棱骨曲率、高低、断面形状、数量及排列偏移角均影响揉捻力系和揉捻效果。棱骨高而窄，茶叶受到的摩擦搓揉作用力大，揉捻效率高，挤出茶汁多，茶汤滋味浓；棱骨低而阔，则茶汤滋味淡，香气高纯。

（3）出茶门 出茶门位于揉盘的中心。出茶门启闭机构有滑动和摆动两种形式，常采用摆动式。摆动式出茶门由出茶手柄、缓冲弹簧、推杆装置等组成。当转动手柄时，出茶门随之摆动回转，将出茶门关闭，同时推杆锁住出茶门。

3. 加压机构 加压机构用于对茶叶加压。加压机构分为杠杆加压、螺旋加压、插销加压3种形式。

（1）杠杆加压机构 杠杆加压机构(图4-51)由揉盖、杠杆、滑块和杠杆支座等组成。揉盖悬挂在杠杆中间，可以转动。杠杆头部采用销子铰接在支座上，可绕支点上下摆动，升降揉盖。杠杆上有导轨，装有滑动重力块，可以沿导轨在杠杆上来回移动。根据杠杆原理，改变滑块在杠杆上的相对位置，达到对揉捻叶加压或减压的作用。杠杆支座上装有锁定插销，当揉桶装满揉捻叶后，插销锁定杠杆上的小孔，防止揉捻作业时揉盖跳出，起安全作用。

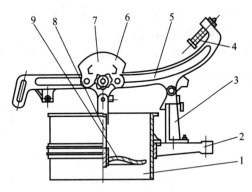

图 4-51 杠杆加压机构
1. 揉桶 2. 三脚架 3. 杠杆支座 4. 缓冲弹簧
5. 杠杆 6. 滑块 7. 松紧手轮 8. 悬挂杆 9. 揉盖

（2）螺旋加压机构 螺旋加压机构(图4-52)由弯架、支柱、揉盖、梯形螺杆、导杆、压力弹簧、圆锥齿轮、手轮摇杆等组成。弯架位于揉桶之上，由左右双支柱支承。梯形螺杆安装在弯架中心孔的大圆锥齿轮内孔中，传动螺母随大圆锥齿轮一起转动，将揉盖升高或降低。螺杆下端与揉盖采用左螺纹连接。盖上左右两边销接两根导杆，并分别通过弯架上的孔，以防止运动着的揉捻叶把筒盖扭转，同时保护丝杆不发生扭曲变形，保证压盖升降灵活。加压机构的传动路线：手轮→锥齿轮→大圆锥齿

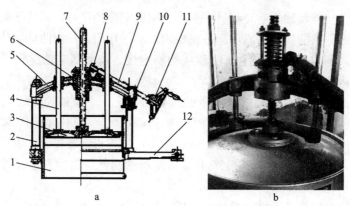

图 4-52 螺旋加压机构
a. 结构示意图 b. 外形图
1. 桶盖 2. 立柱三脚架 3. 揉盖 4. 导杆 5. 弯架 6. 压力弹簧 7. 丝杆
8. 圆锥齿轮 9. 摇杆 10. 摇杆座 11. 手轮 12. 三脚架

轮→梯形螺杆→揉盖（上下移动）。

螺旋加压机构的特点是利用加压弹簧的预紧力对茶叶施加足够的压力，且在工作过程中揉盖保持上下浮动。揉盖所加压力处于不断的变化状态，茶叶在变化的压力作用下逐渐成形，适应于细嫩和粗老茶叶不同的加压工艺要求。

4. 传动机构　传动机构起降速增扭和引导揉桶作平面回转的作用。传动机构包括减速机构和引导机构，引导机构采用双曲柄机构。蜗杆箱外端装三角皮带轮。传动轴与蜗轮连接，传动轴向上穿过揉盘支座中心孔与曲柄连接，工作时带动揉桶在揉盘上作等速回转。

传动机构总传动路线：电动机→三角皮带→蜗轮蜗杆→曲柄机构→揉桶（低速高扭平面回转）。

5. 机架　小型揉捻机采用硬木制成的四脚机架，支持搁板式揉盘和传动机构；大中型揉捻机均采用三足鼎立的机架，便于出茶。

（四）揉捻机的工作原理

1. 茶叶揉捻的受力分析　揉捻机作用力如图 4-53 所示。在揉捻过程中，揉桶内的茶叶所受综合作用力 P 的大小、方向、速度随着时间而变化。

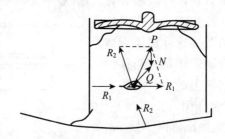

图 4-53 茶叶揉捻过程受力分析
R_1——揉桶侧壁的推力；
R_2——棱骨和盘面凹部的反作用力；
N——揉盖压力与茶叶本身的重力之和的正压力；
Q——揉捻叶向上翻转的作用力；
P——揉桶内的茶叶所受综合作用力。

2. 茶叶揉捻的运动规律 由于每一个瞬间茶叶在揉桶里的部位不同,形成了茶叶揉捻的运动规律(图4-54)。

(1) 搓揉区 搓揉区靠近揉盘和棱骨,搓揉卷曲力较大。茶叶在揉桶推力的作用下,在搓揉区内的运动速度较快,从而将茶叶揉捻成条,体积缩小。

(2) 强压区 强压区在揉桶、揉盘及揉盖对茶叶作用力的交点周围,强压区的茶叶受到的挤压力最大。当茶叶进入强压区,运动速度最慢而受到较强的挤压、搓揉和成团。翻转的作用力Q是向上的,因此茶叶向上翻动。

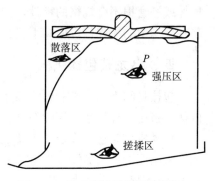

图4-54 茶叶揉捻过程运动规律

(3) 散落区 当茶叶运动到桶上部后,借助茶叶本身的重力和惯性力,向前下方散落到揉盘底部的散落区。

揉捻过程中,茶叶不断地在搓揉区→强压区→散落区循环,周而复始,在揉桶内受到不同方向的搓揉—挤压—松压,逐步从弹性变形过渡到塑性变形,逐步卷曲成条,揉成条索,挤出茶汁,达到揉捻的要求。

3. 揉捻机的工作原理 揉捻机的工作过程分为空压起条、加压紧条、松压解团3个阶段。空压阶段是茶叶形成条索的基础阶段,空压可减少茶叶的滚动摩擦阻力,便于片状叶起条;加压阶段是茶条形成紧结外形的重要阶段,通过加压促使叶细胞破坏、条索卷紧;松压阶段随加压盖上移,叶层占有的空间增大,紧压的茶团被振松抖散。

(五) 揉捻机的使用和保养

1. 揉捻机的使用

①开机前先清洁揉捻机,检查各部分螺栓,如发现松动应及时紧固;试运转10min,观察转向、运转是否正常;各润滑点加足润滑油;若有卡阻、碰撞现象,应立即停机检查。

②开启揉盖,按揉捻机的容量装叶,切勿填装过多或过少。投叶量过多,揉捻叶在揉桶中压死,不能产生揉捻运动;投叶量过少,则不能形成弹簧加压力,影响揉捻运动的正常进行。

③关好揉盖。重块加压机构的揉捻机是用在杠杆滑道上滑动的重块加压,重块离支点越远,加压就越大。加压后将插销插紧锁住,防止插销跳出而造成事故。螺杆加压机构的揉捻机,加压时转动手轮,使揉盖下降进行加压揉捻。

④遵循空压—加压—松压的原则。空压揉捻时,使揉盖进桶10mm左右,空压启动,按揉捻工艺规定的时间和加压重量进行揉捻;加压揉捻结束,去压空揉1min,放茶筐于揉盘之下,打开出茶门出茶,揉桶边运动边卸叶;关闭开关,清扫盘内残留叶。

⑤每班作业完成后,应清洁揉捻机,特别是揉盘、揉桶、揉盖、出茶门等。

2. 揉捻机的保养

①在制茶季节每3d对主动轴曲柄轴承、从动轴曲柄轴承和曲柄销轴承等处添加一次润滑油。螺杆加压机构每周添加一次润滑油。在添加润滑油时,应注意适量,以免添注过多而外溢到揉盘,沾污茶叶。蜗杆箱每使用4~5个月更换一次机油,检查减速箱有无漏油现象。

②定期检查揉捻机传动皮带的张紧度。胶带过松要及时调整或调换,否则易打滑而影响传动效率。

③每年茶季结束后,应对揉捻机(包括电动机)进行一次全面的拆洗和维修,更换已经

损坏或经磨损不合规格的零件，如轴承、齿轮、棱骨等易损件。集体传动的皮带，特别是安装在地沟中的平皮带，应卸下妥为保管，待明年茶季前再安装。

四、乌龙茶包揉机械

包揉是闽南乌龙茶和台湾乌龙茶加工造型的特殊工序，其作用是对条形茶叶产生高强度的搓揉挤压，促使条形茶叶在干燥过程中形成卷曲紧结形状。

包揉机械是包揉作业的主要设备，1990年从我国台湾引进大陆推广应用。包揉机械的使用大幅度降低了劳动强度和生产成本，提高了生产效率。据测算，1t毛茶折合揉捻叶为1 800kg，按7kg/包计，共257包茶叶。采用人工包揉需用20个强劳力，而机械包揉仅用6个普通劳力，手工工效为13包/（人·d），机械包揉达43包/（人·d）。

（一）速包机

速包机的作用是制备茶包，快速紧包，搓揉挤压茶叶。

1. 型号与特点 速包机型号中各符号的含义如下：

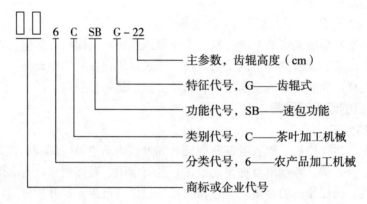

速包机根据传统的手工滚、压、揉、转、包的作业原理而设计，具有紧袋和包揉作用，成球快速，仅需1min完成速包，加工的茶叶可成球形或半球形，外形美观。

2. 主要构造 该机由立辊、拖板、加压手柄、电器控制及传动机构等组成（图4-55）。

图4-55 速包机
a. 结构图　b. 外形图
1. 拖板　2. 立辊　3. 橡皮立辊　4. 加压杆　5. 轴承座　6. 电控箱　7. 机壳
8. 急停按钮　9. 地脚轮　10. 脚踏开关

(1) **立辊与拖板** 对茶包产生侧向的挤压、摩擦作用。立辊有 4 只，高 220mm，立辊矩形排列，做顺时针旋转。立辊安装在拖板上，拖板带动辊子做向内、向外直线移动。

(2) **加压手柄** 产生正压力，并固定包揉布头，与辊子构成相反方向的力矩。

(3) **电器控制** 由脚踏开关、急停按钮、行程开关等组成。动力传动路线如下：① 传动电机→三角皮带→蜗杆→双螺旋机构→两拖板→两对立辊相向移动；② 工作电机→三角皮带→蜗杆→左轴（万向节）→链→前后两立辊转动。

3. 工作过程 工作时，将 7kg 初烘叶置于包揉布中，将布巾的四角提起并拧成袋状，置于拖板上。包揉布头从加压手柄绕过，左手拉紧布头，脚踩左边的脚踏开关，速包机立辊开始旋转，之后点踩左脚踏开关，立辊间断地向内移动。松散的茶包在两对立辊作用下作顺时针旋转，并在立辊的侧向转、搓、挤、压及加压手柄轻—重—稍重的正压力作用下迅速包紧，形成南瓜状茶球。速包成型后，脚踩右脚踏开关，立辊向外移动，完成速包过程。经速包后的茶球，送到平板式包揉机继续包揉或静置定型。

（二）平板式包揉机

1. 型号与特点 平板式包揉机型号中各符号的含义如下：

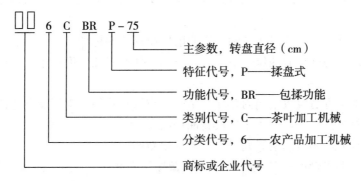

平板式包揉机模仿人工包揉原理设计，将茶球置于上下揉盘之间，通过下揉盘转动，茶球在棱骨和立柱的作用下翻转卷紧。每批 3 个球，作业时间为 3~7min。

2. 主要构造 该机由上下揉盘、加压机构、传动机构与电机等组成（图 4-56）。

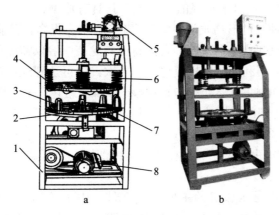

图 4-56　6CWB-75 型平板包揉机
a. 结构图　b. 外形图
1. 机架　2. 下揉盘　3. 立柱　4. 上揉盘　5. 加压电机　6. 加压弹簧　7. 棱骨　8. 主电机

（1）上揉盘和下揉盘　上揉盘可上下移动，不转动；下揉盘作定轴转动，由4个塑料托轮轴向定位。上、下揉盘上设有10根双排双向粗棱骨，下揉盘还有若干根立柱，阻止茶包外滑。

（2）加压机构　采用机动或手动的螺旋机构加压或气动加压，类似揉捻机加压机构，4根加压弹簧安装在上揉盘的上方，通过加压弹簧的变形产生向下反弹力施压于茶包。为使包揉时压力稳定，在手轮转动轴处设有一个棘轮棘爪止动销，可防止上揉盘因受外力作用而自动位移。

（3）传动机构　下揉盘传动路线：电机（0.75kW）→三角皮带→蜗轮蜗杆→下揉盘转动。手动加压传动路线：手轮→锥齿轮→丝杆机构→上揉盘上下移动。电动加压传动路线：电机（0.75kW）→锥齿轮→螺旋机构→上揉盘上下移动。

（4）机架　机架用型钢焊制而成，装有行走轮。

3. 工作过程　茶球制备：将速包后的茶包放入包揉袋，拧转茶袋，使茶袋纽结扼住茶团，随即翻转茶袋，用上半截茶袋将茶球再包一层打结，扎紧袋口。然后将1～3个茶包置入平板机的下揉盘中，按升降按钮使上揉盘下移，当上揉盘接触茶包后，继续下移40～50mm，然后按下"开"按钮，使下揉盘转动，上揉盘逐渐加压，在棱骨和立柱的共同作用下，茶球翻转卷紧。包揉结束，上揉盘自动上升，下揉盘停止转动，取出茶包，等待下一次作业。

4. 维护保养

①光杆、加压丝杆、托轮等运动轴在作业前用压杆式油枪加注40号机油一次。

②定期检查蜗轮蜗杆箱的油位，不足时应添加。如润滑油黏度偏小，将使蜗轮蜗杆急速磨损而很快报废。

③新机使用半个月后应放空箱内存油，用柴油或煤油将箱内铜屑及杂物清洗后再注入新油。以后除随时补足油位外，应每年更换新油一次。

④各滚动轴承使用钙基润滑脂润滑，每年更换新脂一次。

⑤定期检查传动皮带的张紧度，一般用拇指按压三角带，皮带以下垂10～30mm为张紧度适宜，否则应移动电机重新调整。

⑥每年茶季结束后，应进行一次全面拆洗和维护，更换已经损坏或已经过度磨损的零件。

（三）压揉机械

乌龙茶压揉机是2010年以来出现的新种类，其具有成型快、工效高、用工和耗布省、自动化程度高等特点，使卷曲形乌龙茶的生产效率得到极大提高，目前在福建和台湾乌龙茶产区广泛使用。据台湾阿里山茶区反映，台湾高山乌龙茶一般仅需压揉4～6次就可以形成颗粒，全程15～30min，再利用速包机速包5～10次，即可达到纯速包机20多次的包揉效果。压揉机与其他造型机械的工艺组合包括揉捻＋压揉＋松包筛末、揉捻＋压揉、纯压揉等3种类型，既可提高乌龙茶的包揉效率，实现无布包揉，减轻工人劳动强度，又能保证乌龙茶品质，制得的毛茶色泽鲜润一致。

1. 主要构造　压揉机由成型槽、压板、挤压板油缸、液压装置、控制系统等组成（图4-57）。

（1）成型槽　成型槽是压揉机的主要工作部件，由不锈钢材制成，槽体由底面、左侧、右侧和前端4个面板构成。一次投放在制叶120kg，一批成品茶约25kg。槽体前端设置光电传感器，当传感器检测到附近有异物时，锁定机构动作，防止盖板下压导致安全事故。

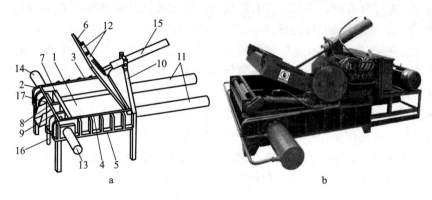

图 4-57 乌龙茶压揉快速成型机
a. 结构示意图　b. 外形图
1. 成型槽　2. 前端面板　3. 右侧面板　4. 左侧面板　5. 底面板　6. 盖板　7. 前压板
8. 左压板　9. 右压板　10. 固定架　11、13、14、15、16. 油缸　12. 盖板锁定机构　17. 出茶口

（2）盖板　盖板对茶包产生各向压力。盖板铰接在成型槽的后端，其油缸活塞杆与盖板的中部连接，由油缸驱动盖板升降。盖板设有锁定机构，加压时自动锁定，防止盖板打开，以便共同对腔体施压。

（3）压板　压揉机由前移压板、左右两侧压板组成压缩腔，3个压板分别由3个油缸驱动，最大压力达 15～20MPa。

（4）出茶板　压揉机自动出茶。出茶口处设置可垂直升降的出茶板，自动将茶块压出。

（5）控制系统　按压揉的流程步骤控制各油缸协调动作。

2. 工作过程

（1）初始化　启动盖板油缸，将盖板打开，同时启动各压板油缸，将各压板和出茶板复位。

（2）投叶　将炒青叶投放至成型槽，然后启动盖板油缸使盖板关闭，并将盖板锁定。

（3）压揉　启动前移压板油缸，推动前移压板，使茶叶逐渐受力压紧；当挤压到位时，同时启动左右两侧压板油缸，驱动两端压板靠拢，压力先小后大，逐步使茶条产生"屈服"现象。压揉后期，压力减小，避免茶条断碎。当压力显示为 15～20MPa 时，说明基本达到压揉程度，茶叶逐渐形成茶团。压揉全过程的组合工艺见表 4-4。

表 4-4　乌龙茶压揉组合工艺

序号	造型方式	压揉工艺参数
1	揉捻＋压揉	初揉 5 min，压揉—解块 4～6 次之后初烘，再压揉—解块 4～6 次之后足干
2	压揉＋包揉	压揉—解块 4～6 次之后初烘，速包—平板—解块 5～10 次之后足干
3	纯压揉	压揉—解块 4～6 次之后初烘，再压揉—解块 4～6 次之后足干
CK	传统包揉	按传统工艺进行反复速包—平板—解块，8 次之后初烘，再 12 次之后足干

注：压揉的压力为 13.5MPa。

(4) 出茶 先打开盖板，再移开左右压板和前移压板，启动出茶板油缸，将方形茶团从出茶口推出，完成一次压揉工作过程。

该机的优点在于：可以替代茶叶速包机、平板包揉机以及松包机的功能，压揉成块状后翻动并松散茶叶改变叶的受力方向，再重复压揉茶叶，有利于提高乌龙茶加工自动化水平。

(四) 松包筛末机

闽南乌龙茶经过揉捻、包揉后的条茶常结成团状，有的卷紧成为紧实的茶包，影响后续工序的顺利进行，可利用松包筛末机对茶团或茶包进行解散、筛分，并筛出茶末。有的松包筛末机还可以实现烘干作业，及时调整在制叶的含水率，控制茶叶的品质。

1. 型号与特点 6CSS T-90 型松包筛末机型号中各符号的含义如下：

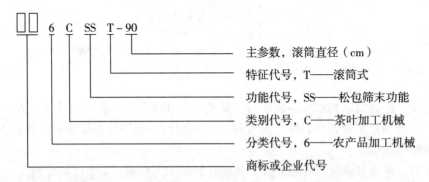

松包机的作用是将包揉后的茶团解散成松散颗粒，并借以散发热量和水汽，避免茶叶焖黄，以便下一道工序的继续造型。台式松包机还设有筛分茶末装置，可边解团边筛末。松包筛末机具有结构紧凑、设计合理、使用方便、工效高等特点。

2. 主要构造 该机由筒筛、打击杆、倾倒装置、操纵手柄、电机、传动机构、机架等组成（图 4-58）。

图 4-58 松包筛末机

图 4-59 望月式揉捻机

3. 工作过程 作业时，在出茶口放好盛茶用具，将茶包扔进松包机的筒筛内，每次适合放 8kg 左右茶包。在筒筛旋转、翻抛和打击杆的解块作用下茶包松散，同时筛分茶末从筒筛底部流出。松散完毕，通过操纵杆将滚筒下倾，茶叶从出口倒出。

（五）其他乌龙茶造型机械

1. 望月式揉捻机 台湾茶叶机械，兼有揉捻和包揉的功能。整机由揉盘、揉碗、加压机构、传动机构和机架等组成（图 4-59）。揉盘呈锅状，内嵌 9~12 条棱骨，外沿一侧留有出茶口。揉盘下倾时可出茶，盘面向中心的倾斜度一般为 30°，较一般揉捻机大。揉碗呈半球形，兼具揉桶和揉盖的作用。揉捻柄与揉碗铰接相连，倒扣于揉盘上，由传动机构带动，在揉盘上作水平运动。传动机构与普通揉捻机相同，采用变速箱减速传动。揉捻柄穿在由曲柄带动运转的三脚架上，其上端由固定在机架上的加压螺旋弹簧给予一定的压力，实现加压。

工作时，揉盘倾斜，投入 12~15 kg 杀青叶，而后将揉盘调至水平位置并固定，使茶叶基本处于揉碗内。开动机器，揉碗运动并不断加压，茶叶被揉捻成条。

2. 莲花式速包机 台湾莲花式速包机在台湾乌龙茶的加工中使用较多。该机主要由加压杆、莲花座、莲花片、连杆、传动机构等部分组成（图 4-60）。工作时，莲花座旋转，螺旋机构作正、逆向旋转，使推板上下移动，莲花片做开、合动作，将茶叶收缩、揉捻，达到包揉的目的。

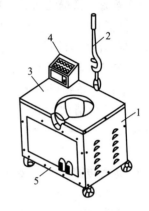

图 4-60 莲花式速包机示意
1. 机架 2. 加压杆 3. 速包机构
4. 电控制箱 5. 脚控踏板

五、红碎茶揉切机械

（一）CTC 齿辊式揉切机

1930 年印度麦克尔特创制 CTC 齿辊式揉切机。该机通过一对相互间隙很小（0.05~0.2mm）的齿辊的相对转动，对萎凋叶或初级揉切叶进行切碎、撕裂和卷曲 3 种力的作用，茶叶经过微小间隙得以碾碎，被高速旋转的撕裂辊撕裂切断，其中一部分茶沿着齿辊的齿槽移动而被卷紧，从而对红碎茶颗粒和体型的形成起着重要作用。

该机的主要工作部件为一对或数对金属齿辊（图 4-61），上有锯齿状螺纹。每对齿辊紧密相对转动，类似碾压机的作用，喂料辊转速为 70r/min，撕裂辊转速为 700r/min。CTC 齿辊式揉切机的特点是茶叶在敞开条件下被挤切，供氧足，散热快，作用强烈而快速

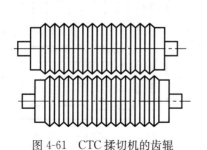

图 4-61 CTC 揉切机的齿辊

图 4-62 转子揉切机

（小于1s），因此叶温上升少，成茶具有浓、强、鲜的滋味，干茶色泽呈棕色，茶汤色泽红艳明亮。但该机的切碎率较低，片茶较多，因此常与转子揉切机等其他种类揉切机组合作业。

（二）转子揉切机

转子揉切机是1955年由麦克梯尔在印度托克拉试验站研制，1958年用于生产，也称洛托凡（Rotorvane）揉切机。该机由揉桶、翼形转子、动力装置、机架等组成（图4-62）。

1. 揉桶　揉桶为卧式，由两个对开的半圆筒构成。揉桶直径是衡量转子揉切机生产量的重要参数。桶体内镶有切条或导条，以利于切碎茶叶。

2. 转子　转子呈翼形。转子是揉切机的关键部件，直接关系到机具的切茶效果和产品的品质风格。依据其结构形式不同，分为叶片转子式、螺旋绞切式、全螺旋滚刀式、组合式以及球形挤揉式5种（图4-63）。

3. 动力装置　动力装置由电动机和传动机构组成。

转子揉切机的工作过程：揉捻叶经螺旋推进器进入揉切仓。在棱刀、棱板的相对作用下，茶叶受到搓揉、绞挤、撕切、翻滚，叶细胞大量损伤，经几十秒后切碎成碎片。

转子揉切机的工作特点：挤切力强，碎茶率高，成型紧结，茶味浓，色乌润，香气浓郁；但茶叶是在密闭的筒内被挤压揉碎，具有闷揉闷切的特点，且流程时间较长，影响红碎茶的鲜爽度和汤色。

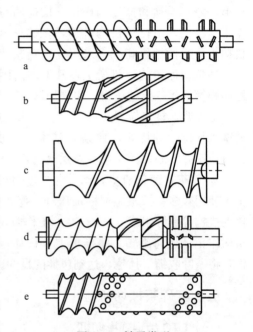

图4-63　转子类型

a. 叶片转子式　b. 全螺旋滚刀式　c. 螺旋绞切式
d. 组合式　e. 球形挤揉式

（三）锤切式揉切机

锤切式揉切机是1976年由英国劳瑞（Lawrie）创制，故又称劳瑞制茶机（Lawrie tea processor）或LTP揉切机。该机采用锤式粉碎机的工作原理，由筒体、转子、离心风机、电机等组成（图4-64）。筒体内衬是不锈钢材质。转子是关键部件，转子转轴上间隔叠装圆钢板，在钢板圆周上均布4个小孔，孔内穿小轴，轴上套装锤片和锤刀，每4片一组，在同一钢板间隔分布，共164片锤片或锤刀。

工作时，转子高速（5 000r/min）转动，锤片和锤刀在离心力作用下伸直，其尖端产生很大的动力，将茶叶劈碎，叶细胞扭曲变形。在风机强

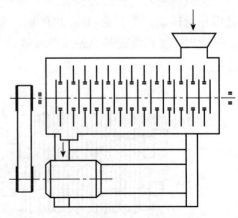

图4-64　锤切式揉切机结构示意图

大的风压下,茶叶从进口端吸入,颗粒碎茶从出口端喷出。因作用时间短,产品色泽鲜绿,大小匀齐;但茶叶以劈碎为主,呈片状颗粒,叶组织损伤程度略低,浓强度不如CTC揉切机制茶。

(四) 揉切机的使用和保养

1. 揉切机的使用 一般使用要点如下:

①作业前先清洁揉切机,检查各部分螺栓,如发现松动应及时紧固。
②开启电动机,揉切机转子运转,从揉切机进叶口投入萎凋叶,开始揉切。
③在出茶口放置茶框,接收揉切叶。
④揉切作业完毕,关闭电动机开关。
⑤一班作业完成后,应清洁揉切机。

2. 揉切机的保养 一般保养要点如下:

①在制茶季节,每3d应对主动轴曲柄轴承、从动轴曲柄轴承和曲柄销轴承等处添加润滑油一次。在添加润滑油时,应注意适量,以免添注过多而外溢沾污茶叶。
②定期检查揉切机传动皮带的张紧度。
③每年茶季结束后,应对揉切机(包括电动机)进行一次全面的拆洗和维修,更换已经损坏或经磨损不合规格的零件,如轴承、齿轮等易损件。

第六节 解块筛分机械

一、概述

(一) 解块筛分机的作用

解块筛分机通常与揉捻机交替配合使用。茶叶经揉捻后常结成团块,为使后续工序顺利进行,必须将团块解散,降低揉捻叶的温度,防止叶子发热变质,并区分揉捻叶或揉切叶的粗细老嫩,然后分别加工,以利于提高茶叶的品质。

(二) 解块筛分机的类型

解块筛分机按解块轮的结构分为卧式和立式,按材料类型分为木制、铁制、铁木结构,按功能分为解块筛分机和解块机。解块筛分机兼具解块和筛分的功能,有利于茶叶散热,其台时生产率为240~300kg,红茶揉捻叶或红碎茶揉切叶都要经过解块筛分机,以便再揉切和均匀发酵,因此常用于红茶、红碎茶加工。解块机(图4-65)是将筛床部分拆去而仅留下解块部分,其结构简单,占地面积小,在绿茶、乌龙茶初加工厂广泛使用。

图 4-65 茶叶解块机

二、解块筛分机的构造与工作原理

(一) 解块筛分机的主要构造

解块筛分机由进茶斗、解块箱、筛床、传动机构及机架等组成(图4-66)。

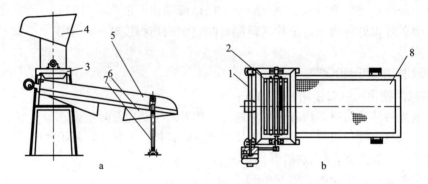

图 4-66 茶叶解块筛分机
a. 主视图 b. 俯视图
1. 曲轴 2. 解块轮 3. 机架 4. 进茶斗 5. 筛床
6. 出茶斗 7. 摆杆 8. 筛网

1. 进茶斗 用于盛放揉捻叶。呈畚箕形,一侧设有进茶斗倾斜度调节杆,以调节进茶斗的倾斜度,便于进茶。斗底前部有进茶口,揉捻叶经此口入解块箱。

2. 解块箱与解块轮 用于解散团块。解块轮为木质结构,轮缘轴向装有6~8排打击杆,打击杆周向间距为31mm,打击杆断面呈圆形或长方形。解块轮转速为500~600r/min。

3. 筛床 用于初步筛分茶叶的老嫩和粗细。筛床作平面运动,筛床的前端与曲轴相连,后端支承在左右侧两根摆杆上,可以调节支持点的高度来改变筛面的倾斜度,一般调节为4°~8°。筛床的振动频率为360~400r/min。用于制绿茶的筛床上设有两段筛网,上段规格为3~4目,下段为2~2.5目;用于制红碎茶的筛床仅为一段筛网,规格为3~4。筛网可用竹丝或不锈钢丝织成。

4. 电动机与传动机构 采用三相异步电动机,功率为2.2kW。动力传动路线如下:

电动机→三角皮带(减速)→曲柄连杆机构(旋转运动)→筛床(往复振动)
　　　　└→三角皮带(增速)→解块轮

曲柄连杆机构将旋转运动转变为筛床的往复振动,曲轴轴颈对称之处设有平衡块,以平衡高速运转产生的惯性力,降低噪声和机械振动;传动机构须设防护罩,以保证操作安全。

5. 进叶装置 解块筛分机可与进叶输送装置相连接,实现自动进叶。

(二)解块筛分机的工作原理

揉捻叶从进茶斗进入解块箱,解块轮以500~600r/min的速度旋转,茶团被木制打击杆打散,达到解块的目的。筛床往复振动,筛床前端为圆周运动,振幅较大,振动力大;筛床中后部为椭圆形运动,振幅逐渐减小至弧形。由于筛床具有一定的倾斜度,茶叶在筛床上前移时,振动跳离筛面而使茶团进一步抖散,细嫩茶叶依次穿过筛孔,粗松茶叶留在筛面上,实现茶叶粗细老嫩的分级,完成筛分。粗松茶叶送至揉捻机进一步揉捻,细嫩茶叶则进入下一道工序。

三、解块筛分机的使用与保养

(一)操作使用

1. 作业前检查 检查机械各部分是否正常,特别是螺栓等是否紧固。打开防护罩,添加润滑油至曲轴轴承。检查电动机是否安全可靠。注意清除遗留在筛床上的工具及杂物。

2. 操作过程 在出茶口下放好接茶工具。启动电动机,将待解块的茶叶倒入输送带的储茶斗上。如无输送带,可直接将茶叶倒入解块箱上方的进茶斗,用手慢慢推入解块箱中。待解块筛分作业完成后,关闭电动机,清理筛网上的积茶和清洁工作面。

(二)维护保养

1. 润滑 定期向各润滑点添加润滑油。

2. 清洗 定期清洗解块轮、筛网。

3. 保养 每年茶季结束后,检查清洗电动机轴承和曲轴轴承。调整和更换过松的皮带和筛网。

第七节 发酵设备

一、概述

(一)茶叶发酵设备的类型

茶叶发酵设备主要包括属于酶性氧化的茶叶发酵设备和属于微生物发酵的黑茶渥堆设备。酶性氧化发酵指在适宜的温、湿、氧条件下,茶叶内含物质在内源酶作用下发生温和酶促化学变化的环境调控型工艺过程,红茶、乌龙茶、白茶发酵过程属于酶性氧化发酵;微生物发酵指茶叶内含成分通过微生物分泌的酶发生酶性氧化或是非酶热化学作用的自动氧化,黑茶、普洱茶熟茶的发酵过程属于微生物发酵。

(二)发酵对茶叶内质的影响

1. 酶性氧化发酵对茶叶内质的影响

(1)对茶叶色泽的影响 酶性氧化发酵作为红茶、乌龙茶、白茶加工过程的重要工艺,深刻地影响着茶叶色泽的形成。在茶叶发酵阶段,叶绿素经过叶绿素→脱镁叶绿素→脱镁叶绿酸酯的途径降解,多酚氧化酶(PPO)对儿茶素的氧化导致醌类的形成,氧化聚合产物茶黄素、茶红素使茶叶转为红色和棕色。

(2)对茶叶香气的影响 茶叶在酶性氧化发酵过程中,氨基酸与儿茶素的酶性氧化形成邻醌偶联氧化,然后经过 Strecker 降解反应脱氨基、脱羧形成挥发性醛;类脂的水解形成大量高级不饱和脂肪酸(亚麻酸、亚油酸等),在脂肪氧化酶等的作用下形成六碳醛、醇等挥发性香气化合物;而类胡萝卜素与儿茶素的氧化偶联被氧化降解形成大量的 β-紫罗酮系化合物;以糖苷形式存在于鲜叶中的香气前体物质,在糖苷酶的作用下水解,释放出大量萜烯醇类香气化合物;氨基酸被氧化、降解形成相应的醛类。因此在发酵期间,茶叶香气发生了深刻的变化。

2. 微生物发酵对茶叶内质的影响 渥堆发酵是黑茶、普洱茶等的特有工序,其特殊的色、香、味主要在这一工序中逐步形成。渥堆发酵实质上是以微生物代谢为中心,通过其胞外酶、微生物热以及微生物自身代谢的综合作用而形成黑茶、普洱茶独特的品质。

二、红茶发酵设备

(一)红茶发酵设备的作用与类型

1. 红茶发酵设备的作用 发酵设备是红茶发酵的重要设备,其包括发酵室、盛茶器具及发酵温湿度控制系统等成套装备。发酵设备的作用是为红茶发酵提供一定的空间和良好的发酵环境，在适宜的温度、湿度、氧气条件下，通过酶促氧化作用，促使儿茶素等多酚类化合物氧化聚合，生成茶黄素（TF）、茶红素（TR）等有色物质，促使茶叶中叶绿素等物质的氧化降解，使茶叶内含成分向有利于红茶品质的方向发展。

2. 红茶发酵设备的类型 红茶发酵设备根据发酵装置的结构分为层架式、槽式、车式、筒式、床式发酵设备；根据发酵通氧的方式分为自然通气发酵设备和机械通气发酵设备；根据省力程度分为简易式发酵装置、机械化发酵设备、自动化发酵设备；根据生产节奏分为间歇式和连续式发酵设备。

（二）红茶发酵设备的技术参数

红茶发酵设备的主要技术参数有温度、相对湿度、氧气含量及发酵程度等。

1. 温度 温度是影响红茶发酵质量的重要因素。温度过高，红茶发酵过度会造成酸馊、毛茶香低、味淡、色暗；温度过低，酶的活性弱，发酵进展慢，时间长，发酵不足则出现花青。一般要求发酵环境温度为24~27℃，叶温不超过30℃。为了满足发酵对温度的要求，发酵室应装有温度控制设备。增温增湿时，采用管道通入高温蒸汽，一般在春茶低温季节使用；降温增湿时，发酵室顶部安装旋转喷雾设备，冷水喷雾降温，一般在春茶后期和夏秋茶期间使用。

2. 相对湿度 相对湿度影响发酵产物组成、红茶风格及发酵叶含水率。若室内空气相对湿度太低，叶面水分蒸发快，表层叶子就会失水干硬，而使正常发酵受阻。所以发酵室必须保持高湿状态，一般要求相对湿度在90%以上。

3. 氧气含量 发酵过程需要氧气的参与，没有氧气或缺少氧气，即使温湿度控制得很好，发酵也无法正常进行。必须保持发酵室内空气新鲜，提供足够的氧气，排除多余的二氧化碳。工夫红茶自然通气发酵时，摊叶厚度以80~100mm为宜；机械通气发酵时，摊叶厚度可达400mm左右。红碎茶发酵叶要求在很短的时间内吸收足够的氧气，发酵过程中应适当翻拌，以利于通气使发酵均匀一致。

4. 发酵程度 发酵程度是掌握发酵质量和影响茶叶品质的重要环节。若发酵程度不足，则干茶的色泽不乌润，香气不纯，带有青气，滋味青涩，汤色欠红，叶底花青；若发酵程度过度，则干茶的色泽枯暗，不油润，香气低闷，滋味平淡，汤色红暗，叶底暗。发酵程度的掌握可根据发酵叶的香气和叶色的变化进行综合判断，一般以叶子青气消失、散发新鲜的花果香、叶色红变为发酵适宜。

（三）槽式发酵装置

槽式发酵装置为印度阿萨姆红茶发酵设备。该装置具有结构简单、操作方便、连续作业等特点。

1. 主要构造 槽式发酵装置类似储青槽，由槽体、发酵筐、风机、喷雾器等组成（图4-67）。

（1）槽体 槽体用于放置发酵筐并提供中温高湿空气。每条槽可放8~10只发酵筐，槽的一端装有轴流风机和喷雾器，槽上放置发酵筐，湿润空气经槽底通道均匀地透过叶层进行发酵。

（2）发酵筐 发酵筐用于放置揉捻叶。发酵筐用竹编或不锈钢丝网制成，每只发酵筐的深度为200mm，装叶量为27~30kg。发酵筐可在槽面上移动，每隔5min将一个茶叶未经

图 4-67　印度红茶槽式发酵装置

发酵的发酵筐放入槽的一端,将另一端的发酵筐中已充分发酵的茶叶送入烘干机中烘干。

(3) 轴流风机　轴流风机的作用是强制提供湿润空气给发酵筐。在印度阿萨姆季风期间,槽体进口干球温度为27~30℃,湿球温度为22~29℃,从发酵箱排出的空气相对湿度通常达100%,阿萨姆红茶发酵的叶温可从32℃上升到40℃。

2. 工作过程　将揉捻叶或揉切叶放置在发酵筐内,打开风机的喷雾器,调节风机进风口的百叶板控制风量,风量、风温及喷水量由茶师依经验掌握。将潮湿气流打入叶层,每隔5min将一筐发酵完成的茶叶立即送往烘干机,以避免温度过高使叶子受损。由于给发酵叶提供过量的氧气,叶温虽高仍可生产汤色明亮的红茶。

(四) 层架式发酵装置

层架式发酵装置为我国传统工夫红茶发酵设备。该装置具有投资省、操作简单灵活、适用于小型红茶加工厂等特点,但需要人工搬运和定时翻叶,且温湿度控制精度和生产率较低。

1. 主要构造　层架式发酵装置主要由发酵室、盛叶器具、增湿装置等组成(图4-68)。

(1) 发酵室　发酵室是提供适合红茶发酵所需的温湿度和新鲜空气的场所。传统发酵室一般设置在多层厂房的楼下,靠自然气候和可开闭的门窗调节,室温维持在28℃左右。发酵室采用双重弹簧门,防止日光直射,与外界隔热。发酵室的地面为一定坡度的水泥地面,设有排水沟,以便冲洗和排水。

(2) 发酵器具　发酵器具用于摊放揉捻叶进行发酵。由层架、发酵筐(篓)、湿布等组成,层架为木制,共4层,发酵筐(篓)用竹木或不锈钢材料制成,发酵筐(篓)盖上湿布,起透气保温保湿的作用。

图 4-68　层架式发酵装置

(3) 增湿装置　增湿装置起增湿增氧的作用,发酵室应具有一定温湿度的流动空气。传统发酵室一般采取地面洒水、蒸汽锅、排风扇送风等简易措施进行温湿度调控。

2. 使用方法　发酵操作时,将经过揉捻、解块、筛分后的各筛号茶分别摊放在预先洗净的发酵筐（篓）内，用标签注明级别、批次、茶号、时间。摊叶厚度根据叶的老嫩程度、揉捻程度、气温高低不同而定，一般为100~120mm；发酵室温度控制在25~28℃范围内，相对湿度在95%以上；叶温控制在30℃左右，发酵时间为3~5h。

（五）车式发酵设备

车式发酵设备由肯尼亚设计，主要用于洛托凡、CTC机处理过的揉切叶，具有机械化程度高、透气性强、叶温低、发酵时间长、运行费用低、节省场地等特点，制成茶叶汤色红艳、滋味鲜浓，这种设备目前在红碎茶产茶国应用广泛。

1. 主要构造 车式发酵设备由发酵小车、低压离心风机、矩形风管、湿气发酵装置等组成。

（1）发酵车 发酵车是用于红碎茶发酵的场所。发酵车为一梯形小车，尺寸如图4-69所示，可装叶120~140kg。车底为冲孔板，孔距为10mm，孔径为4mm。小车底部一侧设圆孔连接通风管，视配套烘干机的加工能力，由若干辆小车组成一组，或12~14辆，或32~36辆。

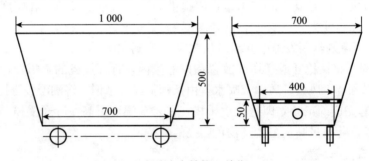

图4-69 发酵小车结构（单位：mm）

（2）风机与风管 风机与风管将湿润空气送入小车进行发酵。各个发酵车共用一条矩形风道，由低压离心风机提供风量，风道与装有多个接口的通风管相连，供风系统的送风温度为22~25℃，相对湿度为95%，通风管直径为100mm，通风管与矩形风道之间的接口处设有空气阀门，可控制启闭。

2. 工作过程 发酵时，将120~140kg的揉切叶投入每部发酵车内，调节好空气温湿度送入发酵车，促使叶子发酵完全，发酵时间一般为20~60min。小车在一条架空单轨上移动，犹如行车，直到烘干室的连接点，发酵车被传送到烘干机的喂料位置卸下叶子，上下叶均需人工搬运。

（六）床式发酵设备

床式发酵设备的发酵均匀性高，制成红茶鲜爽度较好，连续自动进出料，时间短，效率高。

1. 主要构造 床式发酵设备主要由上叶输送带、百叶板发酵床、强制通风室、通风管道、气流调节阀、匀叶器、清扫器等组成（图4-70）。

（1）上叶输送带 上叶输送带自动将揉捻叶均匀平摊于发酵床面。

（2）百叶板发酵床 百叶板发酵床类似自动链板式烘干机，摊叶厚度为100mm左右，具有自动翻叶功能，全程翻叶2~4次。

（3）风机与风道 风机与风道起输送湿润空气的作用。发酵温度控制在20~26℃，气流方向视设计不同而有所不同，有的采用两侧进风（图4-70），也有的采用前段吸风、后段吹风。

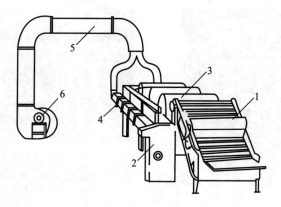

图 4-70 床式发酵设备
1. 上叶输送带 2. 操作台 3. 发酵床 4. 风室 5. 通风管道 6. 离心风机

2. 工作过程 工作时，揉切叶经上叶输送带均匀地送到发酵床面，启动风机、喷雾机，风机将潮湿的空气送到风室，然后被强制通过百叶板的孔穿透茶叶进行氧化作用，并带走热量及废气。茶叶在床面停留时间由无级变速机构调节，发酵时间为 20~60min，视发酵条件调节时间长短。在整个发酵过程中，叶子可翻动 2~3 次，使整个叶层均匀发酵。

（七）网带式和链板式发酵设备

网带式和链板式发酵设备具有结构紧凑、占地面积小、机内温湿度和时间可调、发酵均匀性高、制成红茶鲜爽度较好、连续自动进出料、效率高等特点，在我国工夫红茶产区的中小型茶厂推广应用。

1. 主要构造 网带式发酵设备由上叶输送装置、发酵床、温湿度控制系统等构成（图4-71）。链板式发酵设备的发酵床则为链板式（图4-72）。

（1）上叶输送装置 上叶输送装置由斜输送带和往复布料行车组成。

（2）发酵床 发酵床是发酵设备的主要工作机构，分为网带式和链板式两种。网带式发酵床采用循环式不锈钢网带，网带宽度为 2.5m，长度为5~10m，立体 10 层，链条带动，实际叶层5 层，叶子自上而下跌落，自动翻叶；链板式发

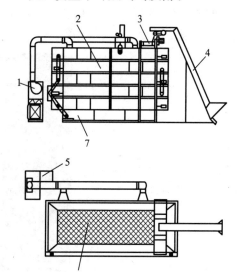

图 4-71 网带式发酵设备
1. 供风加湿装置 2. 发酵主机 3. 布料行车
4. 上料输送带 5. 控制系统 6. 网带 7. 出料口

酵床采用百叶链板式。通过无级变速器调节发酵时间。发酵床分为密闭式和敞开式两种形式，敞开式发酵床需配套密闭发酵室。

（3）发酵箱（室） 密闭式发酵箱的侧面装有观察窗，蒸汽管道布置于箱体内每层网带的上方，蒸汽通过管道喷孔成伞形对发酵叶喷射。主设备两侧设置可调节大小的风门，用于自然通风，顶部装排湿风机，使气流对流。密闭发酵室设置多个蒸汽支管，分层通入蒸汽，发酵室可开闭，顶部安装排风扇，便于通气和清理残留叶，以避免酸馊影响下一批发酵。发

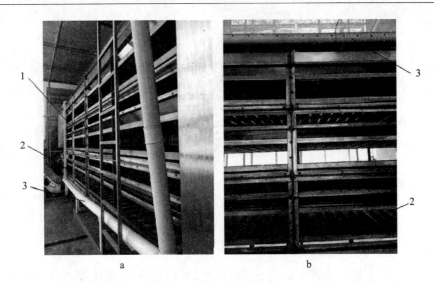

图 4-72 链板式发酵设备
a. 侧面图　b. 正面图
1. 发酵床　2. 百叶链板　3. 送风加湿管

酵温度控制在 25℃ 左右，相对湿度达 95% 以上，发酵时间在 4h 左右。红茶可视化发酵室如图 4-73 所示。

图 4-73 红茶可视化发酵室
1. 玻璃房　2. 上送风加湿管　3. 链板式发酵设备　4. 横输送带　5. 纵输送带

（4）温湿度控制装置　温度调节可采用电加热装置或蒸汽加热发生器，蒸汽发生器的蒸发量为 50kg/h。增湿装置可采用微型雾化泵或超声波雾化器。通过温湿度传感器控制发酵温湿度，小型排风扇用于排除废气。发酵温度一般控制在 25℃ 左右，相对湿度在 95% 以上。春茶气温低，发酵时间一般控制在 90min 左右；夏秋茶气温高，采用冷风发酵供氧，发酵时间一般控制在 30~60min。

2. 工作过程　作业时，由上叶输送带自动摊料，将揉捻叶均匀地平铺在上层网带。发酵在 5 层网带上进行，茶叶依次由上层网带跌落到下层网带。在每次下落过程中，具有翻拌和解散团块的作用,自动翻叶进行发酵。

(八) 箱式发酵设备

箱式发酵设备结构简单,投资少,适用于中小规模的红茶生产。箱式发酵设备分为单开门和双开门两种形式(图 4-74)。发酵盘结构有圆形旋转式和方形抽屉式,自动控温控湿供氧,连续雾化,有氧发酵,容茶量 300~600kg,电热功率 12~18kW,电机功率 0.75kW。

图 4-74 箱式发酵设备
a. 单开门式 b. 双开门式

(九) 发酵设备的使用与保养

1. 操作使用

①作业前,检查机械各部分是否正常,特别是螺栓等是否紧固。打开防护罩,加添曲轴轴承的润滑油。检查电动机是否安全可靠。注意清除遗留在机体内的工具及杂物。

②在开机过程中,要随时注意机内外有否异声和杂音,一旦发现要立即停机检查,排除故障。

③停机后应立即进行清洁工作,对各传动部件均应添加润滑油,并检查各连接部件的螺钉有否松动,发现及时拧紧。

2. 维护保养

①定期添加各润滑点的润滑油。

②定期清洗筛网等设备。

③每年茶季结束后,对全机进行一次检查,清洗电动机轴承和曲轴轴承,调换和调整过松的皮带和筛网等设备。

三、黑茶、普洱茶(熟茶)发酵设备

黑茶渥堆发酵是将初揉后的茶坯无需解块直接进行渥堆。黑茶经过渥堆发酵,在水分、温度和氧气的综合作用下,叶内所含物质发生深刻的理化变化,叶色变为黄褐,青涩味减轻,形成黑毛茶特有的色、香、味。

普洱茶(熟茶)渥堆是将云南大叶种晒青毛茶添加适量水分进行潮水渥堆。普洱茶(熟茶)经过潮水渥堆发酵,在微生物热、微生物分泌的胞外酶以及微生物自身代谢的综合作用

下，内含物质发生深刻变化，叶色变为红褐，青涩味消退，陈香显现，形成普洱茶（熟茶）特有的色、香、味。

黑茶成品有黑砖茶、花砖茶、茯砖茶、湘尖茶、青砖茶、康砖茶、金尖茶、方包茶、六堡茶、圆茶、紧茶等。由于历史上主要以边销为主，习惯上又称为边销茶；按加工成品茶的形状特点，也常称为紧压茶、饼茶、砖茶、沱茶等。

（一）潮水机

茶叶潮水机是茶叶再加工过程中的专用补水设备。该设备实现了茶叶均匀潮水机械化，解决了人工潮水茶叶破损率高（达20%）、潮水不均匀、劳动效率低下等问题。

1. 主要技术参数 茶叶潮水机的主要技术参数见表4-5。

表4-5 茶叶潮水机主要技术参数

外形尺寸（mm）	生产率（kg/h）	供水量（L/h）	装机功率（kW）	电源
2 175×1 247×1 578	≥3 300	≥1 300	3.32	380V/50Hz
2 175×1 247×1 578	≥1 980	≥198	3.32	380V/50Hz

注：发酵时配40%左右水量，补水时配10%左右水量。

2. 主要构造 茶叶潮水机主要由匀料输送机、高压雾化喷水系统、电气控制系统等组成（图4-75）。

图4-75 茶叶潮水机

（1）匀料输送机 匀料输送机的作用是均匀地将茶叶提升到一定高度然后散落进行潮水。输送机匀叶轮用于调节摊叶厚度和茶量，变频器用于控制输送机的茶叶下落速度。

（2）喷雾机 喷雾机由高压水泵、雾化喷头、自动控制系统等组成。使用时根据压力调节出水量及配茶量（表4-6）。

表4-6 不同喷嘴不同压力的出水量及配茶量

小喷嘴			大喷嘴		
压力（MPa）	出水量（L/h）	10%配茶量（kg）	压力（MPa）	出水量（L/h）	40%配茶量（kg）
1	198	1 980	1	1 300	3 250
2	210	2 100	2	1 330	3 325
3	224	2 240	3	1 340	3 350
—	—	—	4	1 360	3 400

3. 工作过程　工作时，匀料输送机将茶叶均匀摊铺提升并散落，在茶叶下落过程中，利用高压雾化水对茶叶进行均匀潮水。调节匀料输送机的出茶量和喷雾机的出水量，保证茶叶的不同配水量，满足不同潮水工艺要求。紧压茶压制前的补水量和普洱茶发酵前的潮水量不同，紧压茶压制前的补水量为10%左右，普洱茶（熟茶）发酵前的潮水量为40%左右。茶叶的输送量与喷水量可在一定范围内调节。如将30kg茶叶倒入匀料输送机，从茶叶开始由输送带上落下开始计时为33s，计算其产量为3 250kg/h，根据表4-6查得水泵压力为1MPa就可满足生产要求。

4. 操作使用

（1）安装调试　将潮水机推到平稳地带，然后用水管将潮水机水箱进水口与水龙头连接进行注水作业，当水位到水箱约1/2位置时，关闭水龙头，停止注水。连接外部电源，确定各部件连接好，关闭喷雾机上3个喷水口，按下电控柜喷雾机启动按钮，注意电机旋转方向，从潮水机最底端看应是逆时针方向旋转，至此安装调试完毕。

（2）出水量和配茶量调节　首先根据茶叶粗细调节匀叶轮的高度和输送带的速度（通过变频器），将一定量的茶叶倒入输送机，测定每小时的出茶量，再根据所需配水比例计算出所需的水量，对照表4-6通过调节压力表调节配水量。

（3）压力调节方法　关闭3个喷水口中任意2个喷水口，打开水泵，调节水泵处的压力调节手柄，直至压力表读数达到所需的压力为止。

（4）潮水　打开水龙头给水箱供水，并将茶叶倒入输送机内，启动匀料输送带，当茶叶到达输送机最顶端快要落下时，启动喷雾机。当潮水后的茶叶堆到一定高度后将潮水机往后推一个工位，如此便可以不间断地进行茶叶的潮水工作。

5. 维护保养　正确使用机器设备，遵守安全操作规程是延长设备寿命、保证安全生产的必要条件，操作时应注意以下几点：

①喷雾机的压力理论值不得超过4.5MPa，以免造成喷雾机损坏。

②喷雾机必须加入清洁的润滑油，其油位不得低于油箱的中部。如有水进入润滑油内，需立即更换润滑油。

③在机器工作时需将水箱盖板盖严，以防杂质进入水箱内，并经常清洗水箱，以防堵塞进水管。

④需经常检查皮带，保持合适的松紧度，延长机器的使用寿命。

（二）黑茶渥堆发酵装置

1. 渥堆发酵工艺　渥堆是形成黑茶及普洱茶（熟茶）独特品质的关键性工序。鲜叶经过杀青，加工成晒青毛茶后，酶活性已被钝化，在发酵渥堆工序中，通过微生物、微生物热以及微生物自身的物质代谢和酶等共同作用，促进茶叶内含物质发生极为复杂的变化（氧化、降解、分解、转化、聚合、缩合），形成黑茶及普洱茶特有的品质风味。

渥堆时，将茶坯堆积至高约1m（图4-76），上面加盖湿布等物，借以保温保湿。渥堆适宜的环境条件是室温25℃左右，相对湿度85%

图4-76　普洱茶渥堆

左右。茶坯经过潮水，含水率达到 35%～65%。在水分、温度和氧气的综合作用下，叶内所含物质发生深刻的理化变化，茶堆内发热，表层出现水珠，叶片黏性增大，叶色变为黄褐，对光透视呈竹青色而透明，青气消退，发出甜酒糟香气，青涩味减轻，形成黑毛茶特有的色、香、味，即达到渥堆适度。

2. 渥堆主要技术参数 渥堆发酵的主要技术参数与红茶发酵有所不同，其包括堆温、茶叶含水率、供氧条件等。

（1）渥堆温度 渥堆温度影响茶叶渥堆过程多酚类化合物的氧化速度。渥堆温度太低，将造成发酵不足，使多酚类化合物氧化不足，茶叶香气粗青、滋味苦涩、汤色黄绿；渥堆温度过高，将造成茶叶"炭化"（俗称"烧堆"），茶叶香低、味淡、汤色红暗。渥堆房内室温一般为 25℃ 左右，相对湿度保持在 85% 左右，堆温为 40～65℃。

（2）茶叶含水率 茶叶含水率影响微生物生长及其分泌产生的胞外酶的酶促催化反应。茶叶水分与微生物呼吸代谢产生的热量共同形成湿热作用，促进茶叶内含物质的化学变化。一般要求茶坯含水率在 35%～65%。

（3）供氧量 供氧量影响茶叶微生物、酶及其发酵过程。通过翻堆，使堆内的茶叶均匀地受到温度、湿度、氧气、微生物和酶的共同作用，达到均匀自然氧化发酵。

3. 渥堆发酵车间

（1）渥堆发酵车间 渥堆发酵车间是渥堆发酵的主要场所。渥堆发酵车间设置在楼房的上层或底层，车间高度一般为 4m，宽度为 12m，长度为 30～40m。地面为水泥地板或木地板，两侧地面皆为渥堆场所，中央地面比墙壁两边的地面略高，墙根处设排水沟，以便水能够从中间排向两边，方便冲洗（图 4-77）。

a　　　　　　　　　　　　　　　b

图 4-77　普洱茶渥堆车间
a. 车间外景　b. 车间内部
1. 渥堆车间　2. 进水管　3. 通风窗　4. 遮光帘　5. 排风扇　6. 排水沟

（2）渥堆环境控制装置 渥堆车间的温度为常温（25℃），无需特殊加温设备，但需要良好的通风性能，因此在渥堆发酵车间两侧均设有铝合金推拉门窗，通过自然通风保持良好的环境温湿度。车间还设有遮光帘，避免阳光直射。在车间两侧 2m 高的地方设一条钢索，供排风机沿着钢索轨道移动，实现车间的强制通风。

4. 渥堆发酵翻堆机械

（1）主要构造 黑茶发酵翻堆机主要由动力装置、行走装置、转向装置、喷水装置、升降装置、翻堆装置等组成（图 4-78）。

①动力装置：动力装置用于控制翻堆机的前进速度和辊筒转速。

②行走装置：行走装置主要由行走轮和机架组成。茶叶渥堆的底宽一般为1.2m，高为0.8m，基于茶叶渥堆的截面，行走轮直径为400mm。

③转向装置：采用机动车前桥转向装置结构，通过方向盘控制翻堆机的转向，可在完成一行翻堆作业后及时转向进入下一行。

④喷水装置：喷水装置用于翻堆作业时适时补水。喷头安装在龙门架横梁上，7个喷头一排布置。

⑤升降装置：升降装置包括由两侧立柱和水平梁构成的龙门支架，立柱的轨道和滑块支撑翻堆辊筒，翻堆辊筒可在龙门支架上自如升降，以适应不同的茶堆高度。

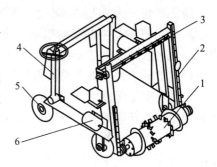

图4-78 普洱茶发酵翻堆机
1.翻堆装置 2.升降装置 3.喷水装置
4.转向装置 5.行走装置 6.动力装置

⑥翻堆辊筒：辊筒体外表面分别固定旋向相反的螺旋板和丁字形翻料爪。螺旋板起拢料作用，将茶叶向辊筒中部笼聚；翻料爪将聚拢的茶叶拨翻。辊筒顺时针转动，辊筒外圆最低点离地面的高度约为10mm，既可实现均匀翻堆作业，又可保持原有渥堆的形态。

(2) 工作过程　工作时，机器向前行走，茶叶被往后拨翻，翻堆辊筒的螺旋板先将茶叶向中部拢料，翻料爪将聚拢的茶叶拨翻，使其在不断拨翻作用下按照螺旋轨迹运动，如此持续行进，不断把粘黏的茶叶解块抖散，使中间和四周的茶叶混合，从而改善茶堆内的通气供氧状况，使整堆上下、左右的茶叶都能够均匀发酵，实现均匀翻堆作业，且在拢料和翻拨的共同动作下，自动重新形成基本保持原有外形的新渥堆。

第八节　干燥机械与设备

一、概述

（一）茶叶干燥原理

干燥是各茶类的初加工最后一道工序。干燥一般指应用传热介质使茶叶脱去水分到足干的热加工工艺。干燥的目的是使茶叶脱去一定的水分，在受热、失水的情况下，内含物质发生一系列化学变化，散发出茶叶固有的香气，并呈现一定的外形。干燥的茶叶在贮藏、运输过程中不易发霉变质。目前常用的干燥方法有两种：一种是烘干机烘干，另一种是用铁锅或滚筒炒干。

茶叶从含水率为75%的鲜叶，经过一系列加工工序，最终成为含水率为5%~7%的干茶，整个过程是以热量供应为基础，在热力作用下散发水分，其内含物发生着复杂的化学变化和物理变化。茶叶中的水分，既是物理变化的介质，又是化学变化的基质。

1. 茶叶中水分的性质　茶叶中的水分大致有两类：一类是非结合水，另一类是结合水。

（1）非结合水　非结合水主要指茶叶表面所附着的水分，包括雨水以及粗大空隙中的水分。茶叶中30%~50%的水分较易蒸发，它们与茶叶的结合力弱，属于非结合水。

（2）结合水　茶叶中的结合水包括机械结合水、物化结合水、化学结合水等3种类型。机械结合水包括叶表面湿润水分、毛细管水、空隙水分；物化结合水也称结构水，指茶叶细胞内所含的水分，如细胞液、原生质组成水分以及细微颗粒物料表面的吸附水；化学结合水不能用常规的干燥法去除，不属于茶叶和食品加工的范畴。

2. 水分在物料中的移动机理　干燥过程水分在物料中的移动机理，目前主要有两种观点：一是扩散学说，二是毛细管学说。

（1）扩散学说　该学说认为茶叶干燥速率的大小取决于其本身的湿度梯度和水分传导系数。湿度梯度是促进水分由茶叶内层向表层作扩散运动的推动力。增大湿度梯度，可提高干燥过程水分的转移速度，但过大的湿度梯度，会导致茶叶内、外热应力过大，易使茶叶表层出现硬化、干裂，甚至产生炭化、焦糊现象。为避免外干内湿，有效的方法是适当降低水分的蒸发速度，增加水分的扩散速度，以控制茶叶内外层的湿度梯度。在工艺上采取毛火→摊晾→足火的方法。水分传导系数随着在制叶含水率的降低而不断递减，随叶温的升高而提高。

（2）毛细管学说　该学说认为叶子内部有着许多形状各异、直径不等的毛细孔，形成高低不平的液面。当表面水去除后，内部水会借毛细管力而被吸上来。大孔的水蒸发快而先干，小孔的水蒸发慢而后干。随着水分蒸发的进行，蒸发面逐渐向内移动，当内移至孔径细窄处，水分就停止蒸发。所以干燥终了时，仍有少数水分残留在极细窄的毛细缝隙中。茶叶的干燥速率受通过多孔物料内部的热量和质量传递速率的制约。

（二）茶叶平衡含水率曲线

1. 茶叶平衡含水率　当茶叶表面的水蒸气压与空气中的水汽压相等时，茶叶既不蒸发水分，又不吸收水分，处于平衡状态，此时茶叶的含水率称为茶叶平衡含水率。当茶叶表面的水蒸气分压大于空气中的水汽分压，茶叶蒸发水分；当茶叶表面的水蒸气分压小于空气中的水汽分压，茶叶吸收水分。

2. 茶叶平衡含水率曲线　茶叶的平衡含水率受其所处的空气相对湿度影响。在一定的温度条件下，茶叶平衡含水率随空气相对湿度变化的曲线称为茶叶平衡含水率曲线（图4-79）。

茶叶平衡含水率曲线可以表明茶叶烘干的基本原理。当空气相对湿度在60%以下时，茶叶含水率迅速降低到9%以下，但要使茶叶干燥到贮藏所需要的6%以下的含水率，就要求空气相对湿度在15%以下，这样低的空气湿度在自然条件下是不存在的，

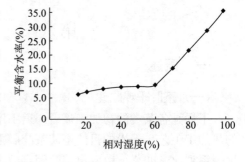

图4-79　茶叶平衡含水率曲线（25℃）

只有通过提高空气温度，降低空气相对湿度。这就是茶叶烘干的基本原理。

（三）茶叶干燥曲线

在一定的温湿度干燥条件下，茶叶含水率随时间而变化的曲线称为茶叶干燥曲线（图4-80）。

茶叶干燥曲线可以直观地表明茶叶干燥速度。当干燥曲线呈现下凹时，说明茶叶干燥速度偏快，容易造成茶叶外干内湿甚至焦味；当干燥曲线呈现上凸时，说明茶叶干燥速度偏慢，容易造成茶叶水闷味；当曲线变化接近一

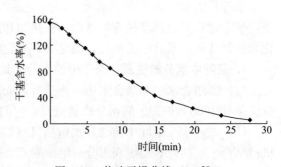

图4-80　茶叶干燥曲线（100℃）

条直线,说明茶叶烘干温度和干燥速度达到适度。

(四) 茶叶干燥速率曲线

1. 茶叶干燥速率　茶叶干燥速率指单位时间、单位面积的茶叶失水量[kg/(m^2·h)]。茶叶干燥速率大小与温度、风量、叶层厚度等干燥条件有关。

2. 茶叶干燥速率曲线　茶叶干燥速率曲线的作用如下:①反映干燥条件的变化;②反映茶叶内部水分的特性;③排除因干燥机具结构及其操作方式不同所产生的工艺之间的差异,科学合理地控制干燥工艺,节约能源,提高干燥经济效益。

不同茶叶的干燥工序都有其最佳的干燥速率。以干燥温度100℃为例,茶叶干燥速率曲线如图4-81所示。茶叶干燥过程分为预热、恒速、降速3个阶段。

(1) 预热阶段Ⅰ　此阶段主要是茶叶升温过程,茶叶干燥速率从低到高,时间很短,当叶温升至热风湿球温度时,干燥速率达到较大。

(2) 恒速阶段Ⅱ　此阶段茶叶含水率较高,叶子内层水分扩散速度大于或等于叶表水分的蒸发速度,主要是蒸发茶叶表面水和叶组织空隙的非结合水,茶叶干燥速率只与干燥条件(温度、相对湿度、风量等)有关,为非严格意义的恒速,干燥速率稳中有降。直到茶叶达到临界含水率,恒速干燥阶段结束。茶叶临界含水率是指茶叶在恒速干燥阶段结束、降速干燥开始时所对应的含水率,其处于恒速阶段Ⅱ与降速阶段Ⅲ的交界点。

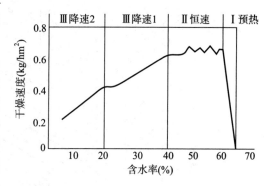

图4-81　茶叶干燥速率曲线(100℃)

(3) 降速阶段Ⅲ　此阶段以蒸发茶叶结合水为主,依赖茶叶内部水分向外迁移(湿扩散)。由于茶叶外热内冷的逆温差以及毛细管收缩阻碍茶叶内部水分迁移,水分扩散速度小于水分蒸发速度,干燥速率下降,叶温逐渐升高,诱发形成香气和滋味的系列生化反应。降速阶段一般有第一降率期和第二降率期,是茶叶香气形成的关键阶段。

降速干燥速率主要由茶叶内部的湿扩散速度所决定,为了节约能源、设备和时间,采用二次烘干法,即在降速干燥阶段开始之时(茶叶达到临界含水率),将茶叶排出烘干机摊晾一定时间,使茶叶的内部水分扩散到叶表,然后再进行二次干燥。干燥前期宜高温快烘,后期宜低温慢烘。

(五) 湿空气焓-湿图(I-d 图)及其应用

1. 焓-湿图　焓-湿图指包括焓、温度、含湿量、压力、比容、相对湿度等常用湿空气热力学参数相互关系专用图。以焓(I)为纵坐标,以含湿量(d)为横坐标,故也称I-d图(图4-82)。

(1) 湿空气的焓I　湿空气的焓由湿空气的显热与水蒸气的潜热两部分组成。由于只有当湿空气降温到露点以下时,水蒸气才会凝结成水而放出潜热,而干燥过程不能产生凝露现象,因此只能利用湿空气的显热。

(2) 等I线、等d线、等t线　如图4-82所示,45°右斜线为等焓(I)线,与横轴夹角15°的直线为等温(t)线,与纵轴平行的直线为等湿(d)线。当d一定时,I与t呈线性关系;当t一定时,I与d也呈线性关系。

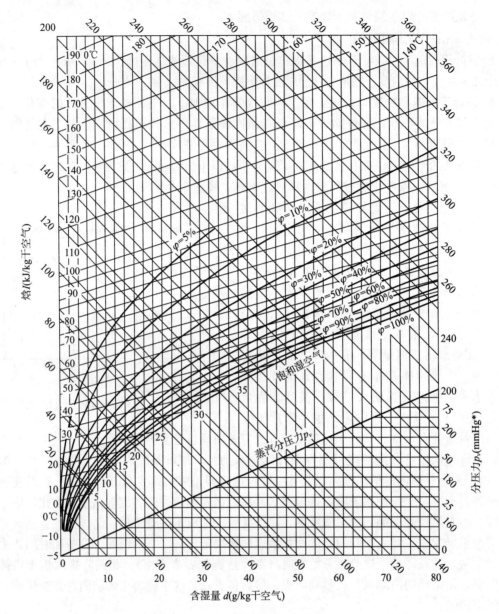

图 4-82 湿空气焓-湿图（I-d 图）

* mmHg：毫米汞柱，非国家法定计量单位，1 毫米汞柱（mmHg）=133.322 4Pa。

（3）等 φ 线　把相同湿度值的各含湿量 d、温度 t 的对应点连接起来，成为等相对湿度（φ）线。等 φ 线为散射状曲线。

2. 确定湿空气的状态参数　在 I-d 图上，每一个点都代表湿空气的一种状态，只要知道任意两个参数，就可知道其余参数。

【例1】空气干球温度 t=28℃，相对湿度 φ=70%，求其余的空气参数。

解：如图 4-83a 所示，找到 28℃ 等温线与 70% 等相对湿度线的交点 A，过 A 点作等湿线、等焓线与相对湿度 100% 线相交两点，再作两条等温线查出该两点的温度值。查得：露点温度 t_{bs}=22℃，湿球温度 t_w=23℃。

3. 确定空气加热的状态变化　烘干机热风炉为等湿加热，可知道加热后空气的相对湿度。

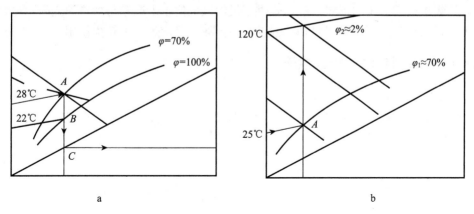

图 4-83　湿空气状态参数与变化
a. 确定湿空气状态参数　b. 湿空气加热前后状态变化

【例 2】设空气加热前 $t_1=25℃$，$\varphi_1=70\%$；空气加热后 $t_2=100℃$。求热风相对湿度。

解：如图 4-83b 所示，找到温度 25℃，相对湿度 70％ 的状态点 A，过 A 作垂直线，找出与 120℃ 等温线的交点，查 120℃ 与等相对湿度线交点，求出 $\varphi_2≈2\%$。说明可以通过提高空气温度，降低空气相对湿度，2％ 的相对湿度足以烘干茶叶。

（六）烘干机的分类

1. 按烘干作业方式分类　热风烘干机按烘干作业方式不同分为间歇式烘干机和连续式烘干机，前者适用于中小型茶厂，后者适用于大中型茶厂。

2. 按烘床茶叶的运动状态分类　烘干机按烘床茶叶的运动状态不同分为固定床式烘干机、移动床式烘干机和沸腾床式烘干机。固定床式烘干机的结构简单，电加热为主，适用于绿茶、红茶、乌龙茶等小批量烘干，如电热烘干箱。移动床式烘干机包括手拉式烘干机、链板式烘干机。手拉百叶式烘干机的生产率较高，适用于绿茶、红茶等干燥；自动链板式烘干机生产率高，广泛应用于绿茶、红茶、乌龙茶、白茶等茶类烘干。沸腾床式烘干机为红碎茶烘干专用。

3. 按烘干机热风流动方式分类　烘干机按热风流动方式不同分为逆流式烘干机和分层进风式烘干机。逆流式烘干机的热空气流向与茶叶流向相反，上层茶叶含水率高，热风相对湿度也高，下层茶叶含水率低，热风相对湿度也低，始终保持热空气水蒸气分压小于茶叶表面的水蒸气分压，虽符合热风干燥规律，但不符合红茶的工艺要求，常见于手拉百叶式烘干机，适用于除红茶之外的其他各茶类烘干。分层进风式烘干机的热风从底部及各层进入烘箱，上层风温较高，既符合热风干燥规律，又符合茶类烘干工艺要求，适用于包括红茶的各茶类烘干，广泛应用于电热式烘干机和自动链板式烘干机。

4. 按干燥介质分类　烘干机按干燥介质不同分为直接炉气式烘干机（燃炭、柴、煤、燃气、电热）和间接炉气式烘干机（燃煤热风炉）。前者热效率高（80％ 以上），但燃柴煤有烟味，影响茶叶卫生质量；后者虽热效率有所降低（60％～70％），但清洁卫生。

5. 按烘干机热源分类　烘干机按热源不同分为燃煤式烘干机、电热式烘干机、液化气烘干机、燃油式烘干机以及生物质颗粒烘干机。

6. 按送风方式分类 烘干机按送风方式不同分为送风式烘干机和吸风式烘干机。送风式烘干机的风机位于加热炉的前端，炉管内风压为正值，烟气不易窜入，且风机轴承温度较低，是茶厂烘干机常采用的形式；吸风式烘干机的风机位于干燥箱与加热炉之间，尽管送风压力较大，但易产生漏烟，且风机轴承温度高易损坏，目前生产上较少使用。

二、6CH系列自动链板式烘干机

（一）型号与特点

自动链板式烘干机的系列产品有6CH-5型、6型、8型、10型、16型、20型、25型、50型，其型号中符号的意义如下：

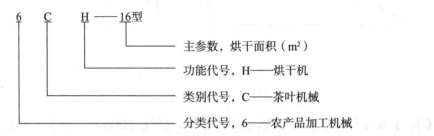

自动链板式烘干机的特点：移动床式，连续化作业，分层进风，适合于任何茶类烘干；茶叶自上而下自动翻落，自动化程度高，人工劳动强度较低，生产率高；烘干机系列规格齐全。

（二）主要构造

6CH-16型链板式烘干机由上叶输送带、烘箱、百叶链板、扫茶器、匀叶轮、传动机构与电机、送风装置、热风炉、无级变速器等组成（图4-84）。

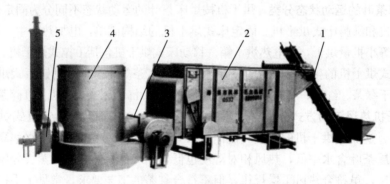

图4-84 自动链板式烘干机
1.上叶输送装置 2.烘箱 3.送风装置 4.热风炉 5.引烟机

1. 上叶输送装置 上叶输送装置一般为热输送装置，与烘箱顶层链板组连成一个循环，热风通过箱体进入输送装置，提高进入烘箱茶叶的叶温，使茶叶在输送过程进入预热状态。

2. 烘箱 烘箱的作用是集中风力，并均匀分布各烘层热风。烘箱由钢板和角钢组成，采用双层衬板隔热保温。烘箱设置分流板和活动风门，可调节烘箱上下层的进风量。箱体上叶端与输送装置相连接，箱体后端是热风进口，使热风温度分布均匀合理。烘箱两侧壁上各有一条搁板，用于支承百叶链水平滑动。在烘箱两端的搁板各留一段略大于百叶板宽度的缺口,搁板缺口前设置挡风器,以减少百叶板翻转时热空气的逃逸。

3. 百叶链板 百叶链板的作用是摊放和烘干茶叶,主要由大号的套筒滚子链和百叶板组成(图4-85)。烘箱内安装3~4组百叶链板,每组百叶链板由50块百叶板组成,每一组百叶板由一组链轮带动。各组烘板的运行速度各不相同,上层快,下层慢,使之更符合茶叶干燥特性。百叶板为双面承料,水平时承载茶叶移动,垂直时茶叶下落。百叶链板宽度方向一端制成圆环状,环中穿套心轴,而心轴轴颈两端伸出套在曳引链上,每组的链板都套在联成环状的曳引链上,曳引链由链轮带动,带动链板移动。

4. 送风装置 送风装置的作用是将热风炉加热的热空气送入烘箱,由离心风机、送风弯管、调节风门、送风喇叭口组成。调节风门的作用是控制进风总量,以适应不同茶类及不同烘干工序的要求。选用T4-72型6号离心式通风机。

5. 电动机与传动机构 烘干机动力传动如图4-86所示。

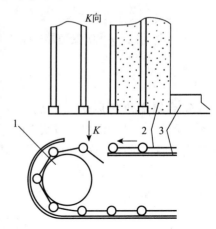

图4-85 百叶链板结构
1. 链轮 2. 百叶板 3. 搁板

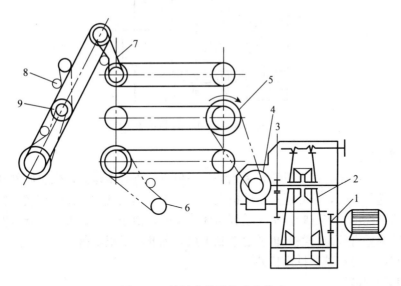

图4-86 链板式烘干机动力传动
1. 三角皮带 2. 无级变速器 3. 齿轮传动 4. 蜗轮.蜗杆 5. 百叶板链传动
6. 扫茶器链传动 7. 斜输送带链传动 8. 张紧轮 9. 匀叶轮链传动

由三相电动机产生动力经三角皮带传给单调摩擦式无级变速器,使百叶链板传动比在0.5~2可调;动力经过蜗杆减速传给3、4层的套筒滚子链大链轮,再分别传给1、2层和5、6层链轮,从而带动各层链板运动;1、2层链轮将动力传给扫茶器,使底层扫茶器运转;5、6层链轮将动力传给上叶输送装置皮带轮,使输送带运转,并经过2级链增速传给匀叶轮。动力传动线路如下:

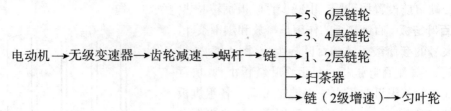

6. 金属燃煤热风炉 金属燃煤热风炉具有热惯性小、升温快、热效率高（热效率60%~70%）、结构简单、清灰方便等优点，目前在茶叶烘干上应用广泛。金属燃煤热风炉主要由炉膛、炉栅、热交换器、引烟机等组成（图4-87）。热交换器由5个不同直径的金属筒体组成，综合换热系数为40~50kJ/（m²·h·℃）。为了防止金属炉内壁的高温氧化，冷风穿过空气隔层的流速应大于8m/s。

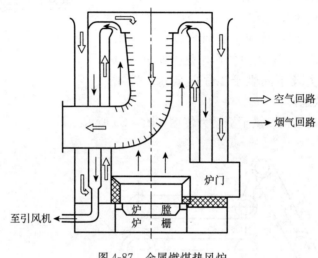

图4-87 金属燃煤热风炉

（三）工作过程

待烘茶叶由输送装置送入烘箱，采用分层进风方法进行干燥。从烘箱底部和百叶板二三层分别同时压送热空气，茶叶通过百叶链板自上而下与热空气进行质热交换，废气通过百叶板孔从烘箱顶部逸出。当百叶链板运动到箱体一端时，由于一段略大于百叶板宽度的缺口使百叶板自动转为垂直状态，茶叶也随之落到下层，如此一层层下落，直到最后一层承载的茶叶落到箱体底部，经扫茶器排出机外。

（四）使用与保养

①每次开机前应检查各运动部件有无障碍物，烘箱内有无遗留的硬杂物。每班给各润滑点加注润滑油（脂）一次，并注意检查减速器是否保持规定油位。

②司炉应勤添加煤或配套烘干机智能恒温控制装置，以保持恒定的热风温度。

③根据烘干茶叶含水率要求选择摊叶厚度及全程烘茶时间，一般以薄摊快速为好。上叶不得摊放过厚，也不宜出现空板。

④活动风门手柄位置应处于能吹净漏茶为佳；上叶输送装置回茶斗以微开为好，并定时开启清理。

⑤在运行中经常注意电机、减速箱及各传动部件的轴承发热情况。主电机温升不得超过

100℃，其他电机及风机、轴承座温升不得超过65℃，减速器温升不得超过80℃。

⑥及时检查炉管烧蚀及炉壁的情况，以保证加热炉正常运行。

⑦运行过程中如发现不正常的冲击噪声，应停机检查。出现故障必须立即停机，迅速查明原因，做到及时处理。

⑧烘干作业完毕，待热风温度下降到60℃以下方可关闭风机，清出炉中余火，让烘箱内残存茶叶出净后，关闭主机。

⑨检查链板运行是否匀速，可通过调整烘箱两侧的滑动式链带校正器。

三、其他烘干设备

（一）手拉百叶式烘干机

1. 性能特点 手拉百叶式烘干机的特点是间歇烘干作业、结构紧凑、小巧灵便、透气性好、价格低廉，适应小型茶叶加工厂。手拉百叶式烘干机有6型、8型、10型等型号。

2. 主要构造 手拉百叶式烘干机由烘箱、分风柜、送风装置、热风发生炉等组成（图4-88）。

（1）烘箱 烘箱为长方形箱体，箱体底部设分风柜，分风柜中装有可调的分风板，可以改变进入箱体上下层的热风量，同时达到调整上下层风温和风量的目的。箱体顶部敞开，便于上叶和水蒸气的逸出。箱体底部设漏斗型出茶口。

（2）百叶板 手拉百叶式烘干机内部分为5层，每层由10～15块百叶板组成，相邻两层的百叶板重叠方向相反，防止漏茶。百叶板片采用12～14孔金属丝帘布制成，也可以是冲孔铝板。冲孔一般呈梅花形排列，孔径为3.5mm。每块百叶板通过小轴穿过箱体，一端与多套平行四边形的双摇杆机构相连，用手拉杆控制百叶板翻动。

图4-88 手拉百叶式烘干机

（3）热风发生炉 先进的百叶式烘干机装置采用液化气燃烧炉替代燃煤热风炉。

3. 工作过程 工作时，先将在制叶均匀平铺在上层百叶板上，每隔一定时间逐层向下翻落。拉动手拉杆，通过摆杆使小轴转动90°，百叶板随之从水平状态转为垂直状态，茶叶便翻落到下一层百叶板上；当手柄再拉回来时，百叶板又呈水平状态，可摊放茶叶。出茶时，打开滑板式出茶门取出茶叶。

（二）电热烘干机

电热烘干机按烘干机的主体结构不同分为电热链板式烘干机（图4-89a）和电热箱式烘干机（图4-89b）。电热链板式烘干机具有清洁卫生、生产率高、自动控温控时、无级变速、节约人工等特点，通常用于茶叶精加工厂的茶叶复火作业；电热箱式烘干机具有结构简单、投资省、移动性能好、热风循环利用效率高、自动控温控时、维修维护方便等特点，通常用于茶叶初制作业，生产率20～30kg/h。电热箱式烘干机按烘盘结构又分为旋转式和抽屉式两种类型，电热旋转式烘干机适用于茶叶初烘去水工序，电热抽屉式烘干机适用于烘焙提香工序。

a   b

图 4-89 电热烘干机
a. 电热链板式烘干机 b. 电热箱式烘干机

电热链板式烘干机主要由链板输送带、烘箱、百叶链板、电热发生器、余热回收装置、灭火星装置、离心风机及送风装置等组成。烘箱结构与热风炉链板式烘干机相近，烘层 6～8 层，有效干燥面积 20～50m²，电功率 20～30kW。

电热旋转式烘干机主要由烘箱、电加热源、旋转架、茶筛、轴流风机、热传导装置、进风管道、排风管道、控温系统、计时器、脚轮、电动机等组成。烘层可旋转，共 8～12 层，总有效干燥面积 6.8m²，电热管功率 13kW。

（三）沸腾式（流化床）烘干机

当茶叶以稠密形式进行干燥时，过程的强度在很大程度上取决于茶叶与干热空气间的外部热交换。这时，干热空气把水蒸气从叶间空间脱去。当分散状的茶叶以悬浮状态干燥时，大大加强了接触表面的更新作用。如果对冲孔金属板上的茶叶叶层通以一定速度的空气，则叶层首先疏松，然后变成类似沸腾液体的状态，即流化状态。在流化状态中叶层疏松并强烈跳动，如此所有茶叶个体均被干燥空气所冲刷，使整个叶层空间内的温度基本处于均衡状态。这种干燥方法有利于提高颗粒型红碎茶的干燥速率，提高生产率。

（四）微波干燥机

微波干燥机特别适用于含水率 10%～30% 的茶叶在制品的烘干，微波频率为 915MHz、2 450MHz。微波干燥机的结构与微波杀青机相似，由隧道式微波干燥室、微波管、能量抑制器、输送机构、排风装置等组成。茶叶送入微波干燥室时，茶叶中的水分子在微波电磁场中因急速转向而摩擦发热，促使茶叶升温失水。

（五）远红外线烘干机

远红外线烘干机是以远红外线为热源的干燥机械。远红外辐射波被茶叶吸收后，可直接转化为热能，由于不需要通过介质传递，所以能很快使得茶坯升温，并且茶坯内部的水分受热更为激烈，使得茶坯内部温度高于外部温度，促使茶坯水分迅速蒸发。

远红外线烘干机的基本结构与自动链板式烘干机大体相似，主要由烘箱、链板烘层、传动机构、远红外线发射体、电器自动控制系统等构成（图 4-90）。茶叶从进机到出机，仅需

70~80s，具有热效率高、干燥时间短、效果明显、香气透发等特点。远红外线烘干机适用于茶叶初加工的烘干和精加工的复火，该机工作温度100~240℃，生产率250~300kg/h。

图4-90 远红外线烘干机

（六）真空冷冻干燥机

茶叶真空冷冻干燥机适用于清香型乌龙茶、名优绿茶等茶类的干燥作业。

1. 主要结构 茶叶真空冷冻干燥机由真空干燥室、制冷系统、加热系统、控制系统等组成（图4-91）。

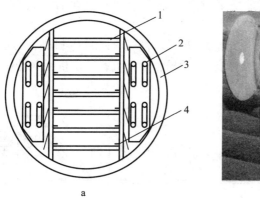

图4-91 茶叶真空冷冻干燥机
a. 结构示意图 b. 外形图
1. 加热板 2. 冷阱 3. 真空室 4. 茶盘导轨

（1）真空干燥室 真空干燥室是茶叶干燥的场所，由钢板焊制而成的耐真空容器。干燥室内置有加热板和冷阱，一端装有可供开启关闭的干燥箱门，门上有保证关闭密封的密封条。茶盘位于真空干燥室加热板的下方，茶盘边框和筛网由不锈钢材料制成，可以从干燥室内沿导轨方便放入和抽出。

（2）冷阱 冷阱的作用是将干燥过程从冰中升华的水蒸气冷凝下来。采用不锈钢工业硬质合金管制造，装于圆形真空干燥室两侧部位。

（3）真空系统 真空系统的作用是降低冷凝冰的升华温度，使茶叶的有效成分能够最大保留。真空系统由真空泵、电磁真空充气阀门组成。

（4）加热系统 加热系统由电热箱、辐射加热板、油泵、导热油等组成。导热油在密闭系统中环流，不会有损耗，温度由程序控制器自动控制调节，最高温度设定在120℃。

（5）制冷系统　制冷系统由半封闭压缩冷凝机组和膨胀阀组成。根据不同需要可分别配备单级压缩机组、双级压缩机组和复叠式制冷压缩机组等。

（6）仪表和控制系统　真空冷冻干燥机内配置3类温度控制仪，分别用于控制辐射加热板温度、冷阱温度和茶叶叶温；真空表用于检查干燥箱关闭是否严密。

2. 工作过程　作业时，将待干燥在制叶送入茶叶真空冷冻干燥机的真空干燥室的茶盘内，先预冷至−18～−10℃，然后在高真空状态下进行有限加热，使茶叶水分直接由固态冰升华为水蒸气被蒸发，达到干燥的目的，干茶的含水率甚至可达3%以下。茶叶在真空冷冻干燥过程中，茶条内外温度始终控制在较低状态下，使香气物质和营养成分获得最大限度地保留，能使干燥后的成茶保持原汁原味，色泽绿翠鲜艳，色香味形良好。

第九节　茶叶加工连续化生产线

一、绿茶加工连续化生产线

（一）毛峰茶（条形茶）加工连续化生产线

1. 工艺流程　毛峰茶属于烘青绿茶，外形细嫩稍卷曲，锋毫显，色泽嫩绿油润，香气清鲜高长。毛峰茶（条形茶）的加工工艺流程：鲜叶→摊青→杀青→冷却→摊放回潮→揉捻→解块→烘干。

2. 生产线组成　毛峰茶连续化生产线由滚筒杀青机、网带冷却机、回潮机、提升机、皮带输送机、往复平输机、揉捻机组、出料振动槽、提升机、解块机、网带输送机、烘干机等组成（图4-92）。该生产线的生产率为50kg/h，主要热源为电柴煤。

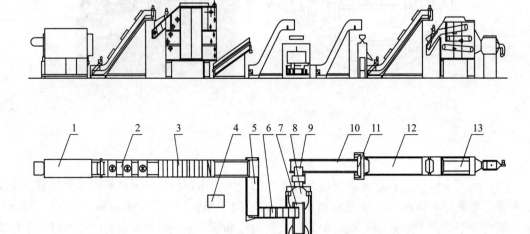

图4-92　毛峰茶连续化生产线示意图
1. 杀青机　2. 网带冷却机　3. 回潮机　4. 控制柜　5. 输送带　6. 提升机　7. 往复平输机　8. 揉捻机组　9. 振动槽　10. 提升机　11. 解块机　12. 网带输送机　13. 烘干机　14. 热风炉

（1）杀青机　采用6CH-50型滚筒杀青机，电热功率为24kW。

（2）网带冷却机　网带冷却机起快速冷却和输送杀青叶的作用，由输送网带、匀叶器、冷却风机、传动装置、机架等组成。高温杀青叶摊在网带冷却机上,被其上方的风机强制吹风冷却。

(3) 回潮机 回潮机起均衡杀青叶水分的作用,主要由链板式输送带、匀叶器、传动装置、机架等组成。摊叶结构与链板式烘干机相似,但无送风装置。杀青叶从最上层的链板式输送带逐次下移,从底部输出。总回潮时间一般为0.5~1h。

(4) 皮带输送机、提升机、往复平输机 提升机和皮带输送机起横向移位以便与揉捻机组连接的作用,往复平输机用于向两个揉捻机自动投料。往复平输机可以正反两个方向运行,通过控制往复平输机运行方向,实现定位投料。

(5) 揉捻机组 揉捻机组由2台6CH-40型揉捻机组成。毛峰茶的揉捻程度轻,揉捻机配置较少。

(6) 烘干机 采用6CH-10/16型烘干机,配套热风炉。

3. 工作过程 鲜叶投入电热滚筒杀青机杀青,杀青叶经过网带冷却机,以保持叶色碧绿;经过三回程回潮机0.5~1h的摊晾和翻拌,使在制叶内外水分进一步均匀一致;在制叶经过皮带输送机、提升机和往复平输机,由往复平输机的正反转控制定位投料,进行轻揉;揉捻叶茶团经过解块机解块,最后进入烘干机烘干。

(二) 炒青绿茶(半球形茶)加工连续化生产线

1. 工艺流程 炒青绿茶的品质特征是条索紧结,色泽绿润,香高持久,滋味浓郁耐泡,汤色、叶底黄亮。炒青绿茶(半球形茶)的加工工艺流程:鲜叶→杀青→冷却→回潮→揉捻→解块→冷却→炒干→毛茶。

2. 生产线组成 炒青绿茶连续化生产线主要由滚筒杀青机、冷却机、摊放回潮机、揉捻机组、解块机、滚筒炒干机等组成(图4-93)。该生产线的生产率为150kg/h,主要热源为电柴煤。

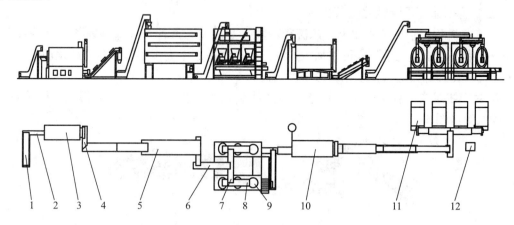

图4-93 炒青绿茶连续化生产线示意图

1、6. 提升机 2、4. 振动槽 3. 杀青机 5. 回潮机 7. 往复平输机 8. 行车 9. 揉捻机组 10. 滚筒解块机
11. 滚筒炒干机 12. 电气控制柜

(1) 进茶装置 进茶装置起自动均匀投叶的作用,由斜输送带和振动槽组成。

(2) 滚筒杀青机 采用6CST-80型滚筒杀青机,采用柴或煤灶加热,生产率较高。

(3) 网带冷却机 网带冷却机由网式输送带、冷却风机组成,作用是使80~90℃的杀青叶急速冷却，以保持绿茶良好的色泽、香气和滋味，降低茶叶水分和黏稠性。

（4）**揉捻机加料装置** 揉捻机加料装置由提升机、往复平输机、行车等组成。提升机将杀青叶送到往复平输机，通过控制往复平输机正反向和行车的运行位置，向特定的揉捻机投叶。揉捻机投叶量控制方式有人工控制、时间控制、质量控制等3种。

（5）**揉捻机组** 采用6CR-55型揉捻机6台，二排三列布置（图4-94）。

（6）**滚筒解块机** 滚筒解块机又称动态烘干机，热风炉产生的高温热风通入滚筒内，滚筒内设螺旋导叶板，滚筒壁密布小孔，以利于茶叶水蒸气蒸发。作业时揉捻叶在滚筒内作螺旋运动，一边散失水分，一边得到解块，出叶后送入冷却机冷却。

（7）**炒干机上料装置** 炒干机上料装置由上、下层往复平输机组成，两层往复平输机正反转组合，满足4台滚筒炒干机分配上料工作。

（8）**滚筒炒干机组** 滚筒炒干机组由4台6CH-110型滚筒炒干机组成。滚筒炒干机包括滚筒、除尘排湿装置、热源装置、自动控制系统、传动系统等。

图4-94 二排三列揉捻机组

3. 工作过程 鲜叶投入滚筒杀青机杀青，杀青叶经过网带冷却机冷却降温失水，避免湿热作用；经过三回程回潮机0.5~1h的摊晾和翻拌，使在制叶内外水分进一步均匀一致；在制叶依靠往复平输机的正反转控制和行车定点运行进行定位投料，6台揉捻机交替工作，实现揉捻作业连续化；揉捻叶进入滚筒解块机，边解块边初烘；再经过网带冷却机冷却降温，平衡水分，最后进入炒干机炒干。通过将多台单机组合，将揉捻机和炒干机的间歇式作业变为连续式作业。

（三）扁形茶加工连续化生产线

1. 工艺流程 扁形茶的加工工艺流程：鲜叶→摊晾→杀青→冷却→理条脱毫→筛分→冷却→压扁→足干→毛茶。扁形茶加工连续化生产线适用于大中型扁形茶连续化加工，小型扁形茶连续化加工目前大多采用扁形茶炒制机。

2. 生产线组成 扁形茶加工连续化生产线包括鲜叶摊晾模块、杀青模块、做形模块、干燥模块等（图4-95）。

图4-95 扁形茶加工连续化生产线
1. 上叶输送带 2. 滚筒杀青机 3. 冷却机 4. 链板烘干机 5. 自动投叶装置 6. 理条机组

（1）**摊晾** 进厂鲜叶应及时摊放，摊放厚度一般不超过30mm。

（2）**杀青机组** 采用6CST-80型滚筒连续杀青机，滚筒直径为800mm，长度为4m。杀青机组以天然气为燃料，燃烧室分3段控制，可调节滚筒前中后部的温度，以适应不同的鲜叶及杀青程度的要求。

(3) 网带冷却机　在杀青之后采用网带冷却机，作用是使80～90℃的杀青叶急速冷却，适当降低在制叶含水率，使茶叶水分分布均匀，以利于后续做形，保持芽叶的完整。

(4) 干燥机组　采用链板式烘干机使在制叶足干，保持成茶外形挺直、扁平光滑的特征。初烘温度较低，足干时温度稍高，干燥时间为2～3h。

(5) 自动投叶装置　自动投叶装置包括自动称量、投料、往复平输机等，自动将在制叶投入理条机并分布均匀。

(6) 理条机组　理条机组由双列多排多槽理条机和振动输送槽组成（图4-96），采用计算机自动控制。理条机加压棒有自动投放和手动投放两种类型。

图4-96　连续化理条机组

3. 工作过程　鲜叶经过摊晾之后，投入滚筒杀青机杀青，网带冷却机冷却、筛分，进入八角滚筒炒干机理条和滚炒脱毫，再经网带冷却机冷却后进入理条机压扁造型，最后在链板式烘干机烘至足干。

（四）蒸青绿茶（针形茶）加工连续化生产线

1. 工艺流程　蒸青绿茶加工生产线工艺流程：鲜叶验收→储青→蒸汽杀青→冷却→表面去水→初揉→揉捻→中揉→精揉→烘干→筛拣→成品茶。日本和我国的蒸青绿茶加工采用该生产线。一般一条生产线日产10t干茶，用工仅有7人（含计算机控制）。

2. 生产线组成　蒸青绿茶生产线主要由蒸汽杀青机组、冷却机组、做形模块、干燥模块等组成（图4-97）。

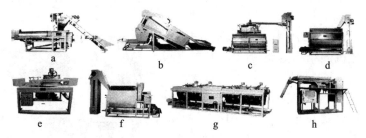

图4-97　蒸青绿茶加工连续化生产线
a. 蒸汽杀青机　b. 冷却机　c. 叶打机　d. 初揉机　e. 揉捻机　f. 中揉机　g. 精揉机　h. 筛分

(1) 蒸汽杀青机组　蒸汽杀青机组蒸汽杀青机组由10多台蒸汽杀青机和蒸汽锅炉组成（图4-98）。

图4-98　蒸青杀青机组
a. 蒸汽杀青机　b. 蒸汽锅炉

(2) 冷却机　冷却机由网带输送机、离心风机、振动槽等组成，起迅速降低杀青叶的温度和水分的作用。

(3) 叶打机与初揉机　叶打机与初揉机的作用是散发在制叶水分，初步搓条。图 4-99 所示为竹铁叶打机滚筒结构，配有多排炒手和压扁，杀青叶从上方投料，在炒手翻动下，抖散散热失水，然后从下方出料。

(4) 揉捻机　揉捻机的作用是进一步搓揉成条。揉捻机分为杠杆加压式揉捻机（图 4-100）和螺旋机械加压式揉捻机，双曲柄机构（日本机型，比国内三曲柄揉捻机减少 1 个曲柄）使机械结构简化且易于操作。揉桶与揉盘的间隙较大，揉盘凹度较小，有利于揉捻过程中的散热；为防止离心大造成的跑叶，揉桶下沿装有一圈毛刷，能够不断地将边沿茶叶扫进揉盘内。上方进料，下方出料。

图 4-99　叶打机滚筒结构

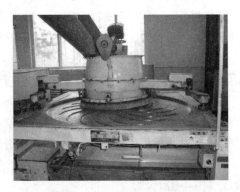
图 4-100　杠杆加压式揉捻机

(5) 中揉机　中揉机的作用是散失水分并进一步搓紧成条。中揉机的结构为滚筒式，上方进料，下方出料。

(6) 精揉机组　精揉机主要用于蒸青煎茶针形的整形工序。一台精揉机组（图 4-101）一般由 4 个揉釜组成，揉釜由揉盘、传动机构、机架、加压机构等组成。揉釜采用电加热，提供造型干燥热源。工作时，搓手在搓茶板上往复运动，在制叶在搓手挤搓力的作用下向两边沟槽散落，沟槽内的回转帚又将茶叶扫入揉釜进一步干燥，茶叶边干燥边逐渐理条，达到针形茶的工艺要求。

图 4-101　精揉机组

3. 工作过程　工作时，鲜叶从大型储青设备或地下保鲜库提升到蒸汽杀青机组杀青，杀青叶通过冷却机迅速冷却，接着进入叶打机和初揉机，散发水分，初步搓条；再经过揉捻机进一步搓揉成条，揉捻叶由其下方振动槽连续出料，进入中揉机，揉捻叶进一步散失水分并搓紧成条，再进入精揉机，茶叶边干燥边逐渐理条，形成蒸青煎茶的针形，最后经链板式烘干机烘干定型。

二、红茶加工连续化生产线

(一) 工夫红茶加工连续化生产线

1. 工艺流程　在工夫红茶初加工单机的基础上,设计和安装各种输送装置,应用电器控制设备,使从鲜叶到干毛茶初加工全工程实现连续化生产。工夫红茶加工的基本工艺流程:鲜叶→萎凋→揉捻→发酵→毛火→足火→毛茶。目前我国工夫红茶可实现连续化生产。

2. 生产线组成　工夫红茶加工连续化生产线主要由萎凋设备、揉捻机组、发酵机组、干燥机组等模块组成(图4-102)。

图4-102　工夫红茶加工连续化生产线
1.连续萎凋机　2.揉捻机组　3.解块机组　4.发酵机组

(1) 萎凋机组　萎凋机组有半封闭式和敞开式两种。半封闭式萎凋机组由提升装置、网带输送装置、匀料装置、加温装置和送风风道等组成。鲜叶进来放入提升装置料斗内部,启动控制按钮,鲜叶被均匀地平铺在每层的网带上面。网带输送装置使用变频器控制每层网带走速,对鲜叶的萎凋程度进行调整。匀料装置控制不同鲜叶的铺叶厚度,从而起到更好的均匀萎凋的效果。内循环热风装置可根据不同鲜叶的萎凋差异来调节每层的温度差,更能满足各种鲜叶的萎凋要求。

(2) 揉捻机组　揉捻机组通过触摸屏设定压力、时间等参数。压力参数为新型变量,揉捻机采用气压式加压,由气缸气体流量比例转换压力值,达到精准、灵活地控制揉捻压力的效果,加压过程轻一重一轻,加压原则"嫩叶轻揉,老叶重揉"。红茶一般分为两次揉捻,解块筛分后的筛面粗大茶叶再进行二次揉捻。揉捻室温度控制在20~24℃,相对湿度85%~90%。

(3) 解块筛分机组　解块筛分机组的作用是对每次揉捻叶进行解块筛分,解散团块,并将揉捻产生的碎末筛去,提高发酵的透气性。解块机组采用滚筒筛末式结构,可连续化作业。

(4) 发酵机组　发酵机组由输送装置、匀堆装置、发酵机组、发酵房、蒸汽加热装置、超声波雾化器、气动装置、红外传感装置、循环风机、换气装置等组成(图4-103)。茶叶通过匀堆装置输送到发酵房内部的2组发酵机内,每组可单独动作,发酵机有4层。利用蒸汽加热装置提升房内温度,利用超声波雾化器控制发酵房的内部湿度,达到恒温恒湿控制效果;内设8台内循环风机,使内部各角落的温湿度均匀;上端安装两个气动装置,当气门

图4-103　红茶发酵机组

打开，排气风机自动工作，根据设定时间进行换气和补充新鲜空气，保证茶叶发酵过程不因缺氧影响品质。当发酵时间到，茶叶会自动出料。

（5）干燥机组　采用链板式烘干机串联进行毛火和足火。毛火采用高温快烘法，迅速破坏酶活性停止发酵，同时缩短热蒸作用；足火采用低温慢烘的方法发展香味。

3. 工作过程　工作时，按下启动按钮，使鲜叶均匀平铺于半封闭式萎凋机组，同时控制萎凋环境温湿度和风道循环系统，以满足萎凋工艺和生产节奏要求；萎凋叶定量进入揉捻机组，按照设定参数进行轻—重—轻加压揉捻，然后将揉捻叶解块筛末；进入发酵机组发酵，完成发酵之后送烘干机毛火和足火，制成工夫红茶。

（二）红碎茶加工连续化生产线

1. 工艺流程　目前我国成套引进的大型红碎茶生产线多在云南，设备也多为印度进口，如印度 STEELSWORTH 公司及 GIMPEXW 公司生产的红碎茶生产线。生产线采用洛托凡揉切机与 CTC 联装的形式。红碎茶的加工工艺流程如图 4-104 所示。

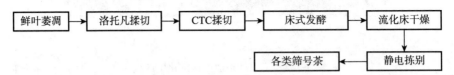

图 4-104　红碎茶加工工艺流程

2. 生产线组成　印度 GIMPEXW 公司生产的 CTC 红碎茶生产线由 1 台洛托凡揉切机、3 台 CTC 揉切机、1 台床式连续发酵机、1 台流化床干燥机、2 台静电拣别机等 8 台主机及若干输送装置、风机、管道系统等组成。该生产线具有占地面积小、卫生清洁、生产率为 350kg/h 等特点。

（1）萎凋槽　15m² 的萎凋槽配备 7 号或 8 号低压轴流风机，一般萎凋时间为 9~12h，萎凋叶含水率为 65%~72%。为节省空间，萎凋槽可做成上下两层。

（2）揉切机组　采用洛托凡转子机与三联 CTC 机相配套的揉切方式（图 4-105），具有强烈、快速、低温的特点。经输送装置送来的萎凋叶先用洛托凡揉切机初揉切，然后进入 CTC 揉切机连续进行 3 次强烈揉切，使茶叶在 CTC 机齿辊的作用下，表皮撕裂、叶肉裸露、组织破损、茶汁外溢、卷成颗粒。由于揉切时间短，揉切叶呈翠绿色，为发酵提供了充足的时间。根据原料质量、工艺要求，三联 CTC 机齿辊的齿侧间隙值有所不同。

（3）发酵机组　采用床式透气连续发酵机。该机采用了供氧、喷雾增湿等技术，具有

图 4-105　红碎茶揉切机组

发酵均匀、品质稳定、连续作业的优点。发酵时间可无级变速调节，当气温变化或投叶量大时，可调节运行速度，鼓风增氧，调整发酵程度。

（4）沸腾式烘干机　该机使茶颗粒与热空气密切接触，不需机械搅拌就能达到茶颗粒干

燥均匀的要求。

(5) 拣剔筛分机　采用塑料静电选别机进行拣剔筛分作业。利用静电拣辊剔除茶梗等杂物，筛网用镀锌钢丝织制，筛网配置先细后粗，顺序安装。工作时筛床往复抖动，茶叶随筛面纵向前进，使大小不同的茶颗粒区分开来，起抖头抽筋的作用。根据茶叶量调整拣别机上塑料辊筒离筛网的高度，做到尽量把梗杂物拣剔干净。

3. 工作过程　茶叶经过萎凋槽萎凋，萎凋叶经洛托凡转子机与三联 CTC 机进行快速揉切，揉切叶进入透气连续发酵机发酵，发酵叶用沸腾式烘干机快速烘干，再经过塑料静电选别机拣剔筛分，制成各筛号茶。

三、乌龙茶加工连续化生产线

(一) 武夷岩茶加工连续化生产线

1. 工艺流程　武夷岩茶品质特征：条索壮结匀整，色泽青褐油润，汤色橙黄，清澈明亮，香气带花果香，锐则浓长，清则幽远，滋味浓醇回甘，具有特殊的"岩韵"，叶底"绿叶红镶边"，呈三分红七分绿，柔软红亮。武夷岩茶加工工艺流程：萎凋→做青→杀青→揉捻→干燥。

2. 生产线组成　武夷岩茶加工生产线布局特点：三楼晒青场，二楼做青车间，一楼杀青、揉捻、烘干。由萎凋做青、杀青、揉捻、烘干等模块组成。

(1) 萎凋做青机组　萎凋做青机组由 20 多台做青机、投叶输送装置、出叶输送装置及自动控制系统等组成（图 4-106）。投叶输送装置位于做青机的上方，通过控制行车停止位置，准确地将晒青叶送入做青机内；出叶输送装置由纵横两条出叶输送带组成，将做青机送出的做青叶输送到一楼杀青车间。

(2) 做青机自动控制系统　根据茶青的品种和晒青情况设定好摇青次数、摇青时间、摇青速度、吹风时间、静置时间等，启动开关即可实现自动萎凋和做青。

(3) 杀青机组　杀青机组由高温热风杀青机、上叶提升机、出料输送装置等组成（图 4-107）。高温热风杀青机提供超高温热风（250～400℃），将热量传递给鲜叶，使鲜叶迅速升温，钝化酶活性。与传统热传导的滚筒杀青相比，具有杀青叶色泽翠绿、生产率高、杀青匀透、叶面完整、含水率较低以及连续化自动化程度高等特点。

图 4-106　自动进出叶装置

图 4-107　高温热风杀青设备

(4) 揉捻机组　揉捻机组由自动投叶装置、8 台揉捻机、自动控制系统等组成。自动投叶装置由提升机、往复平面输送带、行车等组成，通过时间控制加茶量，当时间达到设定值时，停止送叶，揉捻自动开始。揉捻过程分为空压、轻压、中压、重压、松团、再压等阶段。揉捻完毕，出茶门自动打开，振动槽开启，将揉捻叶输送到下一工序。

（5）干燥机组　干燥过程包括链板式烘干机初烘、微波缓苏、链板式烘干机复烘。采用链板式烘干机初烘，快速散失茶叶自由水，为后期干燥做准备；微波缓苏的作用是通过微波加热促使茶叶内部水分向外迁移，达到快速均匀茶叶内外水分的目的，解决了茶叶摊放工序耗时长、工艺不连续的问题；链板式烘干机复烘起固定品质、提高香气的作用。

3. 工作过程　鲜叶按规定要求自动投放到做青机内，在控制系统中设定好工艺程序，萎凋时遵循"吹—吹摇—停"，萎凋结束吹风半小时冷却；做青阶段按照"吹—摇—停"进行多次反复摇青晾青；做青叶进入滚筒杀青机或滚筒热风杀青机内进行杀青，再经过揉捻机15~20min的揉捻，最后进入烘干机烘干制成毛茶。

（二）闽南乌龙茶加工连续化生产线

1. 工艺流程　闽南乌龙茶加工工艺流程：鲜叶→晒青→摇青→晾青→杀青→回潮→包揉造型（含初烘）→足火。

2. 生产线组成　乌龙茶加工生产线的特点：①采用全天候萎凋，克服不良天气影响；②采用电磁—微波复合杀青技术，使乌龙茶滋味更醇和；③采用变频调速，灵活配比各工序的供料衔接；④加工全过程清洁化、连续化，生产率为1 000kg（干茶）/批。

（1）茶青输送装置　茶青输送装置由输送带和匀叶器组成（图4-108）。将茶青均匀推入宽度为300mm的茶青输送带，由匀叶器控制送叶量，定时地将茶青送往日光萎凋车间。

（2）日光萎凋设施及设备　日光萎凋设施及设备由日光萎凋房、日光萎凋输送带（图4-109）等组成。日光萎凋输送带由4条单层网式输送带组成，网带长40m，宽2m。可根据鲜叶的老嫩程度和天气情况，调节传送带的速度和摊叶的厚度。

图4-108　茶青输送装置　　　　　图4-109　乌龙茶日光萎凋输送带

（3）做青机组　做青机组由摊叶装置、多层式晾青机组（图4-110）、摇青机等组成。晾青机共10层，奇数层和偶数层的运动方向相反，且奇数层与偶数层的端部相对错开一定的距离，接受上层落下的茶青。晾青架长30m，宽2m，网带采用透气尼龙纱网。晾青间配有空调做青系统。自动摇青机由摇青滚筒、输送装置、升降装置等组成。摇青滚筒直径1.5m，长4m，转速10~60r/min；平输、斜输等传送装置将晾青叶送入滚筒摇青；滚筒升降装置在滚筒出口端，可调节滚筒的倾斜度，最大可调30°。摇青时间控制在2~5min。

（4）连续化杀青机组　连续化杀青机组由上叶输送装置、电磁杀青机、微波杀青机等组成。滚筒式电磁杀青机2台，滚筒温度为200～300℃，杀青温度前高后低，滚筒转速为40r/min，杀青时间为1～2min。隧道式微波杀青机由微波发射器13个和传送设备组成。传送带的宽度为300mm，速度可调。一般微波杀青时间为1～3min，微波发射器开放的个数视电磁杀青程度和原料而定。

（5）包揉解块机组　包揉解块机组由输送带、包揉机和多功能解块筛末机等组成。

（6）烘干机组　烘干机组由电热链板式烘干机、红外提香机组成。初烘温度为110℃，风机转速为900r/min；复烘温度为90℃，风机转速为600r/min。

图4-110　多层式晾青机组
1. 晾青机组　2. 摇青机　3. 输送带

3. 工作过程　茶青进厂后，由茶青输送装置送往日光萎凋设备进行人工日光萎凋，萎凋叶送入连续式晾青机晾青，经过摇青—晾青3次循环反复完成做青，做青叶先经滚筒式电磁杀青机杀青，后经隧道式微波杀青机补足，然后进入包揉，最后烘干，制成毛茶。

四、白茶加工连续化生产线

1. 工艺流程　白茶属于微发酵茶，加工工艺特点是不炒不揉。白茶的品质特征：外形毫心肥壮，白毫满披，叶色灰绿，内质汤色黄亮明净，毫香显，滋味鲜醇，叶底嫩匀。白茶工艺流程：鲜叶→萎凋→摊堆→烘干→毛茶。

2. 生产线组成　白茶生产线采用上、下层立体式布置，上层为日光萎凋，下层为储青、加温萎凋、发酵和干燥。

（1）储青设备　储青设备由储青槽、通风板、通风机、出叶输送带等组成（图4-111）。储青槽建在地面，槽体长1.8m，宽0.9m，深0.5m；通风板架在储青槽上方，配置T30型轴流风机4台；出叶输送带位于两排储青槽之间，人工将茶青扫至输送带，通过输送带将茶青汇集到提升机提升至二楼，替代人工搬运。

（2）日光萎凋设备　日光萎凋设备由日光萎凋室、自动晒青机、人工光源等组成。日光萎凋室采用玻璃透光材料，顶部铺设自动遮阳装置，可以根据需要调节日光辐射强度；采取自然通风与强制通风相结合的通风方式，南北开窗通风，北面墙安装若干排风机。自动晒青机为单层构造，长、宽、高为10m、2m、1m，共4条，共80m²，摊叶厚30～50mm，摊叶量200～300kg。

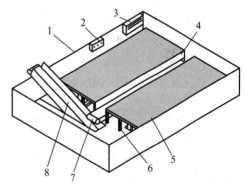

图4-111　储青设备示意图
1. 储青间　2. 温湿度仪　3. 空调　4. 槽体
5. 通风板　6. 机架　7. 平输机　8. 斜输机

（3）多波长LED自动萎凋机组　多波长LED自动萎凋机组由LED自动萎凋机模块、控温模块、控湿模块、控光模块等组成（图4-112）。自动萎凋机长、宽、高为30m×3m×3m，由多层网式聚酯干网输送带、上叶输送装置、料斗、阻料板、匀叶轮、限厚板、电动机等组成（图4-113）；控温控湿模块由空气能除湿机（40kW）、辅助电加热器（26kW）、大风量循环风机（14kW）、排风扇（1kW）及温湿度传感器等组成，实现对萎凋温湿度环境的有效控制；配置黄、蓝、白多波长LED灯条（18kW），调控LED光照度和光照时间，可替代传统日光萎凋和复式萎凋。

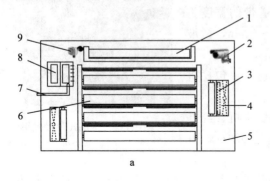 

图4-112 多波长LED自动萎凋机组配置图
a. 配置示意图 b. 外形图
1. 上叶输送带 2. 高清摄像头 3. 电加热器 4. 大风量循环风机 5. 萎凋房
6. 多波长LED自动萎凋机 7. 排水管 8. 空气能除湿机 9. 温湿度传感器

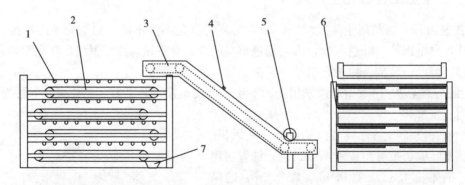

图4-113 多波长LED自动萎凋机
1. LED灯条 2. 输送网带 3. 上叶输送带 4. 限厚板 5. 匀叶轮 6. 阻料板 7. 出叶口

（4）堆青发酵设备 堆青发酵设备起自动摊堆和翻堆的作用。白茶堆青发酵设备长6m，宽2m，上下3层，每层摊叶厚30～50mm，摊叶量600～900kg萎凋叶（约1 500kg鲜叶）。发酵时间灵活控制。

（5）电热烘干机 将摊堆发酵好的茶叶输送到电热链板式烘干机烘干。

（6）自动控制系统 自动控制系统的作用是控制白茶萎凋过程的环境温湿度以及萎凋机行走速度。大功率除湿机8台，总功率108kW，白茶萎凋过程的温度控制在25～30℃，相对湿度50%～60%；循环风机16台，总功率14kW，安装在萎凋机组两侧；在萎凋间顶部安装排湿风机，当萎凋间湿度超标时，自动开启排湿风机排除水蒸气，防止茶叶产生不愉快的

图4-114 萎凋自动监控台

"闷味"。萎凋自动监控台（图 4-114）布设多个温湿度传感器，4 个监控点，自动监测萎凋间的温湿度。

3. 工作过程　将储青槽鲜叶通过提升机送至二楼，由分料设备将茶青匀摊到自动晒青机上进行日光萎凋（如遇阴雨天，直接送 LED 自动萎凋机组萎凋），当萎凋叶含水率达到要求后，送入堆青设备进行堆青发酵，最后进入烘干机烘干。

复习思考题

1. 茶叶储青槽一般是建在地面下还是地面上？为什么？
2. 茶叶储青设备与茶叶萎凋设备各有哪些共同点和不同点？
3. 储青设备的作用有哪些？
4. 储青设备有几种类型？
5. 储青槽吹送的是什么风？温湿度各是多少？
6. 常见日光萎凋和热风萎凋分别有哪几种形式？各自的特点是什么？
7. 试比较日光萎凋设备、槽式热风萎凋设备、室内自然萎凋设备、除湿机萎凋设备的优缺点。
8. 如何选配储青槽风机风量？
9. 如何选配萎凋槽风机风量？
10. 试比较摇青机与做青机的区别。
11. 什么是分置式做青设备？什么是一体式做青设备？
12. 乌龙茶做青环境控制设备如何选配和安装？
13. 滚筒杀青机、微波杀青机、汽热杀青机、高温热风杀青机、蒸汽杀青机的导热方式有何区别？
14. 比较连续式滚筒杀青机与间歇式滚筒杀青机在构造和性能方面的异同点。
15. 试述整形机、揉捻机、包揉机、揉切机各自的作用及适用场合。
16. 从运动和受力角度分析茶叶揉捻机的工作原理。
17. 红碎茶揉切机械主要有哪些类型？其工作原理及特点是什么？
18. 茶叶干燥分为哪几个阶段？
19. 茶叶干燥的节能途径有哪些？
20. 绿茶、红茶、乌龙茶、白茶连续化加工生产线的组成模块各有哪些？

第五章 茶叶精加工机械

【内容提要】 本章系统地介绍了茶厂常见的茶叶筛分机械、切茶机械、风选机械、拣剔机械、炒车机械、匀堆装箱机械等的主要类型、技术参数、构造特点、工作原理以及操作保养技术;介绍了茶叶精加工过程常见的输送机械类型、适用场合与特点;介绍了红茶、绿茶、乌龙茶精加工生产线的工艺流程、主要组成及工作原理。

第一节 筛分机械

一、概述

(一) 筛分机械的作用及类型

1. 筛分机械的作用 筛分机械是茶叶精加工的重要设备之一。其作用是通过筛床的运动,迫使混杂的毛茶在筛网上运动,以不同的方式通过筛网,按照茶叶的长短、大小、粗细、轻重对毛茶进行分门别类,整齐外形,以利拼配。

2. 筛分机械的类型 根据筛分机械的筛网结构和运动方式不同,筛分机械分为平面圆筛机、抖筛机、滚筒圆筛机、飘筛机等,前两者应用广泛。

(二) 筛网的类型、特点与规格

1. 筛网的类型与特点 筛网是茶叶筛分机的重要工作部件,可根据茶叶的物理性状及筛分工艺要求选择筛网。筛网应具有足够的强度、较高的孔隙率和不易堵塞等性能。筛网根据材料不同分为编织筛网和冲孔筛网(图 5-1),其中金属丝编织筛网应用较多。

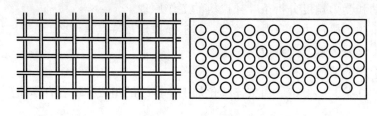

图 5-1 筛网的类型
a. 编织筛网　b. 冲孔筛网

(1) 金属丝编织筛网 金属丝编织筛网采用镀锌低碳钢丝或不锈钢丝编织而成,筛孔为正方形。金属丝编织筛网与冲孔筛网相比,质量轻、孔隙率高,且金属丝具有一定的弹性,适于高频率振动,筛分效率高,但缺点是使用寿命短,筛分茶叶均匀性较差。

(2) 冲孔筛网 冲孔筛网是在镀锌板或不锈钢板上均匀冲有圆形孔,其常用于名优茶长短的筛分。

2. 筛网的规格　金属丝编织筛网的规格用目（或孔）表示。目（孔）是指编织网丝平行方向每英寸长度上的目数或孔数。例如，16目筛表示该筛网每英寸长度上有16个孔（图5-2）。冲孔筛网的规格则根据筛网的孔径大小确定。

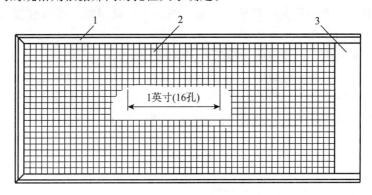

图 5-2　金属丝筛网的规格
1. 支架　2. 筛网　3. 镀锌板

（三）筛分顺序

筛分顺序指筛分机按筛分茶叶粒级大小所安排的顺序（简称为筛序）。筛分顺序是影响筛分质量的因素之一。茶叶筛分机械常见的筛序有粒级由大到小（图5-3a）和粒级由小到大（图5-3b）。

1. 粒级由大到小的筛序　如图5-3a所示，将不同规格的筛面重叠起来，各层筛面由上到下，筛孔尺寸由大到小，目数由低到高。这种筛序的特点是大粒级的物料由上层大筛孔（低目数）筛面筛出，小粒级的物料由下层小筛孔（高目数）筛面筛出，筛子结构紧凑，占地面积小。茶叶平面圆筛机采用这种筛序。

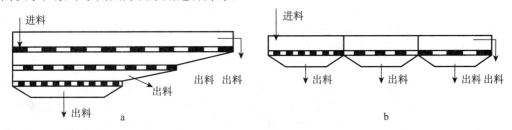

图 5-3　筛分顺序
a. 粒级由大到小　b. 粒级由小到大

2. 粒级由小到大的筛序　如图5-3b所示，筛面为连续筛分表面，筛面从进料端到出料端分别由不同规格的筛网组成。筛孔尺寸由小到大，而目数由多到少。这种筛序的优点是操作和更换筛面方便，但因大粒级物料要经过小筛孔筛面，筛面磨损较大，占地面积较大。茶叶长抖筛机和滚筒圆筛机采用这种筛序。

二、平面圆筛机

平面圆筛机简称为圆筛机。平面圆筛机的作用是分别条形茶长短，圆形茶（圆身路茶、珠茶、红碎茶等）大小，用于分筛、撩筛和捞筛等作业。

1. 主要技术参数 平面圆筛机的筛面长度 800～1 650mm，筛面宽度 400～800mm，筛面倾角 5°～6.5°，曲柄长度 30～40mm。筛床转速 180～220r/min，配备功率 0.55～1.1kW，台时产量 150～750kg。

2. 主要结构 平面圆筛机由筛床、筛面、机架、传动机构、投料装置和茶叶升运装置等部分组成（图 5-4）。

（1）筛床 筛床用于安装筛面。筛床由床座和床体组成。床座用于安置床体，床体由床体架、墙板、底板、出茶口等组成。墙板分为前墙板、后墙板、两侧墙板。两侧墙板承托筛网导轨条，导轨条倾角为 5°～6.5°，筛面间距为 50～60mm；后墙板内壁设有弹性材料，用于压紧筛面，用蝶形螺母锁紧。出茶口位于筛床底端，共有 5 个。

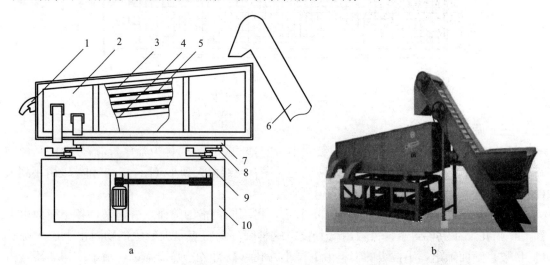

图 5-4 平面圆筛机
a. 结构示意图 b. 外形图
1. 出茶口 2. 侧墙板 3. 筛网导轨条 4. 底板 5. 筛面 6. 投料装置
7. 床座 8. 曲柄 9. 扇形平衡块 10. 机架

（2）筛面 筛面是茶叶筛分的场所。筛面通常用方木条做成长方形框架，将筛网张紧在框架上。圆筛机筛面宽度 700～800mm，长度 1 200～1 600mm，有 4 层筛面。筛面的配置一般自上而下，筛网目数由少至多，而孔的尺寸由大到小。圆筛机的筛面网目规格一般在 2.5～100 目之间。

（3）机架 机架用于安装电机、减速机构、曲轴轴承座等。

（4）传动机构 电动机经 1～2 级皮带减速，带动主动曲轴，使筛床作质点轨迹为圆的平面运动。曲轴通常分为三曲轴、四曲轴和五曲轴等几种形式（图 5-5）。三曲轴式圆筛机结构简单，但筛床的支承稳定性较差，使用较少；四曲轴式圆筛机的支承稳定性较好，使用较多；五曲轴式圆筛机筛床受力均匀，稳定性好，是目前使用最多的一种圆筛机。

（5）投料装置 投料装置是独立倾斜的胶带输送机，倾斜角度为 30°～60°，胶带宽度为 300～400mm。因输送倾角大于茶叶与输送带之间的摩擦角，故胶带设有等间距隔板，间距为 150～200mm。出茶口的大小可以调节，以调整茶叶流量。

3. 工作原理 圆筛机工作时，筛床作质点轨迹为圆的平面运动，筛面水平方向任意一

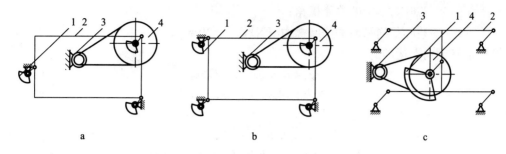

图 5-5 平面圆筛机传动机构类型
a. 三曲柄式 b. 四曲柄式 c. 五曲柄式
1. 平衡块 2. 床座 3. 三角皮带 4. 大皮带轮

点的运动轨迹皆是半径为曲柄长度的圆。茶叶在筛床离心惯性力的作用下，平伏于筛面上向前滑动或滚动。设筛孔边长为 a，对于条形茶，长度大于 $2\sqrt{2}a$ 的茶叶始终受到两点以上支承，不易穿过筛网而成为筛上茶；长度小于 $2\sqrt{2}a$ 的茶叶穿过筛网成为筛下茶。对于圆形茶，粒径大于 a 的茶叶不易通过筛网而成为筛上茶，粒径小于 a 的茶叶则易通过筛网成为筛下茶，从而分出茶叶的长短或大小。

4. 筛面茶叶运动分析

（1）筛面茶叶作抛体运动的临界条件 茶叶在筛面上的运动受力状况如图 5-6 所示。

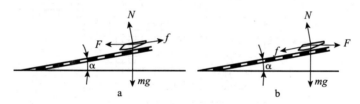

图 5-6 筛面茶叶的运动受力分析
a. 离心力沿筛面向下时 b. 离心力沿筛面向上时

茶叶随筛面运动产生的离心惯性力 F 的大小为：

$$F = m\omega^2 R = m\frac{\pi^2 n^2}{900}R \tag{5-1}$$

式中 m——茶叶质量（kg）；
  ω——筛床转动角速度（rad/s）；
  R——曲轴曲距（m）；
  n——筛床转速（r/min）。

茶叶沿筛面向下运动的条件：

$$F\cos\alpha + mg\sin\alpha - f \geqslant 0 \tag{5-2}$$

$$N + F\sin\alpha - mg\cos\alpha = 0 \tag{5-3}$$

$$n \geqslant \frac{30}{\pi}\sqrt{\frac{g}{R}\tan(\varphi-\alpha)} \tag{5-4}$$

式中 α——筛面水平倾角；
  N——茶叶受到筛面支承力（N）；

φ——茶叶与筛面的静摩擦角；

f——茶叶受到筛面的静摩擦力（N），$f=N\tan\varphi$。

茶叶沿筛面向上运动的条件：

$$F\cos\alpha - mg\sin\alpha - f \geqslant 0 \tag{5-5}$$

$$N - F\sin\alpha - mg\cos\alpha = 0 \tag{5-6}$$

$$n \geqslant \frac{30}{\pi}\sqrt{\frac{g}{R}\tan(\varphi+\alpha)} \tag{5-7}$$

当茶叶所受离心惯性力沿筛面向下时，才有可能作抛体运动。茶叶在筛面上作抛体运动的临界条件是支承力 $N=0$，摩擦力 $f=0$。故茶叶在筛面上作抛体运动的条件：

$$F\cos\alpha \geqslant mg\sin\alpha \tag{5-8}$$

$$n \geqslant \frac{30}{\pi}\sqrt{\frac{g}{R}\cot\alpha} \tag{5-9}$$

要使茶叶在筛面上只作滑动而不作抛体运动，筛床转速应该满足的条件是：

$$\frac{30}{\pi}\sqrt{\frac{g}{R}\tan(\varphi-\alpha)} \leqslant n \leqslant \frac{30}{\pi}\sqrt{\frac{g}{R}\cot\alpha} \tag{5-10}$$

为了使茶叶铺满整个筛面，更大程度地利用筛面，在保证正常筛分的前提下，通常使茶叶在筛面上作螺旋运动（图5-7）。

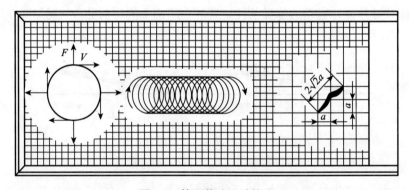

图5-7 筛面茶叶运动轨迹

故筛床转速应满足的条件是：

$$\frac{30}{\pi}\sqrt{\frac{g}{R}\tan(\varphi+\alpha)} \leqslant n \leqslant \frac{30}{\pi}\sqrt{\frac{g}{R}\cot\alpha} \tag{5-11}$$

当平面圆筛机用于筛分不同大小的圆形茶时，只要茶叶与筛面有相对运动，即使是抛体运动，也能正常筛分。筛床转速应满足的条件是：

$$n \geqslant \frac{30}{\pi}\sqrt{\frac{g}{R}\tan(\varphi+\alpha)} \tag{5-12}$$

（2）茶叶筛分的条件　筛面倾角应小于茶叶在筛面上的摩擦角；茶叶与筛面之间只能作滑动或滚动运动而不能作抛体运动的筛床转速应满足式5-11；筛分的目的不同，要求茶叶运动状态有所不同，长形茶筛分时不能抛起，圆形茶筛分时可以抛起。

（3）筛分质量的影响因素　影响平面圆筛机筛分质量的因素有以下几种：

①机械技术参数：如曲轴转速、偏心距、筛面倾角、筛网张紧度、筛面有效筛分长

度等。

②筛分工艺参数：如投叶量、投叶的均匀性等。

③茶叶或在制叶的物性：如毛茶或在制叶的组成、容重等。

一般来说，筛分时间长，则筛净率高，误筛率大；筛分时间短，则筛净率低，误筛率小。喂料量增大，筛净率降低；喂料量减小，筛净率提高，误筛率增大。因此，应当合理控制筛分时间及喂料量。

5. 操作与维护

（1）操作要点　使用前检查机器各运动部件有无故障，各部件连接螺栓、螺钉等是否拧紧，特别是曲柄上的平键是否牢固，清除机器内外的杂物；检查轴承及其润滑油是否按规定加足；根据成品茶的工艺要求安放各层筛网，关紧筛面紧压门，在各出茶口处放好茶箱和标签；开机试运转，开机8～10min，检查轴承的发热状况和机器的运转情况；待斗式输送带启动投料后，圆筛机开始工作；随时检查各筛号茶是否均匀；停机前检查落茶斗内有无余茶，待茶斗内茶叶全部出干净后停机；工作结束后，关闭电源，并清扫机器内外茶灰，清扫工作场地。

（2）维护保养　曲轴轴承座的润滑油杯应定期注入润滑油；开车试运行时，轴承的温度超过65℃或机器运转有不正常的冲击声时，应停机排除故障；各筛号茶如发现筛挡有混乱现象，应检查筛网有无破损，如有破损应及时检修；清理筛网时，不得用铁器击打，如筛网有堵塞现象，可用薄木板轻刮；机器长期闲置时，外面需加防护罩。

三、抖筛机

在茶叶精加工中，抖筛机的作用是通过筛床高频率往复振动，筛分条形茶的粗细、圆形茶的长圆，筛出茶头和筋梗，使茶坯粗细和净度符合工艺要求。抖筛机常用于毛抖、紧门等作业。

（一）抖筛机的类型

抖筛机按筛床筛面振动方向与筛面的角度不同，可分为水平振动抖筛机（亦称往复式抖筛机或抖筛机）和垂直振动抖筛机（亦称振动抖筛机）。水平振动抖筛机按结构的不同，可分为双层抖筛机和单层抖筛机。单层抖筛机按筛床长度的不同，可分为长抖筛机和短抖筛机。垂直振动抖筛机按激振方式的不同，可分为电磁激振抖筛机和机械激振抖筛机（图5-8）。

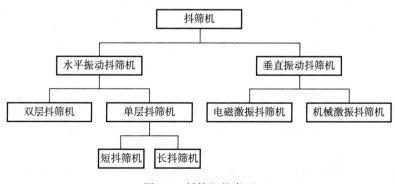

图5-8　抖筛机的类型

（二）往复式双层抖筛机

1. 主要技术参数　往复式双层抖筛机的筛面倾斜度调节范围为0°～5°，曲轴偏心距为20～25mm，曲轴转速为250r/min，电机功率为1.1～1.5kW，台时产量为100～200kg。

2. 主要构造　往复式双层抖筛机由上料输送装置、双层筛床、传动机构、曲柄连杆机构、双摇杆机构、往复惯性平衡机构、机座等组成（图5-9）。

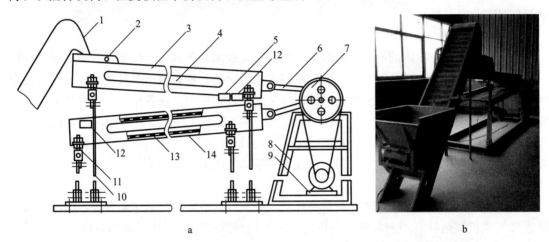

图5-9　往复式双层抖筛机
a. 结构示意图　b. 外形图
1. 上料输送装置　2. 进茶调节器　3. 上层筛床　4. 刮筛槽孔　5. 抽斗　6. 连杆　7. 三角带轮
8. 机架　9. 电动机　10. 弹簧钢板　11. 螺旋机构　12. 出茶口　13. 筛面　14. 下层筛床

（1）筛床　筛床分上、下两层，每层筛床安装两层筛面，共4层筛面。筛床纵向倾斜，通过螺旋机构在0°～5°范围内调节，以适应不同作业的要求。上筛床进茶端与茶叶升运装置相衔接，并设有进茶调节机构，以调节进入筛面的茶叶量；上筛床有2个出茶口及1个抽斗，抽斗用于控制茶叶流向，抽斗抽出则茶叶进入下层筛床，抽斗放入则可以直接出茶。下筛床设有3个出茶口。

（2）筛面　往复式双层抖筛机筛面的构造与圆筛机基本相同。筛面规格为5.5～24孔筛，具体规格可依工艺要求组配。筛面可在筛床的一侧横向装拆。为便于对下筛面刮筛，上下筛床两侧均设有方便刮筛的槽孔。

（3）传动机构　动力传动线路：电动机→三角皮带→曲柄连杆机构→双摇杆机构→筛床（图5-10）。三弯曲轴的一端安装皮带轮输入动力，另一端安装飞轮稳速减震；连杆的一端与曲轴颈相连，另一端与筛床相连，构成曲柄连杆机构；筛床与弹簧钢板构成双摇杆机构。上下层筛床分别由两副曲柄连杆机构和两副双摇杆机构带动，两筛床振动相位相差180°，有利于平衡惯性力。

（4）机架　机架由弹簧钢板脚座、铰链、螺旋机构等组成（图5-11）。短抖筛机每层筛床由4根弹簧钢板支承，长抖筛机由6根弹簧钢板支承。通过螺旋机构调节铰链与筛床之间的高度可改变筛床的倾角。

3. 工作原理　工作时筛床作前后往复运动（近似简谐运动），迫使茶叶在筛网上作轻微的上下跳动而直立起来，细小的茶叶垂直穿过筛孔，粗大的茶叶在筛面上向低处出口方向移动,从而达到区分条形茶的粗细、圆形茶的长圆和抽筋抖头的效果。利用抖筛原理制造的起花机可以筛分出花茶中的花渣与茶叶。

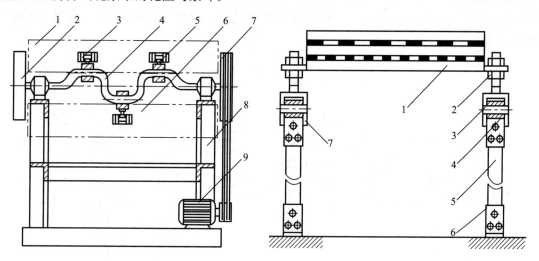

图 5-10　往复式双层抖筛机传动机构
1. 上筛床　2. 飞轮　3. 支座　4. 曲轴　5. 轴承
6. 下筛床　7. 皮带轮　8. 钢架　9. 电动机

图 5-11　抖筛机机架结构
1. 上筛床　2. 调节螺母　3. 轴销　4. 轴销套
5. 弹簧钢板　6. 脚座　7. 螺旋机构

4. 筛分条件　往复式抖筛机工作时,筛面作近似简谐运动,茶叶运动受力分析与圆筛机基本相同。因此,往复式抖筛机茶叶筛分条件如下:①筛面倾角应小于茶叶在筛面上的摩擦角;②抖筛机工作时,筛面上的茶叶不仅要能沿筛面向下运动,而且还要能沿筛面向上运动,使得茶叶与茶叶之间、茶叶与筛面之间发生碰撞而直立起来通过筛面,才能达到筛分的目的,故抖筛机筛床转速应满足式 5-12,一般高于圆筛机的转速。

5. 注意事项

(1) 制造与安装的注意事项　①曲轴三轴颈中心线与曲轴轴心要求在同一平面,偏心距应相同;②三连杆的长度应调至相同,筛床和弹簧钢板应在振动位移的中心点;③支承筛床同端铰链的高度应相等,以使筛床横向平行;④安装抖筛机的地面应平整,并校正抖筛机的平整度。

(2) 使用的注意事项　①为安全起见,三弯曲轴、皮带轮、飞轮等应设置安全罩;②随时注意筛网网孔有无堵塞,适时刮筛,既要使筛网畅通,又要尽量减少碎茶;③传动机构的各润滑点及弹簧钢板上端的铰链处应定期润滑。

(三) 振动抖筛机

1. 主要结构　振动抖筛机由激振器、筛床、隔振弹簧、机架等组成(图 5-12)。

(1) 激振器　激振器分为机械激振器和电磁激振器两种,前者使用较多。机械激振器以偏心块转动产生的离心力作为振动源,筛床振动频率为 900 次/min;电磁激振器以电磁激振力为振动源,筛床振动频率为 3 000 次/min。

电磁激振器是由铁芯、线圈、衔铁、振动板、配重板、弹簧、底板等构成(图 5-13)。当线圈通入交流电时,铁芯与衔铁之间产生一对大小相等、方向相反的周期性脉冲电磁引力,迫使 m_1 向下运动, m_2 向上运动。同时,激振器主振弹簧发生变形,储蓄一定的势能。

当线圈中无电流通过时，电磁力消失，工作弹簧伸长复位，使 m_1 向上运动，m_2 向下运动，回复到起始位置。如此反复，进行茶叶筛分。电磁激振器线圈中的电流是经过二极管整流的半波整流电流，通常用可控硅、变压器等调节电流大小，以调节激振力大小，即调节筛床的振幅。

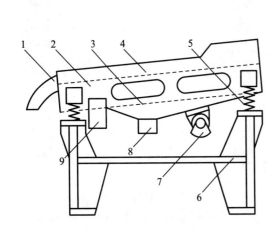

图 5-12　振动抖筛机结构
1. 茶头出口　2. 筛床　3. 下筛面　4. 上筛面
5. 隔振弹簧　6. 机架　7. 激振器
8. 筋梗出口　9. 正茶出口

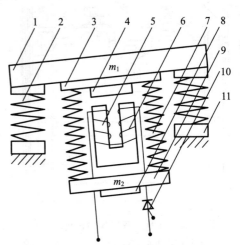

图 5-13　电磁激振器原理
1. 筛床　2. 隔振弹簧　3. 底板　4. 衔铁
5. 铁芯　6. 线圈　7. 主振弹簧　8. 配重板
9. 振动板　10. 可控硅　11. 机架

（2）筛床　振动抖筛机的筛床由床体、筛面及出茶口等构成。筛床的振幅与筛床的质量成反比，因此，振动抖筛机的筛床轻巧，筛面倾角为 9°。

（3）隔振弹簧　振动抖筛机筛床的支承构件为圆柱螺旋弹簧，起隔振作用。激振器的作用力所在平面通过筛床重心，使筛床工作稳定可靠。

2. 工作原理　振动抖筛机工作时，筛面沿垂直方向作高频率的振动，茶叶在筛面上受到惯性力的作用而离开筛面作抛体运动，再以抛物线轨迹落下，如此反复，茶叶沿筛面连续向前运动，同时进行筛分。较细的茎梗和条茶穿过筛面，成为筛底茶；粗大的茶条不能穿过筛面，成为筛头。振动抖筛机的筛床振动频率高、振幅小，茶叶不易挂筛，因而不必经常清刮筛面。

3. 筛分条件　振动抖筛机工作的必要条件是茶叶必须离开筛面作抛体运动，因而要求茶叶的惯性力幅值大于重力垂直于筛面方向的分量，即：

$$m\omega^2 A \geq mg\cos\alpha \tag{5-13}$$

$$n \geq \frac{30}{\pi}\sqrt{\frac{g}{A}\cos\alpha} \tag{5-14}$$

式中　n——振动抖筛机的振动频率（次/min）；
　　　ω——筛面振动圆频率（rad/s）；
　　　A——筛面振幅（m）；
　　　α——筛面倾角（°）。

四、滚筒圆筛机

滚筒圆筛机综合了平面圆筛机区分茶叶长短和抖筛机区分茶叶粗细这两种功能，可将粗而长的茶头筛出，便于分别加工。其常用于茶叶的首次分筛。圆筒筛转速为20～22r/min，振动频率为120～132次/min，配备功率0.75kW，台时产量800～1 000kg。

1. 主要结构 滚筒圆筛机是由圆筒筛、斜度调节器、机架、茶叶输送装置和传动装置等组成（图5-14）。

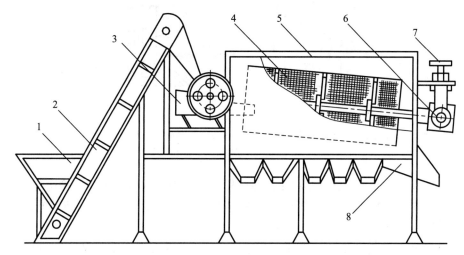

图5-14 滚筒圆筛机结构
1.投茶口 2.输送装置 3.振动盘 4.圆筒筛 5.机架 6.凸轮罩 7.斜度调节器 8.出茶口

（1）圆筒筛 圆筒筛呈圆柱形或圆台形，由圆筒形框架、撑杆、圆筒形筛面、主轴等部件组成（图5-15）。圆筒筛的直径为0.9～1m，轴向长度为2.5～3m；主轴的直径为60mm，一端（高端）与传动轮相连，带动筒体转动，另一端（低端）安装在斜度调节器内。轴上有3组呈辐射状的撑杆，将圆筒形框架与主轴连成一体。

筛面由2～5段（通常5段）筛网串装而成，采用编织筛网；网孔由小到大，进茶口处为8～9孔筛，出茶口处一般为4～5孔筛。每段筛网下设置一个出茶口，目前茶厂为简化工艺，出茶口数大为减少。

（2）斜度调节器 斜度调节器由凸轮机构、叉架、螺旋机构等组成（图5-16）。凸轮机构包含六边形凸轮，圆筒筛转一周，可使主轴上下振动6次，带动圆筒筛上下振动，起清筛的作用。通过调节螺旋机构，调节主轴低端的高度，从而调节圆筒筛的倾斜度，即改变了茶叶轴向流动速度。显然，茶叶轴向流速与筛分质量及筛分效率相关。

（3）机架 机架由角钢和木材制成，用来安装传动装置、圆筒筛、出茶口、斜度调节器、茶叶输送装置等。动力由主轴高端输入使圆筒筛转动，上叶输送带也由同一电机带动。

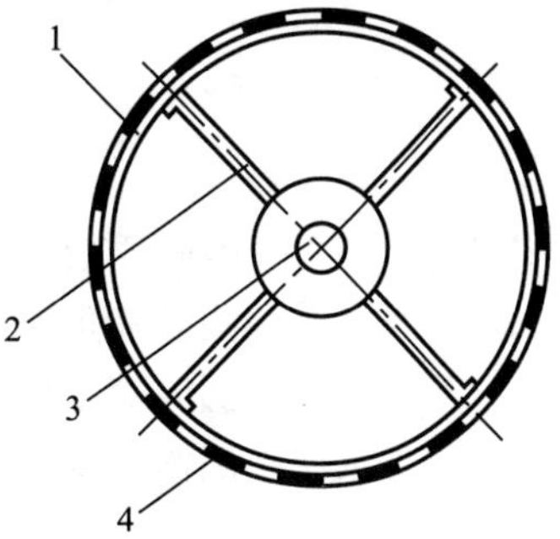

图5-15 圆筒筛结构
1.圆筒形框架 2.撑杆
3.主轴 4.圆筒形筛面

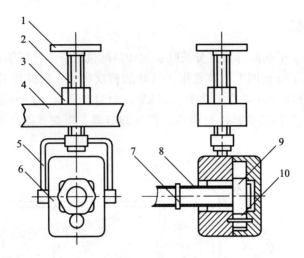

图 5-16 斜度调节器结构
1. 手轮 2. 螺旋机构 3. 螺母 4. 机架 5. 叉架 6. 凸轮罩 7. 销
8. 管轴 9. 凸轮 10. 滚子

（4）茶叶输送装置 滚筒圆筛机采用皮带输送或倾斜斗式输送茶叶。输送装置将茶叶提升后先倒入接茶斗，然后进入振动盘，再进入圆筒筛。振动盘的作用是使茶叶均匀进入圆筒筛。

2. 工作原理 滚筒圆筛机工作时，圆筒筛既作旋转又作上下振动。在圆筒筛离心惯性力作用下，部分茶叶沿筛面滑动或滚动，部分茶叶随圆筒筛转动到一定高度向下散落作抛体运动。在滑动和滚动过程，茶叶平伏于筛面上，较短的茶叶穿过筛孔而分离，类似于平面圆筛机的筛分过程；茶叶在筒体内作抛体运动时，较细的茶条穿过筛孔而分离，类似于抖筛机的筛分过程。圆筒筛倾斜安装，茶叶受重力的下滑分力作用，从筒体高端缓慢地流向低端，经过由小到大的筛孔，分离的茶叶由小到大，粗大的茶头从圆筒筛的末端（低端）流出。

3. 筛分条件 滚筒圆筛机正常筛分作业的条件是茶叶必须在筛面上有滑动、滚动及抛体运动，因此茶叶所受离心惯性力必须小于重力，否则茶叶将随圆筒筛一起转动，并且越过圆筒筛的顶点，而无法进行筛分。

$$m\omega^2 R \leqslant mg \tag{5-15}$$

$$n \leqslant \frac{30}{\pi}\sqrt{\frac{g}{R}} \tag{5-16}$$

式中 m——茶叶质量（kg）；
ω——圆筒筛角速度（rad/s）；
n——圆筒筛工作转速（r/min）；
R——圆筒筛半径（m）。

五、飘筛机

飘筛机是依据我国传统手工飘筛器具的工作原理设计而成，主要用来分别轻重不同的茶叶。飘筛机一般多用于碎茶和片茶的分离，常用于红碎茶精加工。

1. 主要结构 飘筛机由圆锥形筛面、传动机构、机架和茶叶输送装置等部分组成（图 5-17）。

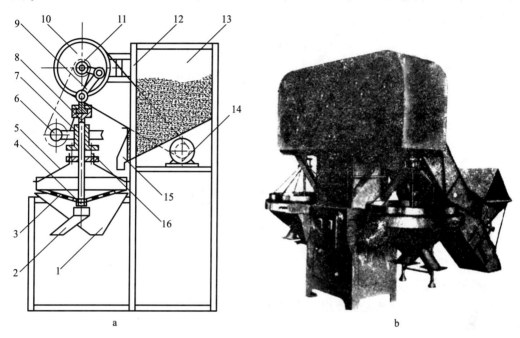

图 5-17 飘筛机结构
a. 结构示意图 b. 外形图
1、2. 出茶口 3. 圆锥形筛面 4. 斜度调节器 5. 拉杆 6. 蜗轮蜗杆 7. 套筒 8. 中心轴 9. 连杆
10. 三角带轮 11. 链轮 12. 机架 13. 进茶斗 14. 电动机 15. 进茶口 16. 拨转销

（1）圆锥形筛面 飘筛机可分为一机两筛和一机一筛两种形式，前者应用较多。飘筛机的筛面采用编织筛网，呈圆锥形，锥顶角为172°，筛面直径为950～1 000mm。筛面中心安装在中心轴下端带孔的法兰片上，未通过筛面的筛上茶通过这些孔从筛头出茶口流出；筛面外缘安装在圆柱形的筛框上，筛框四周有4根拉杆，调节拉杆长度及筛面锥度调节螺帽的位置，可以调节筛面锥度，以改变茶叶在筛面上的流动速度，调节茶叶筛分时间。

（2）传动机构 传动机构实现两种运动，一种使筛面作旋转运动，另一种使筛面上下振动。筛面旋转的动力传动路线：电动机→三角皮带→链→蜗轮减速器→筛面（转速为 5 r/min）。筛面振动的动力传动路线：电动机→三角皮带→曲柄连杆机构→中心轴→筛面（上下振动），筛面振动行程为 25～40mm，振动频率为 240～320 次/min。按曲柄连杆安装位置不同可分为曲柄连杆顶置式和曲柄连杆侧置式。

（3）茶叶输送装置 茶叶从输送装置的进茶斗的出茶口（大小可调）直接进入筛面，也可经振动给料器均匀进入筛面。

2. 工作原理 飘筛机工作时，圆锥形筛面在水平面内作旋转运动的同时还作上下振动，茶叶从位于筛面边缘的进茶口均匀地进入筛面，随着筛面的旋转和振动，茶叶均匀分布于整个筛面，并且逐渐向锥形筛面的中心移动。筛面振动的目的是使茶叶抛起，紧细、重实的优质茶叶下落速度快，先落到筛面，易于通过筛网成为筛底茶，从出口流出；较轻的次质茶叶、黄片、筋丝、梗皮以及其他轻质杂物下落速度慢，与筛面接触机会少，难于通过筛网，而留在筛面上，从中心筛上茶出口流出，从而达到分别茶叶轻重的目的。

3. 筛分条件 飘筛机进行筛分作业的必要条件：茶叶在筛面振动给予的惯性力作用下必须能够离开筛面，即：

$$\omega^2 R = \left(\frac{\pi n}{30}\right)^2 R \geqslant g \tag{5-17}$$

$$n \geqslant \frac{30}{\pi}\sqrt{\frac{g}{R}} \tag{5-18}$$

式中 n——筛面工作振频（次/min）；

       R——筛面上下振动单振幅（m）；

       ω——筛面振动圆频率（rad/s）。

第二节 切茶机械

一、概述

（一）切茶机械的作用

切茶机械的作用是将粗条茶叶切细，长条茶叶切短，使茶叶的外形合乎规格，并使梗叶分离。切茶机械与筛分机械配合使用，达到整饰外形的目的。

（二）切茶机械的类型

切茶机械按切茶原理不同分为辊切式切茶机和螺旋式切茶机。

1. 辊切式切茶机 辊切式切茶机是利用两个作相对运动的刀辊的切割力进行切茶。常见的有滚切机和齿切机。滚切机一般用于切毛茶头和长条茶，碎茶率较低；齿切机也称齿辊切茶机，常用于剖分粗大茶叶，可用于切轧多种头子茶（如抖头、撩头，以及切后的粗大茶体等），碎茶率较低。

2. 螺旋式切茶机 螺旋式切茶机是利用螺旋切辊与切茶腔体之间的挤压力进行切茶。螺旋式切茶机依螺旋切辊的设置不同，可分为单辊螺旋切茶机和双辊螺旋切茶机，前者应用较多。螺旋切茶机常用于处理拣头，保梗作用较好，便于后续工序中将茶梗剔除，但碎茶率较高。

二、辊切式切茶机

（一）滚切机

滚切机的电机功率为0.8kW，切辊转速为150～200r/min，台时产量为600～800kg。

1. 主要结构 滚切机由切辊、切刀、切刀保护装置、进茶斗、进茶挡板、传动机构和机架等组成（图5-18）。

（1）切辊 切辊是滚切机的主要工作部件，由一对结构相同的切辊组成。切辊表面密布方形凹坑（图5-19），凹坑间距为3～4mm，深度为9mm，边长有6mm、8mm、10mm、12mm 4种规格，可依制茶工艺要求进行调换。滚切机工作时，茶叶从进茶斗落入切辊表面的凹坑内，并随切辊旋转至切刀口处，过长的茶条伸出凹坑外被切刀切断。

（2）切刀 切刀由刀轴和刀片组成。刀轴安装在机架两侧，刀刃与切辊轴线平行，刀刃与切辊间隙为0.5～1.5mm，可以调节切轧间隙和切断力。

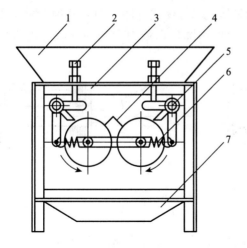

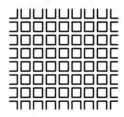

图 5-18 滚切机结构
1. 进茶口 2. 间隙调节装置 3. 机架 4. 进茶挡板
5. 刀轴 6. 切刀保护装置 7. 出茶口

图 5-19 切辊表面形状

（3）切刀保护装置 切刀保护装置的作用是防止硬质夹杂物损坏切辊和切刀。刀轴安装杠杆上装有螺旋弹簧（或平衡重块），当有硬质夹杂物通过时，切力骤然增大，超过平衡力矩（弹簧或平衡重块力矩）时，刀片产生旋转，让出夹杂物，避免刀片损坏；夹杂物通过后，刀片在平衡力矩的作用下，自动恢复到原位，继续工作。

（4）传动机构 传动线路：电动机→三角皮带→齿轮（减速）→齿轮（等速）→1 对切辊（等速反向转动）。

（5）输送装置 进茶斗位于切辊上方，切刀四周围以金属薄板，两切辊之间设有进茶挡板，使在制叶流向切刀口。

2. 工作原理 滚切机是利用旋转切辊表面凹坑边缘与固定刀片间的剪切力，将茶叶切断。工作时，长短不一的茶叶落入切辊凹形立方孔内并被带向固定切刀处，伸出孔外的部分被固定切刀切断。当硬质夹杂物通过时，切力大于平衡力矩，刀片产生旋转，让出夹杂物，夹杂物通过后，固定切刀在平衡重块的作用下自动恢复原位，继续工作。

（二）齿切机

齿切机的电机功率为 0.55～0.75kW，齿辊转速为 100～200r/min，台时产量为 200～400kg。

1. 主要结构 齿切机由切辊、切刀、机架、传动机构、进茶斗等部分组成（图 5-20）。

（1）切辊 切辊是齿切机的主要工作部件。齿切机只有一个切辊，因其表面匀布三角形齿，故又名齿辊。齿辊长 400～700mm，直径 80～150mm，齿深 9mm，

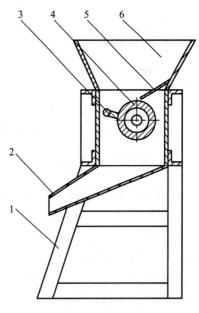

图 5-20 齿切机结构
1. 机架 2. 出茶口 3. 切刀
4. 切辊 5. 进茶挡板 6. 进茶斗

齿厚5mm，齿间隙为6mm。齿辊分为整体式和分体式（图5-21）两种。分体式齿辊可由阶梯状圆环形齿刀叠加而成（图5-21a），也可由圆环形齿刀和圆环形齿刀垫圈叠加而成（图5-21b）。

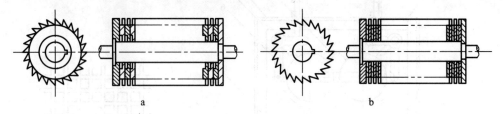

图 5-21　分体式齿辊类型
a. 圆环形齿刀叠加　b. 齿刀与垫圈叠加

（2）切刀　切刀由刀轴、齿形刀片组成（图5-22）。刀轴、刀刃与齿辊轴线平行。齿辊与切刀的轴向间隙为0.3～1.8mm，径向间隙为6～10mm，径向间隙可通过移动齿形切刀位置来调节，以适应不同茶叶的切碎需要。

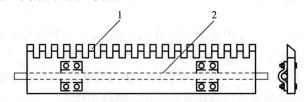

图 5-22　切刀结构
1. 齿形刀片　2. 刀轴

（3）齿刀保护装置　齿刀保护装置由杠杆和平衡重块（或螺旋弹簧）组成。其工作原理与滚切机切刀保护装置相同。

（4）传动机构　传动路线：电动机→三角胶带（1～2级）→齿辊。

（5）机架　机架由灰口铸铁或型钢制成，用来安装进茶斗、切辊、传动装置等。机架上小下大呈梯形，使机器运转平稳可靠。

2. 工作原理　齿切机工作时，旋转齿辊的三角形齿与固定齿刀的三角形齿作相对运动，茶叶通过二者之间的微小间隙时被切断。

三、螺旋式切茶机

1. 主要构造　螺旋式切茶机由螺旋切辊、进茶斗、出茶口、传动装置和机架等组成（图5-23）。

（1）螺旋切辊　单辊螺旋切茶机的螺旋切辊直径为180～220mm，长度为580～800mm。切辊分输送和切茶两部分，前段螺旋导程为40mm，起输送推送茶叶的作用；后段的四头螺旋切刀用于切茶。螺旋切辊设有圆弧形钢板罩盖。双辊螺旋切茶机有两个具有相同旋向螺旋槽的切辊，两辊转向相同，但转速不同，间隙为0.25～6mm，茶叶通过两辊之间时，由于两辊存在速度差，茶叶受到搓切，达到保梗切茶的目的。

单辊螺旋切茶机的切辊转速为300r/min，电机功率为1.1kW；双辊螺旋切茶机的一个切辊转速为500r/min，另一个切辊转速为250r/min，电机功率为1.1kW。

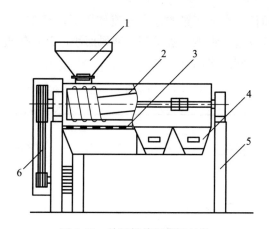

图 5-23 单辊螺旋切茶机结构
1. 进茶斗 2. 螺旋切辊 3. 筛板 4. 出茶口 5. 机架 6. 传动机构

（2）筛板 筛板位于螺旋切辊下方。筛板上均匀密布长方形或圆形孔眼，长方形孔筛板用于切条形茶，圆孔筛板用于切珠形茶。切辊与筛板之间的工作间隙一般为20～30mm，可以调节。

（3）传动机构 传动机构由电机经一级减速带动切辊转动。

（4）进茶斗 进茶斗出口设有插门，可以随时调节供茶量。

2. 工作原理 螺旋式切茶机工作时，螺旋切辊作高速转动，茶叶在螺旋切辊与筒体内壁及圆弧形筛板之间受到剪切力和挤压力的作用，茶叶被切断、轧碎。螺旋式切茶机的切刀刃钝，主要靠碾轧切茶，保梗作用较好，便于后续工序时将茶梗剔除。

第三节　风选机械

一、概述

风选是茶叶定级的主要作业，保证茶叶形状和嫩度均匀的关键工序。风选机也称风力选别机，是茶叶精加工中定级取料的机械设备之一。

（一）风选机的作用

风选机的作用是分清茶叶轻重，按茶叶容重的不同进行分级；剔除次杂（茶梗和黄片等次质茶、非茶类的夹杂物）等。

（二）风选机的种类

风选机按气流流动方向分为平流式风选机（气流的流向倾角小于45°）和竖流式风选机（气流的流向倾角大于45°），按气流产生的方式分为吸风式风选机（分茶箱为负压）和吹风式风选机（分茶箱为正压），按分茶箱的风道数量分为单风道风选机和双风道风选机。

（三）风选机的工作原理

如图 5-24 所示，茶叶在气流作用下产生的水平位移取决于分茶箱气流水平速度 v_x 及下落速度 v_y：v_x 大，v_y 小，则水平位移大；反之，则水平位移小。水平位移速度和下落速度与茶叶容重、体积、形状有关。一般来说，容重大品质好的茶叶，水平位移速度小，下落速度大，受水平气流作用的时间短；反之，容重小品质差的茶叶，水平位移速度大，下落速度小，受水平气流作用时间长。在分茶箱的稳定气流作用下，轻重不一的茶叶落点远近不一，轻飘茶叶迎风面大，落点较远；细嫩、紧结茶叶迎风面小，落点较近；沙石、金属等非茶类杂质落点最近，从而分出不同品级的茶叶及夹杂物。

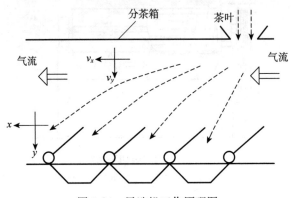

图 5-24 风选机工作原理图

（四）风选质量指标

1. 风速变异系数 风速变异系数指风选机风机进（出）风口截面某一高度上各测点风速标准差与平均风速之比。变异系数以低为好。

2. 茶叶复选率 茶叶复选率是指在不改变风选机及其工作参数的条件下，从主出茶口接取经过一次风选、一定数量的茶叶，再投入风选机进行一次复选，复选后主出茶口茶叶的质量与复选时投入风选机的茶叶质量之比。复选率以高为好。

（五）茶叶风选机型号标示

茶叶风选机的型号标示如下：

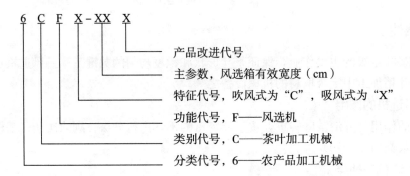

6CFC-50A 风选机表示风选箱宽度为 50cm，经过一次改进的吹风式风选机。

二、吹风式风选机

吹风式风选机根据我国农用风扇原理设计而成。该机的特点是构造简单，风量大小可调，气流稳定性好，可用于剖扇和清风。目前，吹风式风选机使用较为普遍，生产率为 160～300kg/h。

1. 主要构造 吹风式风选机主要由茶叶输送装置、进茶斗、离心风机、送风管、分茶箱等组成（图 5-25）。

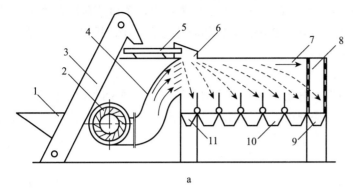

图 5-25 吹风式风选机
a. 结构示意图 b. 外形图
1. 进茶斗 2. 离心风机 3. 输送装置 4. 导风管 5. 振动喂料器
6. 落茶口 7. 通风道 8. 集尘室 9. 出尘口 10. 出茶口 11. 沙石口

(1) 输送装置 输送装置由进茶斗、输送带、振动喂料器等部分组成。投茶斗位于输送装置的下端，其底部出茶口的大小可调，以调节供茶速度。输送带倾角为 50°～60°，带速为 0.3～0.4m/s。

振动喂料器的作用是使茶叶均匀连续地进入分茶箱，茶叶呈帘状下落以提高风选的精度。振动喂料器的结构和原理与振动槽相同，激振方式有电磁式和机械式两种。电磁式振动喂料器由通以半波整流电流的线圈产生脉动磁场与弹簧钢板相互作用，使振动盘作高频率振动，振动盘振幅为 1～2 mm，振频为 3 000 次/min；机械式振动喂料器采用偏心连杆机构带动振动盘振动，振幅为 3mm，振频为 800～1 000 次/min。

(2) 离心风机 离心风机的作用是提供稳定的气流。选用 T4-72 系列离心风机，叶轮的叶片为 24～28 片，叶片逆着旋转方向后倾一定角度，具有低风压、低噪声、大风量效果。叶轮直径 400～500mm，转速 450～700r/min，风压 588～882Pa，风量 3 000～4 000m³/h，风速 6～12m/s。风机的进风口设有 8 片活门，以调节风量，适应不同的作业要求。也可采用无级变速器调节风机风量。

(3) 导风管 导风管的作用是将风力均衡导入分茶箱。导风管呈 S 形，在接近分茶箱进风口的管壁设有导风板或导风网，使风机送来的气流均匀分配。导风板略向上倾斜，使气流方向与水平方向夹角为 20°～30°，以提高风选机的分选效果。

(4) 分茶箱 分茶箱是风选的主要工作场所。分茶箱长 2 500mm，宽 380～420mm，高 800～1 000mm，通风道高 400～600mm。分茶箱的上半部分为通风道，通风道前端口与导风管相连，尾端与集尘室相连，两者之间用金属丝网隔开，茶末、茶灰穿过金属丝网在集尘室收集并排出；分茶箱的下半部分是出茶口，通常有 5～6 个出茶口，茶叶容重依次减轻。出茶口之间在箱内设有分茶隔板，调节分隔板的倾斜角度，可调节各出茶口的茶叶品质；第一块分隔板高度通常与进风口平齐，往后各分茶隔板依次降低 30mm。在第一出茶口的前端设沙石口，沙石、铁屑等重质杂物垂直下落从该口排出。

2. 工作过程 工作时，茶叶由输送带经进茶斗进入分茶箱，在分茶箱的风力作用下，不同品质的茶叶水平位移不同，从各出茶口流出。风选取料定级主要是前面 4 个口（正口、正子口、子口、次子口），正口茶身骨重，品质好，正子口茶稍次，子口茶再次，次子口茶更次；后面出口的茶叶为轻身朴片，做副茶处理；最轻的碎片毛衣从尾口排出；混在茶叶中的金属片、石子等重质非茶类夹杂物落入沙石口。

3. 使用与调节

（1）风选机使用操作方法　风选是分别茶叶品质优劣，保证产品质量的主要工序，在保证产品质量的前提下，要求充分发挥原料的经济价值。风力先调整适当后，再配合调整分茶隔板的位置和输送装置的供料量，直至取料质量符合规格要求后才能进行正常生产。

（2）风力的调节　风选的关键是力求风力平稳。吹风式风选机在大风门时风力较平稳，故应尽量使用大风门。对于风机转速可无级变速的风选机，应先调整风机转速，再微调进风口大小。一般剖扇（第一次风选）风力轻，清扇（补火后的风选）风力重；低级茶轻，高级茶重；下段茶轻，上段茶重。进风口的大小可通过离心风机进风门的8片活门来调节。

（3）分隔板角度的调节　分隔板角度调小（偏向后出茶口），前口出茶多，后口出茶少；反之，角度调大（偏向前出茶口），则前口出茶少，后口出茶多。根据取料要求，依各口茶身骨轻重而定。

三、吸风式风选机

（一）吸风式风选机

吸风式风选机的特点是轴流风机风量大，分茶箱呈负压状态，气流稳定性低，一般适用于剖扇。

1. 主要构造　吸风式风选机主要由吸风装置、分茶箱和茶叶输送装置等组成（图5-26）。

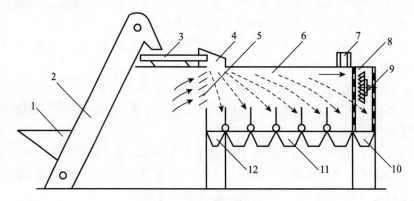

图5-26　吸风式风选机结构

1. 进茶斗　2. 输送装置　3. 振动喂料器　4. 分茶箱　5. 百叶风门　6. 通风道
7. 调风罩罩门　8. 集尘室　9. 轴流风机　10. 出尘口　11. 出茶口　12. 沙石口

（1）吸风装置　主要工作部件是轴流风机。风机叶片直径为450～550mm，转速为900～1 200r/min。风机位于分茶箱末端的集尘室，对准分茶箱通风道自内向外吸风，使风道内形成一股稳定的水平气流。有的吸风式风选机在分茶箱末端顶部安装调风罩，罩门开度越大，通风道里水平气流速度越小，反之，罩门开度越小，水平气流速度越大，从而达到控制风速的目的。

（2）分茶箱　分茶箱上半部分的通风道前端为进风门，采用百叶式或闸板式调节门，改变其开启程度就可以控制进风量；有些分茶箱下半部分设有 5～6 个出茶口，出茶口中心距为 400～500mm。出茶口之间，在箱内设倾斜角度可调的分茶隔板，以调节各口茶的品质。第一出茶口的前端设为沙石口。

（3）出茶门　出茶门的作用是防止分茶箱漏气，保证风道气流的稳定性。出茶门设在出茶口，由木板或薄钢板制成，用铰链铰接在出茶口上方（图 5-27），靠自重使出茶口处于常闭状态。当茶叶在出茶口倾斜底板上堆积到一定数量时，顶开出茶门流出，茶叶流出后，出茶门又自动闭合，既能出茶，又能使茶箱有效密封。

2. 工作过程　茶叶物料从进茶斗呈帘状落入风选箱内，在轴流风选机水平吸力和茶叶本身重力的作用下，最重的沙石等夹杂物落入沙石口，较重实的茶叶因质量大，落点近而落入距风机较远的前三口，轻飘黄片等次级茶落点远，落入距风机较远的后三口。吸风式风选机前三口净度较好，后三口净度略差，适合于将付选物中的高档茶叶风选出来。

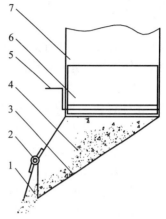

图 5-27　吸风式风选机出茶门
1. 出茶门　2. 铰链　3. 出茶倾斜底板
4. 茶叶　5. 摇柄　6. 分隔板　7. 分茶箱

（二）双风道风选机

双风道风选机采用负压风道，属于吸风式风选机。该机具有风选效率高、误拣率较低、风选质量高、可同时去除茶叶中的轻飘黄片和沙石等夹杂物的特点，广泛用于乌龙茶、绿茶、红茶精加工。生产率为 200～300kg/h。

1. 主要构造　双风道风选机由振动输送槽、离心风机、风箱、分隔板等组成（图 5-28）。

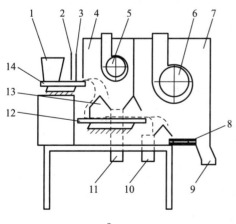 

a

b

图 5-28　双风道风选机
a. 结构示意图　b. 外形图
1. 进茶斗　2. 粗挡茶板　3. 细挡茶板　4. 一级风箱　5. 小风机　6. 大风机　7. 二级风箱
8. 输送带　9. 出茶口　10. 沙石口　11. 黄片口　12、14. 振动输送槽　13. 分隔板

（1）振动输送槽　振动输送槽分为一级振动输送槽和二级振动输送槽。一级振动槽位于进料斗的下方，通过振动槽上的粗、细挡茶板的调节作用，将茶叶定量平铺薄摊，呈帘状喂

入一级风箱；二级振动槽位于一级风箱出茶口，将茶叶送入二级风箱。

（2）离心风机　离心风机分为大、小风机。小风机位于前端，作用是产生负压气流将轻飘黄片分离；大风机位于后端，作用是将重实茶叶与沙石等夹杂物分离。

（3）风箱　风箱为负压状态工作，分为大风箱和小风箱，两者间用挡板隔开。小风箱的负压气流吸引轻飘黄片与重实物料分离，大风机的负压气流通道吸引重实茶叶与沙石夹杂物分离。

（4）分隔板　分隔板位于夹杂物出茶口与出料输送带之间，三角形斜面，用于分离轻飘黄片与重实物料、沙石夹杂物与重实茶叶。

2. 工作过程　茶叶从进茶斗进入一级振动输送槽，通过粗挡茶板和细挡茶板，使茶叶平铺薄摊，并呈帘状被送进一级风箱。多数重实物料（包括重实茶叶和沙石等夹杂物）因质量大，落点近而落入前分隔板左边，继续进入二级风箱风选；轻飘黄片落点远而落入前分隔板右边，从黄片口流出。进入二级风箱的重实物料在大风机气流的作用下，沙石等夹杂物因质量大，落点近而落入后分隔板左边，从沙石口流出；重实茶叶比沙石的落点远，落入后分隔板右边，从出料输送带送往正茶口流出。从而完成去除轻飘黄片、沙石等夹杂物的多功能风选作业。

（三）使用与调节

吸风式风选机主要有风力、调风罩罩门开度、出茶门开闭、分隔板角度等调节项目。

1. 风力　风力调节与吹风式风选机风力调节相同。

2. 调风罩罩门（天门）开度　罩门开度大小影响茶叶落下的角度。罩门开度调大，通风道水平气流速度变小，茶叶落点近，一、二口出茶多；反之，罩门开度调小，气流速度增大，茶叶落点远，三、四口出茶多。

3. 出茶门开闭　尽量避免开启出茶门，以免空气进入，使进风口的风力减弱。

4. 分隔板角度　分隔板角度的调节与送风式风选机调节相同。

总之，操作时要合理调节进风口的大小、出茶门的开闭、调风罩罩门的开度和分隔板的角度，四者必须互相配合，才能达到良好的风选效果。

第四节　拣剔机械

一、概述

（一）茶叶拣剔机械的作用

拣剔的作用主要是剔除毛茶中的茎梗以及非茶类夹杂物。经过风选后不能分离的茶叶和茶梗混合物必须经过拣剔。拣剔作业是传统茶叶精制厂耗费工时最大的工序，近年来随着拣剔作业机械化、自动化技术的发展，大大提高了拣剔作业的劳动生产率和经济效益。

（二）茶叶拣剔机械的分类

茶叶拣剔机械根据茶叶和茶梗不同的物理特性（几何、电、光等）进行分类。

1. 利用叶梗几何形状的不同　应用这类原理的茶叶拣剔设备主要有阶梯式拣梗机、跳网式拣梗机、辊轴间隙式拣梗机和钩式拣梗机等。

（1）阶梯式拣梗机　阶梯式拣梗机是利用茶叶与茶梗的长度不同、重心不同的物理性状分离叶、梗。茶梗多呈长直整齐状，外表光滑，摩擦系数小，重心居中；而叶条多呈弯曲状，体形不匀称，外表粗糙，摩擦系数大。该机适用于绿茶等眉形茶、条形茶的分拣。

(2) 跳网式拣梗机　跳网式拣梗机是利用激振机构产生的激振力,使茶叶和茶梗在筛网上跃起,在振动力的作用下,叶与梗由于容重、粒径、形状等表面特性差异,茶梗比较平直、光滑、细小而容易穿过筛孔,从而实现梗叶分离。

(3) 辊轴间隙式拣梗机　辊轴间隙式拣梗机是利用叶与梗粗细差的原理实现叶梗分离。它利用一对斜置、作相向旋转的辊轴所形成的可调节间隙,将较粗的叶条与较细的茶梗分离开来。

(4) 钩式拣梗机　钩式拣梗机是拣梗机新产品,也称自动拣梗机,利用颗粒型乌龙茶叶与梗的形状不同、圆直不同、互相勾连的物理特性设计。通过一排毛刷将带梗的颗粒型茶叶送入带钩子或翅片的链排上,钩子或翅片的刀口呈 V 形,利用刀口的形状和毛刷的作用力,实现叶梗分离。专用于颗粒造型闽南乌龙茶的拣梗。

2. 利用叶梗含水率的不同　应用这一原理的茶叶拣剔设备主要有高压静电拣梗机和摩擦静电拣梗机。

(1) 高压静电拣梗机　高压静电拣梗机是利用茶叶和茶梗的含水率不同(茶梗含水率比茶叶含水率高0.5～1.5个百分点),叶梗之间的介电常数不同,在静电场中的极化程度、受力大小和移动距离不同,茶梗极化强度高于茶叶极化强度,从而实现叶梗分离。该机适用于条形红茶、绿茶和乌龙茶的拣剔作业。

(2) 摩擦静电拣梗机　摩擦静电拣梗机是利用茶叶与茶梗的含水率不同这一物理性状分离叶梗。该机采用塑料辊摩擦而产生静电,一般适用于红碎茶拣梗。

3. 利用叶梗颜色的不同　应用这一原理的茶叶拣剔设备是光电拣梗机,也称为茶叶色选机。利用叶与梗之间存在色差的物理性状分离叶梗。光电拣梗机对于色泽不同的净茶与茶梗、黄片有明显的分选效果。

4. 机拣和人拣　人工目视动态拣剔线为人工或半机械化的拣剔设备,一般放在最后一道拣剔。茶叶平铺在流水线上,利用人工目视鉴别,对经过机拣、电拣、色选后的茶叶再一次进行严格的人工拣剔,确保茶叶中不混杂毛发等非茶类夹杂物。

二、阶梯式拣梗机

(一) 基本特性

1. 主要特点　茶叶经过筛分、风选作业,其质量大小已接近一致,但茶梗大多长直匀称,重心接近几何中心,且表面光滑;茶叶多短曲,不匀称,重心往往偏离几何中心,且表面粗糙。阶梯式拣梗机就利用茶叶与茶梗这种物理性状的不同达到拣剔茶梗的目的。该设备结构简单,价格低廉,在生产上广泛应用;缺点是当茶梗几何形状与茶叶接近时,则难以拣清,且工作时噪声较大。

2. 技术参数　阶梯式拣梗机的主要技术参数:拣床宽度为 800～900mm,振床振频为 500～1 000 次/min,振幅为 1～4mm,配套电机功率为 0.5～0.75kW,生产率为 40～60kg/h。

3. 工艺性能指标　阶梯式拣梗机的工艺性能指标有拣净率(拣梗率)、误拣率、误拣比。

(1) 拣净率　拣净率是指拣出物料中(拣头)的茶梗质量与付拣茶中的茶梗质量之比,以百分数(%)表示。

(2) 误拣率　误拣率是指拣出物料中的茶叶质量与拣出物料质量之比,以百分数(%)表示。

(3) 误拣比　误拣比是指拣出物料中的茶叶质量与付拣茶中的茶梗质量之比。

（二）主要构造

阶梯式拣梗机是由供料装置、拣床、激振机构、传动机构、机架等组成（图 5-29）。

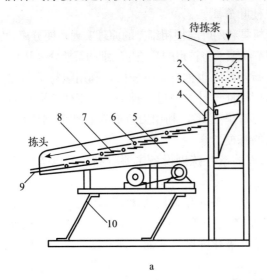

图 5-29　阶梯式拣梗机
a. 结构示意图　b. 外形图
1. 进茶斗　2. 机架　3. 匀茶板　4. 振动喂料装置　5. 拣床　6. 拣梗轴　7. 拣板
8. 接梗盘　9. 接茶盘　10. 弹簧钢板

1. 供料装置　供料装置由进茶斗、振动喂料盘、匀叶板等组成。进茶斗用于存放待拣茶叶，用镀锌板制成。振动喂料盘位于进茶斗出料口的下方，茶叶经振动摊开后，均匀连续地进入拣床。在喂料盘的前方通常设有匀叶板，匀叶板为下缘呈锯齿形的薄板，板下缘与振动盘间距可调，以调节下料厚度和进茶量，提高拣梗的有效性。

2. 拣床　拣床是阶梯式拣梗机的主要工作机构。拣床由拣板（亦称多槽滑板）、拣梗轴、拣梗间隙调节手柄、接梗盘、接茶盘等组成（图 5-30）。拣板由铸铝板经切削加工或薄铝

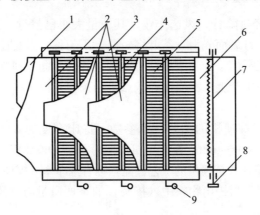

图 5-30　阶梯式拣梗机结构简图
1. 接茶盘　2. 接梗盘　3. 链传动　4. 拣梗轴　5. 多槽滑板　6. 振动喂料盘
7. 匀叶板　8. 进叶量调节器　9. 间隙调节手柄

板冲压而成，其表面均匀密布平行沟槽，沟槽截面呈圆弧形，拣板长800mm，宽100～180mm，深3mm（图5-31）。阶梯式拣梗机一般有拣板6～8块，分2～4段呈阶梯状，倾角7°～8°，故名阶梯式拣梗机。第一块拣板（近振动喂料盘处）宽130～180mm，其余各块宽约100mm。工作时，拣板随拣床振动，其作用是理顺付拣茶（使付拣茶排队），便于有效地拣剔茶梗。

拣梗轴位于拣板与拣板之间或拣板与接梗盘之间，由直径6～8mm的小圆钢加工而成，表面光滑。工作时，拣梗轴由链轮带动向前转动，转速为150～155r/min。拣梗轴的最高点应低于其上方拣板沟槽的最低点（约0.5mm），拣梗间隙（拣梗轴与拣板边缘的距离）可通过调节手柄调节。移动手柄在拣床旁侧，通常每段设一个手柄，控制该段各层拣梗间隙。在同一段拣板中，下层

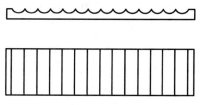

图5-31 阶梯式拣梗机的拣板结构

拣梗间隙应略大于上层拣梗间隙，因为上层拣头中还混有茶叶，可在下层间隙分离；在不同段拣板中，下段拣梗间隙平均值小于上段拣梗间隙平均值，因为上段拣底中还混有茶梗。

接梗盘及接茶盘均由镀锌板加工而成，为了减小噪声，镀锌板厚度应不小于0.6mm。每段拣板尾端都有一接梗盘，收集各段的拣头汇集到拣头总出口。茶叶和未被拣剔出的茶梗从接茶盘流出。

3. 激振机构 阶梯式拣梗机的激振机构分为偏心重块激振机构和曲柄连杆激振机构两种。

4. 传动机构 偏心重块激振机构的动力传动路线（图5-32）：电动机→三角皮带→偏心重块激振机构→拣床振动；曲柄连杆激振机构的动力传动路线（图5-33）：电动机→三角皮带→曲柄连杆激振机构→拣床振动。

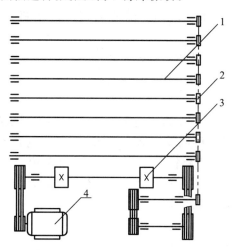 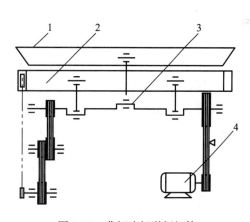

图5-32 偏心重块激振机构　　　　　　图5-33 曲柄连杆激振机构
1. 拣梗轴　2. 链　3. 偏心重块　4. 电动机　　1. 振动喂料盘　2. 拣床　3. 曲轴　4. 电动机

5. 机架 机架由型钢加工而成，用于安装供料装置、拣床及传动机构等。

（三）工作过程

阶梯式拣梗机利用茶与梗长度不同、重心不同的物理性状分离茶梗。工作时，拣床作前

后振动，付拣茶沿多槽滑板沟槽纵向前进并排列整齐。当滑行到多槽滑板与拣梗轴之间间隙时，长直光滑的茶梗在拣梗轴的带动下越过多槽板间隙，汇集到接梗盘，到下一层复拣；短而弯曲的茶叶，其前端尚未接触拣梗轴重心就离开了滑板，失去平衡而翻落入间隙中，汇集到接茶盘。经多层反复拣剔，使茶梗与茶叶分离。

（四）使用与保养

1. 安装 ①安装后拣床应平衡稳定，否则拣床在运动中受力不均衡，影响拣剔效果；②振动频率应调整合适，以适应多种茶类的拣剔工艺要求。

2. 适用范围 阶梯式拣梗机适宜拣剔粗大长直的茶梗，在茶叶加工中，其常用于拣剔4、5、6、7孔茶中的茶梗。

3. 使用操作 ①上茶要均匀，流量要适当，以茶叶在拣板沟槽内成行直线滑动为宜，防止流量过大，茶叶重叠，横直俱下，造成拣剔不净和拣头中含茶条过多等弊病；②依据实际拣剔状况合理调整各层拣梗间隙。

4. 维护保养 ①如发现拣梗轴跳动，应检查两端轴承是否脱出，及时调整；②各润滑点定期加注润滑剂，链传动需保持良好的润滑状态，应经常在链条上滴少许机油。

三、静电拣梗机

（一）高压静电拣梗机

1. 主要性能 高压静电拣梗机由普通工频交流电经变压器升压产生高压静电场，使叶梗产生极化现象。该机台时产量为130~220kg，配用功率为0.75kW，工作电压为35~40kV，工作噪声小，但经拣剔后茶叶须经24h以上去除静电后才能复拣，且静电拣梗机对工作环境的温湿度要求较高。适用于拣剔茶叶中的毛发、白梗、黄片等杂质。

2. 主要结构 高压静电拣梗机有多种型号，现介绍使用很广泛的6CDJ-250型静电拣梗机。该机主要由送料装置、高压静电发生器、分离机构、调节装置、传动机构等组成(图5-34)。

（1）送料装置 送料装置的作用是使付拣物呈帘状均匀整齐地进入拣床，由进茶斗、上平输送带、下平输送带等组成。平输送带为平面橡胶带，其上有横列花纹。平输送带的作用是将进茶斗流下的待拣茶均匀而稳定地送给喂料辊。

（2）高压静电发生器 高压静电发生器的作用是产生直流高压静电，由可调变压器、高压硅堆倍压整流电路、高压电容滤波电路等组成。可调变压器先将220V交流电升压（可调），再经倍压整流电路整流升压，最后经电容滤波电路输出0~30kV的高压静电。

（3）静电辊 静电辊接负极，直径为100~150mm，转速为100~150r/min，与喂料辊转动方向相反。静电辊由辊筒、高压导线、石墨电极、铜电环、漆包线等组成(图5-35)。辊筒为绝缘有机材料制成，直径为250mm，长度为500mm，转速为150r/min。其表面开有螺旋槽，螺距为2.5mm，槽内嵌有直径0.63mm的漆包线，漆包线与铜电环连接。高压静电经高压导线、石墨电极、铜电环，最后与辊筒表面的漆包线相连。这样，整个辊筒表面带有高压静电。石墨电极安装在弹性支架上，以达到在铜电环转动时，石墨电极与铜电环有良好接触的目的。橡胶清洁条紧贴在辊子表面，用于清洁黏附于筒体表面的茶梗和灰尘。

（4）分离机构 分离机构的作用是利用梗、叶的含水率不同，导致在高压静电场的位移

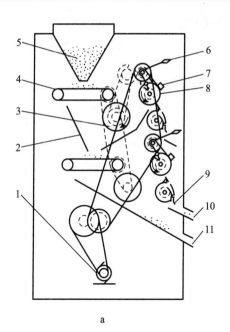

a b

图 5-34 高压静电拣梗机
a. 结构示意图 b. 外形图
1. 电动机 2. 挡茶板 3. 喂料辊 4. 平输送带 5. 进茶斗 6. 调节手柄 7. 清洁条
8. 高压静电辊 9. 分离板 10. 出梗口 11. 出茶口

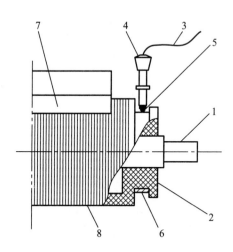

图 5-35 静电辊结构示意图
1. 金属轴 2. 辊筒 3. 高压线 4. 高压帽 5. 石墨电极
6. 铜电环 7. 清洁橡皮条 8. 漆包线

不同这一原理将茶梗从茶叶中分离。它由上、下喂料辊和分离板等组成。喂料辊接地构成正极，其表面有方形凹坑，以使待拣茶分布厚薄均匀，同时有利于延长待拣茶在喂料辊的停留时间，以延长电场力作用的时间；分离板位于静电辊的下方，可上下移动及左右转动。

（5）调节装置　调节装置的作用是调节正负电极的间隙和调节分离板的角度位置。当上、下转动手柄时，静电辊离开或靠近喂料辊，从而调节正负电极的间隙，间隙调节幅度为

0~35mm；可通过转动手轮和齿轮分别调节分离板的角度和上下移动。

（6）传动机构　动力传动路线：电动机→三角皮带→齿轮→皮带→齿轮→下静电辊旋转→齿轮→上静电辊旋转→齿轮→上下喂料辊→链→上下平输送带。

3. 工作原理　如图5-36所示，利用茶叶与茶梗的含水率不同这一物理性状分离叶梗。高压静电发生器产生高达30kV的高压静电，分别连接喂料辊和静电辊，正极接喂料辊，负极接静电辊，在静电辊与喂料辊之间产生高压静电场，由于正、负电极的形状不同，就产生了一个不均匀的电场，越靠近负极，电场强度越大。付拣的茶叶通过静电场时产生极化现象，含水率略高的茶梗感应电量较强，受电极吸引力大，位移大；而含水率略低的茶叶位移小，落点近，从而实现梗、叶的分离。

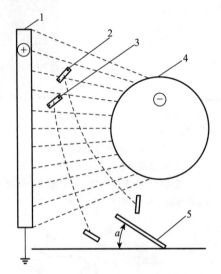

图5-36　静电拣梗机工作原理
1. 正极　2. 茶梗　3. 茶叶　4. 负极　5. 分离板

工作时，将付拣茶倒入进茶斗，落入上平输送带，并均匀输送到上喂料辊。喂料辊旋转时，受上静电辊的吸引作用，梗叶第一次被分离，茶梗落入上分离板至出梗口流出，而茶叶经挡茶板落入下输送带，再次电拣后，梗从出梗口流出，茶叶从出茶口流出。付拣茶的最佳含水率：绿茶6%，工夫红茶3%，红碎茶4.5%~7.5%。

4. 使用操作　为了提升高压静电拣梗机的拣梗效果，可以采取以下措施：

（1）加大电场的不均匀性　实际使用时，正负极都是圆辊，可以通过增大喂料辊与静电辊的直径差，提高电场的不均匀性。

（2）加大电场力作用的距离　电场力作用距离越长，梗叶越易分离，可以通过增加静电辊的直径，增大电场力作用的距离。

（3）合理地调节正负电极间隙　过大的间隙，将使电场强度降低；过小的间隙，不但易发生电击穿，而且梗叶在窄小的空间内无法充分分离。正负电极间隙要求能随时调整，以适应不同茶叶及不同环境情况。

（二）摩擦式静电拣梗机

摩擦式静电拣梗机适合于拣剔轻质茶梗，尤其适合拣剔红碎茶中的筋丝梗。

1. 主要构造 摩擦式静电拣梗机主要由摩擦辊、振动床、提升机、传动机构等组成（图 5-37）。

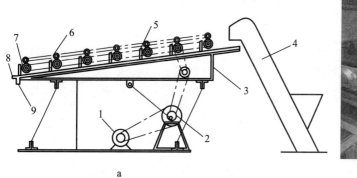 

图 5-37 摩擦式静电拣梗机
a. 结构示意图　b. 外形图
1. 电动机　2. 偏心轮　3. 振动床　4. 提升机　5. 进梗口　6. 羊毛辊
7. 塑料辊　8. 出梗口　9. 出茶口

（1）摩擦辊　摩擦辊是摩擦式静电拣梗机的核心部件。摩擦辊由塑料辊和羊毛辊组成，长度为 650mm（过长则各段径向压力不易保持一致），塑料辊直径为 165mm，转速为 20～30r/min，羊毛辊直径适当减小，转速为 200～300r/min。两辊轴平行，表面压紧，以同一方向、不同转速转动。摩擦式静电拣梗机塑料辊的带电量与摩擦力成正比，故常用螺旋机构调节两辊之间的压力，以产生不同大小的静电力。

（2）振动床　振动床的作用是使付拣茶接触表面产生剧烈的滑动摩擦。振动床上安装 3～4 对塑料辊—羊毛辊组合，羊毛辊在上，塑料辊在下。付拣茶经过一对摩擦辊就拣剔一次。

（3）传动机构　动力传动线路：电动机→三角皮带→链→偏心轮机构→振动床（往复振动）→链→摩擦辊转动（摩擦产生静电）。

2. 工作过程 工作时，提升机将付拣茶输送到拣床，拣床前后振动，迫使振床上的茶叶作抛体运动，铺开摊匀前行，便于拣剔。同时，电机通过链传动带动各对摩擦辊作相向转动，使塑料辊产生静电，付拣茶从下经过时，茶梗被吸附其上，由羊毛辊刷入进梗口，茶梗汇合从出梗口流出。未被静电吸附的茶叶在振床上继续运动，最后从出茶口流出。

四、茶叶色选机

（一）主要性能

色选技术是指利用识别镜头捕捉物料的物理信息（如色泽、形状、密度等），利用可编程控制器（PLC）控制及中央处理器（CPU）处理，实现信息与电信号转换，并与标准电信号对比分析出物料的品质特征，再利用压缩空气将具有劣质特征的物料剔除的集光、电、气、机于一体的综合技术。茶叶色选机是利用色选光电传感器/CCD 镜头对茶叶中异色梗、叶等次质茶及非茶类夹杂物进行分选工作。该设备工艺性能好，工效高，加工成本低，现已广泛用于绿茶、红茶、乌龙茶精加工中的拣剔作业及名优茶去片去梗的精选处理等。茶叶色选机生产率为 300~1 250kg/h，比人工拣梗提高 300 倍以上，色选精度达 99%。

（二）主要构造

茶叶色选机主要由匀茶送料装置、光电系统、分选系统、清扫系统和控制系统等组成（图 5-38）。

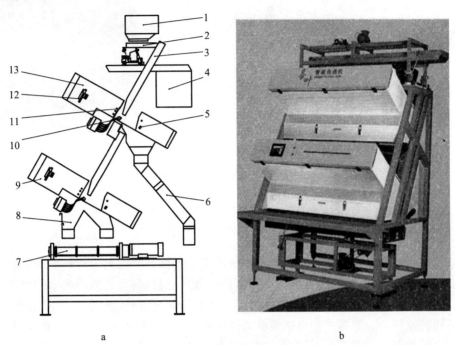

图 5-38 茶叶色选机
a. 结构示意图 b. 外形图
1、2. 振动送料装置 3. 上通道 4. 电气箱 5. 背景板 6. 背部接料斗 7. 输送带
8. 出料斗 9. 下分选室 10. 喷嘴 11. 光源 12. 传感器 13. 上分选室

1. 匀茶送料装置 匀茶送料装置的作用是使待拣叶均匀平稳向下进入探测区内。它由斗式提升机、振动喂料器、滑道等组成。滑道有 60~120 个通道，茶叶在滑道中由导向机构促使其排列成一列列线状细束，滑落至光电分选的探测区内。为提高色选精度，茶叶色选机常选择 2~4 段阶梯式机械结构。

2. 光电系统 光电系统是色选机的核心部分，主要由光源、背景板、CCD 镜头、辅助装置等组成。光源为被测物料和背景板提供稳定均匀的照明；CCD 镜头将探测区内被测物料的反射光转化为电信号；背景板则为电控系统提供基准信号，其反光特性与合格品的反光特性基本等效，而与剔除物差异较大。

3. 分选系统 分选系统的作用是执行计算机指令将茶梗分离。它由出茶口、一次出梗口（次品口）、二次出梗口（次品口）、喷气阀、空气压缩机及空气过滤净化器等组成。电信号传给喷气阀，控制气嘴选别出掺杂在茶叶中的黄片、茶梗。当茶叶通过时，气嘴不动作，茶叶汇入主茶路；黄片、茶梗通过时，气嘴喷气，黄片和茶梗落入副茶路。喷嘴的大小及个数是影响色选机精度的关键因素之一。喷嘴过小，加工成本高；喷嘴过大，则会降低分选精度。

4. 清扫系统 茶叶在色选过程中易产生灰尘及其他易附着于玻璃上的杂质,视窗玻璃上一旦附着过多的灰尘及杂质,透过视窗玻璃对茶叶进行分选检测的光电系统就容易产生误吹等连锁问题。轻则对色选精度产生影响;重则造成喷气嘴频繁工作,降低喷嘴及控制系统的使用寿命。清扫系统由总控制系统按预设时间通过控制气缸阀门开关,推动气缸活塞滑动,定时清扫玻璃上的灰尘杂质。

5. 控制系统 控制系统采用大屏幕宽视角彩色触摸操作平台,预设多个色选模式,并建立友好的人机界面,根据茶叶具体情况方便快捷地实现调整。

（三）工作过程

工作时,将待色选的茶叶通过提升机输送到色选机的振动喂料器,然后通过振动喂料器向滑道供料。茶叶和茶梗排成一列列线状细束滑入上分选室的观察区,从传感器和背景板间穿过。在光源的作用下,梗叶颜色不同而产生亮暗不等的光脉冲,摄像头和光电传感器将光信号变为电信号,经放大和计算机鉴别,产生输出信号——当异色梗、黄片等次质茶及非茶类夹杂物通过时,喷嘴喷气,将其吹至背部接料斗内流走。未被吹出的异色梗、黄片等次质茶及非茶类夹杂物与茶叶继续下落,经过下分选室再次分选,达到色选的目的。

（四）操作使用

1. 开机前准备 ①清除分选室玻璃和通道上的残留物,使之清洁;②将空压机开启,达到额定压力 0.7MPa;③观察色选机上的气压表,确认工作气压在 0.25～0.3MPa;④确认主机电源电压为 220V±11V 或者 380V±38V;⑤新机使用时将摄像头上的镜头盖拆除;⑥根据茶叶次杂物的比例和种类设置色选模式和生产率。

2. 参数设置

（1）供料设置 调节喂料器的喂料量。

（2）相机设置 喷气延时指相机采集到物料图像直至物料下落至喷气阀工作区喷嘴喷气的延迟时间;喷气时间指物料在喷气阀工作区时喷嘴喷气的时间;红色、绿色、蓝色增益是相机的属性,在增益校正后可以手动增减,校准相机的视野范围以及角度。

（3）背景板设置 正选时背景板一般有黑色、绿色或蓝色,反选模式下为白色,不同物料,背景板的搭配可能不同。

（4）模式设置 预演模式设置后,相应地要对上侧和下侧感度参数显隐进行更改。例如,将预演模式设置为上侧反选+下侧反选时,上侧与下侧感度参数显隐取消辅黑与辅白,仅留感度与斑点参数;再如,将预演模式设置为上侧红杆+下侧红杆时,全部保留上下侧感度参数显隐,即感度+辅黑+辅白+斑点。

3. 开机步骤 ①色选机通电开始运行;②启动喷气阀,色选机喷气阀开始工作;③启动色选机送料装置,机器开始色选。

4. 关机步骤 ①停止供料,色选机振动喂料器停止工作;②停止喷气阀,色选机喷气阀停止工作;③停电关机。

（五）维护保养

色选机的故障检修与维护见表5-1。

1. 故障维修智能分析 故障维修智能分析可对物料进行分析。使用智能分析功能,物料的优劣能直接反映在物料图像中,可方便有效地在图像中直接选取,并得出相应的色选参数。

2. 清灰设置　清灰设置可以设置清灰时间以及清灰周期，也可以进行手动清灰。例如，清灰周期设置为 30min，则每隔 30min 自动清灰一次。但如果清灰时间过短，会出现清灰不完全的情况。

表 5-1　色选机的故障检修与维护

故障现象	故障原因	排除方法
机器无法启动	输入电压无	检查输入电压
	总保险丝断	更换保险丝
振动器不工作	振动器保险丝断	更换保险丝
	连接插头松动	重新插牢
	气压调整不当或气压表坏	重新调整气压或更换气压表
喷气阀不工作	喷气阀板或继电器板上保险丝断	更换
	喷气阀电源没有接通	重新按一次"喷气阀"键
	喷气阀电源坏	更换
喷气阀漏气	阀内有异物或进水	清理或更换
	气压不足	加启空压机
色选效果不好	灯管老化	更换
	参数调整不准确	重新调整参数
	原茶含杂量或产量变大	重新调整参数
	色选方式选择有误	重新设置
	玻璃或镜头有灰尘覆盖	检查清灰装置，并将玻璃和镜头上的灰尘清扫干净
	个别阀不工作	更换新阀
灯不亮	灯管、灯电源或灯保险丝坏	更换
个别喷气阀一直喷气	杂质或水进入喷气阀	清理
	喷气阀板坏	更换
清灰故障	清灰刷运行不到位	更换刷子
		更换弹簧
		更换气缸
	气缸灰尘太多，摩擦力过大	手动擦拭干净

五、钩式拣梗机

钩式拣梗机利用颗粒型乌龙茶茶与梗的形状不同、圆直不同、互相勾连的物理特性而设计，专用于颗粒造型闽南乌龙茶的拣梗，故也称为乌龙茶自动拣梗机。

（一）主要性能

乌龙茶自动拣梗机通过一排毛刷将带梗的颗粒型茶叶送入带钩子或翅片的链排上，钩子或翅片的刀口呈 V 形，利用刀口的形状和毛刷的作用力，实现颗粒型乌龙茶的梗、叶分离。其具有拣梗速度快、拣净率高、碎茶率低、振动噪声小等特点。

(二) 主要构造

乌龙茶自动拣梗机按生产率分为大、中、小型。小型自动拣梗机如图 5-39 所示。

图 5-39 乌龙茶自动拣梗机
a. 外形图　b. 内部结构图

乌龙茶自动拣梗机根据颗粒型乌龙茶茶与梗的形状不同、圆直不同、互相勾连的物理特性设计，主要构造由喂料机构、拣梗装置、出茶口、出梗口、茶末口、传动机构、电器控制装置等组成。

1. 喂料机构　喂料机构由进茶斗、螺旋导叶器组成。

2. 翅片式拣梗装置　翅片式拣梗装置由拣梗带、翅片组、毛刷、拔梗器、脱梗齿辊、控制系统等组成。

(1) 拣梗带　拣梗带起均匀薄摊茶叶，将茶梗送到不同工作区的作用。拣梗带为 S 形循环带，由 16 条波纹状尼龙带组成，依靠套筒滚子链传动小轴带动。拣梗带向上运动一侧为钩梗工作区，向下运行一侧为脱梗工作区。

(2) 翅片组　翅片组是茶梗分离的关键部件。翅片为 3 个刀口呈 V 形的金属钩状体，安装在链传动小轴上，每一组翅片按品字形排列在循环式输送带上。拣梗带向上运动一侧翅片开口朝上，拣梗带另一侧的翅片则开口朝下。

(3) 毛刷　尼龙毛刷辊筒，直径约 500mm，安装在拣梗带向上运动工作区。毛刷辊筒切向运动方向与拣梗带运动方向相反，将毛茶刷到拣梗带的翅片上，随着拣梗带向上运动。

(4) 拔梗器　拔梗器为带槽的金属片，与翅片相对应。当钩挂在翅片上的毛茶遇到拔梗器，则叶与梗分离。

(5) 脱梗齿辊　脱梗齿辊为尼龙齿辊，直径约 200mm，安装在拣梗带的脱梗工作区，齿辊切向运动方向与拣梗带运动方向相同，利用速度差使翅片上的长梗脱离。

(6) 控制系统　控制系统可调控拣梗带、毛刷以及进料的速度。

（三）工作原理

工作时，毛茶通过进茶斗和螺旋输送器进入拣梗带向上运动的一侧，由于毛刷与翅片的运动方向相反，且翅片开口朝上，较长的茶梗被卡在翅片上，较短的茶梗与茶叶分离后从出茶口流出；在拣梗带向下运动的一侧，脱梗齿辊与翅片的运动方向相同，且翅片开口朝下，卡在翅片上的茶梗被齿辊拨下，进入出梗口；茶末从波纹状尼龙带之间的缝隙下落，从侧面茶末口流出。

六、人工目视拣剔生产线

人工目视拣剔生产线（图5-40）是出口茶叶必备的人工或半机械化拣剔设备，也是茶叶拣剔作业的最后一道工序生产线。通过人工目视拣剔，进一步将毛茶中残留的茶梗、筋、朴片、茶籽及虫子等恶性非茶类杂物拣剔干净，以确保茶叶中无非茶类物质。

图5-40 人工目视拣剔生产线

人工目视拣剔生产线的拣床颜色设计成墨绿色，采用食品级高分子树脂材料制成。动态拣剔线运行速度以适应拣工视力为宜，一般为0.01~0.02m/s。目视拣床的上方安装日光灯，光线柔和，光照度要求不低于800lx。

第五节 炒车机械

一、概述

（一）炒车机械的作用

炒车机械是用于炒青绿茶精加工复炒和车色工序的设备，通过复炒和车色，可以使茶叶紧条、光滑、上色、干燥。炒车机（加热）是在加热过程中，使茶叶与茶叶、茶叶与筒体之间碰撞、摩擦实现其工艺目的；车色机（不加热）是在茶叶受热之后，使茶叶与茶叶、茶叶与筒体之间碰撞、摩擦实现其工艺目的，车色机一般与烘干机或炒干机配合使用。

（二）炒车机械的类型

炒车机械有锅式和滚筒两种结构形式，车色机均为滚筒结构。锅式炒车机械现多用珠茶炒干机替代；滚筒炒车机或车色机采用瓶式八角滚筒，目的是增大茶叶与茶叶、茶叶与筒体之间的摩擦力度。

二、车色机械

(一) 单筒瓶式车色机

120 型单筒瓶式车色机由茶叶输入输出装置、瓶式筒体、机架及传动机构等组成 (图 5-41)。

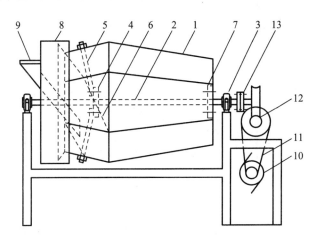

图 5-41　120 型瓶式单筒车色机结构
1. 八角筒体　2. 主轴　3. 轴承座　4. 固定圆盘　5. 撑杆　6. 导叶板　7. 法兰盘
8. 防尘罩壳　9. 进茶　10. 电动机　11. 三角皮带　12. 蜗杆传动　13. 联轴器

筒体是由 2 个八棱台组成的八角滚筒,用厚 2~2.5mm 的钢板拼焊而成。筒体总长 2 400mm,车色段筒体长 2 000mm,筒体直径 800~1 200mm,中间大,两头小,呈瓶状。进出茶端筒壁倾斜 10°,内壁焊有 4 块螺旋导叶板,导叶板高度为 12~15cm,导叶角 45°;车色段筒壁倾斜 2°。主轴贯穿整个筒体,前端由固定圆盘、撑杆与筒体连接,后端通过法兰盘与滚筒相连。

滚筒进出茶端设有进茶斗和防灰尘罩壳,进茶斗相连进茶管一直伸至滚筒右下方。

传动系统一般由一级三角带和一级蜗杆蜗轮传动,也可由二级带传动、一级链传动组成。配用电机功率 3kW,转速为 40r/min 左右。需要注意的是,120 型单筒车色机装茶后,转动惯性很大,不允许突然反转,否则联轴器极易损坏。联轴器选用可移式联轴器。

工作时,茶叶通过斗式提升机输送至进茶斗,后进入滚筒。滚筒正转时,导叶板将干茶导入滚筒内并车色;当滚筒反转时,车色结束,导叶板将筒内干茶导出,茶叶从罩壳下方的出茶口排出。

(二) 联装车色机

联装车色机的优点是生产效率高,劳动强度小,车色均匀,占地面积小;缺点是设备一次性投资较大,维修保养较困难,粗大的茶叶易在储茶斗出口、进茶管内堵塞,并且排堵较困难。大型精制茶厂适用该机型。

联装车色机由上、下两排瓶式车色机组成 (图 5-42),滚筒 10~20 只,每只滚筒的结构、尺寸及传动方式与 120 型瓶式单筒车色机类似。

上下炒车机的进茶管的左右位置不同,上排筒体逆时针为正转,下排筒体顺时针为正转;上排筒体进出茶螺旋导叶板旋向为左旋,下排筒体进出茶螺旋导叶板旋向为右旋。

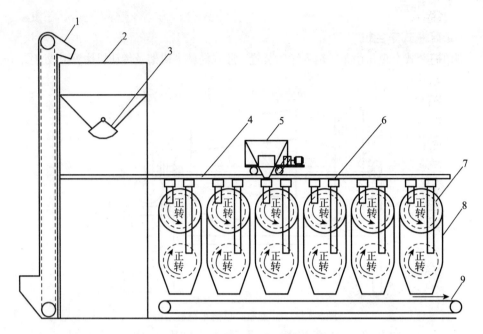

图 5-42 联装车色机结构示意图
1. 斗式提升机 2. 储茶斗 3. 出茶门 4. 行车轨道 5. 行车
6. 进茶管 7. 车色滚筒 8. 罩壳 9. 输送带

联装车色机的工作过程：茶叶经斗式提升机输送至储茶斗，行车左行至储茶斗的出茶门，出茶门打开，茶叶卸入行车内，装茶量由出茶门开门时间控制，出茶门关闭，装茶结束。行车行至某个待料滚筒进茶管上方，行车出茶门打开，茶叶卸入车色滚筒内。滚筒正转车色，反转出茶。筒体与罩壳之间有一定的距离，所以下排筒体并不妨碍上排筒体出茶。最后，输送带将已车色茶叶输出。

联装车色机工作可分为人工控制和自动控制。人工控制型配有较简单的手动电控柜，出茶门开启给料时间、行车停位、卸料时间、筒体正转车色时间、反转出茶时间都由人工手动控制。自动控制型配有较复杂的电气控制柜，自动控制整个工作过程。

三、炒车机械

叠式炒车机主要由斗式提升机、输茶管、炉灶及 4 只八角滚筒等组成（图 5-43），滚筒结构与瓶式单筒车色机类似。叠式炒车机同时有车色、炒干的功能，输送机上茶，台时产量高，占地面积小，劳动强度低，是目前使用较多的机型。

电机功率一般为 3kW 左右。传动为二级带传动，也可以一级带传动、一级蜗杆蜗轮传动。上滚筒转速为 43r/min，下滚筒为 35r/min。上滚筒依靠烟气加温，温度较低；下滚筒直接受炉火加温，温度较高。

叠式炒车机的工作过程：茶叶倒入地槽，由斗式提升机将地槽中的茶叶带到高处，经输茶管装入下滚筒；下滚筒正转炒车，反转出茶，茶叶经下出茶料斗进入地槽，再次被斗式提升机带至高处，然后装入上滚筒；上滚筒正转车色，反转出茶，茶叶由上出茶料斗的出茶口

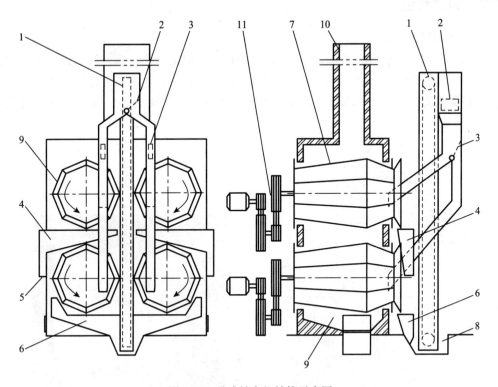

图 5-43 叠式炒车机结构示意图

1. 斗式提升机 2. 左右滚筒进茶分离板 3. 上下滚筒进茶分离板 4. 上出茶料斗
5. 出茶口 6. 下出茶料斗 7. 滚筒 8. 地槽 9. 炉膛 10. 烟囱 11. 传动装置

卸出。茶叶一共被炒车两次。左右滚筒进茶分离板是一块可转动的薄钢板，人工拉动绳索进行转动，如封住左侧，则茶叶装入右侧滚筒，反之，茶叶装入左侧滚筒。左侧滚筒是右边进茶，右侧滚筒是左边进茶。上下滚筒进茶分离板与左右滚筒进茶分离板类似，控制同侧上下滚筒进茶。如图 5-43 所示箭头表示各个滚筒正转车色转向。左右侧滚筒螺旋导叶板旋向相反，与联装车色机相同。

第六节　匀堆装箱机械

一、概述

（一）匀堆装箱机的作用

匀堆装箱是茶叶精加工的最后一道工序。匀堆俗称打堆，即将经过筛分、切轧、风选、拣剔等工艺整饰外形、淘汰劣异之后制成的各种筛号净茶，按拼配比例混合均匀，成为符合标准样或贸易样的成品茶。装箱即将拼合均匀的成品茶定量过秤，装存到茶箱内成为商品茶。

（二）匀堆装箱机的类型

匀堆装箱机分为匀堆机与装箱机。

二、匀堆机械

(一) 行车式匀堆机

行车式匀堆机适用于流动性较好的茶叶，如珠茶、眉茶、碎茶等。行车式匀堆机依据我国传统手工匀堆"水平层摊，纵剖取料，多等开格，拼合均匀"的原理设计而成。

1. 主要构造 行车式匀堆机主要由进茶斗、摊茶行车、拼合斗、输送装置等组成（图5-44）。

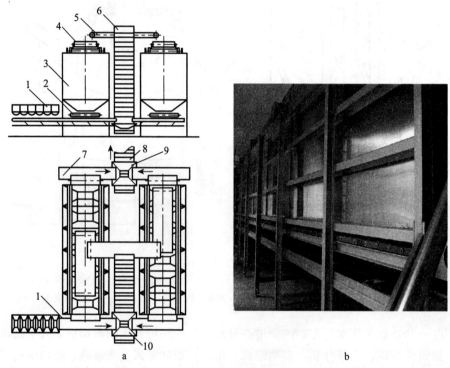

图 5-44　行车式匀堆机
a. 结构示意图　b. 外形图
1. 进茶斗　2. 下料输送带　3. 拼合斗　4. 摊茶行车　5. 分料输送带　6. 匀堆斗式提升机
7. 装箱振动槽　8. 装箱斗式提升机　9. 装箱进茶斗　10. 匀堆进茶斗

(1) 进茶斗　进茶斗用于投放各种筛号的净茶。其由角钢及镀锌板加工而成。

(2) 匀堆斗式提升机　匀堆斗式提升机的作用是把茶叶升运到匀堆机顶部的分料输送带上。

(3) 分料输送带　分料输送带将筛号净茶送至不同的摊茶行车，通过控制其正反转实现。

(4) 摊茶行车　摊茶行车（图5-45）用于接受分料输送带送来的茶叶，并在移动过程中将茶叶摊放到拼合斗内。摊茶行车是可移动的水平输送带，可沿拼合斗列向往复移动，其输送方向随移动方向的改变而改变。通常摊茶行车的摊茶接点选择在拼合斗列向中点。行车由电动机经减速后带动。当行车移动至一方向的端点时，撞动行程开关，使电动机换相，行车反向移动；同样，当行车反向移动至另一方向的端点时，因撞动行程开关又改变移动方向。

如此往复运动即能将筛号净茶水平层摊于拼合斗内。

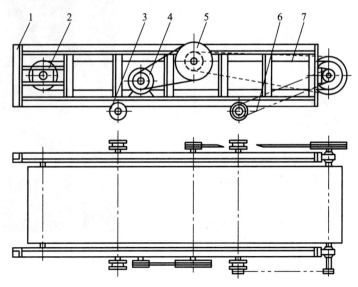

图 5-45　摊茶行车
1.行车架　2.调节架　3.滚轮　4.电动机　5.三角皮带　6.链　7.平胶带

（5）拼合斗　拼合斗的数量依生产规模而定，一般有12～24个，分两列布置。拼合斗的上部呈长方体状，下部呈四棱锥或四棱台状。在拼合斗内装有料位传感器和搅拌器，可自动报警和防止茶叶下落时架空；以及设有出茶口，出茶口开度由手柄控制。

（6）下料输送带　下料输送带用于接收拼合斗落下的茶叶，依据工艺要求，将茶叶送至装箱或匀堆振动槽。下料水平输送带两端分别设有匀堆振动槽和装箱振动槽，其可正反双向送料，当茶叶未拼合均匀时，将茶叶送至匀堆振动槽；当茶叶拼合均匀后，将茶叶送至装箱振动槽。

2. 工作过程　工作时，将各筛号净茶由投茶斗和匀堆振动槽送入进茶斗，由斗式提升机送给分料输送带，分料输送带分两列送给摊茶行车，摊茶行车将筛号茶水平层摊于拼合斗中；各筛号茶由拼合斗出茶口下落至下料输送带，下料输送带再将茶叶送至匀堆振动槽（二次匀堆），下落时对各筛号茶纵剖取料。第二次匀堆过程的路径与上述相同：振动槽→匀堆进茶斗→斗式提升机→分料输送带→摊茶行车→拼合斗→下料输送带，完成二次纵剖取料和匀堆。

装箱过程：下料输送带将茶叶送至装箱振动槽，装箱振动槽将茶叶送至装箱进茶斗，再由斗式提升机送至装箱储茶斗，最后送至装箱机进行装箱。

（二）滚筒匀堆机

滚筒匀堆机也称为对流混合匀堆机。滚筒匀堆机生产率高，匀堆速度快，适用于各种茶叶的匀堆作业。

1. 主要构造　滚筒匀堆机由滚筒、电动机、传动机构、上下料输送装置、电气控制箱等组成（图5-46）。

（1）滚筒　滚筒是匀堆机的关键部件，为多角形滚筒，容叶量为300～5 000kg；滚筒内焊接互相交错的螺旋导叶板，使茶叶既能作径向翻滚，又能轴向推进，从而使茶叶

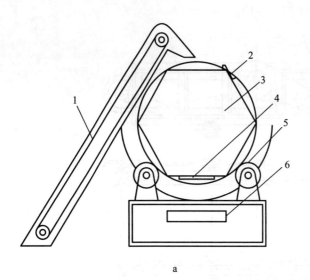

图 5-46 滚筒匀堆机
a. 结构示意图 b. 外形图
1. 投料机 2. 出茶门 3. 滚筒 4. 进茶门 5. 托轮 6. 出料机

在翻滚过程中沿轴向双向移动；滚筒内的挡料板的作用是减小茶叶垂直落差，以减少物料翻滚过程中的断碎；滚筒筒体上开有可活动的进出料门，采用手轮传动带动齿轮，齿条旋转及移动使活动门开启或关闭，保证茶叶的进出。滚筒转速为 0.3~1r/min，线速度小于 3m/min。

（2）电动机 电动机带动滚筒机械转动，功率为 3.7kW。

（3）传动机构 滚筒匀堆机属于低速重载，传动比较大（$i=1\ 450$~$4\ 800$），传动路线：皮带→蜗轮蜗杆→链传动→链传动。两级链轮要求设计自动张紧装置，保证链传动可靠稳定，使滚筒旋转平稳，无冲击及振动，保证匀堆茶叶质量稳定，不产生碎茶。

（4）投料机和出料机 投料机采用斜输送机或斗式提升机，出料机采用平面输送机或振动输送槽。

（5）电气控制箱 电气控制箱分别控制主机、进料输送、出料输送，以实现各单元单独控制。行程开关用于进料口自动对准，时间继电器用于控制匀堆时间。

2. 工作过程 作业时，将待拼配的各类不同批次的成品茶送入筒内，充满系数为 0.4~0.6，茶叶投毕，关闭进茶门，滚筒以 0.5~1r/min 的转速缓慢旋转，使茶叶上下左右不断翻动，滚筒内的所有茶叶颗粒在流动过程中产生整体混合，均匀充分，从而达到茶叶匀堆的目的。

三、装箱机械

茶叶装箱机组具有去皮、零位、满度数字调整、零位自动跟踪、分度值选择、多点定值设计、自动手动控制切换等功能。茶叶装箱机主要技术参数：生产率为 60 箱/h，称茶精度为 0.001kg，储茶斗容积约为 1.9m³，称茶斗容积为 0.19m³，茶箱规格为 0.46m×0.46m×0.50m，电机功率为 0.5kW，称茶速度每次 15s，卸茶速度每次 10s。

茶叶装箱机分为全自动和半自动两种。全自动茶叶装箱机由人工放置空箱后，称茶、装箱、摇箱、推箱等可实现连续化全自动作业；半自动茶叶装箱机除靠人工放置空箱、人工按动落茶开关外，其他过秤、装袋、摇袋等亦能实现自动作业。

1. 主要构造　茶叶装箱机由斗式提升机、储茶斗、称茶斗、装箱机构等组成（图5-47）。

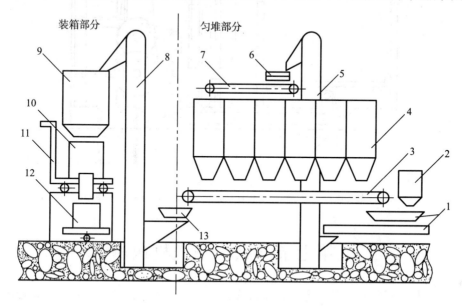

图5-47　行车式匀堆装箱机结构示意图
1、13. 振动槽　2. 多格进茶斗　3. 下茶输送带　4. 拼合斗　5、8. 斗式提升机
6. 分茶输送带　7. 行车摊茶带　9. 储茶斗　10. 称茶斗　11. 电子秤　12. 茶箱

（1）斗式提升机　斗式提升机用于接收来自匀堆机的平面输送带送来的成品茶，升运到储茶斗中。

（2）储茶斗　储茶斗位于称茶斗的上方，用来盛装待装箱的成品茶。储茶斗的下部设有出茶门，由手动或电动控制开启和关闭。储茶斗的下部底板斜面的斜率应保证出茶干净，茶叶不会滞留在储茶斗内。

（3）称茶斗　称茶斗用于茶叶称重。称茶斗设置在电子秤上，接收储茶斗下落的茶叶。称茶斗内底部装置出茶门，由电磁阀控制杠杆机构自动控制称茶斗的开闭。

（4）摇箱机　摇箱机由电机、摇振机构、振动台和机架等组成（图5-48）。摇振频率通常为360～480次/min，振幅为3mm。

（5）传动机构　传动机构由电动机、摇振机构等部分组成。摇振机构由曲柄摇杆机构及双摇杆机构组成。摇板摇幅可通过调节螺杆改变曲柄摇杆机构中从动摇杆与双摇杆机构中主动摇杆的长度比进行调节。

2. 工作过程　工作时，茶箱放置在摇箱机的摇板上，储茶斗的出茶门开启，茶叶落入称茶斗。称茶斗里的茶叶自动过称，不足预定重量时，储茶斗内的茶叶自动加入；超重时，称茶斗小门机构的启闭装置自动打开下茶，多余的茶叶由风送管道输送回储茶斗，直到称量符合预定重量。达到标准重量后，按动下茶按钮，称茶斗中的茶叶落入茶箱，摇箱同时启动，使茶叶振动摇实。装箱完毕，送箱机开始工作。

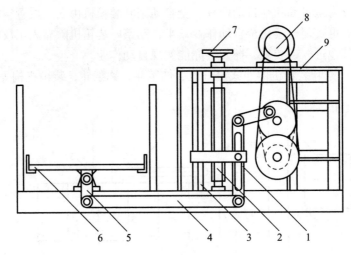

图 5-48 摇箱机结构示意图
1、5. 摇杆 2. 螺旋机构 3. 导杆 4. 连杆 6. 摇板 7. 调节手轮 8. 电动机 9. 机架

第七节　茶厂输送机械

茶叶加工厂的机械输送的任务是将茶叶在制品从一个工序输送至另一工序，使单机作业变为连续作业，提高劳动生产率和降低劳动强度，是实现茶叶连续化、自动化加工不可缺少的设备。

常见的输送设备有带式输送机、斗式提升机、振动输送机、气力输送机、螺旋输送机、辊式输送机等。

一、带式输送机械

（一）主要性能

带式输送机（也称输送带）是由挠性输送带作为物料承载件和牵引件的连续输送设备。带式输送机的特点主要有：①结构简单，使用维修方便，工作稳定可靠，噪声小；②效率高，能耗低；③可以长短距离输送，也可单向和双向输送；④输送倾角小于等于 25°，输送带增设板条后，最大倾角不得超过 45°；⑤不宜运载沉重的物体；⑥卸料点易扬起粉尘。带式输送机广泛应用于茶叶初、精加工。

（二）主要构造

带式输送机主要由输送带、驱动装置、托辊、张紧装置、清扫器、支架等组成（图 5-49）。

1. 输送带　一般用织物芯橡胶输送带。橡胶输送带的接头方式采用皮带扣连接，其简便易行、检修方便，接头强度为胶带强度的 35%～40%，适用于承载量较小、输送距离较短的场合。

2. 驱动装置　驱动装置包括电动机、减速机构和传动滚筒。传动滚筒是传递动力的主要部件，滚筒工作表面常加工成鼓形，鼓轮两端直径比中部直径要小 1% 左右，以防止输送带运动时跑偏。为了使承载物料的紧边在上，主动滚筒安装在物料输送方向的前端，从动滚

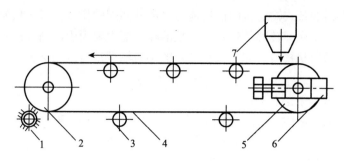

图 5-49 带式输送机结构示意图
1. 清扫器 2. 驱动轮 3. 托辊 4. 输送带 5. 从动轮 6. 张紧装置 7. 料斗

筒位于输送方向的后端。为了减小结构尺寸,尽可能使用较小的滚筒直径,同时需考虑输送带的纵向挠性和皮带包角,以保证输送带的允许弯曲度和足够的摩擦力。

3. 托辊 托辊用于支承输送带和输送带承载的物料,使输送带稳定可靠运行。托辊多用无缝钢管制造,也可用铸件加工。托辊依据安装位置分为上托辊(支承输送带上边)和下托辊(支承输送带下边);按支撑装置结构分为凹面式和平面式(图 5-50),凹面式又分为单辊凹面、双辊凹面和三辊凹面。凹面式托辊载料能力强,防止撒料、跑偏;平面式托辊结构简单,承载量较小,茶厂多用。

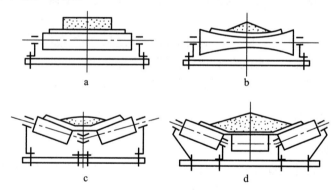

图 5-50 托辊支承形式
a. 单辊平面 b. 单辊凹面 c. 双辊凹面 d. 三辊凹面

托辊直径与托辊转速有关。转速越大,托辊振动越大,托辊的直径越小;反之亦然。托辊间距的布置应使托辊间的输送带所产生的下垂度不超过托辊间距的 2.5%。在实际应用中,上托辊间距常取 1~1.5m,下托辊间距常取 2.5~3m。

4. 张紧装置 张紧装置的作用是增大输送带的张力,限制输送带在各支承间的垂度,使输送机正常运转。张紧装置分螺杆式和坠重式两种。螺杆式张紧装置的优点是结构紧凑,外形尺寸小,但需人工张紧,适用于茶叶加工生产线上;坠重式张紧装置结构简单,能自动补偿由于温度变化等引起的输送带张紧力的改变,保持张力恒定,但结构比较庞大。

(三)主要技术参数

带式输送机的基本参数包括输送能力、输送带运行速度、输送带宽度等。

1. 输送能力 输送能力有两种表示方法:一种是每小时输送物料的吨千米(t·km/h),一种是每小时输送物料的质量(t/h)。茶叶机械常用后者。

用于上料或下料的带式输送机的输送能力是由其匹配的作业机（主机）的台时产量决定的，用于在制品在各工序间转移的带式输送机的输送能力要视生产情况决定。

带式输送机运送散状物料（如散状茶叶）的小时输送量可以用下式表示：

$$Q=3\,600sv\gamma \tag{5-19}$$

式中 Q——小时输送量（t/h）；

s——输送带上物料的截面积（m^2）；

v——输送带速度（m/s）；

γ——输送物料容重（t/m^3）。

2. 输送带速度 输送带速度是带式输送机的重要参数。带速的大小对带式输送机的尺寸、造价和输送质量都有很大影响。输送颗粒小、磨损性小、不怕破碎的物料，可取较高带速（$v=2\sim4m/s$）；输送颗粒大、磨损性大、怕破碎的物料，宜取较低带速（$v=1.25\sim2m/s$）；对于粉状物料，为避免粉尘飞扬，应取低速（$v\leqslant1m/s$）。运送件货，带速不宜快（$v\leqslant1.25m/s$）。茶叶加工输送一般距离较短、带宽较窄、输送量较小，输送机带速通常较低（$v\leqslant1.2m/s$）。

水平方向输送，带速可取较高值；倾斜方向输送，带速应取较低值，倾斜角度越大，带速应越低。输送距离较长，带速可取较高值；输送距离较短，带速应取较低值，输送距离越短，带速应越低。带宽度大、厚度大时，跑偏的可能性较小，带速可取较高值；反之，带速宜取较低值。

3. 输送带宽度 输送带宽度决定于输送机的输送量和输送带速度。为避免物料外溢，输送带宽度应大于物料宽度，并将带宽近似值圆整为标准值。此外，在运送成件物品时带宽还应符合块度要求，输送带宽度至少应比物件横向尺寸大50～100mm。

二、斗式提升机械

（一）主要性能

斗式提升机是将料斗紧固在牵引构件（胶带、链条）上，并随牵引件环绕提升机上部驱动轮和下部从动轮运动；物料从斗式提升机下部机壳的进料口进入料斗，提升到上部，在上部卸料口卸出，实现垂直方向输送或大倾斜度提升的目的。与带式运输机相比，它的占地面积小，输送效率高，故障少，可靠性好，具有良好的密封性能，能防止粉尘污染；与其他垂直输送比较，其结构简单，成本低，功率消耗小（功率消耗是气力输送的1/3），但缺点是输送物料种类受到限制，过载敏感性大。

（二）主要类型

1. 按装料方式分类 斗式提升机的装料方式分为掏取式和流入式两种类型（图5-51）。

（1）掏取式装料 料斗在罩壳下部的物料中掏取装料。粉末状、粒状的散状物料可采取这种装料方式。料斗可以有较高的运行速度，

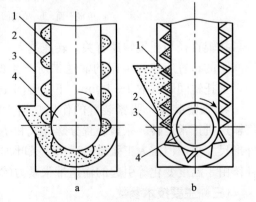

图5-51 斗式提升机的装料方式
a. 掏取式 b. 流入式
1. 牵引件 2. 料斗 3. 罩壳 4. 从动轮

一般为0.8～2m/s，通常与离心式卸料配合使用。

(2) 流入式装料　物料直接由进料口流入料斗内装料。对于粒度较大和不允许产生破损的物料采用流入式装料。其料斗连续密集布置，以防止物料从料斗之间撒落。料斗运动速度不能太高，通常不超过1m/s。料斗的运动方向应迎向物料流，罩壳上进料口下缘位置要有一定高度，以使料斗达到要求的装满程度，避免大量物料落入提升机底部。

2. 按卸料方式分类　斗式提升机按卸料方式不同分为重力自流式、离心式和混合式。

(1) 重力自流式　重力自流式的升运速度较低（一般为0.4～0.8m/s），当料斗绕过上端的驱动滚筒时，物料靠自身的重力作用沿料斗的内壁卸落。一般用于升运潮湿、沉重或脆性大的物料，茶叶加工生产中使用的斗式提升机的卸料方式一般为重力自流式。

(2) 离心式　离心式的升运速度较高（一般大于1m/s），当料斗绕过上端的驱动滚筒时，物料的离心力远远大于重力，使物料从料斗中抛出。料斗的间隔距离不能太小，以免抛出的物料落到前面料斗的斗背上。这种卸料方式生产率高，多用于升运干燥、流动性好的小颗粒物料。

(3) 混合式　混合式的升运速度在重力自流式与离心式之间。卸料时，接近料斗外壁的物料离心力较大，主要靠离心力抛出，接近内壁的物料主要靠重力卸落。

（三）主要构造

斗式提升机由料斗、牵引构件、传动滚筒、罩壳、驱动装置等部分组成（图5-52）。

1. 料斗　料斗的作用是承料。料斗分为深斗、浅斗和角斗3种，茶厂使用的料斗主要是深斗和浅斗两种。深斗适用于装卸流动性好的松散物料，如茶厂干茶的升运；浅斗适用于装卸流动性差的松散物料，如茶厂毛茶在制品的升运。料斗与胶带的固定常采用在胶带上打孔，用扁头螺栓连接的方法。

2. 牵引件　牵引件分为胶带和链条两种。胶带牵引升运速度较快，升运量较小，具有运转平稳、噪声小的特点，茶厂常用。胶带宽度一般应比料斗宽度大25～50mm。

3. 传动滚筒　传动滚筒是斗式提升机的重要部件。目前，国内使用的斗式提升机提升距离大部分在40m以内，并使用光面滚筒，它可满足胶带在传动滚筒上不打滑的条件。

4. 罩壳　罩壳的作用是防止粉尘污染，料斗、牵引件等通常装在罩壳之内。罩壳的上部与驱动装置等组成提升机的头部；罩壳的下部与张紧装置等组成提升机底座，在底座罩壳上设有进料口。流入式装料的斗式提升机进料口的位置要有一定高度，以便料斗达到要求的装满程度。为了对装料过程进行观察及便于检修，底座罩壳上还设有检视门。

5. 驱动装置　驱动装置位于提升机上部，由电机、减速器、联轴器、传动滚筒、逆止器及驱动平台等组成。逆止器是为了防止偶然停电使停车出现反转而造成事故。

6. 张紧装置　以胶带作牵引件的斗式提升机大多采用螺旋机构张紧装置。

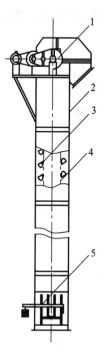

图5-52　斗式提升机结构示意图
1. 驱动装置　2. 罩壳　3. 料斗
4. 牵引件　5. 张紧装置

三、振动输送机械

振动输送机利用某一形式的激振力,使槽体沿某一倾斜方向产生振动,将物料由一个位置送到另一个位置。该机特别适合松散物料短距离的输送,且送料均匀,因此在茶叶加工中应用较多。如炒车机组的落料振动槽、风选机和拣梗机的喂料盘等。

(一) 主要特点

振动输送机的特点:①用途广,同时完成输送、筛分、冷却、加热等工艺过程;②适用性广,可以输送不同物理性状的物料,特别适合于短距离运送,在输送茶叶过程中,碎茶率比其他输送方式低;③结构简单,功耗低,送料均匀,广泛应用于茶叶连续化生产线及茶厂机械输送。

(二) 主要类型

1. 按槽体振动加速度分类

(1) 滑移运动　物料始终与槽体保持接触,由于槽体振动加速度的影响,在每斗振动周期内物料向前滑移一个距离。

(2) 踊跃运动　物料抛起高度很小(1~10mm),槽里的茶叶在连续不断地流动。

(3) 抛体运动　物料在槽体中作跳跃式前进,多数振动输送机常采用抛体运动,物料输送速度较大,而对槽体的磨损较小。

2. 按照激振器的形式分类

(1) 曲柄连杆式振动输送机　激振力由曲柄连杆机构产生,振动频率较低,适宜于散状、粉状等黏性弱的物料的长距离输送,最适合于茶厂各工序之间在制品的运输(图5-53a)。

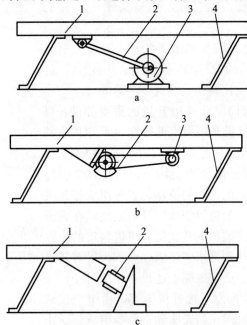

图 5-53　振动输送机类型
a. 曲柄连杆振动　b. 惯性振动　c. 电磁振动
1. 槽体　2. 驱动机构　3. 电动机　4. 摇杆机构

(2) 惯性式振动输送机　激振力由偏心块回转惯性力产生，结构较简单。偏心重块安装在槽体背面，转动时产生的离心力作用在槽体上，使槽体作同频率的振动。常用的偏心重块类型有圆盘形、扇形、双半圆形。激振方式有单轴偏心激振和双轴偏心激振。支承槽体的主振弹簧形式有板弹簧、螺旋弹簧和橡胶弹簧等，目前以板弹簧使用最多（图5-53b）。

(3) 电磁式振动输送机　激振力由电磁铁驱动产生，具有振动频率较高、振幅可无级调节、送料均匀、体积小、输送距离短、结构简单、功耗低等特点，但成本较高（图5-53c）。

（三）主要构造

振动输送机主要由槽体、驱动机构、摇杆机构等组成（图5-53）。槽体是承受和输送物料的载体，用1～2mm厚的钢板制成；驱动机构提供槽体振动动力，分为曲柄连杆式、惯性式、电磁式3种；摇杆机构通常采用弹簧钢板等间隔平行安装，支承槽体。

（四）主要技术参数

1. 抛掷指数　抛掷指数指振动加速度幅值沿垂直于工作面方向的分量与重力加速度沿垂直于工作面方向的分量的比值，其用来衡量振动输送机的抛掷能力。不同的抛掷指数，物料离开槽体作抛体运动的时间不同，物料输送速度不同。当抛掷指数小于1时，物料不能作抛体运动；当抛掷指数大于1时，物料可以作抛体运动。对于长距离、大输送量的振动输送机，抛掷指数通常为1.4～2.5；对于长度较短的电磁振动给料机，抛掷指数通常为2.5～3.3。

2. 振动强度　振动强度指振动加速度幅值与重力加速度的比值。振动强度关系到振动输送机的强度、刚度和使用。通常取振动强度为4～6，对于振动给料机，则有少数达10。

3. 振动次数和振幅　电磁式振动输送机一般采用高频率、小振幅。当振动次数为3 000次/min时，振幅一般为0.5～1mm；当振动次数为1 500次/min时，振幅一般为1.5～3mm。惯性式振动输送机一般采用中频率、中振幅，少数采用高频率、小振幅。振动次数通常为700～1 800次/min，振幅为1～10mm。曲柄连杆式振动输送机通常采用低频率、大振幅，少数采用中频率、中振幅。振动次数通常为400～1 000次/min，振幅为3～30mm。

4. 振动方向角　振动方向角指振动方向与振动工作面的夹角。密度大或粒度细的粉料，宜选用较小的振动方向角；水分较大或黏性较强的物料，宜选用较大的振动方向角；对于易粉碎的物料，宜选用较小的振动方向角。

四、气力输送机械

气力输送机是精制茶厂利用管道内流动气流的能量进行茶叶在制品输送的一种机械。

（一）主要特点

气力输送的优点：①采用密封管道输送，可减少输送过程中物料的损失，并且输送场所灰尘减少，改善了车间劳动环境；②结构简单，占地面积小，使用方便；③输送线路灵活，因厂房或机械布置而不能应用其他输送装置的情况下，可用气力输送装置；④可把其他工艺过程与输送过程结合起来，如能进行加热、冷却、分选和除尘等工艺；⑤可进行集中和分散输送，且输送效率高。气力输送的缺点：①管道壁（尤其是弯管部分）易磨损，输送磨琢性较强的物料时磨损更加严重；②不宜输送易黏结成团和易破碎的物料；③风机噪声大，能耗较高。

（二）主要类型

气力输送可分为悬浮输送（又称动压输送）和推动输送（又称静压输送）两大类，使用较广的是悬浮输送。按气流产生方式不同，悬浮输送主要有吸送式和压送式两种。

1. 吸送式输送 风机在输送系统的终端抽吸空气，物料从给料口进入管道，随气流输送到分离器内，通过分离器分离物料，空气经过净化后排放到大气中（图 5-54）。吸送式输送的优点是供料简单、方便，给料口可以敞开，能够装几个吸嘴将数处物料同时向一处集中输送，且被输送物料不易外泄而利于防尘。但其输送距离短，输送浓度比较低，输送所需风速高，功率消耗大，生产率低，输送管道两端压差一般不能超过 0.05～0.06MPa，且管路密封性要求高。

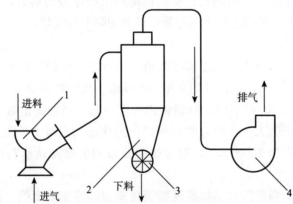

图 5-54 吸送式输送原理图
1. 接料器 2. 卸料器 3. 星形锁气器 4. 风机

2. 压送式输送 风机在起点将空气压入输送管，物料随气流输送，从分离器卸出，空气则经过除尘净化后排入大气中（图 5-55）。压送式输送的特点与吸送式相反，其可以实现较长距离的输送，且输送浓度比较高，输送风速低，功率消耗小，生产率高，但是供料装置结构相对复杂。

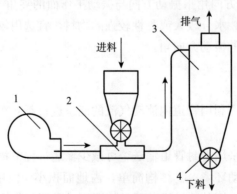

图 5-55 压送式输送原理
1. 风机 2. 供料器 3. 卸料器 4. 星形锁气器

（三）主要构造

气力输送装置由供料器、输料管、物料分离器、锁气器、除尘器、风管及风机组成。

1. 供料器 供料器的作用是将物料与气流混合形成适宜混合比的气料流进入输料管。吸送式供料器通过向负压输料管供料，供料器结构较简单。吸嘴是吸送式气力输送装置的取料部件。当风机开始运转后，整个系统便产生一定的真空度，由于压力差的存在，一部分空气从物料间隙中透过，同时把物料带入吸嘴，另一部分空气则从吸嘴的补充风量口进入，与物料混合，从而保证稳定可靠地输送。

2. 输料管 输料管指气力输送装置中物料分离器前的管道。输料管的截面为圆形，用于茶叶输送的管道多用 0.6～1.2mm 厚的镀锌板加工而成，也可采用塑料管道，以便于监视物料的运行状况。

3. 物料分离器 物料分离器的作用是通过截面扩大容器使气流速度骤降，从而使物料沉降分离。常用的有容积式和离心式两种基本形式。容积式分离器（图 5-56）结构简单，性能稳定，但外形尺寸较大。离心式分离器又称旋风分离器（图 5-57），其尺寸小，容易制造，分离效率较高（一般可达 80%～99%），压力损失小，适合分离粒度尺寸较小的物料，茶厂使用较普遍。工作时，携料气流经切向进料管进入分离器高速旋转，物料由于离心力的作用而被甩到外层，沿圆筒体壁和圆锥筒体内壁作螺旋运动，与它们摩擦使动能迅速消耗，速度逐渐降低，最后滑向圆锥筒体下端的排料口，气流则到达圆锥筒下端后螺旋反升，从排气筒排出。

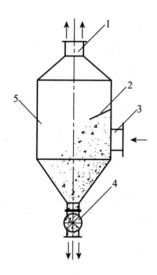

图 5-56　容积式分离器
1. 气体出口　2. 挡板　3. 输料入口
4. 星形锁气器　5. 壳体

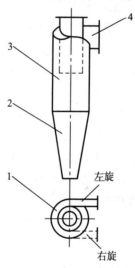

图 5-57　离心式分离器
1. 切向进料管　2. 圆锥筒
3. 圆筒　4. 排气筒

4. 锁气器 锁气器又称闭风器，作用是防止分离器排料口外高压侧过多进入低压侧，保证卸料稳定可靠。星形锁气器由叶轮和圆筒形外壳组成（图 5-58），叶轮不断转动，物料从上端进入，在叶轮的带动下从下部排出。由于叶轮与外壳间隙很小，空气的泄漏量很少。这种锁气器适用于吸送和压送装置的卸料，也可作为压送装置的密封供料。

5. 除尘器 除尘器的作用是收集物料分离器排出的气流中含有的微细物料和灰尘，防止污染环境，改善劳动环境条件，还能回收尚有经济价值的物料，化害为利。精制茶厂多用旋风除尘器和布筒除尘器。旋风除尘器的结构及工作原理类似于旋风分离器；布筒除尘器由布筒、上下箱体、锁气器等组成（图 5-59），含尘气体由风机送入布筒，经布筒过滤后排出。

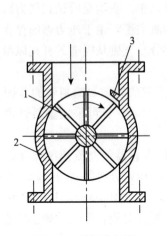
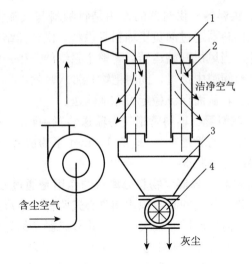

图 5-58 叶轮锁气器　　　　　图 5-59 布筒除尘器
1. 叶轮　2. 外壳　3. 挡板　　1. 上箱体　2. 布筒　3. 下箱体　4. 锁气器

（四）主要技术参数

1. 混合比　混合比指输送物料与空气质量之比，它反映单位时间内单位质量气体输送物料的能力。混合比越大，输送能力越强，但容易造成管道堵塞，工作可靠性较低。混合比的大小受物料性质、输送方式和条件等因素影响。茶叶迎风面积较大，密度较小，属于易输送物料，可取混合比 0.5～2。

2. 气流速度　理论上气流速度高于茶叶颗粒的悬浮速度的 1～2 倍，即可实现气流输送。但由于受茶叶颗粒之间碰撞、颗粒与管壁的碰撞以及气流速度沿管截面分布不均匀等因素影响，实际的气流速度远高于茶叶颗粒悬浮速度。一般气力输送茶叶的水平管路风速为 20m/s，垂直管路风速为 18m/s。

3. 茶叶含水率　茶叶含水率高，其悬浮速度大，气力输送所要求的气流速度大，可能导致输送茶叶的破碎率增加；茶叶含水率增大，其组织强度与抗破碎能力相应增强，输送过程的茶叶破碎率可能降低。

五、辊式输送机械

辊式输送机是依靠驱动着的辊子与物件之间的摩擦使物件向前移动。茶厂常用这种装置输送成箱和成袋茶叶、蒸压茶及其模具等。辊式输送机由辊子组成的辊道、支架和驱动装置等组成（图 5-60）。

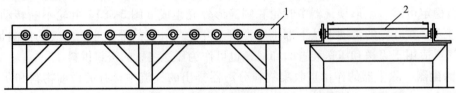

图 5-60 辊式输送机
1. 支架　2. 辊子

1. 辊子 辊道的主要构件，常用无缝钢管制成。辊子轴固定在支架中，辊子与轴之间装有滚动轴承，并用端盖密封。

2. 支架 支架用来支承辊子并把多个辊子连成一体组成辊道。支架多用型钢制造而成，常用的是三角钢和槽钢。支架内宽度略大于辊道宽度。

3. 驱动装置 驱动装置将动力传到辊子轴，使辊子以一定的转速转动，辊子外表面的圆周速度即物件的输送速度。

六、螺旋输送机械

螺旋输送机的优点是结构简单，占地面积小，既可作水平输送，亦可倾斜安装（斜度小于20°）；缺点是容易碎茶，功耗较大，不宜长距离输送。在茶叶加工机械中常以水平螺旋输送机的形式送料或排料。螺旋输送机主要由槽体、转轴、螺旋叶片（也称搅龙）、轴承和传动装置等组成（图5-61）。

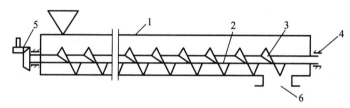

图5-61 螺旋输送机
1. 槽体 2. 转轴 3. 螺旋叶片 4. 轴承 5. 传动装置 6. 卸料口

1. 槽体 一般为U形槽体或圆柱形管。

2. 螺旋叶片 螺旋叶片按结构分为实体板式螺旋、环带式螺旋、桨叶式螺旋3种形式（图5-62）。实体板式螺旋适宜输送小颗粒和粉状物料，茶机中多用；环带式螺旋常用于输送块状和黏性物料；桨叶式螺旋适于输送易黏结成块的物料，在输送中对物料还有拌和作用。

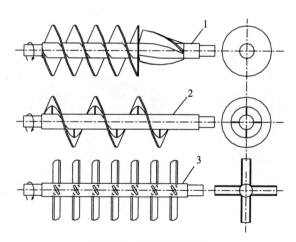

图5-62 螺旋叶片结构
1. 实体板式螺旋 2. 环带式螺旋 3. 桨叶式螺旋

螺旋叶片转速常用经验公式确定：

$$n = \frac{A}{\sqrt{D}} \tag{5-20}$$

式中　n——螺旋叶片转速（r/min）；

　　　A——系数，干燥的茶叶取 $A=65$，潮湿的茶叶在制品取 $A=45\sim50$；

　　　D——螺旋直径（m）。

第八节　茶叶精加工生产线

一、红绿茶精加工生产线

出口红绿茶的质量规格国家统一，但精加工工艺并不统一，主要由毛茶原料、精加工机械及传统习惯所决定。以眉形茶精制加工生产线为例。

（一）眉形茶精加工生产线工艺流程

眉形茶精加工生产线工艺流程如图 5-63 所示。

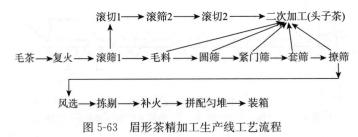

图 5-63　眉形茶精加工生产线工艺流程

（二）眉形茶精加工生产线设备配置

1. 复火　链板式烘干机 3 台（图 5-64），对茶叶进行复火，除去毛茶中过多的水分，以利于精制加工。

2. 滚筛　滚筒圆筛机 2 台（图 5-65），利用滚筒筛的前细后粗筛网，初步分出茶叶的长短、粗细和内质优次，为后续工序的处理打下基础。筛上茶流入 1、2 号滚切机。

图 5-64　复火烘干机组

图 5-65　滚筒圆筛机组

3. 滚切　双螺旋齿切机 1 台（图 5-66），将滚筒圆筛机筛出的茶头，经过阶梯拣梗机剔除部分长梗再进行切轧，切粗为细，切长为短，切后送入 2 号滚筒圆筛机进行第二次筛分。

第二次筛分的毛茶头与抖头、平圆头、紧门头、套头、撩头合并送 2 号滚切机。

4. 毛抖 单层抖筛机 2 台（图 5-67），滚筛的筛下茶合并送到抖筛机进行毛抖，分出抖头和抖底，抖底送圆筛机分筛，通过抖筛机的不同筛孔，初步将粗细不同的茶叶分开，抖出粗大的头子茶。

图 5-66　齿切机组

图 5-67　毛抖机组

5. 圆筛 平面圆筛机 1 台（图 5-68），初步将长短不同的茶叶分开，筛下 5 孔和 7 孔茶分别送紧门筛和套筛。

6. 紧门筛、套筛 双层抖筛机组 5 台（图 5-69），按照各级别茶的要求，分号抖筛，进一步对茶叶粗细进行区分整理，筛下茶送撩筛。

图 5-68　平面圆筛机组

图 5-69　紧门筛、套筛机组

7. 撩筛 平面圆筛机 5 台，交叉撩出 5、6、7 孔本身筛号茶，使各号茶长短匀齐。

8. 风选 吹风式风选机 4 台（图 5-70），对不同筛号茶分出轻重、厚薄，扬去混杂在茶叶中的黄片、茶木、碎片及其他非茶类夹杂物。一口为砂石口，二口茶为正子口茶，三口茶为子口茶。

9. 拣剔 拣剔分为阶梯式拣梗、静电拣梗、色选和人工拣剔 4 种类型。阶梯式拣梗机 10 台（图 5-71），对各类茶的 5 孔茶进行拣剔，再由静电拣梗机复拣；各级茶的 5~8 孔茶都需经过色选或手拣，手拣是将筛分不出和风选不净的茶梗、茶籽及其他杂物拣剔出来（图 5-72）。

图 5-70 风选机组

图 5-71 阶梯拣梗机组

10. 补火 链板式烘干机将茶叶进一步灭菌，控制成品内质和出厂水分（图 5-73）。

图 5-72 手工拣剔

图 5-73 补火烘干机组

11. 匀堆 行车式匀堆机 2 套（图 5-74），根据各级成品茶的要求，将不同筛号茶按比例拼配并混合均匀。进行 4 次拼和：①按筛号顺序、比例，分层次投入补火烘干机投茶斗，利用烘干机匀叶轮初步拼和；②补火后的茶叶通过纵横行车分层次送入 1 号匀堆机储茶斗再拼和；③1 号匀堆机储茶斗出茶门纵向剖料；④送入 2 号匀堆机再次分层均匀混合。匀堆机行车运行可定位，设置料空、料满报警。

12. 装箱 装箱机组 1 套（图 5-75），每箱正茶容量 20kg，茶箱规格 43cm×31cm×47cm。

图 5-74 行车式匀堆机组

图 5-75 包装机组

二、乌龙茶精加工生产线

乌龙茶精加工生产线按其布局结构分为立体式（图5-76）和平面式两种。前者便于茶叶输送和全封闭作业，减少碎茶和茶尘，适用于全自动加工生产线；后者机械设备配置灵活，适用于半自动化加工生产线。为使茶叶产品符合食品卫生要求，精加工生产线采用不锈钢材料制造。

（一）乌龙茶精加工生产线工艺流程

乌龙茶全自动精加工工艺流程：色选→人工目视拣剔→复火→摊晾冷却→静电拣梗→筛分、切轧→风选→拣剔→匀堆→过磅装箱。日产10t乌龙茶精加工生产线工艺流程如图5-77所示。

图5-76　乌龙茶立体式精加工生产线

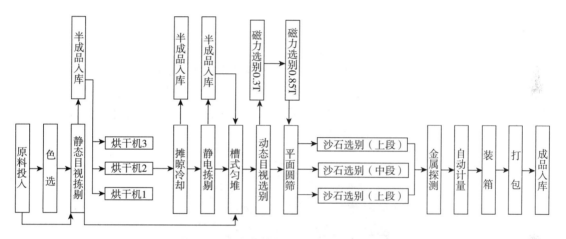

图5-77　乌龙茶精加工生产线工艺流程图

（二）乌龙茶精加工生产线设备配备

1. 色选　色选机组如图7-78所示。色选的作用是将茶叶与茶梗分离，代替人工拣梗，其生产率高（300kg/h），比人工拣梗提高工效300倍以上，拣净率95％以上，误拣率10％以下。

图5-78　乌龙茶色选机组

2. 人工目视拣剔 人工目视拣剔的作用是将毛茶中残留的塑料、玻璃、木炭、金属及虫子等恶性非茶类杂物以及茶梗、筋、朴片等拣剔干净。静态目视拣剔线和动态目视拣剔线如图 5-79、图 5-80 所示。

图 5-79 静态目视拣剔线　　　　　　图 5-80 动态目视拣剔线

3. 复火 复火的作用是控制茶叶水分和微生物的含量，达到特定的火候要求，促进茶叶转色和发展茶叶香气。配置 6CH-25 型全自动电热链板式烘干机 3 台（图 7-81），烘干机摊晾冷却 1 台。烘干机烘箱做成封闭式，将机箱顶部排出的热气加以回收利用，再回到进风端的电加热器内重新加热，形成热空气的内循环，以充分利用热能，避免茶香逸失。在烘干机进风口处设置挡尘网，以避免茶粉经加热器点燃将火星带入烘箱。在烘干机的进风口、烘箱、排气口等装置设置热电偶温度传感器。

图 5-81 复火烘干机组

烘干机工位安装电器控制箱，采集和显示烘干机工艺参数（如风温、链速等），通过变压器调节烘干机电热功率，通过交流变频器对烘干机链板速度进行无级变速。

作业时，将各台烘干机上烘的原料含水率输入中央控制室的计算机，计算机实时在线监测各台烘干机的进风温度信号，通过分析比较，然后向各台烘干机发出进风温度和电机转速的控制调整指令，使各台烘干机的复火叶含水率达到一致。

4. 静电拣剔 静电拣剔的作用是拣剔出茶叶中的梗皮、茶毛等轻飘杂质（图 7-82）。

5. 匀堆 按照手工匀堆"水平层摊，纵剖取料"的原理，对各种原料茶进行拼配匀堆，以调剂品质，提高和稳定茶叶质量。配置"横铺竖切"匀堆机 1 套（图 7-83）。匀堆次序是先匀堆高档茶，后匀堆低档茶，上茶速度为 8～10 箱/min，每一种原料茶的摊叶厚度控制在 200mm 以内，开茶时间掌握在 100min 以内。耙茶器可随拼配茶叶粗细而相应调节转速，一般低档茶的转速高于高档茶的转速。

图 5-82　高压静电拣梗机　　　　　　图 5-83　"横铺竖切"匀堆机

6. 磁力选别　磁力选别的作用是将采制过程中混入茶叶中的铁钉、铁丝等含铁类夹杂物拣出，确保茶叶中不含金属夹杂物。磁力选别装置（图 7-84）的磁辊磁感应强度分别为 0.3T 和 0.85T，磁辊一般装在输送装置投茶口和动态目视拣剔线的末端。

7. 筛分与切轧　筛分的作用是将乌龙茶分出粗细、长短，便于沙石选别机分路加工，同时将不符合要求的长条茶、短碎茶、头子茶和茶末筛出。配置 6CY-32 型平面圆筛机 1 台（图 5-85），头子茶输送至切轧机切轧后再次送到平面圆筛机筛分等级，剔去茶末。筛分车间作业粉尘和噪声较大，宜采取玻璃房等隔离措施或安装滤筒式除尘器除尘降噪。

8. 砂石选别　采用茶叶多功能风选机 3 台（图 5-85），通过风力将采制过程混入茶叶中的沙石以及轻飘黄片拣出。平面圆筛机筛分出的上段、中段、下段茶分入 3 台风量不同的多功能风选机进行风选。茶叶多功能风选机为专利产品，双风机、双风道设计，其风选能力强，风量调节范围宽，可无级调速。一般将风选机的出风口与离心风机的进风口相连，使气流密闭流动，避免茶尘飘逸。

图 5-84　磁力选别装置　　　　　　图 5-85　平圆筛、风选机组

9. 金属探测　茶叶通过金属探测线时，若探测到茶堆中有少量的不锈钢、铝等非磁性金属物料，探测线自动将该问题茶堆放出，供人工拣剔。

10. 自动称量装箱 采用 PCS-5 型称量器,具有去皮、零位、满度数字调整、零位自动跟踪、分度值选择、多点定值设计、自动控制与手动控制切换等功能,可设置定值、快加料、慢加料、报警 4 种状态,并可输出快慢加料和放料等 5 种控制信号。

复习思考题

1. 筛分机械有哪几种?其作用分别是什么?工作原理分别是什么?
2. 平面圆筛机的传动机构是什么?曲柄设置有哪几种形式?
3. 茶叶抖筛机有几种类型?
4. 金属丝筛网的规格用目(或孔)表示,目(孔)指什么?平面圆筛机与抖筛机筛网规格范围有什么不同?
5. 试述平面圆筛机、抖筛机、滚筒圆筛机、飘筛机的工作条件(转速)。
6. 如何正确使用茶叶筛分机械?
7. 试述常见的切茶机械种类。
8. 吹风式风选机与吸风式风选机的主要区别是什么?如何正确使用和调节风选机?
9. 阶梯式拣梗机的拣净率、误拣率、误拣比各指什么?其工作原理及工艺性能特征是什么?
10. 高压静电拣梗机和摩擦式静电拣梗机的原理是什么?工艺性能特征是什么?
11. 色选机的主要构造是什么?工作原理是什么?影响色选机工艺性能的因素有哪些?
12. 卷曲形乌龙茶钩式拣梗机需要与哪一种拣剔机械配套使用?
13. 试述炒车机与车色机的区别。
14. 匀堆机有哪两种?其工作原理分别是什么?
15. 茶厂常见的输送机械有几种类型?其各有哪些特点?

第六章　茶叶再加工机械

【内容提要】 本章主要介绍花茶窨花机械、起花机械、摊晾冷却机的主要类型、性能特点、主要构造和工作原理，蒸茶设备、压茶设备的主要类型、主要构造、工作原理、操作方法及维护保养技术。

第一节　花茶加工机械

一、概述

（一）花茶加工工艺

花茶是利用鲜花吐香和茶坯吸香的原理，用精茶与香花窨制而成。茉莉花茶的窨制工艺流程：茶坯处理→鲜茶维护→茶花拌和→静置窨花→通花→收堆续窨→起花→转窨复火→提花→匀堆装箱。

1. 茶坯处理　茶坯付窨前的复火干燥处理。烘温约120℃，历时10min。烘后茶坯含水率为3.5%～5%，视茶叶等级和窨次而定，高级坯含水率低于低级坯。

2. 鲜茶维护　鲜茶维护分为伺花和筛花。鲜花（茉莉花）含苞欲放时采下，按50～100mm薄摊，以散发表面水分、青气及热量。待花温降低后进行堆花，堆厚40～60cm，以提高花温促进开放，如此反复3～5次，鲜花逐渐开放，此称为伺花。当开放率达70%左右，花朵微开呈现虎爪状时，进行一次筛花，分出大花、中花、小花与未开放的花蕾和杂质。大花开放早，质量好，用于窨制优质茶或作提花用；未开放的花蕾继续伺花、待开放后付窨；未成熟的青蕾弃去不用。

3. 茶花拌和　当香花达生理成熟期而进入吐香时，与茶坯拼合拌匀，香气随水分一起被茶坯吸收。拌和前应先确定茶、花配比，而后将茶坯总量的1/5～1/3摊于洁净的板面上作底层，厚100～150mm，再将鲜花按总量的1/5～1/3均匀地铺撒在茶坯面上，依此一层茶一层花相间铺3～5层，最后一层用茶作盖面。铺撒后进行拌匀，做成长方形堆垛，一般厚250～350mm。最后用茶叶盖面，以防鲜花香气损失。

4. 静置窨花　茶花拌和后的静置过程。窨花方法依容器不同分为箱窨、囤窨、堆窨和机窨，一般少量窨花用箱窨或囤窨，大量窨花用堆窨或机窨。

5. 通花与收堆续窨　将窨堆扒开，让鲜花通气散热。窨堆中香花的呼吸作用及坯内含物质氧化产生的二氧化碳和热量在窨堆中积累，形成高温和缺氧的环境，当堆温达一定程度（如茉莉花为48℃），鲜花生机受损，不仅丧失吐香能力，还会产生异味，影响花茶品质。通花一般需30～60min，当堆温降至高于室温1～3℃时，鲜花恢复吐香能力，即可收堆续窨。

6. 起花　将窨堆中的花渣与茶分离。当窨花进行十几个小时后，香花水分丧失，生机衰退，吐香能力减弱，而茶坯吸水湿软，此时应用起花机械快速筛出花渣，以防花渣发酵。起花后，将质量好的花渣用于低级茶的压花。

7. 转窨复火 花茶下次付窨前的干燥。每次窨制完毕转至下一次窨花（或提花）时，茶坯由于窨茶过程中吸湿，使付窨茶坯含水率超过要求，必须复火。复火后提花的含水率略高于复火后再窨的含水率，一般为6.5%～7.0%。

8. 提花 最后一次窨花时，以少量香花与茶坯拌窨6～8h，起花后不经烘焙，直接匀堆装箱。花茶窨制过程，每窨花一次，均需经过烘焙复火（连窨法除外），以蒸发茶坯过多的水分，只有少量水分随香气滞留在茶叶，使茶坯赋香。经烘焙的花茶鲜灵度不足，提花的目的是弥补这一缺陷。

9. 匀堆装箱 同茶叶精加工。

（二）花茶加工机械的类型

目前大宗花茶加工的机械化自动化水平仍较低，生产上常见的花茶加工机械主要有窨花机械、起花机械、摊晾冷却机等类型，其中窨花机械是花茶加工的关键设备。

二、窨花机械

窨花机械是花茶加工的主要机械设备。窨花机械有移动式窨花机、百叶板式窨花机、行车式窨花机、隔离式窨茶机等类型。

（一）移动式窨花机

移动式窨花机是我国窨花机械化历史上出现最早的机种。其特点是可流动进行茶、花拼合，机体紧凑，生产率为15 000kg/h。

1. 主要构造 移动式窨花机主要由送茶输送带、送花输送装置、螺旋式茶花拼合装置、铺茶装置和机架等组成（图6-1）。

（1）送茶输送带 送茶输送带为一条宽度为700mm的帆布输送带，下设980mm高的投茶斗，送茶量通过调节手轮调节出茶口的开度来控制。

（2）送花输送带 同送茶输送装置。有4种送花速度，以适应不同投花量的要求，分别为：一窨220r/min、二窨120r/min、三窨80r/min、提花60r/min。

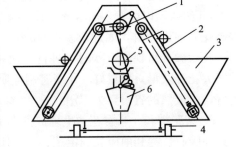

图6-1 移动式窨花机
1. 偏心轮 2. 输送带 3. 投茶斗
4. 行走轮 5. 搅龙 6. 摆斗

（3）螺旋式茶花拼合装置 螺旋搅龙接收送茶、送花输送带投下的茶坯和鲜花，边搅拌混合边向一侧推出，流到铺茶装置中。

（4）铺茶装置 铺茶装置由曲柄摆杆机构和摆斗组成。摆斗在曲柄摆杆机构的带动下向两边摆动，将茶与花的混合物铺撒在地上。

（5）机架与底盘 机架主要由两条倾斜输送带构成三角形骨架，机架上还设有传动机构等，全部框架安装在可行走的电瓶车上，操纵者可在座位上做转向和行车等操作。

2. 工作过程 工作时，茶坯和鲜花分别倒入投茶斗和投花斗，由送茶输送装置及送花输送装置送入机器上部的茶花拼合装置，经螺旋拌和器均匀拼合后落入铺茶装置，并均匀地铺撒在地面上。当铺放厚度达到要求时，在窨堆上面覆盖一层10mm厚的茶叶，完毕后机身向后倒退，进行另一块作业。

(二) 百叶板式窨花机

百叶板式窨花机也称窨制联合机。该机的特点是采用电子皮带秤，实现茶和花的自动同步跟踪配比给料；温度自动报警，自动通花；各层百叶板采用独立传动机构，可按工艺要求进行无级调速以及电路集中控制等。它将花茶窨制过程中所需设备联装在一起，可以进行摊花、筛花、拼和、窨花、通花、提花、压花、起花等工艺的机械化连续化作业，全机只需5人操作管理，节省劳动成本，但设备钢材用量较大，投资较高。

1. 主要构造 该机由储茶斗、输送带、茶花拼合装置、窨花机、筛花机、传动机构、操纵台等组成（图6-2）。

(1) 储茶斗 储茶斗用于储存待窨茶坯，可容茶2t。储茶斗设在窨花机前端顶部。

(2) 升运带 升运带用于将茶和花升运到窨花主机的顶部，送入拼合机内。升运带为两条倾斜的输送带，带上安装密接的升运斗。送茶输送带转速固定，用1.7kW电动机带动；送花输送带采用6.5kW直流电动机带动，用可控硅无级变速。

(3) 茶花拼和装置 拼和机位于主机进料一端的上方，呈漏斗状，用以接收输送带送来的茶坯和鲜花。斗下装有螺旋搅拌器，由0.6kW的电动机带动，将茶坯和鲜花搅拌混合，然后经拼和斗的下口流向主机的百叶板输送带上，并由窨花机上的匀叶轮将混合料铺平。

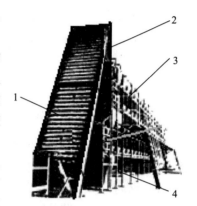

图6-2 百叶板式窨花机
1. 茶花输送带 2. 茶花拼和装置
3. 百叶板窨花带 4. 振动槽

(4) 窨花机 窨花机用于鲜花的堆放、窨花以及窨制品的寄存。窨花机长24~30m，宽4m，高4.5~4.8m，结构类似于百叶链板式烘干机，由宽度为2.5m的铝质百叶链板和传动机构组成，上下分4层，每层能单独传动，每层移动所需时间为3~12min，全程共28min。每层可负载茶花3 000kg。

(5) 电气操纵台 电气操纵台用于集中控制和操作机组各部分工作。有5组可控硅调速，对送花输送带和百叶链输送带的5台直流电机进行无级变速，对11台交流电动机采用磁力启动控制。

(6) 筛花机 筛花机是用于筛花、起花和通花时摊晾的过渡设备。结构为一大平面圆筛机，其进口与窨花机的出口连接，出口可与窨花机的进口连接（通花时用），也可另行流出（起花时用）。

(7) 振动槽 振动槽设在窨花机的底部，起收集输送落下来的茶与花的作用。

2. 工作过程 作业时，茶坯和鲜花按一定配比分别由送茶输送带和送花输送带送至茶花拼合装置内，茶坯与鲜花混合后，落在窨花机最上层的百叶板输送带上。最上层的百叶板输送带前端的匀叶轮将混合料铺平，在每层的端处，每块百叶板都要翻转为垂直状态，从而使上层的茶、花落入下一层，依次铺满底层后，百叶板停止运动，进行窨花。通花时，开启窨花机，百叶板翻转，使茶、花落入振动槽，进入筛花或续窨工序。

(三) 行车式窨花机

行车式窨花机将行车作业应用于花茶窨制工艺上，设备结构简单，投资较低，能减轻工人劳动强度；缺点是通花时易使鲜花产生局部机械损伤。

1. 主要构造 该机主要由斗式提升机、横向输送带、储茶斗、长槽、输送带等组成（图6-3）。

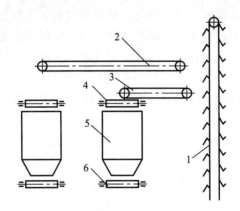

图6-3 行车式窨花机结构示意图
1.斗式输送机 2、3.横向输送带 4.纵向行车 5.长槽 6.通花输送带

（1）斗式提升机 将茶叶和鲜花提升送到横向输送带。
（2）横向输送带 将茶和花按比例分别送给纵向、横向输送带。
（3）纵向行车 将茶、花均匀铺放在长槽上。
（4）长槽 窨制花茶的场所。
（5）通花输送带 完成通花循环作业。

2. 工作过程 工作时，电子皮带秤控制茶叶和鲜花的流量，专用行车按工艺要求纵向、横向移动，将茶、花混合料均匀地铺放在长槽内进行静置窨制。当堆温达到一定值时，温度报警装置报警，并自动打开长槽，由长槽底部的输送带完成通花循环作业后，进入续窨或起花。

（四）隔离式窨茶机

隔离式窨茶机的特点是鲜花不直接与茶坯接触，而靠气体循环完成茶坯窨香；不需通花和起花，窨制的花茶香气鲜灵度较高。

1. 主要构造 该机主要由输送装置、储茶箱、储花箱、管路系统、传动机构、电气控制系统、机架等组成（图6-4）。圆筒形的储茶、储花箱共18只，分成左右两组，每组交叉配置5只储茶箱体和4只储花箱体，两组箱体通过管路系统构成气体循环。

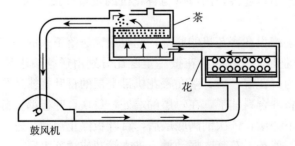

图6-4 隔离式窨茶机结构示意图

2. 工作过程 窨制过程中，整个系统形成密封循环体。开启风机，管路系统进入工作

状态，气体定时交替循环流动，使鲜花香气反复通过茶层，茶坯不断吸附花香；同时向系统内不断补充氧气，以利于长时间保持鲜花活力。

三、起花机械

1. 主要构造与技术参数 起花机用于将窨制后的花渣筛出。筛床的倾角为5°左右，振频为300次/min；筛网的规格为2~4目，或用孔径为6~10mm的圆孔筛。该机由筛床、减速机构、曲柄连杆机构、双摇杆机构、往复惯性平衡机构、机座等组成。

2. 工作原理 筛床作弧形往复运动，茶花混合物沿筛网纵向前进，细小的茶叶穿过筛孔而下，粗大的花渣在筛面上向低处出口移动，从而实现茶、花分离。起花作业时要掌握筛面茶叶通过量均匀适量，使茶叶与茶渣分开，达到茶中不带花渣，茶渣中不夹茶。如果发现花渣中夹茶或茶中带花渣，需复筛取出茶叶或去掉花渣。

四、摊晾冷却机

摊晾冷却机的作用主要是将复火后的花茶温度降低到室温。该机由3层振动槽、弹簧钢板、上叶输送带等组成（图6-5）。

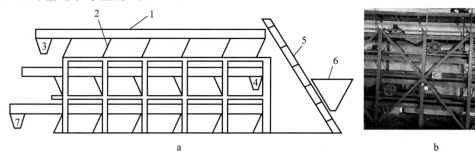

图6-5 花茶摊晾冷却机
a. 结构示意图 b. 外形图
1. 振动槽 2. 弹簧钢板 3. 顶层出茶口 4. 中层出茶口 5. 上叶输送带 6. 投茶斗 7. 下层出茶口

工作过程：经复火的花茶由烘干机的振动槽送入输送带，将茶叶平铺在长约10m的振动输送带上。在振动输送带的振动力作用下，茶叶边向前移动边散热冷却，经出茶口落入中层的振动输送带。茶叶自上而下缓慢移动，经过3层输送带的摊晾，历时约30min，叶温由100℃降至60℃以下，进入装箱阶段。

五、茉莉花茶不落地清洁化生产线

茉莉花茶不落地清洁化生产线包括鲜花养护、筛花、茶花拼和、窨制、通花、复窨、起花、烘干、摊晾等工艺模块，生产线设备如图6-6所示。

1. 鲜花养护 将进厂的鲜花及时摊放在网带式养花机上，根据环境温度、花温和含水率的不同，养花机的摊花厚度可自动调节和翻动，使鲜花开放度达到最佳状态。

2. 筛花 筛花机与养花机相配套。当鲜花开放率和开放度在最佳状况时，及时筛花、分级、投窨，短时间完成，提高鲜花的利用率。

3. 茶花拼和 拼和斗与茶叶输送带、鲜花输送带的末端相连。根据窨制品等级、窨次

图 6-6 茉莉花茶不落地清洁化生产线
a. 正面图 b. 侧面图
1. 网带式养花机 2. 筛花机 3. 网带式窨花机 4. 鲜花输送带
5. 拼和斗 6. 茶叶输送带 7. 起花机

和下花量,通过变频调速控制茶叶输送带与鲜花输送带的速度,从而控制茶、花拼和的比例,同时将拼和后的茶花窨制品均匀铺放在变频式网带窨花机,进行数小时窨制。窨花机共有 4 套,每套各有 2 层,可同时窨制不同等级、花色的窨制品。

4. 通花与复窨 当窨制品的堆温达到通花工艺要求时,各窨花槽进行同时或先后、前进或后退,或再次拼和等一系列操作,达到最佳散热效果后,收堆进入复窨工序。

5. 起花 当窨制品达到最佳起花程度时,输送到起花机进行茶、花分离,提高成品茶的鲜灵度。

6. 湿坯摊放、烘干、摊晾联机作业 茶花分离后的湿茶坯分别送入窨花机摊放待烘和链板式烘干机烘干,窨花机通过调频控制,与烘干机的烘干速度相匹配,将湿茶坯缓缓输入烘干机,烘干后的热茶坯又被送回窨花机摊晾,适时入仓存储。

第二节 茶叶蒸压设备

一、概述

(一)紧压茶加工工艺

紧压茶的品种多,采用的原料不同,形状也有较大差异,主要有黑砖、茯砖、花砖、米砖、沱茶以及普洱紧压茶等。以普洱茶(熟茶)紧压茶为例,加工工艺流程:原料→拼配→潮水→称茶→蒸茶→压茶→退压→干燥→包装→仓储陈化。

1. 原料 普洱茶(熟茶)紧压茶的原料是优质云南大叶种晒青毛茶经渥堆后发酵制成的普洱茶(熟茶)散茶,含水率为 12%~15%。

2. 拼配成堆 拼堆前对已制好的各种茶坯对照标准样茶进行内质与外形审评,决定适当的拼配比例。拼堆时,将各筛号茶或各等级原料拼合均匀,使同一拼堆的原料品质一致。

3. 潮水 潮水又称洒水,目的是促使压制紧结,增进汤色,使滋味回甜。是否洒水和洒水数量多少要根据茶叶类别、老嫩程度及空气湿度而定。普洱茶(熟茶)、晒青老茶需要潮水,嫩的晒青叶可以直接蒸压。潮水量一般为雨季加水 6% 左右,干燥天气加水 8% 左右,洒水拌匀后堆积一个晚上，即可付制。

4. 称茶 称茶是成品单位质量是否合乎标准计量与原料浪费的关键。称茶的数量应根据拼配原料的水分含量，按付制料水分标准与加工损耗率计算，质量超出规定范围的均作废品处理。

5. 蒸茶 蒸茶的目的是使茶坯变软便于压制成形，并可使茶叶吸收一定的水分进行后发酵，同时消毒杀菌。蒸茶的温度一般保持在90℃以上。沱条、饼茶每甑蒸10~15s，待蒸汽冒出茶面，茶叶变软时即可压制。

6. 压茶 压茶分为手工压制和机械压制两种，在操作上要注意压力一致，以免厚薄不均。装模时要注意防止里茶外露。

7. 退压 压制后的茶坯需在茶模内冷却定型3min以上再退压。退压后的普洱紧压茶要进行适当摊晾，以散发热气和水分，然后进行干燥。

8. 干燥 干燥方法有室内自然风干和室内加温干燥两种。室内自然风干120~190h才能达到标准干度。室内加温干燥的温度从低到高，又从高到低，一般为40~60℃。下烘时成品沱茶含水率不高于9%，圆茶含水率不高于14%。

9. 包装 云南普洱紧压茶包装大多用传统包装材料，如内包装用棉纸，外包装用笋叶、竹篮，捆扎用麻绳、篾丝。包装前必须作水分检验，保证成品茶含水率在出厂水分标准以内。

10. 仓储陈化 普洱茶（熟茶）紧压茶包装成件后，贮藏于干净、通风、阴凉的仓库内，让其自然陈化。注意保持室内温湿度的相对稳定和环境清洁卫生。

（二）茶叶蒸压设备的类型

茶叶蒸压设备包括蒸茶设备和压茶设备。

1. 蒸茶设备 蒸茶的作用是提供高温水蒸气，使茶坯变软，吸收一定的水分，便于后续工序的压制与后发酵。常见的茶叶蒸压设备有蒸茶器、蒸茶台，其特点是间歇式作业，结构简单，造价较低。

2. 压茶设备 压茶设备即指压砖饼设备，用于黑砖、茯砖、普洱茶等的压制，生产上常见的有螺旋压砖机、蒸汽压砖机和液压压砖机。

二、蒸茶设备

（一）蒸茶器

1. 主要构造 该设备由进茶斗、蒸汽通道、蒸笼、出茶器等组成（图6-7）。

（1）进茶斗 进茶斗是由薄钢板制成的喇叭形漏斗，高1m，上口尺寸为80cm×80cm，下口尺寸为300mm×300mm。

（2）蒸笼 蒸笼高1m，直径30cm，蒸汽通道包裹在蒸笼外边，与蒸笼壁之间的空隙为5mm，在蒸笼壁上钻有孔径为2.5mm的蒸汽通孔，孔间距3cm。

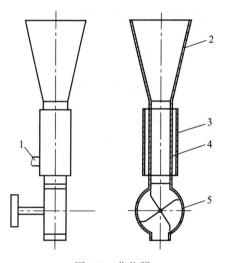

图6-7 蒸茶器
1. 蒸汽进口 2. 进茶斗 3. 蒸汽通道
4. 蒸笼 5. 出茶口

(3) 出茶器　出茶器的直径为 60cm，内设有 4 个叶片的叶轮，转速为 48r/min，按逆时针方向旋转。出茶器具有锁气器的功能，防止出茶时空气倒流。

2. 工作过程　半成品茶从进茶斗徐徐落入蒸笼内，蒸汽通过蒸汽通道从通汽孔进入蒸笼，将茶叶蒸软。出茶器能控制茶叶在蒸笼内停留的时间，若转速快，茶叶停留时间短；转速慢，茶叶停留时间长。出茶器具有锁气密封作用，最后蒸汽随茶叶由出茶斗排出。

（二）6CZ-2 型蒸茶台

1. 性能与构造　6CZ-2 型蒸茶台的特点是结构紧凑，体积小，移动方便；易清洁，不污染；热效率高，省时省力；蒸茶时间可调等（图 6-8）。

该机的外形尺寸为 1 200mm×600mm×800mm（长×宽×高），额定电功率 12kW，额定工作压力 0.4MPa，饱和蒸汽温度 151℃，额定蒸汽蒸发量 16kg/h，正常水容积 16.5L。

2. 使用操作

（1）进水　开启进水阀，连接发生器电源，向锅筒内供水至正常水位，关闭蒸汽阀门及排污口阀门。

（2）检查　安全阀的额定压力已由厂方调整好，不得自行调整，若发现安全阀失灵，应更换新的安全阀；压力控制器的工作高压和工作压力厂方已经调整好，不得自行调整。

图 6-8　6CZ-2 型蒸茶台

（3）加热　接上电源，打开电源开关，工作指示灯亮，开始加热炉水。

（4）供气　当压力升至工作压力后，打开出汽阀，把蒸茶筒摆至出汽口时，光电开关感应到时即出汽，当出汽达到时间继电器所设定的时间后即停止出汽。如出汽量较大时可通过调节出汽口处球阀的开度来实现。

3. 故障原因及排除方法　全自动蒸茶台的故障原因及排除方法如表 6-1 所示。

表 6-1　全自动蒸茶台故障原因及排除方法

序号	故障现象	产生原因	排除方法
1	接通电源，指示灯全部不亮	空气开关未拨或电源有问题	正确接好电源，或更换开关
2	接通电源，电源灯亮，加水灯亮不停，或者常报警	水泵电机卡死，水泵有空气	打开水泵电机后罩，拨动散热风叶数圈；打开水泵排气螺丝，排除空气
3	刚开机加热压力表就达到额定压力，打开出汽阀没有蒸汽	内胆水位很高或满	打开出汽阀和排污阀，排空内胆水，让机器自动上水
4	加水正常但不加热	压力控制器失灵，如加热灯亮，可能加热管烧坏或者掉相	更换压力控制器或者电热管，检查电路，更换电路板
5	电源灯亮，其他灯不亮	控制板有问题	更换控制板
6	达到指定压力仍继续加热	压力控制器失灵，加热接触器触头有粘连	更换压力继电器或者加热接触器

(续)

序号	故障现象	产生原因	排除方法
7	断路器频繁动作	断路器损坏	更换相应功率的断路器
8	加热慢	电源电压低,加热管部分电阻丝断路,接触器触头烧坏,或者缺相	更换加热管或接触器或检查三相电源
9	有压力时,加水加不进去,水泵一直工作;没压力时可以加水	止回阀有问题或者水泵叶轮有问题或者电机绕组短路	更换止回阀水泵或者维修水泵
10	发生器加热时漏电	加热管有问题	更换加热管
11	加水时漏电	水泵电机受潮,水泵绕组烧坏	维修或者更换水泵
12	机器工作时有焦烟味或者冒烟	接线端松动或者接触不良	检查接线端并接牢固
13	工作正常,蒸汽含水汽很重	内胆水位过高或者压力低于0.2MPa	排掉多余的水或者维修电极
14	排污受阻	长时间没排污,水垢堵死	定期排污或者疏通管道水垢

三、压茶设备

(一)螺旋压砖机

1. 主要构造　螺旋压砖机为黑砖、茯砖、普洱紧压茶等的压制机具。该机由压板、螺旋机构、砖模、摩擦轮、离合器、电动机、传动机构及机架等部件组成(图6-9)。

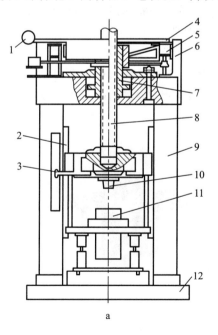

图 6-9　螺旋压砖机
a. 结构示意图　b. 外形图
1. 风机　2. 左右滑道　3. 撞块　4. 主动轴　5. 电机　6. 左右支架
7. 螺母　8. 螺杆　9. 左右立柱　10. 压板　11. 砖模　12. 磨座

(1) 压板　压板用于压制茶砖，用铸铁制成，与螺旋机构的螺杆连接，压板向下压砖时的压力为 280kN。

(2) 砖模　压砖模，位于压板与机座之间。

(3) 螺旋机构　螺旋机构用于产生机械压力。方牙螺杆用 45 号钢制成，螺杆上下行程 30cm，与螺杆相配合的螺母与摩擦轮固定在一起。

(4) 摩擦轮　摩擦轮用于带动螺旋机构的螺母旋转，通过螺母带动螺杆上升或下降；主、从动摩擦轮用铸铁制成，主动摩擦轮有两个，相对固定在主动轴上，通过摩擦力带动中间摩擦轮工作；螺旋压砖机的中间摩擦轮上安装有摩擦片，摩擦片是易损零件，一般工作 20d 左右要更换新摩擦片。

(5) 离合器　离合器用于分离和接合两个主动摩擦轮动力，可将轴左右移动，保持一对摩擦轮接合，还能使两主动轮同时与中间轮分离，使压板保持不动。

(6) 电动机与传动机构　电动机功率为 28kW，转速为 1 450r/min，经一次皮带轮减速传动。

2. 工作过程　工作时，电机动力通过皮带一级减速传入主轴，操纵主轴离合器手柄，交替变换两个主动摩擦轮工作，使主轴在转向不变的情况下，变换主动摩擦轮与中间摩擦轮的接合，从而改变螺母转动方向，改变方牙螺杆的上下运动。螺杆上升时，将蒸好的茶坯倒入砖模；螺杆下降时，带动压板 280kN 的向下压力，完成一次压砖作业，周而复始，循环反复。

3. 使用保养　螺旋压砖机的螺母与螺杆是主要润滑点，每隔 2h 需加一次润滑油。中间摩擦轮的摩擦片是易损零件，一般工作 20d 左右需更换新摩擦片；铸铁螺母是易损件，要经常检查，发现磨损，及时更换。

(二) 蒸汽压砖机

蒸汽压砖机的工作原理与螺旋压砖机相同，只是改为蒸汽作为动力，蒸汽压力推动活塞上升或下降，带动压板上下工作。蒸汽压砖机的特点是噪声小，工作压力大。该机由压板、汽缸、活塞、气门、汽阀、进出气管等组成（图 6-10）。

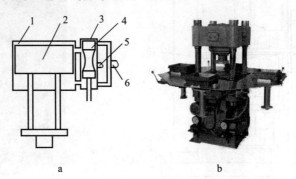

图 6-10　蒸汽压砖机
a. 结构示意图　b. 外形图
1. 汽缸　2. 活塞　3. 气门　4. 汽阀　5. 出气管　6. 进气管

压板上下行程为 20cm，压砖时压力为 300kN，活塞连接压板，气门控制蒸汽进入汽缸上部或下部，蒸汽压力推动活塞上升或下降。当汽阀向上时，则蒸汽从气门下部进气管进入汽缸下部,推动活塞上行,而活塞顶部的蒸汽则通过汽缸上部通气管从气门中部出气管流出;当汽阀向下时,则蒸汽从气门上部进气管进入汽缸上部,推动活塞下行,而活塞下部的蒸汽通过汽缸下部通气管仍从气门中部出气管流出,通过活塞带动压板上升或下降,进行装茶和压制作业。

(三) 液压压砖机

6CY系列液压茶机是生产紧压茶的专用设备(图6-11)。本机的特点是结构紧凑,采用液压阀集成控制形式,速度快,工作平稳,安全系数高,噪声低;控制灵敏,操作简单,压力可调,行程可调。提供手动与自动两种工作方式,手动方式主要用于安装模具和调试设备时使用;自动方式用于正常工作情况下使用。选配不同的砖模(成型模具)可以压制出不同形状大小的茶块。

1. 主要技术参数 不同型号的6CY系列液压茶机的主要技术参数如表6-2所示。

图6-11 液压式压砖机

表6-2 6CY系列液压茶机主要技术参数表

序号	型号	公称压力(kN)	行程(mm)	装机功率(kW)	液压油最高工作压力(MPa)	油箱装油量(L)	电源	外形尺寸(mm)
1	6CY-Y10	100	400	4	14	100	380V/50Hz	860×760×2 000
2	6CY-Y10A	100	400	4	14	100	380V/50Hz	860×760×2 000
3	6CY-Y20	200	400	5.5	16	100	380V/50Hz	860×760×2 000
4	6CY-Y20A	200	400	5.5	16	100	380V/50Hz	860×760×2 000
5	6CY-Y30	300	400	5.5	17	100	380V/50Hz	960×760×2 400
6	6CY-Y30A	300	400	5.5	17	150	380V/50Hz	960×760×2 400
7	6CY-Y50	500	400	5.5	20	150	380V/50Hz	960×760×2 400
8	6CY-Y50A	500	400	5.5	20	150	380V/50Hz	960×760×2 400
9	6CY-Y100	1 000	500	7.5	16	400	380V/50Hz	1 273×1 000×2 400
10	6CY-Y100A	1 000	500	7.5	16	400	380V/50Hz	1 273×1 000×2 400

2. 主要构造 该机主要由油缸、液压系统、电气控制系统、机架等组成。上油缸向下施加压力,使茶叶在模具内成型;下油缸向上施加压力,顶出成型后的茶块。油缸具有保压功能。

3. 工作过程 工作时,按下自动循环按钮,油缸快速下行,当碰到中间行程开关时,油缸开始慢速下行,下行至下限行程开关或压力达到所调定的压力值时,油缸开始自行保压。保压时间一到,油缸即开始卸压,当达到所设定的卸压时间时,油缸快速回程,直至碰到上限行程开关。踩下脚踏开关的向上开关,把所压制好的茶叶顶出,用手取出茶叶成品。

4. 操作使用

(1) 安装调试

①在油箱内注入 46 号液压油 100~140kg。

②启动电机，注意电机旋转方向，从电机罩壳方向看应顺时针方向旋转，使泵空转 5min 以上，用脚踩脚踏开关的向上开关和向下开关，使油缸活塞杆来回运动 10 余次，有效排空油缸内的空气。

③打开压力表开关，用脚踩向下开关直到油缸杆到底，脚不放松，观察压力表读数，此时的读数应为 3~5MPa，这是设备出厂时设定的最高压力。用户可根据压制不同的物料，调节最高压力，转动溢流阀手柄，即可调整压力上升或下降，但最高压力不得超过上述主要技术参数表（表 6-2）中的数值。

④当压力调定后，放松脚踏开关，锁紧调节压力开关的螺母，关闭压力表开关，则系统在调定的压力下正常工作。

⑤安装模具时，先将下模安装好，然后将上、下模压头同时含进中模（上、下模压头不接触），再将上模与压机大压板连接好，最后将中模与台板连接好。单独开动上下油缸，开动下油缸时将退出中模，开动上油缸时将下油缸降低至最下位且上模压头端面不超过中模一半，反复几次，确认配合可靠，最后扭紧固定。安装模具时要将液压机压力调至最小。模具要小心轻放，不得相互磕碰。

(2) 压茶操作

①装茶：踩下油缸向下开关至最低位置，将蒸好的茶倒入模具平台上，扒匀、扒平，并将多余的茶叶清离台面。

②压茶：将压机上压头压到最低位置，然后向上稍微开动一点，重新将压机上压头压到最低位置进行保压定型，此时应放开脚踏开关，机器自动保压（一般保压定型 10~60s）。

③顶出：将压机上压头向上升到适当位置，以方便装茶、取茶。踩下油缸向上开关将茶块顶起少量距离，然后向下稍微开动一点，目的是使茶块与下模头分离。再次向上便可将茶块顺利顶出。

④取茶：手动将茶块扒下模具台面。随后循环进行以上 4 个步骤即可。

(3) 操作注意事项

①在装茶时，要将下油缸降至最低位置，否则压制时会压坏模具和下油缸，装茶量也不足。

②上下模具不能同时操作，应在完成一个动作后，再进行下一个动作，否则会压坏机器和模具。

③应保证压机工作台板与下模之间干净无杂质，要求每班工作完成后打开罩壳，清理台面、下模顶杆周边缝隙处的所有杂质，否则会因为这些杂质而压坏机器和模具。清理时一定要停机操作，注意安全。

④对一些压不紧的茶叶可通过延长蒸茶时间和保压定型时间来进行处理，严禁反复冲压，因为这种操作方式对机器损坏比较大。

⑤对于压制小沱茶时易粘膜的问题，可在下凹模内贴上不干胶薄膜，薄膜损坏后要及时更换。

⑥如需变更装茶量，可在下顶杆安装板与下模托板之间加平板来调整。

5. 维护保养

①液压油的最高压力不得超过规定值，否则可能造成油泵、电机或机架损坏。

②液压油必须经过严格过滤才能注入油箱，其油位不得低于油标指示线，使用油温在 15~60℃范围内，工作一段时间后，油面低于油标最低位时，应加油到正常工作油位。

③第一次更换油箱内的液压油，时间不应超过3个月，但油液经过过滤后可重新使用。以后每年清洗并更换新油一次。

复习思考题

1. 窨花机械有哪些类型？
2. 隔离式窨花机械有什么优缺点？
3. 起花机械的引导机构采用什么机构？其工作原理是什么？
4. 试述蒸茶设备的构造与操作使用方法。
5. 螺旋压砖机、蒸汽压砖机、液压压砖机各有何特点？
6. 试述液压压砖机的构造、操作方法及维护保养技术。

第七章 茶叶包装机械

【内容提要】 本章主要介绍茶叶销售包装用的茶叶分装机、封口机、真空包装机、真空充氮包装机械以及常见的各种类型袋泡茶包装机的主要构造和工作原理。

第一节 茶叶包装机械

一、概述

(一)茶叶包装机的作用

茶叶包装机是一种使用适当专用的茶叶包装材料、适当的工艺,将不同类型的茶叶进行产品包装的设备。茶叶包装机的作用是保证茶叶产品在运输、销售过程的安全性,避免茶叶产品因受到污染、损坏、氧化、受潮受光而引起的陈化、霉变和变质,承载着传递产品信息、塑造产品形象、推广企业品牌和提高产品附加值等功能。

(二)茶叶包装机的类型

茶叶包装机分为运输包装用的包装机和销售包装用的包装机。运输包装是指用于散装茶或小包装茶运输的包装,包装材料一般为木板箱、胶合板箱或纸板箱;销售包装是指茶叶分装、封袋、真空(气体)包装。

二、茶叶分装机

茶叶分装机的主要功能是代替人工称量茶叶,具有精度高、速度快、易操作、可靠性高等优点,但仍需要人工配合完成取袋、装袋、排袋、封袋等后续作业。

(一)主要构造

茶叶分装机由送料转盘、自动称量装置、光电传感器、可编程控制器(PLC)等组成(图7-1)。

1. 送料转盘 采用高精度旋转振动式送料转盘,由送料转盘、螺旋导叶片、料位控制间隙补料装置等组成,使松散型茶叶颗粒物料下料均匀,分装准确。

2. 自动称量装置 采用荷重式传感器,有双头秤和四头秤两种,可根据茶叶的形状、结合、松散程度自动调节速度。

3. 光电传感器 红外光电传感器用于自动感应料袋位置,位于出料口下方,可控制称重斗打开放料。

4. 可编程控制器(PLC) 自动控制分装机的定量、称重、显示、报警等动作。可一键开机,自动计量和称重。

图7-1 茶叶自动分装机
1.控制面板 2.航空接头 3.提手
4.进料口 5.可视窗
6.出料口 7.光电传感器

（二）操作使用

1. 开启　打开电源开关。

2. 定量　根据定量需要，按"暂停"键使设备处于暂停状态，再按"定量"键显示所包装质量，然后按"←"/"→"键移动闪烁位，按"＋"/"－"键改变闪烁数值大小，最后按"确认"键，存储定量值。

3. 称重　按"启动"键，分装机开始自动称重工作，显示屏显示的数值达到设定质量时，即可接料。

4. 接料　手拿茶叶袋套住接料口，轻触光电感应开关，称斗打开放料，放料完毕后显示"0.0"，进行下一次自动称重。

5. 清零　若需对质量累计值及包数清零，先使设备处于暂停状态，再按"清零"键即可清零。

6. 清料　在称重状态中，若不需要定量包装，剩在料仓里面的茶叶要放掉，按"清料"键，清料完毕，再按"确定"键退出。

7. 欠料　在送料过程中，若不到定量，则自动暂停并报警，说明料斗内无茶叶，需添加茶叶，再按"启动"键进入工作状态。

三、茶叶封口机

茶叶封口机是一种可置于桌上使用的塑料膜包装茶袋自动封口机。

（一）主要构造

茶叶封口机由茶袋输送装置、花纹压力调节器、封口加热块和冷却块、控制面板、机架等部分组成（图7-2）。小型手提式封口机不设机架等，作业时将由茶袋输送带或手持送至封口装置的上下封口加热块之间，进行加热黏结封口。

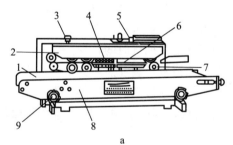

图7-2　自动封口机
a. 结构示意图　b. 外形图
1. 输送带　2. 防护罩　3. 花纹压力调节器　4. 封口冷却块　5. 控制面板
6. 封口加热块　7. 封口袋轮　8. 机架　9. 机架高度调节旋钮

（二）工作过程

作业时，将装入适量茶叶的茶袋未封端手持放在茶袋输送带上，由茶袋输送带送至封口装置的上下封口加热块之间，在上下封口加热块热量作用下，茶袋塑膜被适度熔化黏结，从另一端送出，完成封袋。

四、茶叶真空包装机

(一) 室式茶叶真空包装机

1. 主要构造 室式真空包装机由真空泵、真空室、控制系统、热封装置和电磁阀等组成（图7-3）。

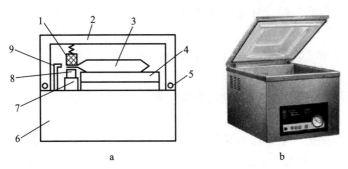

图7-3 室式真空包装机
a. 结构示意图 b. 外形图
1. 橡胶垫板 2. 真空室盖 3. 包装袋 4. 垫板 5. 密封垫圈 6. 箱体
7. 加压装置 8. 热封杆 9. 充气管嘴

(1) 真空泵 真空泵的作用是减压包装或排气包装，使茶叶包装袋内的真空度达到600～1 333Pa。一般采用单级旋片真空泵，精度为1.5～2.5级。

(2) 电磁阀 真空电磁阀通常有两只。一只为二位三通电磁阀，主要作用为控制热压封口装置上下位移工作；另一只为二位二通电磁阀，主要作用为真空、热封结束后打开通路，使大气进入真空室，否则真空室将不能开启。

(3) 真空室 常用的真空包装机分为单室和双室两种，单室为翻板式，双室为往复式。真空室一般为铝合金、不锈钢铝镁合金材质，密封圈一般采用硅橡胶。真空室内放有活动垫板，可根据包装袋数量调整真空室容积，以调节真空泵抽气时间，提高效率。

(4) 热压封口装置 热压封口的加热元件是镍铬带，装在热封支架上，热封支架紧贴在气囊上。热封前气囊处于低真空状态，热封时，气囊通过热封电磁阀动作与大气相通产生压差，使气囊容积变大而使加热元件下压，压紧封口，同时加热，加热温度和加热时间均可调节。

(5) 时间继电器 用于控制真空时间和热封时间，真空时间范围为0～99s，热封时间范围为0～9.9s。

(6) 变压器 通常有两只，一只将输入电压380V变为输出电压220V，提供控制回路和指示灯的电源；另一只为热封变压器，将输入电压380V变为20～36V。

(7) 交流接触器 通常有两只，一只控制真空泵工作，另一只控制热封变压器工作，工作电压为220V，工作电流为10A。

(8) 控制系统 国产真空包装机各操作程序大都采用继电器逻辑线路控制，少量产品用可编程控制器控制。

2. 工作过程 工作时，合上真空盖，触动行程开关，真空泵运转进行抽真空，其室内负压而使室盖紧压箱体构成密封的真空室。当达到所设定的时间后，真空度达到预定值，二位三通电磁阀通电动作，使空气推动气囊膨胀，热封条上升，对茶袋进行封口。达到设定的封口时间后，二位二通电磁阀通电放气。通过控制器程序控制各电磁阀启闭，自动完成抽真空、热封的操作。

（二）茶叶全自动真空包装机

茶叶全自动真空包装机可自动连续完成茶叶称量、内外装袋、抽真空、热封口等作业，具有结构紧凑、生产效率高、劳动成本及劳动强度低等特点。称量范围 3～20g，包装速度 40～46 包/min，称量包装精度±0.1g。适用于颗粒形茶叶的包装。

1. 主要构造 全自动真空包装机由称量装置、内膜袋成型装置、自动装外袋装置、真空封口装置、自动控制系统等组成（图 7-4）。

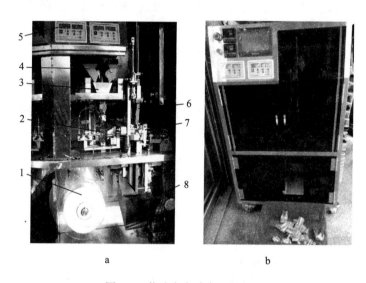

图 7-4 茶叶全自动真空包装机
a. 内部结构图 b. 外形图
1. 内膜袋 2. 内膜袋成型装置 3. 落茶斗 4. 自动称量装置 5. 控制面板
6. 自动装外袋装置 7. 真空封口装置 8. 包装袋出口

（1）称量装置 称量装置由高低频振动槽、输送皮带、减震器、自动补偿系统等组成。称量秤有两个，中间连接落茶斗，交互称量茶叶。

（2）内膜输送、成型、封口装置 该装置由卷膜筒、凸轮输送成型装置、热封边装置等组成，连续完成卷膜、成型、装袋工作。卷膜为厚度 0.02mm 透明无印刷的 PPC 膜，凸轮成型装置和热封边装置将卷膜围成宽度为 100mm 的袋条，并开口向上接收称重斗落下的茶叶，然后利用热封口装置将袋条封口并切断成为单个茶叶内包装袋。

（3）自动装外袋装置 自动装外袋装置由接茶袋滑板、储袋盒、吸袋汽缸、转位汽缸、取袋双吸嘴、辅助吸嘴等组成。

（4）抽真空热封口装置 抽真空热封口装置由容器、密封汽缸、封口汽缸、真空泵、热封口装置、自动控制系统等组成。

（5）自动控制系统 自动控制系统采用触摸式控制屏。

2. 工作过程

（1）进茶称量　振动槽作高频快速振动，快速完成粗投称茶；进料后期采用低频振动，放慢进料速度，并在自动控制系统设定的自动补偿模式下共同完成最后的精确进料，称茶精度达±0.1g。振动槽采用减震弹簧避震，保证自动称量的精确度。

（2）卷膜成型内袋　一次性完成卷膜成型内袋，并装入由称量斗落下的定量茶叶。

（3）外袋包装　接茶袋滑板将茶叶内包装袋送到接茶筒内，吸袋汽缸推动取袋双吸嘴伸向储袋盒，在真空吸力的作用下吸取包装袋，接着茶袋转位汽缸将茶袋转动90°，并推送至接茶筒的外套筒下，辅助吸嘴配合完成自动张袋，茶叶自动下落至包装袋中，完成装袋填料过程。

（4）抽真空热封口　装好茶叶的包装袋下落至容器内，密封汽缸动作，压块与凹状触头接触，使包装袋口合拢并固定包装袋；负压通孔通过凹状触头与包装袋形成一个密闭的空间，启动真空泵，真空度达到预定要求后，封口汽缸推动热封触头，压紧包装袋口并热封，完成包装袋的抽真空和热封动作，真空包装好的成品沿着输送带送至包装机的出口，完成整个包装作业。

（三）茶叶连续包装机组

茶叶连续包装机组集自动称量、充填、制袋、封口、打码、计数功能于一体，包装速度35～60包/min（双排70～120包/min），多用于商品茶的包装。

1. 主要构造　茶叶自动称量包装机组包括自动称量机和立式制袋充填包装机，主要由自动称量装置、制袋装置、自动充填装置、茶袋自动封口装置、计数机构和电子控制系统等组成。

（1）自动称量装置　自动称量装置有双头秤和四头秤两种。双头秤称量速度为15～30次/min，四头秤为30～55次/min；称量范围有0.5～50g、50～1 000g和500～5 000g 3种，对应称量精度范围为±0.1g、±1g和±10g。

（2）制袋装置　制袋装置采用夹钳式拉膜机构，可将各类材质自动折制成枕式袋、折边袋（佛利斯克袋）、盒式袋、三边封口袋，制袋尺寸为50～340mm×80～260mm。还有一种四边封口茶叶自动包装机组，制袋尺寸为300mm×70～200mm，并且可制纸、塑等材质的四边封口袋。

（3）抽真空惰性气体充填装置　该装置由抽真空装置、封口装置、机架和控制系统等组成。

2. 工作过程　作业时，茶叶从储茶斗落入自动称量装置，称量后经称重斗落入茶袋；装有适量茶叶的茶袋由输送带送至空气抽空管处，空气抽空管自动插入茶袋，封口装置将茶袋未封端的边缝压住，封闭茶袋；抽真空装置将茶袋的空气陆续抽出，当袋内真空度达到一定程度时，抽真空管和惰性气体充气管之间的转换阀自动转换，惰性气体开始充入茶袋；当惰性气体充入量达到一定程度时，气管口自动从茶袋内拔出；封口装置自动对所压住的边缝加热封口，然后茶袋被输送带继续向前送出机外，从而完成抽气充惰性气体的自动包装。

茶叶抽气充惰性气体自动包装机是一种自动化程度很高的设备，只要将装入适量茶叶的茶袋放在输送带上，抽气充惰性气体的自动包装过程则会在控制系统控制下自动完成。

3. 操作注意事项　茶叶连续包装机组在使用中应注意几点：①使用符合要求的茶叶专

用复合包装袋,因为复合包装袋可保证包装的良好密封,并使茶叶保质期达到规定期限要求;②抽气充惰性气体自动包装的茶叶袋在贮存和运输过程中不允许重压,否则将引起茶袋破损,故运输时一般要使用硬质板箱盛放。

第二节　袋泡茶包装机械

一、概述

(一) 袋泡茶的发展历史

袋泡茶始于1904年的美国,当时以薄的纱布把茶叶扎成小球,放在杯子里冲泡,这种球状茶包在当时尚属一种高级消费品,价格昂贵。直到第一次世界大战结束后,袋泡茶价格才降低到一般消费者能够承受的水平。红碎茶创制成功,为袋泡茶及袋泡茶包装机快速发展奠定了良好的基础,使袋泡茶在欧美及世界各地的销量直线上升。20世纪90年代,袋泡茶已风靡世界。

目前,全球袋泡茶贸易量占茶叶总贸易量的25%左右,特别是在欧美地区,袋泡茶已成为茶叶销售和消费的主要形式,其中,欧洲袋泡茶消费量占80%,美国占80%,而中国仅占4%,我国袋泡茶的发展空间较大。

(二) 袋泡茶包装机的发展历史

袋泡茶包装机的作用是将一定规格的碎型茶或条形茶,采用袋泡茶专用滤纸,包装成饮用时连袋一起冲泡且一袋一泡袋泡茶的设备,其自动化、生产率和包装精确度高。袋泡茶包装机始于1920年前后,随着袋泡茶销售量的增加,茶叶包装商开始研制包装小茶球的机器。美国气动衡器公司首先研制出全自动茶球包装机,包装形状与手工包装一样为球状,速度可达30~35球/min。20世纪50年代,意大利的IMA集团、阿根廷的Maisa公司、德国的TEEPACK公司等纷纷推出各自的袋泡茶包装机,使得袋泡茶产销两旺。

袋泡茶包装机、袋泡茶专用滤纸和茶叶原料被称为袋泡茶的三大生产要素,袋泡茶包装机是三大要素的重中之重。袋泡茶包装机已成为当今世界所有包装机械中最为精密的机种之一,世界上仅有少数国家能够制造生产,常被用作衡量一个国家的机械生产水平。

(三) 袋泡茶包装机的分类

1. 按封口方式分类　袋泡茶包装机按照内袋封口方式分为冷封型和热封型。冷封型袋泡茶包装机使用冷封型内袋滤纸,封口压辊不加热,在室温状态下进行内袋两侧挤压封口,内袋最终封口及与挂线连接用铝镁合金材料金属钉钉成。典型机型如意大利IMA公司的C20型和C21型。这类机型的优点是工作效率高、可靠性好,最高包装速度达2 000包/min,但其结构复杂,机体庞大,成本昂贵,维修困难,钉钉工序噪声较大,铝镁合金材料对茶汤形成污染,目前使用较少。热封型袋泡茶包装机使用热封型内袋滤纸,通过电热元件对封口压辊加热,在加热状态下进行内袋两侧挤压封口,同时最终封口及与挂线连接也是热封完成,广泛应用于生产。典型机型如意大利YMA公司生产的C51型和C2000型。中国、阿根廷、日本等国家生产的全部袋泡茶包装机均为这类机型。

2. 按内袋形状分类　袋泡茶包装机按照内袋形状分为单室袋型、双室袋型、金字塔包型及圆形单室袋型。单室袋型和双室袋型袋泡茶包装机应用最为普遍,两种机型构造相近,只是内袋滤纸的折叠机构部件的结构不同。单室袋型袋泡茶包装机,其滤纸折叠机构可将滤纸折叠成信封状的单层袋,再由装料机构装入茶叶,封口压辊封压上口并夹入吊线。因为这种袋形酷似信封,故又称信封袋。该类机型的包装速度较慢。双室袋型袋泡茶包装机先将滤纸折叠成2倍单层袋长度的信封袋,封口压辊两边封边,再折叠成两室,在两室上部装入茶叶,由压辊封压上口并夹入吊线。因为这种袋形酷似W形,故又称W袋。双室袋浸泡面积大,茶汁溢出快,利于冲泡,茶包易下沉。双室袋型袋泡茶包装机性能较全面,如能包内袋、自动粘吊线和挂标签。金字塔包型袋泡茶包装机是英国联合利华公司发明专利产品,为世界上当前最先进的袋泡茶包装机,其包装速度虽然较低(100包/min左右),但每包包装的茶叶量较大,最大可达500g/包,并能包装条形茶。金字塔包利于茶汁溶出,并在茶汤内形成旋涡,使茶汤浓度均匀。

3. 按包装功能和速度分类 袋泡茶包装机按完成的作业功能分为仅包滤纸内袋机型,可包滤纸内袋并自动吊上棉线和标签机型,可包滤纸内袋、外袋(外封套)机型,可包滤纸内袋、外袋(外封套)和按规定包数装盒并封上透明塑料薄膜机型等。按照包装速度分为每分钟包装数十包或一二百包的慢速机型、每分钟包装数百包的中速机型和包装上千包的高速机型。我国生产的袋泡茶包装机型基本上均为低速机型。

(四) 不同类型袋泡茶包装机的特点

1. 意大利 IMA 公司产品 意大利 IMA 公司是世界上最著名的袋泡茶包装机生产公司,袋泡茶包装机最快包装速度达到2 000包/min。该公司的生产机型有C21型、C45型、C56型、C2000型等。C21型和C45型是我国进口较多的袋泡茶包装机。C21型属于冷封型双室袋全自动式袋泡茶包装机,吊线和标签齐全,机械性能稳定,工作可靠,但需用钉口钉连吊线和标签及最后封口,包装速度不高;C45型包装容量较大,最多可达20g/包,包装速度为200~220包/min,对于集体饮用的壶泡袋泡茶和保健茶的包装非常适用;C56型是一种不带吊线、仅包内袋的机型,包装速度快,可达1 500包/min;C2000型被认为是当前功能最全、性能最先进的双室袋热封型袋泡茶包装机,它的包装速度为400~450包/min,包内袋、钉吊线和标签、包外袋、装盒、打码、剔除缺陷产品等连续完成,内袋可以在55mm×63mm到70mm×70mm范围内任意选择,生产效率高,单班袋泡茶年生产量为50 000箱(100t),自动化程度高,包装质量好。

2. 阿根廷 Maisa 公司产品 Maisa 公司是世界上热封型袋泡茶包装机的专业生产厂家,是我国从国外引进袋泡茶包装机数量最多的厂家。Maisa 公司产品的性能和作业质量较好,价格较低,适于较小规模袋泡茶生产企业使用。其中EC12型为仅包内袋机型,EC12B型为既包内袋又可包纸质外袋机型,EC12Y型为既包内袋又可包复合材料外袋机型。

3. 德国 TEEPACK 公司产品 TEEPACK 公司生产的Constanta型产品,型号不多,为冷封双室袋型袋泡茶包装机,可包外袋,包装速度为中、低速,又需用钉口钉最后封口,我国使用很少。

4. 国内生产的袋泡茶包装机 我国袋泡茶包装机生产厂家有洛阳南峰机电设备制造有限公司、天津轻工包装机械厂、厦门市宇捷包装机械有限公司等。机器结构与性能基本上与阿根廷机型相似。

不同类型袋泡茶包装机技术参数见表7-1。

表 7-1 国内外袋泡茶包装机主要型号和性能

生产地与公司	机器型号	主要技术参数		包装形式	
		生产率（袋/min）	包装量（g/袋）	内袋形式	外袋形式
意大利 IMA 公司	C21	160	0~2.50	冷封双室	纸复合膜
	C2000	400~450	0~2.50	热封双室	纸
	C45	200~220	0~20.00	热封大袋	无
	C55	450	2.27~7.50	热封	无
德国 TEEPACK 公司	Constanta	160	2.75~5.00	冷封	纸复合袋
	Perfecta	350	2.75~5.00	热封	纸复合袋
阿根廷 Maisa 公司	EC12	120	0~2.50	热封单室	无
	EC12B	120	0~2.50	热封单室	纸
	EC12Y	120	0~2.50	热封单室	复合膜
日本株式会社	HK301T	30~50	0~5.00	热封单室	纸
	HK601T	30~50	0~5.00	热封单室	纸
中国台湾和富实业忠山机械厂	JS6A	34~50	1.00~6.00	热封单室	纸
洛阳南峰机电设备制造有限公司	CCFD6	110	0~2.50	热封单室	纸
	DCDC8 I	120	0~2.50	热封单室	自动装盒
	DXDC8 IV	105	0~2.50	热封单室	多种复合膜
	DCDC8 II	90	0~2.40	热封单室	纸塑复合
	DXDC15	105	1~5.00	间歇热封单室	多种复合膜
天津轻工包装机械厂	DCH160	28~55	1.5~4.0	热封单室	无
厦门市宇捷包装机械有限公司	YD-18	30~40	0~2.50	热封单室	铝箔
	YD-12	40~80	1~5.00	热封单室	无
	YD-11	45~80	1~5.00	热封单室	无
	YD-10	30~60	1~5.00	热封单室	无

（五）袋泡茶包装材料

袋泡茶包装材料包括内袋滤纸、外袋、包装盒和塑料玻璃纸，其中内袋滤纸为重要核心材料。此外，还包括吊线用的棉线、标签用纸、吊线和标签黏合用的醋酸聚酯胶以及装箱用的瓦楞纸箱等。

1. 滤纸　滤纸的作用是包装茶叶、过滤茶渣，分为热封型滤纸和非热封型滤纸两种类型。热封型滤纸由30%~50%长纤维和25%~60%热封型纤维组成，经包装机封口压辊加热滚压而黏合在一起，形成热封袋。非热封型滤纸由30%~50%长纤维、5%树脂及短纤维组成，树脂的作用是提高滤纸耐沸水浸泡的能力。热封型滤纸卷盘宽度有94mm、114mm、125mm、145mm，非热封型滤纸卷盘宽度有94mm、145mm等规格。

2. 外袋　外袋的作用是防止袋泡茶受潮、吸异味，兼有标识品牌的作用，分为单胶纸、复合纸、复合薄膜等类型。单胶纸密度大，一面上胶，防潮、防异味和阻气性能较强，规格有$50g/m^2$、$60g/m^2$和$70g/m^2$。复合纸是将纸与塑料、纸与金属等材料复合而成，如PE/纸、铝箔/PE/纸等，复合纸比单胶纸的防潮和阻气性能更好，印刷效果好，包装美观，且比纯塑料包装的污染小，因此在茶叶及食品包装上应用广泛。复合薄膜用2层或3层塑料薄膜复合而成，如 PET/PE 膜、铝箔/PE 膜、PC/PE 膜、PET/CPP（聚丙烯）/PE 膜、PET/铝箔等，其防潮、阻气、美观性更好，一般用于较高档次袋泡茶的外袋包装。

二、袋泡茶包装机的构造与选用

（一）扁平袋式袋泡茶包装机

扁平袋泡茶包装机的特点是包装袋一次成型，工作效率高。常见的有立式三边封口袋泡茶包装机。

1. 主要构造 立式三边封口袋泡茶包装机主要由包装膜卷筒装置、制袋装置、计量充填装置、纵封装置、横封装置、传动装置、电气控制和其他辅助装置等组成（图7-5）。

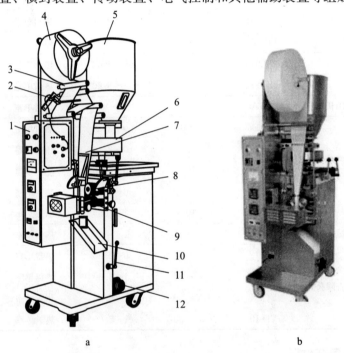

图 7-5 立式三边封口袋泡茶包装机
a. 结构示意图　b. 外形图
1. 电控柜　2. 光电检测装置　3. 导辊　4. 卷筒　5. 储茶斗　6. 计量填充器　7. 制袋器
8. 纵封辊　9. 横封辊　10. 卸料槽　11. 离合手柄　12. 调速旋钮

2. 工作原理 卷筒膜在纵封辊的牵引下，经导辊进入制袋器形成管状；纵封辊在牵引的同时封合纸管对接两边缘，随后由横封辊闭合实行横封切断，每次横封动作可同时完成上袋的下口和下袋的上口封合，并切断分离。茶叶的充填在纸管受纵封牵引下行至横封闭合之前完成。

（二）双袋式袋泡茶包装机

1. 主要构造 双袋式袋泡茶包装机主要由储茶斗、计量装料装置、滤纸输送成型封口装置、标签纸输送折叠装置、棉线送给封接装置、堆叠计量装置、打码机、自动检测装置等组成（图7-6、图7-7）。

(1) 储茶斗　储茶斗具有一定斜度，以使16～40孔茶叶靠自重下落到出茶口。

(2) 计量装料装置　计量装料装置由装料装置和计量装置组成。装料装置将出茶口茶叶送至计量装置，计量装置采用容积量杯计量，按规定容积量取茶叶。

(3) 滤纸输送成型封口装置　该装置的作用是完成内袋滤纸的自动拼接和成型，装入茶叶之后的内袋进行热封口。内袋可以在55mm×63mm到70mm×70mm范围内任意选择。

(4) 标签输送折叠装置　该装置的作用是将标签自动折叠和拼接成型，并自动将标签封在滤纸茶叶内袋。

(5) 棉线送给封接装置　该装置的作用是将棉线卷筒的棉线与标签热封在滤纸茶叶内袋上。

(6) 内外袋套装机构　该装置的作用是将滤纸内袋茶包自动装入外袋。

图7-6　双袋式袋泡茶包装机

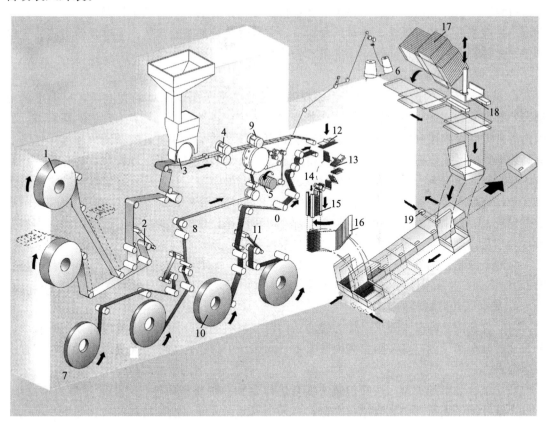

图7-7　双袋式袋泡茶包装机结构原理图

1. 内袋卷筒　2、8、11. 输送成型装置　3. 容积计量器　4、9、12、14. 热封边机　5. 棉线送给封接装置
6. 棉线　7. 标签卷筒　10. 外袋卷筒　13. 内外袋套装机构　15. 堆叠计量装置　16. 隔板　17. 纸板
18. 折叠拼接机构　19. 打码机

(7) 堆叠计量装置　堆叠计量装置将内外袋包装堆叠在外包装塑料袋内,每袋堆叠的茶包数量规格分别有 10 包、20 包和 50 包等。

(8) 打码机　打码机的作用是对纸盒进行打印标记,如批号等。

(9) 自动检测装置　自动检测装置的作用是对产品包装进行自动检测,发现问题产品立即推出机外,合格产品送出。

2. 工作原理

(1) 袋泡茶包装　工作时,滤纸卷筒被传动系统送向自动拼接和成型机构,使内包装滤纸袋成型,茶叶进料机构通过容积量杯将规定数量的茶叶送入成型的滤纸袋中,由热封辊将茶包两侧封口;标签卷筒的标签纸由传动系统自动送至标签折叠装置,使标签成型,再与棉线热封为一体;茶包与标签同时送至热封辊,将茶包内袋滤纸封口,并自动将棉线与标签封在滤纸袋上;外袋卷筒的外包装纸由传动系统送至外袋成型机构自动成型,通过套装机构将滤纸内袋茶包自动装入外袋,并送至热封口机自动封口成型,一包完整的袋泡茶包装完毕。

(2) 盒装袋泡茶包装　通过堆叠计量装置将袋泡茶整理排列于外包装塑料袋,每袋堆叠的茶包数量即为每盒袋泡茶包装的数量,一般有 10 包、20 包和 50 包等。当一盒袋泡茶装满时,纸质隔板自动将每盒堆叠茶包分隔;事先印制切割好的外包装盒纸板坯通过纸板坯储存送料装置,一片片送到纸盒折叠成型装置折叠成型;成型的纸盒送至打码机进行纸盒打印标记;袋泡茶自动装入纸盒,并对纸盒封口,完成盒装袋泡茶的包装;通过自动检测装置检测包装盒是否合格,发现问题立即推出,合格产品被送出机外。

(三) 袋泡茶包装机的选用

1. 袋泡茶原料的选用　以茶叶为原料的纯茶型袋泡茶是最常见的袋泡茶,目前市场上销售的有红茶袋泡茶、绿茶袋泡茶、乌龙茶袋泡茶等;各类颗粒型茶类为理想的原料,如国内外常见的红碎茶和颗粒绿茶等。袋泡茶的原料茶品质主要注重香气、汤色和滋味。为了提高袋泡茶的品质,原料茶一般是经过拼配形成的。如袋泡绿茶可取炒青茶香高味醇、蒸青茶滋味清鲜、烘青茶香气清高且滋味醇爽、珠茶滋味醇厚等特点,进行一定比例的拼配,优点互补,弥补不足,形成风味独特的绿茶袋泡茶。同样,茶叶产地不一,生长环境和茶叶品质差异较大。如中国南方大叶种红茶与北部小叶种红茶,中国红茶与印度红茶,品质均有差异,若相互合理拼配,则可生产出品质优良的红茶袋泡茶。

袋泡茶原料茶的外形规格为 16~40 孔,直径 1.00~1.15mm,其中 1.00mm 者不超过 2%,1.15mm 者不超过 1%;原料含水率不得超过 7%,百克容积应控制在 230~260mL。

2. 袋泡茶包装材料的选用

(1) 包装滤纸的基本要求　作为袋泡茶内包装材料的茶叶滤纸,既要保证使茶叶有效成分快速扩散至茶汤内,又要阻止袋内茶末不会向茶汤中渗出,无味、无臭、无毒,符合食品卫生要求。

(2) 茶叶滤纸的类型　茶叶包装滤纸有热封型和非热封型两种,常用的是热封型滤纸。此外,茶叶滤纸还有漂白和非漂白之分,多采用氧漂白或漂白纸浆材料的包装滤纸。

3. 袋泡茶包装机的选用　我国生产的袋泡茶包装机属低速型包装机,单价仅为国外机型的 1/3,对于中、小型袋泡茶生产厂,国内机型已能满足作业要求,且价格低廉。对于袋泡茶质量要求高、生产量大的袋泡茶生产企业,应优先选用意大利 IMA 公司的袋泡茶包装机。

（四）袋泡茶包装机的使用与维护

1. 使用前准备　检查袋泡茶包装机各部位螺钉是否紧固，运动部件是否处于良好的润滑状态，电控箱内及接线端子需保持干净，以防电气故障。

2. 维护保养　运行时须及时清除残留的纸、粉末及黏合剂，使设备处于清洁状态，以免影响设备的正常工作。及时补充包装用纸，保证正常运转。停机时应使两热封辊处于张开的位置，以防烫坏包装材料。停机后应及时清洁计量部分。对于热封器体，应经常清洁，以保证封口的纹理清晰。光电跟踪发光头应定时清洁，保证光标跟踪的误差小。料盘上散落的物料需及时清理，保持机件喷淋清洗机的干净，当设备上没有生产原材料时，可用低压压缩空气吹，但须注意不能将粉末吹入轴承等转动部件内。定时给袋泡茶包装机的各齿轮啮合处、带座轴承注油孔及各运动部件加注机油润滑。加注润滑油时，请注意不要将油滴在传动皮带上，以防造成打滑或皮带老化损坏。减速机的减速箱每隔 6 个月更换一次润滑油，换油时应用相同牌号的润滑油对箱体内部进行冲刷、清洗。新机运行 1~2 个月后，因减速电机的减速箱处于磨合期，必须更换一次润滑油，以后按正常周期更换润滑油。

复习思考题

1. 试述茶叶分装机的构造与原理。
2. 试述茶叶包装封口机的构造及使用方法。
3. 试述茶叶全自动真空包装机的构造及操作使用方法。
4. 袋泡茶包装机有哪些类型？各有哪些特点？
5. 如何选用袋泡茶包装机？

第八章 茶叶深加工设备

【内容提要】本章主要介绍茶叶深加工常用的茶提取水净化软化设备，茶叶预处理设备，茶叶浸提设备，茶提取液分离纯化、灭菌、浓缩设备，速溶茶粉干燥设备以及超细微茶粉和袋泡茶加工设备的类型、主要构造、工作原理、操作技术及维护保养。

第一节 茶汤提取设备

一、概述

（一）茶提取水的水质与要求

茶汤的提取与水质、茶叶的选择与处理、提取方法与设备等密切相关。提取水是茶叶深加工生产的重要原料之一，水质的好坏直接影响茶叶原有色、香、味等风味成分的保留与否，因此茶叶深加工提取水的水质要求及水净化设备的应用十分重要。

水是茶汤提取的主要溶剂，原料水必须经过净化和软化后才能达到提取用水的要求。水的净化是除去水中悬浮性杂质，水的软化是去除水中溶解性杂质。在自然界中，除未受污染的雨水、雪水是软水外，其余水（泉水、溪水、江水、湖水、井水、未软化自来水等）几乎都不是软水，这类水通常含有钙、镁离子。用未经软化的硬水提取茶叶，将使茶叶中的某些有效成分氧化缩合，导致茶汤变色，失去鲜爽味，对茶产品产生极大影响。因此，茶提取用水须符合我国 GB 5749—2006《生活饮用水卫生标准》（表 8-1），并需要进行水的净化、软化处理。

表 8-1 软饮料用水卫生标准（GB 5749—2006 部分）

项目	标准	项目	标准
色度	无色透明	游离氯	≤0.2mg/L
浑浊度	≤1.6 度	细菌总数	≤100 000 个/L
总硬度	≤85mg/L	大肠菌群	≤3 个/每个水样
总固形物	<500mg/L	致病菌	不得检出

（二）茶提取水净化软化工艺流程

茶提取水净化软化工艺流程：原水→砂滤→活性炭过滤→离子交换（电渗析）→超滤→反渗透净化→茶提取用水（图 8-1）。

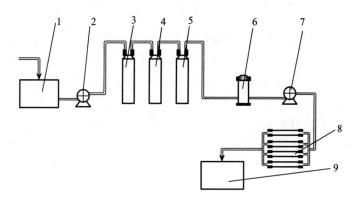

图 8-1 茶提取水净化软化工艺流程

1. 原水箱　2. 增压泵　3. 砂滤棒过滤器　4. 活性炭过滤器
5. 离子交换器　6. 精密过滤器　7. 高压泵　8. 反渗透主机　9. 净水箱

二、茶提取水净化软化设备

（一）水过滤设备

常用的水过滤设备有砂滤棒过滤器和活性炭过滤器。

1. 砂滤棒过滤器　砂滤棒过滤器由壳体、砂滤棒、进水口、排污口、净水出口等组成（图 8-2）。砂滤棒为中空圆柱体，砂芯微孔直径为 $1.6\times10^{-4}\sim4.1\times10^{-4}$ mm，其工作压力一般为 $0.1\sim0.2$ MPa。工作时，水通过微孔进入砂滤棒中空通道，水中的杂质与微生物被微孔截留在棒体外。当砂芯外壁挂垢使滤水量降低时，可取出砂芯，用水砂纸打磨，擦去表面污层，再用 75% 酒精消毒后使用。

2. 活性炭过滤器　活性炭过滤器由罐体、原水进口、冲洗水进口、活性炭层、冲洗水出口、净水出口等组成（图 8-3）。圆柱形罐身的上部为直径 $1.5\sim3.0$ mm 的活性炭，下部为砾石支承层，工作压力一般为 $0.3\sim0.45$ MPa。工作时原水通过活性炭层，悬浮杂质和溶质分子被活性炭阻隔和吸附，洁净的水从出口流出。需要定时对活性炭层表面沉积的悬浮物和吸附的溶质分子进行反向冲洗。

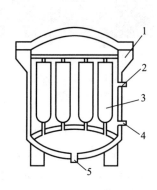

图 8-2　砂滤棒过滤器

1. 壳体　2. 进水口　3. 砂滤棒
4. 排污口　5. 净水出口

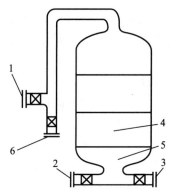

图 8-3　活性炭过滤器

1. 原水进口　2. 冲洗水进口　3. 净水出口
4. 活性炭层　5. 砾石层　6. 冲洗水出口

(二)反渗透设备

反渗透净化水技术是以压力差为推动力,去除水中盐和氯杂质的膜净化操作。

1. 反渗透净化水原理 如图 8-4 所示,用半透膜隔开两种不同浓度的溶液。当液面不加压时(图 8-4a),由于自然渗透的作用,稀溶液中的溶剂(水)将透过半透膜进入浓溶液一侧,平衡之后,浓溶液液面的高度大于稀溶液液面的高度,二者形成高度差,该高度差产生的压力称为渗透压;而当对浓溶液一侧施加压力 P_2(图 8-4b)超过其渗透压时,浓溶液中的溶剂(水)将通过半透膜进入稀溶液,溶剂(水)逆着自然渗透的方向反向渗透,称为反渗透。在膜的低压侧得到净化水,而盐和氯等杂质留在高压侧,利用反渗透原理去除水中的杂质。如用反渗透处理海水,在膜的低压侧得到淡水,在高压侧得到卤水。

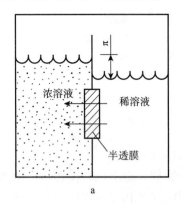 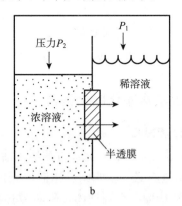

a b

图 8-4 反渗透净化水原理
a. 自然渗透 b. 反渗透

2. 主要构造 反渗透设备主要由原水增压泵、高压泵、反渗透膜元件、膜壳(压力容器)、支架等组成(图 8-5)。原水增压泵为供应水和过滤水提供动力;不锈钢高压泵对反渗透膜的高压侧加压,压力为 1.05~1.6MPa;反渗透膜元件是核心部件,膜孔径为 0.000 1μm,只有水分子能透过,而水中的盐、氯、重金属、化学物质、颗粒物、细菌病毒等对人体有害的杂质不能透过。

图 8-5 反渗透设备
1. 原水进口 2. 膜壳 3. 仪表盘
4. 净水出口

3. 操作使用

(1)启动 要求尽量降低设备的启动停止频率,避免损坏膜元件。

(2)清洗 反渗透膜(RO 膜)使用一段时间后产生污染和老化,导致净化率和产水量降低,需要进行清洗。物理清洗法是定期采用低压、大流量、低 pH 的水冲洗膜面 30min,以剥除附着在膜表面的污垢,改善膜性能;化学清洗法需根据污染物质(如无机物垢、胶体、微生物、金属氧化物等)的不同而采用不同的化学药品进行清洗。

(3)停运保护 反渗透设备中的水存放 3d 就会发臭变质,有大量细菌繁殖。对于停运 15d 以下的系统,可以每 3d 低压冲洗一次,每次冲洗完后需关闭净水设备反渗透装置上所有进出口阀门，保证压力容器内充满水，以防止膜元件干燥和微生物滋生；停运15d以上的系统，必须用杀菌剂充入反渗透装置进行保护，常用的杀菌剂（复合膜）为甲醛10（质量分数）、异噻唑啉酮20mg/L、亚硫酸氢钠1（质量分数）。

（三）电渗析设备

电渗析设备的作用是去除水中的阴阳离子，进行软化水处理。其优点是连续化、自动化程度高，不添加化学试剂，不需再生处理。

1. 主要构造 电渗析设备由膜块、极区和压紧装置3部分构成。

（1）膜块 膜块（图8-6）由一定数量的膜对和隔板组装而成。膜对由阳离子交换膜、阴离子交换膜及相应的隔板组成，阴阳膜用高分子材料制成，对阴阳离子具有选择性；隔板交替放在阴阳膜之间，使阴膜和阳膜之间保持一定的间隔。

（2）极区 极区包括电极、极框和导水板。电极连接电源，正负极之间放置。极框位于电极与膜块之间，以防膜块贴到电极上去，起支撑作用。导水板起引导液体流向的作用。

（3）压紧装置 压紧装置用于压紧电渗析器，使膜块、电极等部件形成一个整体，防止漏水。

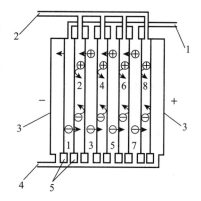

图8-6 电渗析设备膜块示意图
1. 软化水出口 2. 杂质水出口
3. 电极 4. 原水进口 5. 极框

2. 工作过程 工作时，水流沿着隔板平面通过，电流垂直从隔板平面通过，阳离子能通过阳膜而受阻于阴膜，阴离子能通过阴膜而受阻于阳膜。如图8-6所示，在1、3、5、7室中，阴阳离子分别通过阴阳膜进入2、4、6、8室，而在2、4、6、8室中的阴阳离子被阴阳膜阻隔不能进入1、3、5、7室。1、3、5、7室获得不含阴阳离子的软水，汇集到软化水出口。

3. 维护保养 定期倒极、酸洗和冲洗；每隔0.5～1年对设备解体清洗一次；开机前对电渗析设备本体进行一次冲洗；禁止在膜块上存放金属工具和杂物，以免短路烧坏膜块；定期洗刷原水水池和过滤水水箱；压紧板和支架应涂刷防锈漆，螺杆、螺帽应经常上油防腐；如停止运转时，需经常冲水使膜保持湿润状态，防止干燥后收缩变形，若较长时间不用，需将电渗析器拆下保养。

（四）离子交换器

离子交换器又称软水器（图8-7），其作用是进一步去除水中的阳离子和阴离子。离子交换器由阳离子交换树脂柱、除二氧化碳装置和阴离子交换树脂柱等组成。阳离子交换树脂柱内装有食品级钠型树脂（RNa），水流经过阳离子交换树脂时，水中的钙离子与钠型树脂的钠离子交换而被固定在树脂上，去除了钙、镁等阳离子后的水经除二氧化碳装置，减少水中的碳酸根离子，然后再通过阴离子交换树脂，去除硫酸根和氯离子，从而达到净化软化水的目的（图8-8）。

离子交换器处理一定数量的水后，交换能力下降，需进行再生处理。阳离子交换树脂用其质量2～3倍量的

图8-7 离子交换器

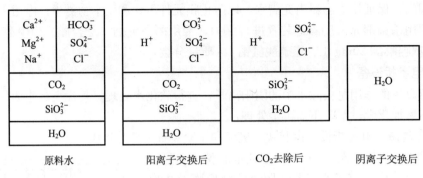

图8-8 离子交换器工作原理图

5%～7% HCl 溶液处理后,再用去离子水洗至 pH3～4,即可再使用。阴离子交换树脂用其质量 2～3 倍量的 5%～8%NaOH 溶液处理后,再用去离子水洗至 pH8～9,即可再使用。

(五) 紫外线杀菌器

紫外线处理水,杀菌消毒速度快,工作效率高,不改变水的物理化学性质,不增加水的臭味,不产生二次污染物质。紫外线杀菌器的作用是产生紫外线,杀灭水中的微生物。隔水套管紫外线杀菌器由外壳、进水口、出水口、石英玻璃套管、紫外线灯等组成(图8-9)。工作时原料水流经石英玻璃套管,受到紫外线灯的照射,而达到杀菌的目的。在连续灭菌时,通常用两台紫外线杀菌器交替使用,以延长紫外线灯的使用寿命。

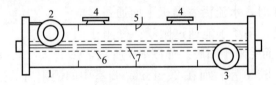

图8-9 隔水套管紫外线杀菌器
1. 外壳　2. 进水口　3. 出水口　4. 观察口　5. 挡板
6. 石英玻璃套管　7. 紫外线灯

紫外线杀菌器使用时需定期检查,确保紫外线灯的正常运行。连续使用 9 000h 或 1 年之后,应替换紫外线灯管,以确保高杀菌率。应尽量避免频繁地开启和关闭紫外线灯,以延长灯管的使用年限;替换紫外线灯管时,先将灯管电源插座拔出,再替换新灯管,注意勿以手指触摸新灯管的石英玻璃,以免产生污点影响杀菌效果。

(六) 超滤装置

超滤装置的原理是利用具有选择透过能力的薄膜作为分离介质,膜壁密布微孔,原液在一定压力下通过膜的一侧,溶剂及小分子溶质透过膜壁为滤出液,而较大分子的溶质被膜截留,从而达到物质分离及浓缩的目的。

中空纤维超滤装置(图8-10)由中空纤维膜筒、供料泵、循环泵等组成。膜筒中的中空纤维膜呈毛细管状,当液体在一定的压力推动下,小分子物质可透过微孔膜,大分子物质则被截留,从而使水净化。中空纤维膜的有效膜面积最大,过滤分离效率高,结构简单,操作方便,容易清洗,在生产过程中不产生二次污染。

超滤装置开机之前,须进行低压冲洗;运行中应注意运行压力是否在工作范围内,并定

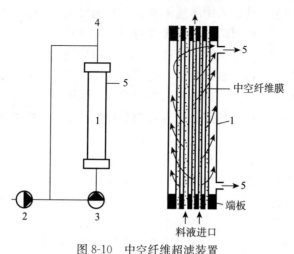

图 8-10 中空纤维超滤装置
1. 膜筒 2. 供料泵 3. 循环泵 4. 浓液出口 5. 清液出口

期对超滤系统设置超滤自动反冲洗；关机前应全开浓水阀和产水阀，使超滤系统处于低压冲洗状态，低压冲洗 5min，关闭增压泵，然后再关闭超滤装置所有阀门，防止空气进入。

三、茶叶预处理设备

茶叶在提取前应进行适度粉碎，茶叶颗粒规格一般为 14 目以下至 34 目以上（0.50mm＜φ＜1.40mm）。颗粒过大，茶与溶剂的接触面小，内含物浸出慢，提取率低；颗粒过细，茶叶易进入茶汤，降低分离速度，增加过滤难度与成本。根据被粉碎物料和成品粒度的大小，茶叶预处理属于中粉碎范畴，采用的设备主要有锤碎机、双齿辊轧碎机。

（一）锤碎机

锤碎机的作用是利用离心力锤击与劈裂的作用而将茶叶粉碎。锤碎机由钢锤、滤筛、进出料口等组成（图 8-11）。若干个钢锤头铰接固定于主轴圆盘，锤头材料为锰钢。工作时，主轴高速旋转，锤头以很大的离心锤击力将茶叶粉碎成一定粒度的茶颗粒，然后通过机壳内的滤筛从排出口排出，不能通过滤筛的茶颗粒则再次被锤击粉碎直至能通过滤筛。

锤碎机开机前须检查锤头与破碎板间的间隙及磨损情况，应空机启动，停机时须将破碎腔中的物料卸空后停机；注意保持润滑系统的良好状态，转子轴承的温度应保持在 60℃ 以下，最高不超过 70℃；注意查看出料粒度是否符合质量要求，如不符合，应及时更换滤筛。锤碎机运转时，禁止操作人员站在转子惯性力作用线内

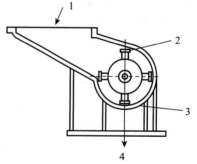

图 8-11 锤碎机
1. 原料入口 2. 锤 3. 滤筛 4. 排出口

进行任何调整、清理、检修等工作，以免发生危险；严禁向机器内投入坚硬物料，以免损坏机器；注意检修时切断电源。

（二）双齿辊轧碎机

双齿辊轧碎机由齿辊、避让弹簧、进出料口等组成（图 8-12）。两个齿辊直径相等，转

向相反，齿辊表面为锯齿形状，采用高锰钢制造；左侧齿辊由电机驱动，右侧齿辊安装在可沿轴心连线方向作少许滑动的轴承座上，齿辊右侧装有调节弹簧。避让弹簧的作用是当加入较硬的物料时，使右侧齿辊自动避让，起到保护设备的作用。工作时，茶叶从入口投入，进入两齿辊间隙，被摩擦力所夹持，受到挤压力作用而被粉碎。粉碎后的茶颗粒从下方出料口排出。

双齿辊轧碎机启动前应检查传动部件是否安全可靠、有无损坏，检查各紧固件是否松动。使用时应空机启动，停机时须将破碎腔中的物料卸空后停机。每天检查齿盘的连接，在工作时不允许有松动现象。定时检查轴承温度，不允许在高于120℃情况下工作，温度高于80℃时应检修轴承等部位。定期检查滚筒，特别是有齿滚筒是否有损坏和磨损，发现问题应及时更换。

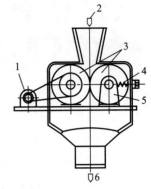

图 8-12　双齿辊轧碎机
1. 电机　2. 原料入口　3. 齿辊
4. 弹簧　5. 滑动轴承　6. 出料口

四、茶叶浸提设备

（一）茶叶浸提原理

茶叶浸提指在一定的温度条件下，以水为溶剂，提取茶叶中水溶性物质的过程，其属于固—液萃取。生产上常结合酶解提取、超临界CO_2提取、微波辅助提取、超声波辅助提取等技术。

提取系统包括溶剂、溶质和惰性固体3部分，提取时溶质既存在于液相中，又存在于惰性固体中。当固相中溶质的浓度大于液相中溶质的浓度时，溶质就由固相向液相扩散。随着浸出时间的延长，固相中的溶质浓度不断下降，这种扩散现象称为不稳定的扩散过程。当溶剂和物料处于相对静止状态时，溶质以分子移动形式转移，称为分子扩散，此时扩散的速度慢；当溶质和物料处于相对运动状态时，溶质的转移属于对流扩散，此时扩散速度增快。

茶叶提取中溶质分子的扩散数量与接触面积成正比，与溶质的浓度成正比，与扩散时间成正比，用下式表示：

$$dm = -DF\frac{dc}{dx}dt \tag{8-1}$$

式中　dm——溶质扩散的数量；

　　　D——扩散系数，影响因子是温度和溶剂的黏度，温度升高，溶剂黏度下降，扩散系数增大，浸出速度加快；

　　　F——溶质与溶剂的接触面积；

　　　dc/dx——浓度梯度；

　　　dt——扩散时间。

茶叶浸提工艺包括沸水直接加热法、蒸汽煮渍法、水浴法、压榨法、连续提取法等，常见的提取设备主要有WCT-1型茶叶浸提罐、逆流式浸提罐、U形连续浸提器、斜卧式连续提取器等。

（二）WCT-1型茶叶浸提罐

WCT-1型茶叶浸提罐主要由电动机、网桶、浸提罐、沸水阀门、流量计、电热器、保温层等构成（图8-13）。

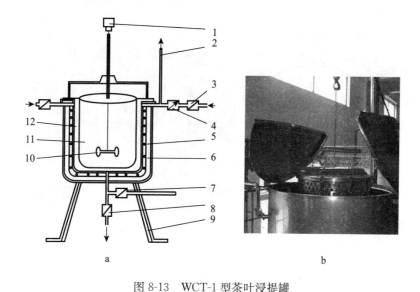

图 8-13　WCT-1 型茶叶浸提罐
a. 结构示意图　b. 外形图
1. 电动机　2. 回流孔　3. 沸水阀门　4. 流量计　5. 电热器　6. 保温层　7. 进蒸汽阀
8. 出茶汁阀　9. 支架　10. 搅拌头　11. 网桶　12. 浸提罐

提取时，将茶叶装入浸提罐的网桶内，按照设定的茶水比加入沸水，并连续加温或逆流通入高温蒸汽加热，搅拌形成回流的液流，使茶叶中的水溶性物质被充分提取出来。

1. 压榨提取法　把茶叶装入专用的棉质纱布袋，再把茶袋放入网桶，沸水浸提一定时间，提起网桶加盖压榨，压榨后再放入浸提桶内浸提，反复数次，达到提取要求。压榨提取法的棉质纱布袋起到初步过滤的作用，提取的茶汤较纯净，且撤换茶渣方便，但提取时间稍长。

2. 直接提取法　将茶叶直接放入网桶内，用沸水浸提，并启动搅拌器，产生回流沸水，提取一定时间后，提起网桶加盖压榨，压榨后再放入罐内浸提，这样干湿结合反复数次。直接提取法茶内含物浸出快，提取时间较短，但压榨后易造成网桶堵塞，不易清除。

WCT-1 型茶叶浸提罐使用前应先检查各连接部件是否紧固，使用过程中注意水温及压力是否达到浸提工艺要求，使用完毕须将浸提罐清洗干净。

（三）多级逆流接触浸提器

1. 逆流式浸提罐　逆流式浸提罐由浸提罐、滤板、蒸汽阀、搅拌器等组成（图 8-14）。茶叶和提取水从罐顶部进入，蒸汽从罐底进入，浸提后的茶叶提取液经滤板过滤，从罐底流出，茶渣由罐体侧面排出。

2. 多级逆流接触浸提器　多级逆流接触浸提器适合于速溶茶的茶汤提取。该设备浸提率高，进水温度和浸提时间均可自动控制，浸提时间为 1h，提取茶汤浓度为 20% 以上。该设备由 6~8 个逆流式浸提罐组成（图 8-15）。

工作过程：1、2、3 罐组成一组浸出系列，先将清水装进 1 罐浸提，茶浸出液依次进入 2、3 罐，由 3 罐出来的浸出液浓度较高，送往蒸发塔浓缩；1 罐浸提完成排出茶渣，通蒸汽以除去溶剂；将 4 罐加入浸出系列，形成新的浸出系列（2、3、4 罐）；5 罐，加料操作中；

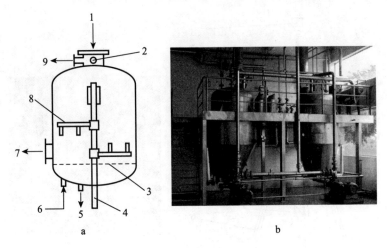

图 8-14 逆流式浸提罐
a. 结构示意图　b. 外形图
1. 投茶口　2. 溶剂进口　3. 滤板　4. 转轴　5. 出液口　6. 蒸汽进口
7. 残渣出口　8. 搅拌器　9. 蒸汽出口

6罐，排出茶渣。如此类推操作，则可得到浸出物与茶渣。为了提高效率，须选择适当的溶剂比、浸出时间和浸出罐的组合数。

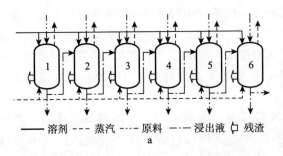

图 8-15 多级逆流式浸提器
a. 结构示意图　b. 外形图

（四）U形连续浸提器

U形连续浸提器结构如图8-16所示，其圆筒内装有螺旋输送器，螺旋片上有孔洞，茶叶从进口输入，最后从茶渣出口排出，沸水从水进口进入，提取出的茶汤从茶汁出口流出。使用过程应根据提取需要，调整茶叶在提取器中停留的时间，以保证提取效率。

（五）斜卧式连续提取设备

斜卧式连续提取设备主要由提取罐、螺旋推进器、进水口、进茶口、水加热器、热交换器等组成（图8-17）。其筒体内螺旋推进器把茶叶从左端推挤到右端，最后从右端排渣口排出；热水则从右端流入，茶浸出液从左端出口流出。工艺参数：茶叶在连

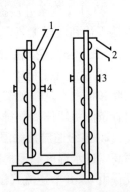

图 8-16 U形连续浸提器
1. 茶叶进口　2. 茶渣出口
3. 水进口　4. 茶汁出口

续提取设备的筒内驻留时间为90min，热水的驻留时间为30min，处理茶叶量为250kg/h；二级连续浸提，第一级浸提得到浓度为20%的茶汤，第二级喂入第一级产生的茶渣，在更高的温度下提取，可得到浓度为10%的茶汤。使用过程应根据提取目的，调节茶叶和热水在提取器中的驻留时间，获得相应浓度的提取液，从而提高生产效率。

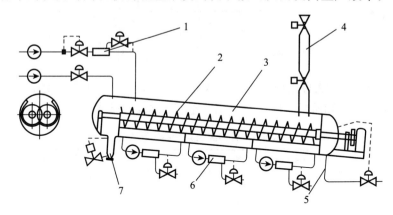

图 8-17　斜卧式连续提取设备

1. 水加热器　2. 螺旋推进器　3. 浸提罐　4. 进茶口　5. 排渣口　6. 热交换器　7. 浸出液出口

连续式浸提设备在使用时应注意进出料是否顺畅，浸提时间和工作温度是否符合工艺技术要求，并及时抽查浸提液是否达到工艺要求。长时间不用时要将浸提器清洗干净。

第二节　茶提取液分离纯化设备

一、概述

茶提取液中仍含有茶叶碎末和其他悬浮杂质，须经过分离纯化处理，将茶汤中夹杂的茶叶碎末及悬浮物清除干净，以保证提取液的清澈明亮，提高产品品质和得率。茶提取液分离纯化技术主要有机械分离和膜分离。

（一）茶提取液的机械分离

茶提取液机械分离的主要目的是将茶汤中的茶渣除去，对茶汤中固、液两相混合物进行分离，使茶汤中不含任何固相物质。常用的茶提取液机械分离方法见表 8-2。

表 8-2　常用的机械分离方法

名称	原料	分离动力	产物	分离原理
过滤	液—固	压力	液+固	固体颗粒的粒径大于过滤介质的孔径
沉降	液—固	重力	液+固	密度差
离心分离	液—固	离心力	液+固	粒子大小
超滤	液—固	压力	液+固	分子质量大小

（二）茶提取液的膜分离

1. 膜分离原理　膜分离（membrane separation）指液体在一定的压力推动下，小分子物质透过微孔膜，大分子物质被截留的分离过程。图 8-18 为单一膜组件系统的过滤示意图。

膜分离具有设备简单、可在室温或低温下操作、节能等优点,适用于茶叶中热敏性生物活性物质的分离、浓缩与纯化。

图 8-18 单一膜组件过滤示意图

2. 膜分离类型 按膜的孔径大小分为微滤(MF)、超滤(UF)、纳滤(NF)、反渗透(RO)、电渗析(ED)和透析(DS)等,各工艺参数如表 8-3 所示。

表 8-3 各种类型膜分离工艺参数

膜分离类型	孔径(nm)	推动力(MPa)	传递机理	透过物	截留物	应用场合
微滤	50~10 000	压力差 0.05~0.5	颗粒大小与形状	水、溶剂、溶解物	悬浮物颗粒、纤维	水及茶叶的过滤
超滤	1~50	压力差 0.1~1.0	分子特性、大小、形状	水、溶剂、溶解物	胶体大分子	水及茶叶的过滤、除菌、浓缩
纳滤	1~2	压力差≤1.5	分子特性、大小	水、溶剂、溶质	一定相对分子质量物质	氨基酸分离
反渗透	0.5~1	压力差 1~10	溶剂的扩散传递	水、溶剂	溶质、悬浮物、大分子	水处理、茶叶浓缩,截留低分子质量物质
电渗析	±0.5	电位差	电解质离子的选择性传递	电解质离子	非电解质大分子	提取水处理除盐
透析	<1 000	浓度差	浓度差扩散	小分子物质、离子	大分子物质	提取水脱盐处理

综合应用微滤、超滤、纳滤、反渗透等膜分离技术,实现茶叶功能成分的绿色分离。超滤技术去除茶汤中的蛋白质、多糖等大分子物质,留下咖啡碱、茶多酚、氨基酸等小分子物质。反渗透技术把水分压出,从而达到分离浓缩的目的。目前生产上茶提取液分离浓缩的工艺流程:浸提→碟式分离→超滤→反渗透浓缩。

二、茶提取液离心分离机械

茶提取液的机械分离常采用离心分离法。离心分离是利用惯性离心力进行固—液、液—液或液—液—固相分离的技术,料液送入转鼓内随鼓旋转,在惯性离心力的作用下实现分离。

(一)离心分离机械的类型

1. 按离心分离因子大小分类 离心分离机械分为:①常速离心机(分离因子 $K_c<3\,000$),主要用于分离颗粒不大的悬浮液和物料的脱水。②高速离心机($50\,000>K_c>3\,000$),主要用于分离乳状和细粒悬浮液。③超高速离心机($K_c>50\,000$),主要用于分离极不易分离的超微细粒悬浮系统和高分子的胶体悬浮液。

2. 按工作原理分类 离心分离机械分为:①过滤式离心机,其鼓壁上有孔,转速一般在 1 000～1 500r/min 范围，适用于易过滤的晶体悬浮液和较大颗粒悬浮液的分离和物料脱水。茶提取液过滤分离常采用这种机型。②沉降式离心机，采用无孔鼓壁分离悬浮液，密度较大的颗粒沉于鼓壁，而密度较小的流体集中于中央并不断引出，常用于不易过滤的悬浮液。茶汤过滤液的澄清常采用此机型。③分离式离心机，采用无孔鼓壁分离悬浮液，按轻重分层，重者在外，轻者在内，各自从适当位置引出，转速达 4 000r/min 以上，主要用于乳浊液的分离和悬浮液的增浓或澄清。

3. 按操作方法分类 离心分离机械分为：①间歇式离心机，加料、分离、洗涤和卸渣等过程都是间歇操作，并采用人工、重力或机械方法卸渣，如三足式离心机。②连续式离心机，进料、分离、洗涤和卸渣等过程有间歇自动进行和连续自动进行两种模式。

（二）过滤式离心机

过滤式离心机的特点为三足机架固定，滤袋过滤，上方卸料。

1. 构造与工作原理 过滤式离心机由转鼓、滤袋、进料管、出液管等组成（图 8-19）。转鼓壁设孔，转鼓壁覆盖 200 目尼龙滤布，上方设有卸料吊具。

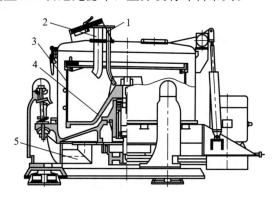

图 8-19 过滤式离心机
1. 进料管　2. 滤饼洗涤液管　3. 滤袋　4. 离心机转鼓　5. 出液管

工作时，离心机高速旋转，转鼓内的茶提取液在离心力的作用下，由滤孔迅速流出，茶渣则留在滤袋内，从而完成茶渣与茶提取液的分离。专用卸料吊具将滤袋连同滤饼一起吊出，打开卸料口，将滤饼卸出，滤袋复位，又进入待机状态。

2. 使用与维护 离心机工作部件属高速旋转件，在制造过程中经过严格的动平衡和部装检验，使用前应认真检查各润滑部位是否处于良好的润滑状态，轴承有无破损或过度磨损，各连接件是否松动、腐蚀，转鼓是否变形、腐蚀，特别是纵焊缝的腐蚀状况，如发现异常应及时更换。使用时密切监视设备的动平衡状态及其变形、腐蚀状况，禁止在转鼓上附设任何装置（滤布和衬网除外），禁止任意开孔、焊接和拆卸转鼓上的零件。

（三）沉降式离心机

1. 高速管式离心机

（1）结构与工作原理　该机用于茶提取液的液—固分离，主要由进料口、手柄、翅片、冷却盘管、积液盘、主轴、传动带、电动机等组成（图 8-20）。转鼓由上盖、带空心轴的底盖、管状转鼓组成；转鼓内沿轴向装有对称的 4 片翅片，使进入转鼓的液体迅速达到转鼓的转动角速度，澄清的液体从转鼓上端出液口排出，进入积液盘，再流入槽、罐等容器，固体则留在转鼓上。

（2）使用与维护　开机前检查轴承组，加少量油脂，以保证滑动轴承的良好润滑；检查积液盘是否正确就位。启动时，先点动1~2次，每次点动间隔2~3s，然后启动，稳定运转2~3min后即可通入茶提取液。停机前切断供料，待出料管无液体排出方可停机，机器只能惯性停机，不可用任何强制方法停机。机器完全停止运转之前，不能拆装任何与机器连接的零部件。进料管、出料管、积液盘必须及时清洗，转鼓按规定工艺拆装，及时清洗或消毒。转鼓是离心机的核心部件，拆装时必须对转鼓内外壁、配合面、密封面仔细检查，看是否有损伤和异物，内外表面是否清洁。

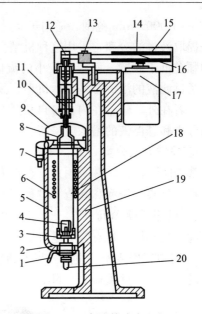

图8-20　高速管式离心机

1. 手柄　2. 轴承组　3. 底盘　4. 翅片　5. 箱门
6. 冷却盘管　7、9. 积液盘　8. 上盖　10. 螺母
11. 主轴　12. 主轴皮带轮　13. 压带轮　14. 电机带轮
15. 传动箱　16. 传动带　17. 电动机　18. 转鼓
19. 机身　20. 进料口

2. 碟片式离心分离机　该机目前常用于生产中。

（1）结构与工作原理　碟片式离心分离机由转鼓、锥形碟片、分离隔板等组成（图8-21）。转鼓密闭，鼓中放置数十至上百个锥形碟片，锥顶角为60°~100°；分离隔板黏附于碟片背面，用于调节和控制碟片的间距在0.5~2.5mm。当转鼓与碟片以4 000~8 000r/min的转速高速旋转时，碟片间悬浮液中的固体颗粒因有较大的质量，先沉降于碟片的内腹面，并连续向鼓壁方向沉降，澄清的液体则被迫向反方向移动，最终由转鼓顶部的排液口排出。

碟片式离心分离机既能分离低浓度的悬浮液（液—固分离），又能分离乳浊液（液—液分离或液—液—固分离）。对于液—固或液—液两相分离所用的碟片为无孔式，其工作原理如图8-17所示；液—液—固三相分离所用的碟片一般带有孔，以此作为液体进入各碟片间的通道，孔的位置在轻液与重液两相界面上。

（2）使用与维护　首次开机前须先将油箱清理干净，并加入耐磨润滑油至油标中部刻线。机盖安装前应检查转鼓周围有无杂物，转动灵活无异常后方可安装上盖、进出口装置，连接好管道。正常使用前应转动电机检查转鼓的旋转方向是否正确。启

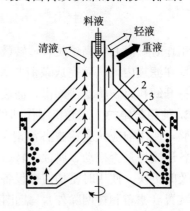

图8-21　碟片式离心机原理图

1. 进液管　2. 重轻液分离隔板　3. 碟片

动机器到达全速后，方可打开进料管道上的热水阀门，预热转鼓；待转鼓的温度升到工艺要求的温度时，便可打开进料阀门，同时关闭热水阀门。根据生产工艺要求，待流量基本稳定后，调节分离机出口压力，通过流量和分离效果，并化验轻相和重相的质量来逐渐调整工艺参数，确定好排渣周期和排渣时间，以使分离机达到最佳的分离效果。在正

常生产过程中要经常观察各个参数的稳定性。停机时先关闭进料管阀门，同时打开热水阀门，冲洗转鼓，并将转鼓内残余油脚等重相完全排出机外，直至重相出口的水透明为止，再关闭热水阀门，然后关闭操作水阀门。禁止在高速时使用制动装置停机。

三、茶提取液膜过滤设备

膜过滤是近10年研究应用最多的技术。膜的种类主要有超滤膜、陶瓷膜、生物膜等。膜过滤能有效解决速溶茶的沉淀问题，在规模化生产中大量使用，但设备投入成本较高。以最常用的陶瓷膜分离设备为例介绍如下：

1. 结构与工作原理 陶瓷膜过滤设备主要由陶瓷膜组件、贮液罐、泵、过滤器、阀门、管道、压力和流量控制系统等组成（图8-22）。工作时原料液在膜管内高速流动，在压力驱动下，含小分子组分的澄清渗透液沿与之垂直方向向外透过膜，含大分子组分的浓缩液则被膜截留，从而使流体达到分离、浓缩、纯化的目的。

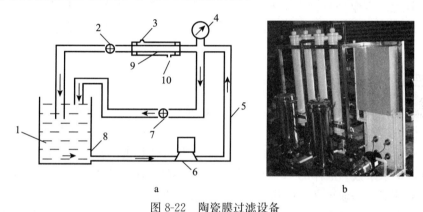

图8-22 陶瓷膜过滤设备
a. 结构示意图 b. 外形图
1. 料液 2、7. 阀门 3、10. 渗透液出口 4. 压力表 5. 输料液管 6. 水泵
8. 贮液桶 9. 多通道陶瓷微滤膜

2. 膜组件类型 膜组件根据膜的构性分为平板式和管式。板框式和卷式膜组件均使用平板式膜，而管状、毛细管和中空纤维膜组件均使用管式膜。

（1）平板式膜组件 平板式膜组件（图8-23）要组装不同数量的膜。为了提高流体的湍动速度，减小浓差极化，隔板可设计成各种形状的凹凸波纹，以增大原液流通截面积，防止堵塞，原液的流速可高达1～5m/s。

（2）管式膜组件 管式膜组件（图8-24）的优点是流动状态好，流速易控制，适当控制流速可防止或减小浓差极化；安装、拆卸、换膜和维修均较方便。但与平板式膜组件相比，单位体积内有效膜面积较小，此外，管口密封也较困难。管

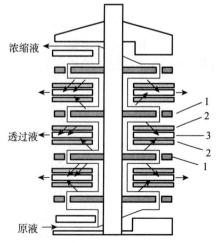

图8-23 平板式膜结构原理图
1. 隔板 2. 膜 3. 支撑板

式膜组件将膜和支撑体均制成管状，二者装在一起，或者直接把膜刮制在支撑管上，再将一定数量的管以一定方式连成一体而组成。由于支撑管的管径相对较大（一般为 0.6~2.5cm），所以能处理含悬浮团状体的溶液，不易堵塞。

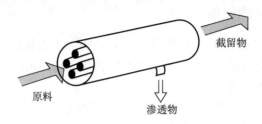

图 8-24　管式膜组件示意图

3. 使用与维护　开机前须检查设备管道是否连接正确，压力调节阀是否处于全开状态；使用中避免增压泵空转吸气，破坏核心部件；注意检测膜的完整性，做好常规化学量、运行压力及流量等参数记录；结合产品质量检测，实时更换膜组件或进行膜的再生处理。

四、超临界流体萃取设备

超临界流体（supercritical fluid，SCF）萃取是以超临界状态（压力和温度均在临界值以上）的流体为溶媒，对萃取物中的目标组分进行提取分离的过程。当气体处于超临界状态时，其性质介于液体和气体之间的单一相态，具有与液体相近的密度，黏度虽高于气体但明显低于液体，扩散系数为液体的 10~100 倍，对物料有较好的渗透性和较强的溶解能力，能够将物料中某些成分提取出来。超临界流体萃取技术常以 CO_2 作为溶媒，因 CO_2 超临界状态容易实现，无毒性污染，有防止细菌活动的作用，而且是惰性气体，不易燃烧，化学性质稳定，价格低廉，经济性好。

1. 结构与工作原理　超临界流体萃取设备由压缩机、热交换器、萃取釜、分离釜、过滤器、CO_2 气罐等组成（图 8-25）。工作过程：①先将经过前处理的原料放入萃取釜。②CO_2 经过压缩机的升压，在设定的超临界状态被送入萃取釜。③在萃取釜内可溶性成分被溶解进入流动相，通过改变压力和温度，在分离釜中 CO_2 将可溶性成分分离。④分离了可溶性成分的 CO_2 再经过压缩机或泵和热交换器，实现循环使用。

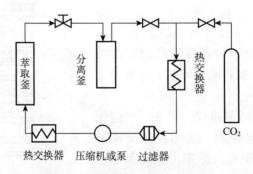

图 8-25　超临界 CO_2 萃取基本流程

2. 使用与维护 开机前应检查管路接头以及各连接部位是否牢固，然后将料筒装入萃取缸内，按照萃取设备操作流程开启相应的开关和阀门。萃取完成后，关闭冷冻机、泵、各种加热循环开关，再关闭总电源开关，待萃取缸内压力与后面平衡后，再打开放空阀门，待萃取缸没有压力后，打开萃取缸盖，取出料筒结束萃取过程。此装置为高压流动装置，非熟悉本系统流程者不得操作，高压运转时不得离开岗位。如发生异常情况要立即停机，关闭总电源检查。泵系统启动前应先检查润滑情况是否符合要求。运行中要注意观察运行压力是否在正常范围内，增压泵工作一定时间后要及时更换润滑油。

第三节 茶提取液灭菌设备

一、概述

经提取、净化的茶提取液或加工的茶水需要进行灭菌。聚对苯二甲酸乙二醇酯（PET）瓶装茶水是将提取液高温灭菌后装瓶，易拉罐和玻璃瓶装茶水则是装罐后灭菌。

（一）茶提取液灭菌方法与原理

1. 超高温瞬时灭菌 超高温瞬时灭菌（UHT）指将茶提取液瞬间加热到 135～150℃，保持 2s，然后快速冷却到 4～5℃的灭菌过程，主要用于 PET 瓶装茶的灭菌。

2. 高压灭菌 高压灭菌指提取液以某种方式包装后，置于高压（200MPa 以上）装置中加压处理，使之达到灭菌要求。其原理是在高压（200MPa 以上）蒸汽的作用下，液体介键断裂，蛋白质物相变化，导致微生物的形态结构、生物化学反应、基因机制以及细胞壁膜发生多方面的变化，从而达到杀灭微生物的目的。

3. 微波灭菌 微波灭菌指利用微波使茶提取液中的微生物菌体吸收电能而升温，其热效应破坏了菌体中的蛋白质等成分，并以非热效应（对微生物的生理作用）杀灭发育的霉菌孢子，从而杀死微生物。微波灭菌具有升温快，加热迅速而均匀，有利于保护物料的色香味、营养成分和口感等质量指标的特点。

（二）茶提取液灭菌设备的类型

茶提取液灭菌设备包括超高温瞬时灭菌设备、高压灭菌设备、微波灭菌设备等。超高温瞬时灭菌设备分为板式和套管式超高温瞬时灭菌设备两种类型。高压灭菌设备按加压方式分为直接加压式和间接加压式，按高压容器结构分为立式和卧式。立式高压灭菌设备占地面积小，但物料的装卸需专门装置；卧式高压灭菌设备物料的进出较为方便，但占地面积较大。

二、超高温瞬时灭菌设备

（一）板式超高温瞬时灭菌设备

板式超高温瞬时灭菌设备具有传热面积大，物料和加热介质均在各自的密封系统中通过非接触性热交换实现加热，确保物料卫生安全；热效率高，杀菌时间短，可确保物料的营养成分不被破坏；传热效果好，热回收率高，耗能少；采用可编程逻辑控制器（PLC）控制，可对物料各段的加热温度、热水温度、蒸汽流量等实行自动控制，并设有物料自动回流系统，确保物料 100% 达到灭菌效果等特点，不仅能杀灭所有的微生物，而且对茶汤品质影响小。

1. 主要构造 板式超高温瞬时灭菌设备主要由平衡罐、板式换热器、均质机、蒸汽喷射器、持热管和换热器冷却段等组成（图8-26）。

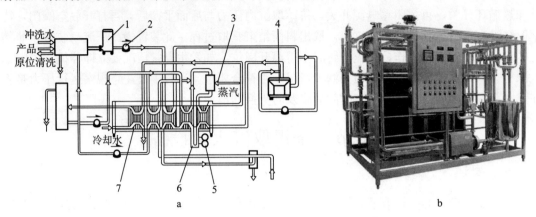

图8-26 板式超高温瞬时灭菌设备
a. 结构示意图　b. 外形图
1. 平衡罐　2. 泵　3. 蒸汽喷射器　4. 均质机　5. 温控仪　6. 持热管　7. 换热器冷却段

2. 工作过程

（1）预灭菌阶段　在开机前须进行预灭菌，通过原位清洗系统（CIP）完成，灭菌温度应在135℃以上，连续加热30min。

（2）生产阶段　如图8-26所示，原料进入平衡罐1后被泵2输送到换热器3中预热到70℃，通过均质机4后返回到板式换热器，然后在持热管6中保温杀菌。产品在冷却段7中先被热水循环冷却，随后被产品原料冷却。

（3）原位清洗阶段　启动原位清洗程序自动清洗。通常的清洗循环过程约需90min，包括预冲洗、碱清洗、热水冲洗和最终冲洗。

（4）无菌中途清洗阶段　无菌中途清洗（AIC）既可用于长时间的生产运转，又可用于更换产品时的清洗，清洗时间为30min。

（二）套管式超高温瞬时灭菌设备

套管式超高温瞬时灭菌设备结构紧凑，占地面积小，生产效率高，灭菌量达2 000L/h。

1. 主要构造 套管式超高温瞬时灭菌设备由加热管、前后盖、器体、旋塞、高压泵、压力表、安全阀等部件组成（图8-27）。壳体内装有不锈钢加热管，形成加热管束；壳体与加热管束间用管板进行连接。

2. 工作过程 工作时，物料用高压泵送入不锈钢加热管内，蒸汽通入壳体空间后将管内流动的物料加热，物料在管内往返数次后达到杀菌所需的温度和保持时间后成产品排出。若达不到要求，则由回流管回流，重新进行杀菌操作。

3. 使用与维护 使用前应检查套管式超高温灭菌设备的管道接头及旋塞是否严密，是否导致泄漏或混入空气，因为物料中带入空气将会加速形成管壁积垢。使用中经常检查安全阀、压力表及温度表是否正常工作，检查供料泵是否有泄漏并及时检修，必要时更换密封件。供料泵的电机轴承应每年清洗，并更换润滑油，用量不能过多，只要充满轴承壳一半即可，供料泵不允许在无液体时空转。设备不用时，蒸汽阀应开启，以利今后使用。

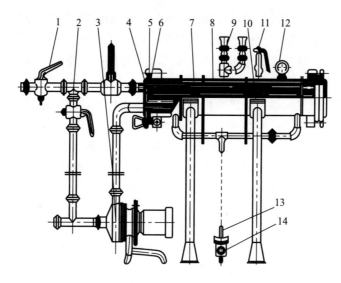

图 8-27 套管式超高温瞬时灭菌设备
1. 旋塞 2. 回流管 3. 离心泵 4. 两端封盖 5. 密封圈 6. 管板 7. 加热管
8. 壳体 9. 蒸汽截止阀 10. 支脚 11. 弹簧安全阀 12. 压力表
13. 冷凝水排出管 14. 疏水器

三、高压灭菌设备

卧式高压灭菌设备常用于易拉罐、玻璃瓶装茶饮料的灭菌。

1. 主要构造 卧式高压灭菌锅由锅体、锅门、小车、蒸汽管、泄气阀、排水管、各种仪表等组成（图 8-28）。

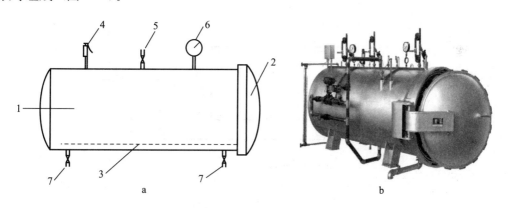

图 8-28 卧式高压灭菌锅
a. 结构示意图 b. 外形图
1. 锅体 2. 锅门 3. 小车轨道 4. 安全阀 5. 蒸汽进口 6. 压力表 7. 排水管

（1）高压容器 圆筒形密闭耐压容器，材料为高强度不锈钢，为了达到必需的耐压强度，容器壁很厚，高压容器外安装夹套结构。改进型高压容器在容器外部加装线圈强化结构，不但安全可靠，而且实现装置轻量化。高压处理时，压力介质的温度也会随升压或减压而发生变化，控制温度对物料品质非常重要。高压灭菌的灭菌温度与时间控制有 3 种：①温度115℃，时间20min；②温度120℃，时间7min；③温度121℃，时间5min。

（2）物料输入输出装置　由输送带、提升机、机械手等构成。

（3）加热装置　加热装置的作用是产生水蒸气并保持一定温度。在密闭的情况下，随着水的煮沸，蒸汽压力升高，温度也相应增高。

（4）测量仪器　测量仪器包括热电耦测温计、压力传感器及记录仪，压力和温度等数据可输入计算机进行自动控制。

2. 使用与维护　高压灭菌设备应由经过培训合格的人员操作，整个灭菌过程应由专人看管。使用前应检查压力指示表是否正确或回复零位，如不稳定应及时更换；堆放灭菌物品时，严禁堵塞安全阀的出气孔，必须留有空间保证其畅通放气。使用时不能完全依靠自动水位保护，应经常检查水位，以免烧坏电热管。人工加水时应先切断电源，将放空阀打开泄压，再打开进水阀加水。切勿在夹层有压力时打开进水阀，当灭菌室有压力时，连锁手柄不能提起，不可强制开门。禁止在灭菌后立即开门，应在灭菌结束时，将排汽排水阀打开，排除蒸汽，当压力表上压力指示针指到"0"时，方可启盖取出灭菌物品。使用结束应保持设备的清洁与干燥，可以延长其使用寿命。橡胶密封圈使用久后会老化，应定期更换。

四、微波灭菌设备

微波杀菌装置适用于液体物料的连续灭菌，广泛用于茶饮料及其他固体、液体物料的杀菌。

1. 主要构造　该装置主要由料斗、物料输送泵、微波照射部、保温管、冷却管、搅拌器等组成（图8-29）。由料斗供给液体物料，通过定量泵加压传送到微波照射部后，利用微波使温度升高到规定值。微波照射部选用相应的材质及设计合适的搅拌机构，保证物料不因黏滞而阻塞，从而防止过度加热现象。最后料液在冷却管中冷却后被送出。

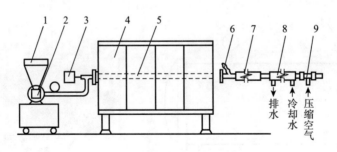

图8-29　管式微波高温杀菌装置
1. 料斗　2. 定量泵　3. 搅拌器　4. 微波照射部　5. 料液管　6. 测温仪
7. 保温管　8. 冷却管　9. 调压器

2. 使用与维护　使用前应检查设备是否完好的接地，水、电是否配接完好，所有的门是否关好。每次开机、关机必须严格按操作规程进行，打开电源开关，观察微波电源箱内风机运转是否正常。关机时先关闭高压，停止送物料，再切断电源。微波灭菌设备必须指定专人操作，以保证设备正常运转。维修时必须切断电源。每班必须进行清扫，清除掉入箱内的物料。设备正常运转时，不允许空载，不允许有金属物进入微波照射部，以免引起高频打火，损坏设备。

第四节 茶提取液浓缩设备

一、概述

(一) 茶提取液浓缩的方法

净化后的茶提取液浓度很低，仅含 2%～3%的固形物，必须加以浓缩使固形物含量提高到 30%，以达到降低后续工艺负荷，提高速溶茶干燥效率的目的。茶叶中的茶多酚、氨基酸、多糖、蛋白质、维生素、果胶等属于热敏性很强的物质，浓缩过程应尽可能减少茶提取液的香气损失，避免进一步氧化缩合而降低品质。

常用的茶提取液浓缩方法有蒸发浓缩、冷冻浓缩和膜浓缩等。在工业化生产中，采用先进的离心薄膜真空浓缩与反渗透浓缩相结合的综合技术，可提高速溶茶的浓缩效率，获得高浓度、高品质浓缩液。

(二) 茶提取液浓缩设备的类型

1. 蒸发浓缩设备　蒸发浓缩设备分为真空蒸发浓缩设备和膜式蒸发浓缩设备。

2. 冷冻浓缩设备　冷冻浓缩设备是利用冰和水溶液之间的固—液相平衡原理，先将部分水从水溶液中结晶析出，然后再将冰晶与浓缩液加以分离的浓缩设备。工艺流程为原料→冷却结晶→再结晶→分离→洗涤→刮冰→融冰。冷冻浓缩设备适用于热敏物料的浓缩。

3. 膜浓缩设备　膜浓缩设备为茶叶深加工中应用的先进设备，其利用半透膜在特定的推动力下把茶汁中的溶质与溶剂分离出来。可先用超滤技术去除茶汤中的蛋白质、多糖等大分子物质，任咖啡碱、茶多酚、氨基酸等透过超滤膜，再用反渗透技术把水压出半透膜，以达到浓缩的目的。

二、蒸发浓缩设备

(一) 真空蒸发浓缩设备

真空蒸发浓缩也称为真空浓缩，是通过降低加热蒸发设备的工作压力，以降低茶提取液的沸点温度，增大加热蒸汽与沸腾液体之间的温度差 Δt，使其在比较低的温度下去除水分，达到浓缩的目的。真空浓缩的特点是利用压力较低的蒸汽作为加热蒸汽，蒸发温度较低，有利于保存茶提取液中的营养成分及色、香、味，使浓缩设备的热损失减少。常用的设备有盘管式真空蒸发浓缩设备。

1. 结构与工作原理　盘管式真空蒸发浓缩设备广泛用于茶提取液的浓缩，其构造简单，操作方便，生产效率高。该设备主要由浓缩罐、盘管、分离器、进料阀及各种控制仪表等组成（图 8-30）。浓缩锅体为立式圆柱体，两端为半圆形封头，锅体上部空间为蒸发室，下部空间为加热室，加热室底部装有 3～5 组加热盘管，分层排列，每盘 1～3 圈，各组盘管分别装有蒸汽进口及冷凝水出口，可单独操作。

该设备的雾沫分离器采用离心式，装在浓缩锅体的下部外旁，由蒸汽管与分离器连接。分离器中心装有立管与水力喷射泵（抽真空装置）连接。水力喷射泵配有水力喷射器及水泵，有抽真空、冷凝两种作用。工作时借泵的动力，将水压入喷嘴，由于喷嘴面积缩小，在喷嘴出口处形成真空，吸入二次蒸汽而与冷水混合一起排出。

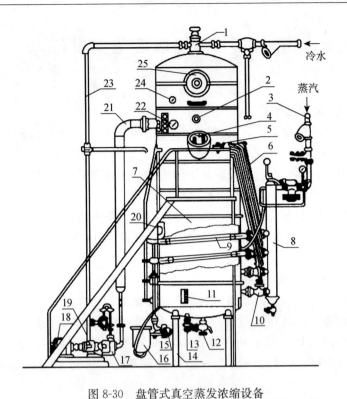

图 8-30 盘管式真空蒸发浓缩设备
1. 冷水头　2. 视镜　3. 蒸汽总管　4. 人孔　5、12. 旋塞　6. 操纵杆　7. 浓缩罐
8. 蒸汽管　9. 盘管　10. 蒸汽阀　11. 温度计　13. 取样口　14. 支架　15. 分离器
16. 排水器　17. 水泵　18. 电动机　19. 真空泵　20. 进料管　21. 排水管
22. 压力表　23. 蒸汽排出管　24. 真空表　25. 观察孔

盘管式真空蒸发浓缩设备工作时，料液自进料管沿切线方向进入浓缩锅体内。加热蒸汽在盘管内对管外的料液进行加热，料液受热后体积膨胀，密度减小，因浮力使料液上升，当到达液面时即汽化，使其浓度提高，密度增大。而浓缩盘管中心处的料液距加热管较远，与同一液位的料液相比，其密度较大，呈下降趋势，故受热蒸发的那部分料液不仅密度大，而且液位也高，故向盘管中心处下落，从而形成了料液自罐壁及盘管处上升，又沿盘管中心向下的反复循环状态。蒸发产生的二次蒸汽，从浓缩锅体上部中央以切线方向进入雾沫分离器，产生旋涡，由于离心力的作用，料液微粒撞击在分离器壁上积聚在一起流回罐中，料液微粒与蒸汽分离，除去微粒的蒸汽则盘旋上升，经立管辗转向下，进入冷凝器，经冷凝器冷凝成水而排出。当浓缩罐内的物料浓度经检测达到要求时，即可停止加热，打开锅底出料阀出料。

2. 使用与维护　浓缩前应先检查蒸汽管路中蒸汽压力是否在规定压力范围内，再检查安全阀、压力表、真空表、温度表是否正常。操作时先通入加热蒸汽于锅内赶走空气，然后开启抽真空系统，造成锅内真空；待加热器内充满液体后，再开蒸汽阀门；取样检验，达到所需浓度时，解除真空即可出料；加热蒸汽的压力、温度应视不同物料选择，不宜太高，否则易发生焦管现象。设备必须在蒸汽进口管路上安装压力表及安全阀，并在安装前及使用过程中定期检查，如有故障，要及时调整或修理。各接口如在使用过程中有漏气、漏液现象，应及时清理密封圈周边杂质或定期更换密封圈。

(二) 膜式蒸发浓缩设备

膜式蒸发浓缩使料液在管壁分散，形成液膜流动，从而大大增加蒸发面积，提高蒸发浓缩效率。膜式蒸发浓缩按照液膜形成的方式分为自然循环式浓缩和强制循环式浓缩，按液膜的运动方式分为升膜式浓缩、降膜式浓缩和离心式薄膜浓缩。

1. 升膜式浓缩设备

（1）主要构造　升膜式浓缩设备主要由加热器、分离器、导管等组成（图 8-31）。加热器为垂直竖立的长圆形容器，内有许多垂直长管。加热管的直径一般为 30~50mm，长管式加热管长为 6~8m，短管式加热管长为 3~4m，管的长径比为 100~150，以使加热面供应足够成膜的气流。

（2）工作过程　料液自加热器底部进入加热管，使料液加热沸腾，汽化产生大量二次蒸汽，在管内高速（100~160m/s）上升，将料液挤向管壁形成薄膜。在二次蒸汽的诱导及分离器高真空的吸力下，被浓缩的料液及二次蒸汽以较高的速度沿切线方向进入分离器，在分离器离心力的作用下，料液沿其周壁高速旋转，并均匀地分布于周壁及锥底，使料液表面积增加，加速水分的进一步汽化，经 5~10min，达到浓缩浓度要求后即可出料。

2. 降膜式浓缩设备

（1）主要构造　降膜式浓缩设备由进料口、蒸发器、分离器、浓缩液出口等组成（图 8-32）。该设备属于自然循环式浓缩设备，为了使料液能均匀分布于各管道，并沿管内壁流下，在管的顶部或管壁内安装有降膜分配器，其结构有锯齿式、导流棒式、螺纹导流管式和切线进料旋流器等形式。

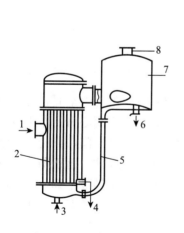

图 8-31　升膜式浓缩设备

1. 蒸汽进口　2. 加热管　3. 料液进口
4. 冷凝水出口　5. 下导管　6. 浓缩液出口
7. 分离器　8. 二次蒸汽出口

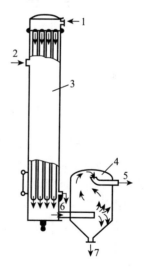

图 8-32　降膜式浓缩设备

1. 料液入口　2. 蒸汽入口　3. 蒸发室　4. 分离室
5. 二次蒸汽出口　6. 冷却水出口　7. 浓缩液出口

（2）工作过程　料液自加热器顶部进入，在降膜分配器的作用下，均匀地进入加热管中，液膜受二次蒸汽快速流动的诱导，以及自身的重力作用，沿管内壁成液膜状向下流动，由于向下加速的作用,克服加速压力比升膜式更小,沸点升高也小,加热蒸汽与料液温差大,所以传热效果较好。已浓缩的料液沉降于底部,其中一部分由出料泵抽出。

3. 离心式薄膜浓缩设备 离心式薄膜浓缩设备是目前最先进的茶提取液浓缩设备,其具有蒸发温度低(50℃)、加热时间短(仅1~2s)、保留茶浓缩液的色泽和香气、汽液分离效果好、残留液量小、清洗杀菌方便等优点,还适用于鲜果汁、咖啡、蛋白、酵母等物料的浓缩。

(1) 主要构造 离心式薄膜浓缩设备由锥形碟片、间隔板、空心转轴、分配管等组成(图8-33)。锥形碟片为中空夹层,若干个空心锥形碟片组装在转鼓内,转鼓底部与空心转轴相连。

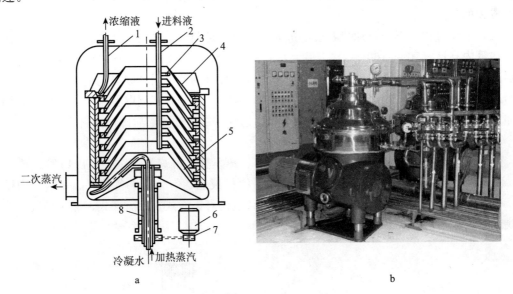

图 8-33 离心式薄膜浓缩设备
a. 结构示意图 b. 外形图
1. 吸料管 2. 分配管 3. 喷嘴 4. 锥形碟片 5. 间隔板 6. 电机 7. 皮带 8. 空心转轴

(2) 工作过程 工作时,加热蒸汽由空心转轴进入转鼓内壁的蒸汽空间,再经径向孔进入碟片夹层空间,蒸汽冷凝将热量通过转鼓壁传给料液,冷凝液受离心力的作用被甩至碟片的上侧壁,沿壁面向下外方向流动,经径向孔滤回转鼓内壁的蒸汽空间,并沿壁下流至室底的环形槽集中,经排出管排出。料液由加料管引入,经分配支管喷注,落于碟片内下侧,受离心力作用,沿壁面向外流,在流动过程中受热蒸发,二次蒸汽由转鼓中部上升,经外壳由真空泵抽至冷凝器中冷凝。浓缩液沿碟片底面流至L形环槽集中,经环箍的轴向孔上行,最后经排出管排出。

(3) 使用与维护 操作过程中要严格控制进料量,进料过多易造成液柱上升,过少造成管壁结焦;浓缩液预热到接近沸点状态时进入加热器,增加液膜在管内的比例,以提高沸腾和传热系数。定期对密封垫进行更换和检查,确保各管路的密封性能,连接可靠。

三、冷冻浓缩设备

冷冻浓缩设备主要包括结晶装置和分离装置两部分。

(一) 冷冻浓缩结晶装置

冷冻浓缩结晶器有直接冷却式和间接冷却式两种。直接冷却式可利用溶液内水分部分蒸发或利用辅助冷媒（如丁烷等）蒸发的方法，其优点是结构简单，但部分芳香物质将随同蒸汽一起逸出而损失；间接冷却式是利用间壁将冷媒与被加工料液隔开的方法。冷冻真空结晶装置如图8-34所示。

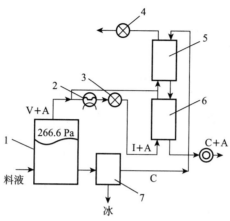

图8-34　冷冻真空结晶装置简图

1. 真空结晶器　2. 冷凝器　3. 干式真空泵　4. 湿式真空泵　5. 吸收器Ⅱ　6. 吸收器Ⅰ　7. 冰晶分离器
V. 水蒸气　A. 芳香物质　C. 浓缩液　I. 惰性气体

1. 直接冷却式真空结晶装置　在这种结晶器中，溶液在绝对压力266.6Pa下沸腾，液温为-3℃。直接冷却式真空结晶器所产生的低温水蒸气须不断排除。工作时，待浓缩茶汁进入真空结晶器，于266.6Pa的绝对压力下蒸发冷却，部分水分即转化为冰晶。从结晶器出来的冰晶悬浮液经分离器分离后，从吸收器下部排出。

2. 间接冷却式真空结晶装置　间接冷却式真空结晶装置可分为内冷式和外冷式两种。

（1）内冷式结晶器　内冷式结晶器可分为以下两种形式：

①产生固化或近于固化悬浮液的结晶器，结晶原理属于层状冻结，可使稀溶液浓缩到40%以上，具有洗涤简单、方便的优点。

②产生可泵送浆液的结晶，将结晶操作和分离操作分开的方法。大多数内冷式结晶器采用此法。

（2）外冷式结晶器　外冷式结晶器有以下3种形式：

①料液先经过外部冷却器作过冷处理，过冷度可高达6℃，然后，此过冷而不含晶体的料液在结晶器内将其"冷量"放出。

②料液在结晶器和换热器之间进行再循环，晶体在换热器中的停留时间比在结晶器中短，故晶体主要是在结晶器内长大。

③在外部热交换器中产生亚临界晶体，部分不含晶体的料液在结晶器与换热器之间进行再循环。因热流大，故晶核形成非常剧烈。而且浆料在换热器中的停留时间甚短，通常只有几秒钟，所产生的晶体极小。

(二) 冷冻浓缩分离装置

冷冻浓缩分离方法有压榨法、过滤式离心法和洗涤塔法等。

1. 压榨法分离 通常采用的压榨机有水力活塞压榨机和螺旋压榨机。采用压榨法时，溶质损失决定于被压缩冰饼中夹带的溶液量。冰饼经压缩后，其中夹带的液体被紧紧地吸住，以致不能采用洗涤的方法将它洗净。但若压力高、压缩时间长，可降低溶液的吸留量。

2. 过滤式离心法分离 采用转鼓式离心机分离时，所得冰床的空隙率为 $0.4\sim0.7$。球形晶体冰床的空隙率最低，而树枝状晶体冰床的空隙率较高。与压榨法不同，在离心力场中，部分空隙是干空的。采用离心的方法，可以用洗涤水或将冰融化后来洗涤冰饼，分离效果比压榨法好，但洗涤水将稀释浓缩液，即使采用冰饼洗涤，仍可高达10%。采用离心机的严重缺点是挥发性芳香物的损失。这是因为液体因旋转而被甩出来时，要与大量空气密切接触的缘故。

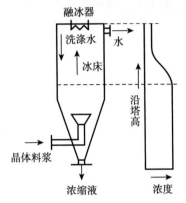

图 8-35 洗涤塔分离原理

3. 洗涤塔分离 洗涤塔的分离原理是利用纯冰融化的水来分离冰晶间残留的浓液。如图 8-35 所示，晶体悬浮液从洗涤塔的下端进入，由于冰晶密度小而逐渐上浮到顶端。塔顶设有加热器，使部分冰晶融化。融化后的水分即逆行下流，与上浮冰晶逆流接触，洗去冰晶间的浓缩液。这样晶体就沿着液相溶质浓度逐渐降低的方向移动，因而晶体随浮随洗，残留溶质越来越少。浓缩液从同一端经过滤器排出。

（三）冷冻浓缩设备的使用与维护

该设备在使用时要注意控制好最优冰晶尺寸，达到最佳的浓缩效果；采用洗涤塔分离时要注意流速的控制，以免造成浓度下降。

四、膜浓缩设备

（一）超滤膜浓缩设备

超滤（ultra-filtration，UF）是一种能将溶液进行净化和分离的膜分离技术。超滤膜浓缩多以聚丙腈或聚烯烃类为半透膜材料，超滤膜的基本孔径为 $0.01\mu m$，能截留分子质量 $1\,000\sim50\,000$ 范围内的溶质分子，溶剂和分子质量小于 $1\,000$ 的溶质分子都能透过半透膜，工作压力一般为 $49\sim588kPa$。超滤设备有中空纤维超滤装置和平板式超滤装置两种类型。

1. 中空纤维超滤装置 中空纤维超滤装置由超滤筒、供料泵、浓缩液出口、清液出口等组成。超滤筒内有多根空心纤维膜合并成束，镶入膜筒的端板上构成。工作时，料液从端板进入纤维管内，在压力的作用下清液透过膜管壁微孔由清液出口流出，浓缩液则由另一端板排出。

2. 平板式超滤装置

（1）结构与工作过程 平板式超滤装置由进料泵、增压泵、超滤膜组等构成（图 8-36）。超滤膜组由两块端板和端板中间的许多膜板组成，每一块膜板由超滤膜和支承板组成。支承板为表面有弧形浅沟的双层空心夹板。工作时，超滤膜板被油压器紧密压紧组装在一起，清液从每个膜面透过流出，料液不断地浓缩，从浓缩液出口排出。

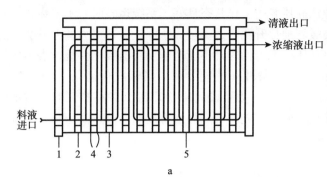

图 8-36 平板式超滤装置
a. 结构示意图 b. 外形图
1. 端板 2. 模板 3. 支承板 4. 超滤膜 5. 隔板

(2) 使用与维护 超滤膜应置于室内通风干燥处,不得阳光直射;冬季应有保温装置,保证室温在 5℃ 以上,夏季室温不得高于 40℃。使用前须检查装置所有管道之间连接是否牢固,有无短缺,压力表是否齐全。按照操作流程设定工艺要求的流量和压力,并顺序打开相应的阀门和开关,结合浓缩液质量检测调整相关工艺参数。注意每次开机前须低压冲洗,停机前全开浓缩液排放阀、浓缩液放尽阀及清水放尽阀,低压冲洗 5min 左右后,关闭增压泵电源开关,然后再关闭超滤系统中的所有阀门,防止空气进入超滤系统,停机结束。超滤装置常用的清洗方法有化学清洗、物理清洗两大类,物理清洗有等压清洗法、高纯水清洗法、反向清洗法,化学清洗法有酸溶液清洗法、碱溶液清洗法、氧化剂清洗法和加酶洗涤剂清洗法。

(二) 反渗透浓缩设备

反渗透浓缩 (reverse osmosis, RO) 指以压力差为推动力,从溶液中分离出溶剂的过程。使用醋酸纤维素及其衍生物为半透膜,对膜一侧的提取液施加压力,当压力超过其渗透压(一般为 2.74~14.7MPa)时,溶剂会逆着自然渗透的方向作反向渗透,从而在膜的低压侧得到渗透液,在高压侧得到浓缩液,从而截留 10~100 000 范围内的溶质分子。反渗透浓缩常用于速溶茶加工、浓缩茶生产和茶多酚提取。

1. 主要构造 反渗透浓缩设备由供料泵、增压泵、反渗透膜组、温度控制装置等组成(图 8-37)。一个膜组的组成:带导流槽的隔板—反渗透膜—带长条缝隙的氧化甲烯空心板—反渗透膜—隔板。

2. 工作过程 工作时,增压泵对浓缩液进行增压,在一定的压力下使溶液中的溶剂通过反渗透膜(半透膜)分离出来,根据不同物料的渗透压,就可以使大于渗透压的反渗透法达到分离、提取、纯化和浓缩的目的。常温条件下可以对溶质和水进行分离或浓缩。

3. 使用与维护 使用前须调试和试运行预处理系统处于供水状态。检查全部仪表、阀门开关

图 8-37 反渗透浓缩设备

安装正确，经过校准状态良好，并确认高压泵的工作状态良好。系统运转时，不要在排气不充分的状态下启动高压泵；使用时要缓缓地提升压力、流量，急剧流量、压力的上升会导致反渗透膜元件发生变形和损伤。膜组件压差无论何时都不能超越反渗透膜元件规律表上所记载的允许压差值。系统运行正常后记录操作条件和性能参数，当标准化通量下降 10%～15%，或系统脱盐率下降 10%～15%，或操作压力及段间压差升高 10%～15% 时，应清洗反渗透膜系统。当反渗透装置需停止运行时，首先打开产品水排放阀，停止高压泵，用预处理水冲洗反渗透膜 5～10min 后再停机。

第五节　速溶茶粉干燥设备

一、概述

(一) 速溶茶粉的干燥方法

茶浓缩液须经干燥工艺，蒸发大量的水分后，才能成为粉末状或颗粒状的速溶茶干品。我国速溶茶工业化生产最佳工艺组合为：低温连续逆流提取—碟片离心分离—陶瓷膜超滤—反渗透膜浓缩—离心薄膜蒸发浓缩—喷雾干燥。速溶茶粉常用的干燥方法为喷雾干燥和冷冻干燥。

(二) 喷雾干燥的特点

喷雾干燥是将液料雾化，以增大水分的蒸发面，与热空气接触，瞬间将大部分水分除去，使固形物成为粉末状或颗粒状的干品。喷雾干燥具有以下特点：

1. 干燥速度快、时间短　茶浓缩液雾化的微粒（10～100μm）表面积大（100～600 m^2/L），干燥时间短（10～30s），生产率高（50～500kg/h）。

2. 物料温度低，热破坏少　干燥过程茶浓缩液的温度未超过热空气湿球温度，适宜于热敏性茶浓缩液的干燥，能保持茶叶固有的色泽、风味和营养成分。

3. 干制品疏松性、分散性、溶解性好　茶浓缩液微粒短时内快速形成外皮，构成干后收缩的疏松结构，使产品具有良好的疏松性、分散性和溶解性。

4. 产品质量易控制，操作方便　可根据需要调节和改变干燥条件，对产品的粒径、相对密度、含水率等进行调节。可对各种含水率高的液料进行喷雾干燥，干燥效率高，操作人员少，易进行连续化生产和自动化控制。

但喷雾干燥设备的热效率较低（30%～40%），设备一次性投资较大。

(三) 冷冻干燥的特点

冷冻干燥又称真空冷冻干燥、升华干燥、冷冻升华干燥及分子干燥等。冷冻干燥是先将物料冻结到冰点以下，使物料中的水分变为固态冰，然后在较高的真空度下，使固态冰不经液态而直接转化为水蒸气排除。冷冻干燥具有以下特点：

①干燥温度很低，在真空和低温环境下抑制微生物的生长和酶的作用，有利于茶叶固有色、香、味和营养成分的保持。

②冷冻干燥的速溶茶为多孔隙结构，疏松分散性好，具有较好的冷溶性。

③干燥成本较高，一般适用于高档速溶茶或茶功能性成分提取的干燥。

二、喷雾干燥设备

（一）主要构造

喷雾干燥设备由空气加热装置、雾化装置、干燥室、收集装置、旋风分离器等组成（图8-38）。

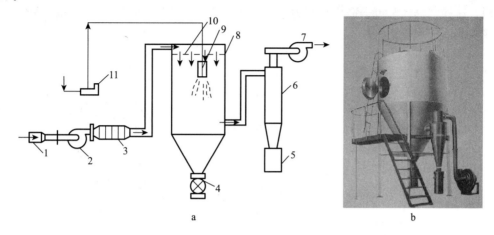

图8-38 喷雾干燥设备
a. 结构示意图　b. 外形图
1. 空气过滤器　2. 鼓风机　3. 空气加热器　4. 旋转出料器　5. 物料收集口　6. 旋风分离器
7. 排风机　8. 干燥塔　9. 喷雾器　10. 热风分配器　11. 送料泵

1. 空气加热装置　空气加热装置的作用是加热干燥空气，提高干燥温度，降低相对湿度。由空气过滤器、鼓风机、空气加热器、热风分配器等组成。

2. 雾化装置　雾化装置的作用是将料液雾化成细雾状，增大与热空气的接触面积，提高水分汽化速率。雾化装置由料液贮存器、料液过滤器、平衡槽、供料装置、喷雾器等组成。喷雾器有压力式和离心式两种类型。

（1）压力式喷雾器　压力式喷雾器的作用是将浓缩液加压雾化成直径为 $0\sim200\mu m$ 的雾状微粒。主要部件为三缸柱塞高压泵。

（2）离心式喷雾器　离心式喷雾器的作用是通过水平高速旋转的圆盘，将浓缩液高速甩出，形成薄膜、细丝、液滴，被甩出的液滴进一步与空气撞击摩擦而分散成微小雾滴。

3. 干燥室　热空气与待干燥物料进行热交换的场所。我国目前常采用立式干燥室，也称为干燥塔。干燥塔由厚度为 2.5～3mm 的不锈钢焊制而成，塔体上设有灯孔、窥视孔和吹料压缩空气管道等，塔体采用硅藻土、泡沫塑料绝热材料保温。干燥室根据热风和料液的流向分为顺流型、逆流型和混流型 3 种形式（图8-39）。

（1）顺流型　热风与雾化料液的流动方向相同。这种形式（图8-39a），雾滴进入干燥室先与高温低湿的热风接触进行热交换，随着双方运动的进行，干燥强度由强减弱，产品温度取决于干燥室的排风温度。顺流型喷雾干燥适用于热敏性物料的干燥。

（2）逆流型　热风与雾化料液的流动方向相反，热风自下而上，雾滴从上而下。这种形式（图8-39b），雾滴进入干燥室先与低温高湿的热风接触，而在出口端，已被部分干燥的含水率较小的物料与高温低湿的热风接触，前后的干燥强度相差不大，干燥速率分布均匀，且料液在干燥过程中先接触温度较低、湿度较大的热风，有可能在干燥过程中夹杂其他颗粒形成多孔状的粗颗粒干燥物，有助于提高速溶性，但易引起产品过热焦化。这种干燥方法不适宜热敏性物料的干燥。

（3）混流型　热风与雾化料液的流动方向不规则。这种形式（图8-39c），热风与雾化料液可以在运动过程中产生交混，接触充分，产生有利于热交换的"骚动"，提高干燥效果。但同时，这种"骚动"也会造成雾滴的运动紊乱，易出现涡流，使雾滴流动半径加大，出现黏壁现象或造成焦化。

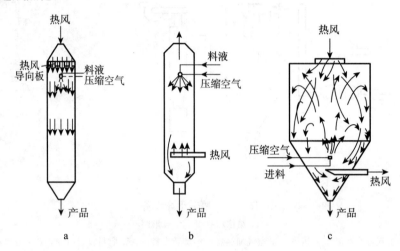

图 8-39　喷雾干燥室中热风与料液的流动方向
a. 顺流型　b. 逆流型　c. 混流型

4. 排料装置　排料装置用于收集干燥的物料。包括出粉器、贮粉装置、产品冷却装置、产品分级装置等。

5. 旋风分离器　旋风分离器用于捕捉和回收悬浮状干燥废气中的茶粉，减少排放时的物料损失。旋风分离器利用切向注入的混合物高速旋转产生的离心力，加速颗粒沉降，非均相物料系在分离器内形成向下的外旋流和向上的内旋流，达到不同密度或不同粒度颗粒的分离。

（二）工作过程

喷雾干燥过程分为4个阶段：

1. 雾化阶段　液料经雾化器分散为极细的液滴或料雾。

2. 混合阶段　使雾化后极细的液滴或料雾与气流充分混合。

3. 干燥阶段　使混合后的气流与热空气充分接触，促使物料中的水分瞬间蒸发，成为粉末状或颗粒状干品。

4. 分离阶段　使脱水后的干品与气流分离。

喷雾干燥工艺流程如图8-40所示。空气通过加热器转化为热空气进入干燥室顶部的热风分配器后均匀进入干燥室，并呈螺旋状转动，同时经泵将料液送至装在干燥室顶部的离心雾化器，将料液喷成极小的雾状液滴，使雾状液滴与热空气并流接触，水分迅速蒸发成为干品。干品连续地由干燥塔底部和旋风分离器输出，废气由风机排出。

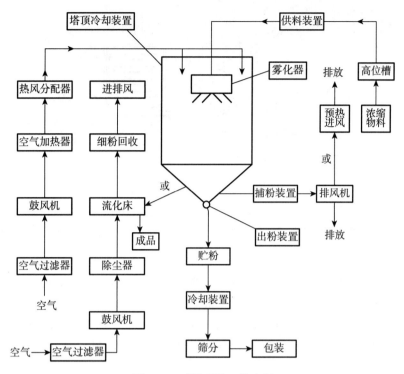

图 8-40 喷雾干燥工艺流程

（三）使用与维护

1. 使用前的准备 开机前应检查过滤器、管道、阀门、喷嘴等有无堵塞，并检查喷嘴磨损情况，料泵是否漏油，加压是否正常，油位是否正常等，风机轴和轴承是否缺油发热，有无振动、杂音等，必要时清洗油管、油泵、油嘴三处的过滤网。

2. 使用与停机 运行过程中应适时检测产品含水率，及时调整风温、风量及进料量，以保证干燥产品的质量。停机时，须等进料管中物料喷完5min后，关闭空压机、加热器，待进风温度降至90℃以下时，方可关闭风机。

3. 使用注意事项 如遇紧急情况，必须立即停机，应先关闭鼓风机和料泵。如果突遇停电，应拉出燃气机，使塔体自然降温，然后打开排污阀，排尽料浆管道内的浆料，并清洗设备。喷雾干燥机长时间运行或因操作不当，部分喷雾干燥机内会出现集料而影响正常运行，须清理干燥塔内的集料，开循环水冲洗干燥塔。

三、冷冻干燥设备

（一）主要构造

冷冻干燥设备主要由制冷系统、真空系统、加热系统、干燥系统、控制系统和消毒系统等组成（图 8-41）。

1. 冷冻干燥室 冷冻干燥室的作用是提供物料冻结的冷量，将温度降低到 -40 ℃或更低的温度，补充物料中水分升华需要的热量，并能抽真空。干燥室有圆筒形、矩形等。冷冻干燥室要求冷却速率通常为 $0.1 \sim 1.5$ ℃/min，加热速率一般为 $0.1 \sim 1.2$ ℃/min，加热温度为50℃左右。

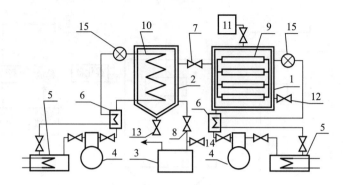

图 8-41 箱式干燥机组成示意图

1. 干燥室　2. 冷凝器　3. 真空泵　4. 压缩机　5. 水冷却器　6. 热交换器　7. 冷凝器
8. 真空泵　9. 板温计　10. 温度计　11. 真空计　12、14. 放气阀门　13. 出口　15. 膨胀阀

2. 冷阱　冷阱指制冷系统中的蒸发器。在冷冻干燥中冷阱应能保持足够低的温度，从干燥室内排出大量的水蒸气，降低干燥室内水蒸气压力，保证升华出来的水蒸气有足够的扩散能力。因此冷阱要有制冷到 $-40 \sim -80$℃ 低温的能力。

3. 真空系统　真空系统的作用是抽走干燥室内的水蒸气和干空气，维持干燥室内物料水分升华和解吸所需的真空度。应根据物料的物性、所需温度、抽气量大小选取真空泵型号。

4. 制冷系统　制冷系由冷冻机组与冷冻干燥室、冷凝器内部管道等组成。冷冻机可以是互相独立的两套，即一套用于制冷冷冻干燥室，一套用于制冷冷凝器，也可合用一套冷冻机。制冷法有直接法、间接法、多孔板状冻结法、挤压膨化冻结法等。

5. 加热系统　加热系统的作用是加热冷冻干燥室内的隔板，促使产品升华，可分为直接加热和间接加热两种方法。直接法利用电直接在干燥室内加热；间接法利用电或其他热源加热传热介质，并将其通入隔板。

6. 控制系统　由各种开关、安全装置，以及一些自动控制元件和仪表等组成自动化程度较高的控制系统，以有效地控制操作和保证产品质量。

（二）工作原理

1. 水的相平衡关系原理　水分存在状态有固态、液态和气态，这 3 种状态在一定条件下可以达到平衡，称为相平衡。水的相平衡关系是分析和探讨冷冻干燥的基础。

水的相平衡关系见图 8-42。曲线 AB、AC 和 AD 把平面划分成 3 个区域，对应于水的 3 种状态。AC 划出了固态与液态的界线，称为溶解曲线；AD 划出了液态与气态的界线，称为汽化曲线；AB 划出了固态与气态的曲线，称为升华曲线。若水的温度和压力所对应点位于这些曲线上，说明水分正在发生两相之间的转化，两相可同时存在。

当压力高于 612.88Pa 时，从固态冰开始

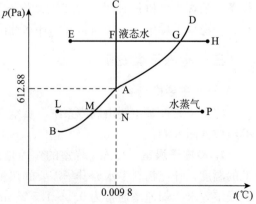

图 8-42 水的相平衡关系

等压加热升温的结果必然要经过液态，如图中 EFGH 所示。但若压力低于 612.88Pa 时，固态冰等压加热升温的结果将直接转化为气态，如图中 LMNP 线所示，冷冻干燥的原理就基于此，因此冷冻干燥又称为冷冻升华干燥。

2. 冷冻干燥过程　物料冷冻干燥一般分为以下 3 个阶段。

（1）预冻阶段　预冻的目的是将物料溶液中的自由水固化，使干燥后的产品与干燥前的形态基本相同，防止在抽真空干燥时出现气泡、浓缩、收缩和溶液移动等不可逆的现象，减少因温度下降而引起的物质可溶性降低和表观特征的变化。

（2）升华干燥阶段　在这一阶段中，将冻结后的产品置于密闭的真空容器中加热，物料的冰晶升华为水蒸气逸出，使产品从外向内脱水，冰晶升华后残留下的空隙成为后续升华的水蒸气逸出的通道。

（3）解析干燥阶段　解析干燥阶段又称为第二干燥阶段。升华干燥阶段结束后，由于物料毛细管壁和极性基团上仍吸附着未冻结的水分，通过提高真空度，使物料内外形成更大蒸汽压差，将这些水分解析出来。该阶段结束，产品的含水率一般为 0.5%～4%。

3. 茶浓缩液的冷冻干燥过程　物料通过制冷、预冻系统进行冻结，进入干燥室后，再由冷凝、真空、热源系统徐徐汽化蒸发完成干燥。先将茶浓缩液在 −35℃ 下冻结，再在低于水相点压力下（609Pa）进行真空干燥，这时固态水直接汽化蒸发。操作时真空度为 13～80Pa。

干燥室温度控制：①从 −35℃ 至 0℃，升温 3℃/h；②从 0℃ 至 25～30℃，升温 5℃/h；③在 25～30℃ 下恒温 1～2h。全程历时 20～24h。

冷冻干燥后的制品为疏松的鳞片状，稍加粉碎，呈粉末状即可，其含水率低于 3%。

（三）使用与维护

1. 使用前的准备　使用前先检查冷冻系统、真空系统、加热系统是否泄漏及有否故障，检查各指示仪表是否在正常状态；更换已损坏或工作不良的零部件，检查并调整电机与各压缩机、真空泵之间传动皮带的松紧度；紧固各连接螺栓；检查制冷压缩机、真空泵、机械增压泵、循环油箱的油位；检查循环泵的运转方向，循环泵压力、导热油温度等参数是否正常。开机查看压缩机运行声音是否正常，如果异常先检查供电的三相电是否平衡。

2. 使用与停机　启动制冷机，预冷 30min 后，将样品放入干燥室，并启动真空泵。机台运行 10～20min 后检查工作压力和工作电流是否正常。注意定期检查、更换真空泵油及润滑油。运行中注意记录真空度、温度等参数是否正常，如有异常应及时检修。注意避免频繁启动机器造成故障。停机时先关闭进气，再按停机按钮使机器停止运行。停机后须等冷阱中的冰完全化成水后，打开机箱左侧的出水阀放水，并用干布清洁冷阱内壁。

第六节　超细微茶粉加工设备

一、概述

超细微茶粉碎设备的功用是将 20～200 目筛的原料茶加工粉碎成为 300 目筛的超细微茶制品，粉粒直径可达微米级。超细微茶粉碎设备主要有胶体磨、锤磨机、气流粉碎机等类型。

二、胶体磨

胶体磨可以根据加工原料的干湿度而分为干式和湿式两种类型。干式用于干料粉碎以制取微细粉末;湿式用于湿料,主要具有乳化作用。茶叶超细微粉碎常用干式胶体磨。

(一)结构与工作原理

干式胶体磨由原料入口、上部固定盒、下部旋转盒和排出口组成(图8-43)。工作时,上圆盘固定,下圆盘以3 600r/min高速旋转。由于两圆盘之间的间隙非常狭窄(一般为1/40mm),原料在此间隙处受到摩擦和碾压而被粉碎,并在离心力的作用下,从转盘四周抛出。

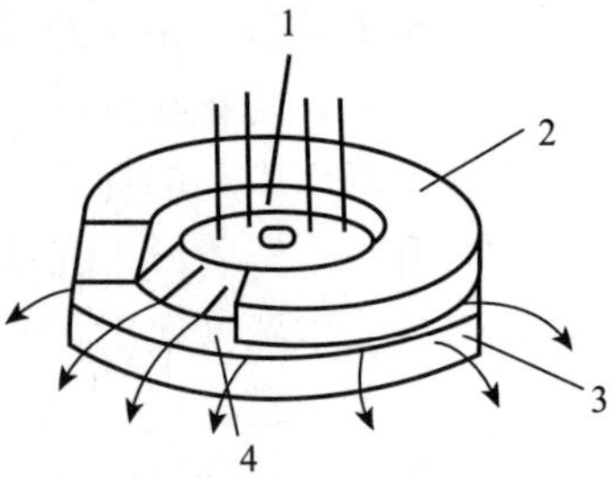

图 8-43 干式胶体磨
1. 原料入口　2. 上部固定盒
3. 下部旋转盒　4. 排出口

(二)使用与维护

1. 使用前准备　检查连接管是否松动,用手转动胶体磨,试看胶体磨是否灵活。向轴承体内加入轴承润滑油,观察油位应在油标的中心线处,润滑油应及时更换或补充。检查压力平衡罐的液位是否在循环管以上,压力是否降低。检查各紧固螺钉是否拧紧,使用前用专用扳手转动转子,检查与定子是否接触,有无卡死现象。

2. 运行　根据加工物料的粒度和批量要求,选择最佳定子、转子间隙后即可调整限位螺钉达到限位目的,并注意转子旋转方向应与底座上的箭头指向一致(顺时针方向旋转)。启动电机时,首先点动开关,检查是否有杂音、振动,如果情况不正常应立即停机,排除故障后再试运转。物料研磨前应清除杂物,严禁铁质及碎石颗粒等硬物进入磨头,以防损坏机器。加工物料应注意电机负荷,发现过载要减少投料。根据物料加工要求,可进行一次或多次研磨,研磨前应做几次试验,以确保最佳的间隙和流量。胶体磨在运行过程中,轴承温度不能超过环境温度35℃,最高温度不得超过80℃。将胶体磨的流量和扬程控制在标牌规定范围内,以保证胶体磨在最高效率点运转。运行中绝不许关闭出料阀门,以免磨腔内压力过高而引起泄漏。

3. 停机与保养　关机之前,进料斗内加入适量水或其他与加工物料相关的液体,并将湿料保持在经过循环管回流状态,禁止空转与逆转。停止使用时,先关闭闸阀、压力表,然后停止电机。工作后清洗定子、转子内残余物料时应在运转状态下进行,先将大卡盘向逆时针方向旋转不小于90°后进行清洗,应彻底消毒机体内部,勿使物料残留在体内,以免硬质物料黏结而损坏机器。黄油杯应定期注油。清洗时根据不同的物料选用合适的清洗剂,但应保证不损坏密封件(密封件材料为丁腈橡胶)。胶体磨长期停用,需将泵全部拆开,擦干水,将转动部位及结合处涂以油脂装好,妥善保存。胶体磨属高精密机械,磨盘间隙极小,转动速度快,操作人员应严守岗位,按规章作业,发现故障及时停机,排除故障后再生产。

三、锤磨机

(一)结构与工作原理

螺旋输送锤磨机的结构如图8-44所示,由粉碎室、螺旋输送器、T形锤、进料口、出料口和滤筛组成。工作时,从上部加入茶叶原料,螺旋输送至粉碎室,粉碎室内壁凹凸不平并成齿状，粉碎室内配有 T 形锤头的轴，以 3 000～10 000r/min 高速旋转，由于锤的冲击力及其与壁之间的狭窄间隙所造成的剪切力，物料被充分粉碎。粉碎后的粉状、粒状物料通过金属筛网便成为一定粒度的制品，不能通过金属网的原料将重新进行粉碎。

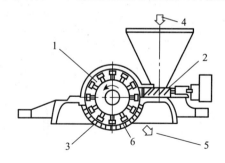

图 8-44 螺旋输送锤磨机
1. 粉碎室 2. 螺旋输送器 3. T 形锤
4. 进料口 5. 出料口 6. 滤筛

（二）使用与维护

1. 使用前准备 检查轴承座通水情况是否正常，如有堵塞，应及时修理。检查保险销和安全防护装置是否可靠，如不可靠，应及时处理。

2. 运行注意事项 开机先点动试机，然后空运转3～5 min，检查传动系统（电动机联轴节、链轮、链条）和转子的运行是否平稳，确认一切正常后方可进行生产。设备启动顺序为风机→锤磨机→螺旋输送机，停机顺序相反。工作中，如设备密封不严，粉尘飞扬，应及时修理。如保险销切断，应打开进料活门，排除超负荷原因，方可继续工作。

四、气流粉碎机

气流粉碎机适用于低熔点和热敏性物料的超微粉碎。其工作原理是利用物料的自磨作用，用压缩空气产生的高速气流或热蒸汽对物料进行冲击，使茶叶物料相互间发生强烈的碰撞和摩擦作用，以达到细碎的目的。常见的有以下几种气流粉碎机：

（一）立式环形喷射气流粉碎机

该机主要由立式环形粉碎室、分级器和文丘里式给料装置等组成（图 8-45）。工作过程：从喷嘴喷出的压缩空气（或高压蒸汽）将喂入的物料加速并形成紊流状，致使物粒相互冲撞、摩擦而粉碎。粉碎后的粉粒体随气流经环形轨道上升，由于环形轨道的离心力作用，致使粗粉粒靠向轨道外侧运动，细粉粒则被挤向内侧。回转至分级器入口处时，由于内吸气流旋涡的作用，细粉粒被吸入分级器而排出机外，粗粉粒则继续沿环形轨道外侧远离分级器入口处，被送回粉碎室再度与新输入物料一起进行粉碎。

（二）对冲式气流粉碎机

该机的主要工作部件有冲击室、分级室、喷管、喷嘴等（图 8-46）。工作时，两喷嘴同时相向向冲击室喷射高压气流。其中喷嘴Ⅰ喷出的高压气流将加料斗中的物料逐渐吸入，送经喷管Ⅰ，物料在喷管Ⅰ中得到加速。加速物料一进入粉碎室，便受到喷嘴Ⅱ喷射来的高速气流阻止，物料犹如冲击在粉碎板上而破碎。粉粒转而随气流经上导管至分级室后作回转运动，因离心力的作用而分级。细粉粒所受离心力较小，处于分级室中央而被排出机外；粗粉粒受离心力较大，沿分级室周壁运行至下导管入口处，并经下导管至喷嘴Ⅱ前，被喷嘴Ⅱ喷入的高速气流送至喷管Ⅱ中加速，再进入粉碎室，与对面新输入物料相互碰撞、摩擦，再次粉碎，如此循环。

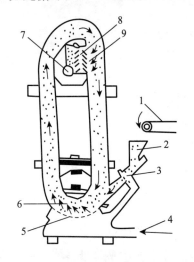
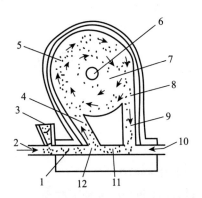

图 8-45　立式环形喷射气流粉碎机
1. 输送机　2. 料斗　3. 加料器　4. 压缩空气
5. 喷嘴　6. 粉碎室　7. 出口
8. 分级器　9. 分级器入口

图 8-46　对冲式气流粉碎机
1. 喷管Ⅰ　2. 喷嘴Ⅰ　3. 料斗　4. 上导管　5. 分级室
6. 排出口　7. 微粉体　8. 粗颗粒　9. 下导管
10. 喷嘴Ⅱ　11. 喷管Ⅱ　12. 冲击室

（三）超音速喷射式粉碎机

该机主要由压缩空气入口、分级板、粗粒返回管、粉碎室、排气口等组成（图 8-47）。工作时，物料经料斗入机后，受到超音速气流的强烈冲击，使物料在粉碎室内发生剧烈碰撞、摩擦等作用而致粉碎。其粒度可达 $1\mu m$ 的超微粒度。粉碎机内设有粒度分级机构，微粒排出后，粗粒返回粉碎室内继续粉碎，直至所需粒度为止。

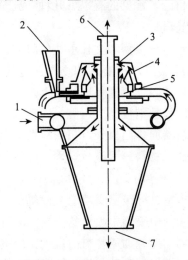

图 8-47　超音速喷射式粉碎机
1. 压缩空气入口　2. 原料投入口　3. 分级板　4. 粗粒返回管　5. 粉碎室　6. 排气口　7. 出料口

(四) 气流粉碎机的使用与维护

1. 开机前准备 检查主机、附机及管路、阀门等必须都处于完好状态,确保过滤装置的通畅。

2. 运行与停机 开空压机之前,打开进出冷却阀门,确保冷却水正常流动。压缩机的启动操作要求按压缩机使用说明书规定进行。通过压缩机的压力调节器,调节粉碎压力与所需风量。开启捕集器反吹阀,然后逐一开启旋风分离器和捕集器卸料阀。加料应注意控制料位,检查已设置分级叶轮电流上限值是否符合要求,如不符合,需重新设置。运行中定时检查粉碎成品的细度,定期清理或更换除尘器布袋(确保布袋透气),定期检查电磁阀的工作情况(看其是否能够正常工作);定期检查粉碎机各易损件的磨损情况,看是否属于正常磨损;时常注意粉碎机的振动情况。停机时先停止螺旋加料器送料,关闭主气阀,停压缩机,关闭引风机进风阀,并停风机,再停分级叶轮电机,关闭清洗阀和密封阀,停旋风分离器和捕集器卸料阀,最后关闭控制箱电源。

3. 使用注意事项 卸料器在运转时,严禁将手伸入卸料器出口处,以防伤手。分级叶轮转速不能超过规定值,否则会毁坏分级轮、电机。安全阀必须定期校验。当发现粉碎机产量突然下降时,除原料的因素外,应重点检查补风门是否到位,管道是否漏风,电磁阀、风机是否正常工作等。

复习思考题

1. 茶叶深加工设备包含哪几大类型?
2. 茶叶深加工预处理设备有哪些?
3. 茶叶深加工提取水处理设备有哪些类型,各有何主要作用?
4. 茶汤提取技术有哪些?各使用什么设备?
5. 常用的茶提取液分离技术与设备有哪些?原理如何?
6. 茶提取液纯化设备有哪些?工作原理如何?
7. 常用的茶提取液灭菌技术与设备有哪些?
8. 茶提取液浓缩设备有哪些?工作原理如何?
9. 试述常用速溶茶干燥设备的工作原理。
10. 常用超细微茶粉碎设备有哪些?工作原理如何?
11. 常用袋泡茶加工包装设备有哪些?

第九章 茶厂建设

【内容提要】本章主要介绍茶厂环境要求、茶厂选址、厂区布置、车间设计、厂房建筑等茶厂规划设计方法,茶厂通风和除尘设备的种类,茶叶冷藏库的建造与使用,茶厂设备的选配、安装调试、维护保养以及茶机操作规范等内容。

第一节 茶厂规划设计

一、茶厂SC认证环境要求

茶叶加工厂应按照《中华人民共和国食品卫生法》《食品生产许可管理办法(2015版)》以及《茶叶生产许可证审查细则(2006版)》等法律法规要求,进行科学合理的规划、设计和建设。

(一)食品生产许可证编号

食品生产许可证编号由SC("生产"的汉语拼音字母缩写)和14位阿拉伯数字组成(图9-1)。

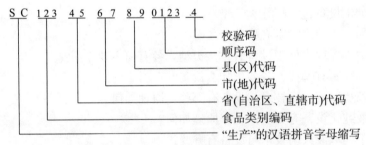

图 9-1 食品生产许可证编号组成

(二)申请食品生产许可的条件

申请食品生产许可,应当符合下列条件:

①具有与生产的食品品种、数量相适应的食品原料处理和食品加工、包装、贮存等场所,保持该场所环境整洁,并与有毒、有害场所以及其他污染源保持规定的距离。

②具有与生产的食品品种、数量相适应的生产设备或者设施,有相应的消毒、更衣、盥洗、采光、照明、通风、防腐、防尘、防蝇、防鼠、防虫、洗涤以及处理废水、存放垃圾和废弃物的设备或者设施;保健食品生产工艺有原料提取、纯化等前处理工序的,需要具备与生产的品种、数量相适应的原料前处理设备或者设施。

③有专职或者兼职的食品安全管理人员和保证食品安全的规章制度。

④具有合理的设备布局和工艺流程,防止待加工食品与直接入口食品、原料与成品交叉污染,避免食品接触有毒物、不洁物。

⑤法律、法规规定的其他条件。

二、茶厂规划设计

茶厂的规划设计既要兼顾当前实际生产需求，又要适当有前瞻性的发展考虑。茶厂规模太大，造成厂房、设备、资金、人力的浪费；规模太小，鲜叶不能及时加工，造成制茶品质下降或变质。因此，茶厂规模应以年产量和企业未来 3~5 年的发展规划设计，避免因设计缺乏冗余量而无法满足后期生产要求，反复拆建，浪费资源。茶厂与车间建设分为施工设计和厂房建设两大部分。

施工设计基本流程：茶厂选址→勘察钻探→茶厂初步设计（厂区平面、主要建筑物平面和立体等）→会审和审批→施工设计和结构设计（含建筑物、水、电、气网、道路和绿化等）→会审、修改设计和审批→完成全部施工设计与评审。车间施工设计应由有资质的勘察、建筑设计单位承担，并由建设单位协助完成，报政府有关管理部门审批。

厂房建设基本流程：建筑招标→厂房建造→设备招标采购→设备安装调试→验收。

（一）茶厂选址

茶厂是茶叶生产、加工和经营活动中心，加工厂环境条件良好、安全、卫生是最基本的要求，故茶叶加工厂地址的选择应充分考虑用地、投资、环保、交通、能源、水源、地势等各种相关因素。

1. 厂址选择原则

（1）节约用地　尽量不占用耕地、良田，充分利用荒地、劣地、山地和空地。

（2）节约投资　为节约投资，降低工程造价，所选择的场地应交通运输方便、拆迁工作量小、公用外围工程简单。

（3）环境保护和生态平衡　考虑拟建厂址周围的自然环境情况，充分估计对环境和生态的影响以及为保护环境所付出的代价。

（4）方便生产与生活　厂址的选择应有利于生产各功能的充分发挥，厂址与生活区不宜相距太远，厂址和生活区尽量靠近城镇、公路或铁路。

2. 茶厂选址风险评估

（1）使用地块完全符合国家法律规定　使用地块完全符合国家法律规定，无违法违规建设。

（2）明确环境状况对茶厂的影响　明确选址是否属于风景名胜、历史文物古迹或军事保护区域，是否受工业、矿业污染，周围地形地貌环境是否存在水土流失、塌方甚至泥石流的危险，是否受上游河流、周边企业及农事活动、公路和铁路交通道路运输等多种环境因素潜在威胁。

（3）评估茶厂生产对环境的影响　例如用水、电、能源（煤、天然气、油等）产生的废水、废气、固体废弃物和残留物的无害化处理，茶厂的噪声、粉尘等是否影响周围环境。

3. 厂址选择基本要求

（1）场地要求

①地形要求：地势开阔，场地干燥，交通便利，既有充足的水源又免受水患灾害能适应茶叶加工工艺流程的要求。为了使地形平坦又不占良田，可采用台阶式布局。

②地质和地基要求：要求厂址具有较好的地质条件，具有足够的承载能力，承载能力达到 0.15~$0.3 MPa$。

③面积要求：鲜叶采摘具有季节不均衡性，高峰期的鲜叶要求及时运输和处置，因此应

有足够面积的储青场地。

(2) 位置要求

①茶叶初加工厂：茶鲜叶不宜长距离运输，运输时间不宜超过 2h，否则影响茶叶加工和产品质量。茶叶初加工厂一般应靠近原料区，建在茶园集中连片的地方，以保证鲜叶能及时集中加工付制，快制快运，并兼顾交通、生活、通讯的便利。

②茶叶精深加工厂：一般靠近茶叶销区，建在电力、能源、交通便利的城镇。

(3) 外围工程要求

①水源和水质要求：加工厂所在地必须有足够的清洁的水源，以满足生产和生活用水要求，其保证率在 95% 以上。茶叶加工中直接用水、冲洗加工设备和厂房用水要达到 GB 5749—2006《生活饮用水卫生标准》的要求。深加工用水还需进行水的净化软化处理。

②能源要求：目前茶厂的各类加工机械大多采用电力驱动，厂址应尽可能选在靠近电网的地方，具有充足的电力供应和燃料供应，以保证正常生产。

③交通运输条件：茶叶加工厂的运输任务繁重，交通方便的茶厂可降低生产成本 5%～10%，加工能力提高 15%～25%，因此厂址应尽量靠近公路和铁路，以方便原料和产品的进出。

④环境条件：按照《茶叶生产许可证审查细则》（2006 版）规定，茶叶加工厂应离开交通主干道 20m 以上，应离开垃圾场、畜牧场、医院、粪池 50m 以上，离开经常喷施农药的农田 100m 以上。茶厂上风及周围 1 000m 以内不得有排放"三废"的工业企业，周围不得有粉尘、有害气体、放射性物质和其他扩散性污染源。茶叶加工厂所处环境应空气清新，达到 GB 3095—2012《环境空气质量标准》规定的二级标准（表 9-1）。茶厂噪声应符合 GB 3096—2008《声环境质量标准》中规定的 3 类噪声环境功能区的要求，即环境噪声限值为昼间 65dB（A），夜间 55dB（A）。

表 9-1 茶厂环境空气污染物浓度限值

序号	污染物项目	平均时间	浓度限值 一级	浓度限值 二级	单位
基本项目	二氧化硫（SO_2）	年平均	20	60	$\mu g/m^3$
		24h 平均	50	150	
		1h 平均	150	500	
	二氧化氮（NO_2）	年平均	40	40	
		24h 平均	80	80	
		1h 平均	200	200	
	一氧化碳（CO）	24h 平均	4	4	mg/m^3
		1h 平均	10	10	
	臭氧（O_3）	日最大 8h 平均	100	160	
		1h 平均	160	200	
	颗粒物（粒径小于等于 $10\mu m$）	年平均	40	70	$\mu g/m^3$
		24h 平均	50	150	
	颗粒物（粒径小于等于 $2.5\mu m$）	年平均	15	35	
		24h 平均	35	75	

(续)

序号	污染物项目	平均时间	浓度限值		单位
			一级	二级	
其他项目	总悬浮颗粒物（TSP）	年平均	80	200	μg/m³
		24h平均	120	300	
	氮氧化物（NO$_x$）	年平均	50	50	
		24h平均	100	100	
		1h平均	250	250	
	铅（Pb）	年平均	0.5	0.5	
		季平均	1	1	
	苯并芘（BaP）	年平均	0.001	0.001	
		24h平均	0.002 5	0.002 5	

（二）厂区布置

茶叶加工区厂房按茶叶加工工艺要求合理布局，厂区宽阔平坦，有良好的排水系统；厂区道路通畅，以便鲜叶原料、制成品和其他物资运输；茶厂周边应有相应的绿化隔离带等。新建、改建、扩建茶厂的厂区设计和建筑必须遵守《中华人民共和国食品卫生法》《工业企业设计卫生标准》《中华人民共和国消防法》等法律法规规定，合理、有序地规划布局。

1. 厂前区与加工区 厂前区是厂内外联系的枢纽，其主要建筑包括传达室、办公室、厨房、食堂、员工宿舍和卫生间等，建筑内容根据茶厂规模而定。加工区的厂房建筑包括生产车间和辅助车间，生产车间包括初制车间、精制车间，如储青间、萎凋间、做青间、杀青间、揉捻间、发酵间、干燥间以及包装车间等；辅助车间包括毛茶仓库、包装物仓库、审评室、检验室、油气库、配电间、机修间等。厂区布置时应充分考虑茶厂周边环境状况与茶厂之间的相互影响，厂前区与生产区有明确的界线。

2. 厂区绿化 绿化具有净化空气、调节小气候、降低噪声、防止水土流失等功能。茶厂绿化分为局部环境绿化、道路绿化、厂前区绿化和周围绿化等。

（1）局部环境绿化 局部环境绿化指车间周围的绿化。在车间的南侧一般种植落叶乔木，以在春、夏和秋季防风、降温，冬季可以获得充足的阳光；车间东、西两侧宜种高大荫浓的乔木，以防夏季日晒；车间北侧宜种常青灌木和落叶乔木混合品种，以防冬季寒风和尘土。

（2）道路绿化 在厂区道路两侧种植稠密乔木，形成行列式林荫道。一般树的株距为4～5m，树干高度为3～4m。

（3）厂前区绿化 可参照《工业企业设计卫生标准》，结合厂前建筑群进行设计。

3. 噪声防治 根据GB 12348—2008《工业企业厂界环境噪声排放标准》规定，茶厂噪声峰值不宜超过65dB（A）。茶叶加工厂中的滚筒杀青机、揉捻机、筛分机、通风机、压缩机、真空泵、空压机等设备产生的噪声较大，因此，茶叶加工车间应采取以下降噪措施：

（1）从源头上降低噪声 改进和优化茶叶加工设备的结构，提高加工精度和装配质量，降低因振动产生的噪声。如调整好机械转子或叶轮的动平衡、改进风机叶片的形状、提高齿轮的加工精度和安装质量等，降低噪声源。

（2）降低噪声传播　采用隔声和吸声的办法降低噪声的传播：将产生噪声的机械封闭在单独的车间内，阻挡噪声的传播；利用某些材料（如多孔材料、玻璃棉、毛毡、泡沫塑料、矿渣棉、穿孔板等）对声能的吸收作用，减少反射声，可降低6~10dB（A）的噪声。

4. 厂区排水　厂区排水可采用明沟排水、管道排水及混合结构排水。在地面有适当坡度、场地尘土、泥沙较多易造成堵塞、地下岩石较多埋设管道困难的地方可采用明沟排水，否则采用管道排水。

明排水沟有土沟、砖沟、石沟、混凝土沟等类型。明沟一般采用梯形，梯形沟底宽度不应小于0.3m，排水沟的最小深度不小于0.2m。

采用管道排水时，应使雨水口集水方便，能顺利排除厂区的雨水。雨水口的汇水面积与降水强度、土壤性质和水口形式有关，雨水口一般汇水面积为3 000~5 000m^2/个。

5. 道路形式　道路为茶叶加工厂的原料、燃料及成品的及时运进、运出提供运输条件，而厂内道路是联系生产工艺过程及工厂内外交通运输的线路，有主干道、次干道和人行道等。主干道为主要出入道路，供货流、人流等用；次干道为车间与车间、车间与仓库、车间与主干道之间的道路；人行道为专供人行走的道路。根据工厂的规模不同，道路结构有所差别，道路应铺硬质路面。

厂内道路布置形式有环状式和尽端式两种。环状式道路围绕各车间并平行于主要建筑物，形成纵横贯穿的道路网，这种布置占地面积较大，一般用于场地条件较好和较大的加工厂；尽端式是主干道通到某一处时即终止，但在尽端有回车场，其占地面积小，适于地形不规则的厂区。也可采用环状式与尽端式相结合的混合式布置。

6. 管线布置　加工厂的动力线、照明线及通讯线等，应按电力设备和通讯电缆的相关要求统一布线，不得随意乱拉、乱接，以免造成安全隐患。

茶叶加工厂常用的管道有燃气管道、蒸汽管道、电缆管道、压缩空气管道、进排水管道等，管线可布置在地上或地下。布置在地下时，厂容整齐，空间利用率高，但投资大，检修麻烦；布置在地上时，投资少，易检修，但占用空间和影响厂容。厂区管线一般布置在道路两侧或道路一侧与建筑物之间的空地下面，地下管线的埋设深度一般为0.3~0.5m，依管线的使用、维修、防压等要求而定。

7. 配电设置　茶厂配电需要考虑到茶厂总功率的大小，尽量预留空间，以免后期需要扩容增加麻烦。有条件的茶厂应配备应急柴油发电机组，以应对生产期间停电带来的不利影响。

（三）车间设计

茶厂厂房建设项目的多少，应根据建厂规模和当地的具体条件合理规划，要尽量节省投资，有条件的可以利用现有房屋进行改造升级。避免在尚未对茶叶加工工艺设计、设备选型和生产线设计时，盲目地进行车间和其他厂房的设计和建造，以节省时间、资金、人力等。

1. 车间设计步骤

（1）确定茶厂生产规划　确定茶厂的生产茶类和生产规模、生产不同茶类的比例、年产量、高峰日产量、产品定位和质量要求等，适当预留扩大产能的空间。

（2）确定工艺流程及关键技术　确定生产茶类加工工艺流程、采用单机作业还是连续化自动化生产线、生产线设备的布置方式等。目前，茶叶加工成套设备自动化水平日益提高，企业应根据自身生产规模和经济情况，明确成套生产设备的提质、增效、智能、节能、环保、绿色等方面的要求，确定是否采用集中控制、是否通过互联网实现远程监控等，选择适宜的单机加工设备布局或连续化加工生产线布局。

(3) 确定生产线设备的平面和空间布局　根据食品生产要求"人走门物走口，茶路与人路分开"的原则，从茶叶原料到成品的物流线路、随茶叶加工工艺流程方向的员工操作线路、进出线路等进行规划设计。

(4) 确定加工车间设备及辅助用房　根据生产线和设备要求，参考茶厂用地状况，进行茶叶加工车间、附属用房平面和设备布置设计。

(5) 确定加工设备、管道布局　包括加工车间内生产设备的安装、操作、维护保养空间位置，电线线路，以及油、气（煤气、天然气、蒸汽、压缩空气等）、水等管道的布设位置，注意预留自动控制柜。

(6) 确定消防应急通道　加工厂房及车间的设计除了遵从《中华人民共和国食品卫生法》《工业企业设计卫生标准》外，还应按照《中华人民共和国消防法》规定，进行全盘周密考虑。

2. 车间平面形式

(1) 茶叶初加工厂　车间的平面布置要按照茶叶加工工艺流程，合理安排茶叶加工设备，以达到提质增效、节能低耗、安全环保的目的。一般日产干茶 500～750kg 的小型茶叶初加工厂，可以将各工序合并安装在一栋厂房内，车间平面形式采用单直线（一字形）布置，以利于生产操作、节省劳动力和提高厂房利用率；日产干茶 1 000～1 500kg 的中型、大型茶厂，由于茶机多，需要面积大，可根据茶机特性和动力安排，分作数栋厂房布置，车间平面形式可采用＝形或工字形，茶机分别安排在若干栋厂房内，各个厂房则按加工工艺流程进行布置。

(2) 茶叶精深加工厂　茶叶精深加工工艺流程较复杂，连续化、自动化程度较高，生产率高，必须视具体情况精心设计。大多茶叶精深加工厂厂房的跨度大、面积大，可将设备集中安装，车间平面形式采用单直线（一字形）形式。

3. 车间布局

(1) 茶叶初加工车间　茶叶初加工车间平面布局总的要求是做到工序合理、生产效率高、劳动强度低、生产安全，设计时应全面考虑，细心安排。为了便于生产，生产车间一般按流水线自东向西排列，注意尽量将热加工（萎凋、杀青、烘干等）工段与冷加工（储青、摊放、摊晾、空调做青、揉捻、发酵等）工段隔开，以保证各车间的环境要求，利于降低能耗。

(2) 茶叶精加工车间　茶叶精加工厂自动化、连续化程度比较高，为了改善车间环境，筛分等粉尘、噪声大的工段应隔开，手拣场与机拣场工段分开，精加工机械之间配以输送机械进行在制品输送，车间各工段均应留有适当余地。茶叶精加工主要工艺流程：毛茶→光电拣剔→人工目视拣剔→筛分（切轧）→风选→静电拣剔→人工目视拣剔→磁力拣剔→复火→匀堆拼配→装箱→成品。为了使作业线布置合理，应按比例绘制车间机组排列平面图，进行充分比较，筛选比较合理的方案。平面图应标出下列内容：①车间的总长度、总宽度、门、窗、柱、墙（包括隔墙）的位置和尺寸；②各作业机械设备的安装位置、外形尺寸、操作检修留出的空地等，两排机组之间间距一般应大于 0.8～2m；③各动力机械、传动机构（三角皮带轮、齿轮、蜗轮蜗杆等）的安装位置、安装尺寸、转数、传动比。

4. 车间面积

(1) 鲜叶储青室面积 以绿茶加工为例,鲜叶储青一般以高峰期的储青量为标准计算。在茶叶加工季节,鲜叶进厂多分为早、中、晚3次,上午进厂的鲜叶多为露水叶,应单独摊放,其数量约占全天鲜叶总量的20%,中午基本能加工完毕;中午、晚上进厂的鲜叶各占全天鲜叶总量的40%左右,初制机械一般按每天工作20h配备,中午进厂的鲜叶到下午6:00能加工约3/4,加上晚上进厂的鲜叶,约占全天鲜叶总量的50%。

地面摊放式储青室面积一般按每平方米摊放鲜叶10kg计算,根据高峰期的日储青量和单位面积的储青能力可计算出需要的储青面积,其计算公式如下:

$$储青室面积 \geqslant 鲜叶最高日产量 \times 50\% \div 10 \qquad (9-1)$$

由上式可知,储青室面积不仅与每日最高日产量有关,还与单位面积的摊叶量有关。因此,在计算储青室面积时,应全面考虑。若采用通风槽储青设备,则储青室面积可减少2/3。

(2) 初制车间面积 初制车间面积与建厂规模、全部机械设备占地面积的总和与机组排列、传动形式有关。在提高厂房的使用效率的同时,兼顾车间整齐宽敞。根据茶区经验,按下列公式计算:

$$初制车间面积 \geqslant (6 \sim 9) \times 全部设备占地面积的总和 \qquad (9-2)$$

(3) 毛茶仓库面积 小型茶厂的毛茶原则上是随制随售快制快出,只要临时存放加工2~3d干茶量的干燥场所即可;大、中型茶厂应建毛茶仓库,按贮量250~300kg/m^2计算。

(4) 包装车间 按茶机占地面积乘以10计算;手工包装10人以下按每人4m^2计算,10人以上按每人2~3m^2计算。

5. 车间环境要求 茶叶品质除了与鲜叶原料、加工工艺及其设备有关外,还与茶叶加工环境条件密切相关。如乌龙茶杀青之前经过萎凋、摇青和晾青,其历时长,受外界环境影响大,青叶萎凋、做青过程中与环境进行着能量(空气温湿度)和物质(氧气、二氧化碳、水分、香气等)的交换。如果加工厂房低矮、空气郁闷、潮湿阴暗、光线不足,做青过程青叶供氧不足、排湿不畅,将使青叶的物理变化和化学变化受阻,难以加工出香高味爽的好茶。

茶叶加工环境"温、湿、风"三要素是茶叶加工中非常关键的影响因素,在加工过程中每时每刻都在影响着茶叶的品质,影响到茶叶的商品价值。

现代化生产车间的环境要求见表9-2。

表9-2 现代化茶叶生产车间环境要求

序号	车间名称	基本要求
1	储青室	要求空气对流,室内阴凉潮湿,以保证鲜叶在一定时间内不变质
2	萎凋室	自然萎凋室要避免阳光直射,通风良好,温度保持在20~24℃,相对湿度70%;加温萎凋室要求空气流通适当,排湿性好,加温设备(热风发生炉)外置;日光萎凋室要求通风良好,具备遮雨和遮阳设施
3	做青车间	要求门窗可开闭,设有空调、除湿机、排风扇和循环风扇,使空气流通,室温均匀稳定,温度在22~25℃,空气相对湿度70%~80%
4	杀青车间	要求空气流通,上设天窗或排风机降温排湿,下砌梅花窗进气;杀青灶与杀青车间隔离,以防烟气窜入室内;烧火间地面应低于杀青间地面,以便于操作和降低劳动强度

(续)

序号	车间名称	基本要求
5	揉捻车间	要求室内潮湿阴凉，避免阳光直射
6	发酵车间	要求与其他车间隔开，保持较高的相对湿度，并设有增湿装置，地面设有排水沟
7	干燥车间	要求地面干燥，空气流通，屋顶设有气窗，便于排除水汽和烟气，热风发生炉外置

6. 辅助车间 辅助车间包括茶叶仓库、审评室、机修车间、配电房、机修间等。茶厂应有足够的原料、辅料、成品和半成品仓库或场地，原材料、半成品和成品分开放置。成品茶仓库一般建在地势较高的地方，室内地面应比室外地面高500~600mm，仓库内铺设地板，下部开通风洞，以防地下水汽渗入室内，门和窗密闭性好，以保持室内干燥。有条件的地方可建立冷藏库保鲜茶叶，保存温度为5℃左右。茶厂应配有相应的更衣、盥洗、照明、防蝇、防鼠、防蟑螂、污水排放、存放垃圾和废弃物的设施。

（四）**厂房建筑**

厂房建筑应符合工业或民用建筑要求。

1. 厂房尺寸

（1）厂房跨度　厂房跨度（图9-2）依作业机组的排数而定。我国《建筑统一模数制》规定，跨度小于18m时，以3m为模数，即厂房跨度为3的倍数：6m、9m、12m、15m、18m。一般安装单排茶机的厂房跨度应不小于6m，安装两排茶机的厂房跨度不小于9m，安装四排茶机的厂房跨度不小于12m或15m。大跨度厂房的地面利用率较高，但建筑材料要求也高，造价较高。

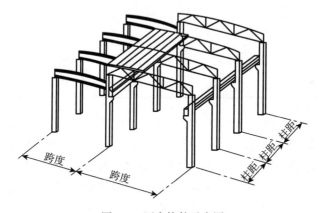

图9-2　厂房构件示意图

（2）厂房长度与开间　厂房长度与开间根据各机械设备的长度总和、设备间距、横向通道总和及墙厚，参照当地建筑习惯而定，并符合建筑模数所确定的柱距要求。一般茶厂厂房常用的开间为3m、3.3m、3.5m。

（3）厂房高度　单层厂房高度指室内地面至屋顶承重结构（屋架和梁）下表面之间的垂直距离，多层厂房高度为各层厂房高度之和。厂房高度由生产和通风采光要求确定，一般混凝土框架结构厂房高度为3.5~4.2m，钢架结构厂房高度一般采用6~8m。

2. 厂房采光　厂房朝向一般为坐北朝南，以获得良好的采光、通风和减少日晒。厂房应采光良好，灯光明亮，加工车间照度达到500lx以上，厂房一般采用自然采光。

（1）窗　自然采光方法有侧窗采光和天窗采光。当厂房跨度不大时，可采用侧窗采光；当厂房的跨度较大（超过12m），侧面采光达不到要求时，应开设采光天窗，以弥补车间中部光线的不足。常用的天窗类型有两种（图9-3）：矩形天窗宽度较大，照度均匀，其宽度一般为跨度的1/2，高度为宽度的1/3；锯齿形天窗一般为北侧采光，其采光效率较矩形天窗好，但通风效果不如矩形天窗。不同的采光等级要求相应的采光面积，采光面积可根据推荐的窗地面积比（指采光面积除以室内净面积）进行测算（表9-3）。

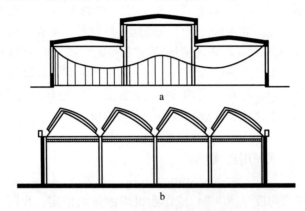

图 9-3　天窗类型
a. 矩形天窗　b. 锯齿形天窗

表 9-3　车间窗地面积比

采光等级	单侧窗	双侧窗	矩形天窗	锯齿形天窗
3	1/3.5	1/3.5	1/4.0	1/5.0
4	1/6.0	1/5.0	1/8.0	1/10.0
5	1/10.0	1/7.0	1/15.0	1/15.0

窗的形式常采用平开窗和悬窗。平开窗通风好，常用于接近工作面的侧窗。悬窗常用于天窗，窗扇绕水平轴转动，有上悬窗、中悬窗和下悬窗。上悬窗一般都向外开，有防雨作用，但通风较差；中悬窗上部向内，下部向外，通风较好。

（2）门　门的形式常采用平开门和推拉门。平开门结构简单，安装方便，但开启时占用一定的空间；推拉门常用于有车辆或手推车进出的车间。不同门的规格如表9-4所示。

表 9-4　各类车间门的规格

门的类型	用　　途	宽度（mm）	高度（mm）
单扇门	人员通行	800～900	2 000～2 100
双扇门	人员通行	1 200～1 600	2 000～2 100
推车门	货物运输	1 800	2 100
轻型卡车门	运输上、卸货	3 000	2 700
中型卡车门	运输上、卸货	3 300	3 000

3. 厂房结构

（1）厂房结构类型　厂房结构类型常见的有砖木结构、砖混结构、钢筋混凝土结构、钢架结构等。

①砖木结构：承重部分为木柱或砖柱，取材方便、施工容易、造价低，但强度低、木材易腐蚀。一般用于跨度小于15m、柱距小于6m、柱高不超过10m的单层厂房。

②砖混结构：承重部分为砖或石，屋架为钢筋混凝土结构，其取材和施工较方便，费用低。

③钢筋混凝土结构：承重部分和屋架均采用钢筋混凝土，其强度高、刚度大，适应层数多、载荷大和跨度大的厂房建筑要求，抗震性能好。厂房的跨度一般为9～24m，柱距6m，层高达5～10m。

④钢架结构：承重部分和横梁均为钢材搭建，多呈Ⅱ形结构，其强度高、刚度大，一般适用于单层厂房。其跨度可以达到25m以上，柱距与梁距多为6m，层高6～8m，最高可达20m。钢架结构厂房的造价高，但因其空间大，抗震性能好，是当今新建茶厂常采用的厂房结构类型。

（2）厂房地面　地面要硬实、平整、光洁，常采用水磨石地面和磁砖地面。水磨石地面光滑耐磨，不易起灰，常用于卫生要求较高、需冲水的车间；磁砖地面强度高、坚硬、防水、耐磨、耐酸、耐碱、不起灰、易清洗，地面与墙面之间采用圆角过渡，便于打扫清洁。

4. 建筑材料　在茶厂的土建工程总造价中，建筑材料费所占比例很大，应根据要求合理选材。

（1）普通黏土砖　普通黏土砖取材方便，价廉，保温能力、抗冻及耐久性都较好，但自重大（1.8～1.9t/m³），房屋抗震性能差。普通黏土砖的长度为240mm，宽为115mm，厚为53mm。4个砖长加4个灰缝正好为1m，8个砖宽加8个灰缝正好为1m，16个砖厚加16个灰缝正好为1m。砖的标号按抗压强度（N/cm^2）分为490、735、980、1 470、1 960等5种。

（2）黏土空心砖　黏土空心砖比普通黏土砖节省原料20%～30%，自重减少30%～35%。在承重方向制有竖孔，以减少重量。一般用于6层以下的承重墙，标号有735、980、1 470、1 960等4种。

（3）木材　常用作建筑材料的木材为针叶树，如红松、白松和杉木等，针叶树一般木质较软，易于加工，树干通直高大，含有较多的树脂，耐腐蚀性较强，容重和胀缩变形小，强度中等。此外，胶合板、纤维板、刨花板等木制品也常常用在建筑中。

（4）水泥　常用的主要有硅酸盐水泥、普通硅酸盐水泥、矿渣硅酸盐水泥、复合硅酸盐水泥。硅酸盐水泥适用于一般地上工程；普通硅酸盐水泥（简称普通水泥）性能接近硅酸盐水泥，其适用范围与硅酸盐水泥相同；矿渣硅酸盐水泥的特性为早期强度较低，后期强度增长快，抗侵蚀性和耐热性较好，但耐磨性较差，干缩变形较大，适用于混凝土和钢筋混凝土的地上和地下；复合硅酸盐水泥（简称复合水泥）主要应用于普通民用建筑或工程的非结构性地方。

（5）钢筋混凝土　钢筋混凝土是建筑中常用的构件，将钢筋扎成网状骨架，再浇入水泥混凝土。混凝土以其抗压强度（N/cm^2）标号，有50、75、100、150、200、250、300、

400、500和600号等。基础地面采用75和100号，现浇的整体式钢筋混凝土梁、板和柱等一般用150和200号。

(6) 玻璃　茶厂门窗一般采用窗用玻璃，窗用玻璃按厚度分为2mm、3mm、5mm、6mm 4种，按面积可分为11类，按外观可分为特级、一级、二级。

三、茶厂通风和除尘设备

(一) 茶厂通风方式

茶厂通风的作用是改善厂房环境条件，调节温湿度，降低粉尘，节约能源。厂房的通风有两种方式，一种是自然通风，一种是机械通风。无论是何种通风方式，都应保证茶厂车间的通风量，并合理组织气流，使之分布均匀。

1. 自然通风　自然通风指通过车间的进、排风窗形成的风压和热压动力进行通风。厂房一般采用自然通风形式。自然通风分为热压通风和风压通风两种类型（图9-4）。

(1) 热压通风　热压通风（图9-4a）指在厂房车间加工设备等热源加热的作用下，车间内外空气存在温差，上部气压大于室外气压，下部气压小于室外气压，车间中部形成等于室外大气压的"中性面"，室外空气从下部（"中性面"以下）的进风窗流入，室内空气从顶部（"中性面"以上）的排风窗流出，形成"下进上排"的通风方式。热压通风量取决于室内外的温差、进风窗和排风窗的面积。

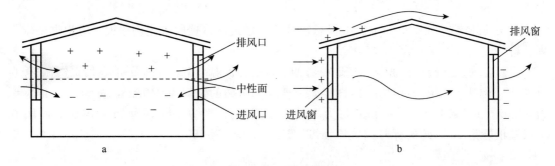

图9-4　自然通风的类型
a. 热压通风　b. 风压通风

(2) 风压通风　风压通风（图9-4b）指当外界有风时，车间迎风面气压将大于大气压而形成正压，而背风面的气压将小于大气压而形成负压，空气从迎风面的进风窗流入，从背风面的排风窗流出，形成"正压面进负压面排"的通风方式。风压通风量取决于风速、进风窗和排风窗的面积，当风速高、进风窗和排风窗开启面积大时就引起"穿堂风"（图9-5d）。

通常厂房自然通风是在热压和风压同时作用下进行的，可分为4种形式，如图9-5所示。

2. 机械通风　机械通风指以车间配置的风机为动力进行的通风，也称为机械强制通风。在高温高湿车间，一般仅靠自然通风难以满足要求，须在车间排风面的上部安装风机，必要时开启风机进行机械通风。茶厂机械通风通常有进气通风、排气通风两种形式。

(1) 进气通风　进气通风（图9-6）又称为正压通风。风机将室外的新鲜空气强制送入室内，在室内形成正压，迫使室内空气通过排气口排出，达到调节室内温湿度的目的。进气

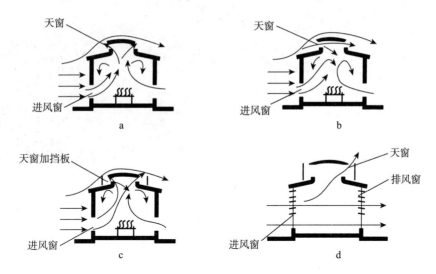

图9-5 厂房自然通风形式

a. 热压通风＞风压通风　b. 风压通风＞热压通风　c. 热压风压综合通风　d. 风压通风（穿堂风）

通风的特点是可对进入室内的空气进行加热、冷却、增湿、除湿等处理，使室内保持适宜的温湿度环境，适用于春季或夏暑季要求加热或降温的茶叶加工车间。

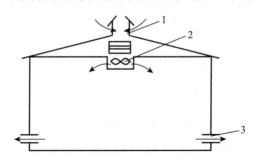

图9-6 进气通风方式

1. 天窗　2. 风机　3. 排风口

（2）排气通风　排气通风（图9-7）是利用排风机将室内高温高湿空气强制排出室外，使室外空气通过进气口流入室内，达到通风换气的目的。排气通风的特点是通风换气效果好，气流分布较为均匀，排风机安装维护方便，成本低廉，适用于高温高湿车间的通风换气，是茶厂通风工程中应用最广的一种方式。屋顶排气通风是将风机装在屋顶，便于排除室内顶部高温高湿空气；横向排气通风是将排风机安装在侧墙上，新鲜空气从对面侧墙的进风窗进入，从排风机排出，其排风阻力较小，换气效率高，杀青、萎凋、做青、烘干车间常采用排气通风形式。

现代化茶叶加工厂房安装无动力屋顶旋风扇（图9-8）属于排气通风形式。无动力屋顶旋风扇是一种节能环保型机械通风机，它既可防雨，又能自动旋转，可排除室内湿热气体。屋顶旋风扇自转原理：当室内温度高于室外温度时（通常大于1℃），室内上部气压大于室外气压，室内外气压差产生的驱动力足以克服风扇轴承阻力而使旋风扇旋转。室内外温差越大，旋风扇的转速越快；当室外风力较大时，也能使风扇加速旋转。

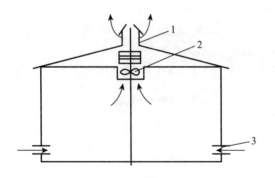

图 9-7 排气通风方式（屋顶排气式）
1. 气楼 2. 排风机 3. 进气口

图 9-8 厂房屋顶旋风扇
1. 无动力旋风扇 2. 进风窗

（二）茶厂通风设备

1. 通风设备类型 茶厂机械通风设备主要有离心式通风机和轴流式通风机两种。轴流通风机流量大、风压低，常用于排气通风系统的排风；离心风机流量小、风压高，常用于进气通风系统的进风。在萎凋、杀青、烘干等产热、产湿量大的高温高湿车间，当自然通风不能满足要求时，应安装轴流风机进行机械强制通风。对于整形、筛分等茶尘较大的车间，宜安装排风机，及时将粉尘排出室外，保持室内粉尘浓度不超过 $10mg/m^3$。

2. 通风设备的选配 风机的主要技术参数为风量和风压。茶厂通风所需的风机风量应同时满足能够散发车间余热、余湿及 CO_2 气体时的最大值，根据风机在车间的布设位置选配风机风量和台数。风机风量也可根据换气次数进行估算。换气次数是指风量 q（m^3/h）与车间体积 V（m^3）的比值，单位是次/h。

（三）茶厂除尘设备

除尘系统由吸尘罩、通风管道、除尘设备、离心风机等组成。

1. 吸尘罩 吸尘罩的作用是借助风机产生的负压，有效地将车间内的粉尘吸走，避免其在车间内扩散。吸尘罩的结构、吸入口的锥度及吸尘罩的安装方位、罩口与茶尘扩散区的距离等，均会影响吸尘效果。根据实践，吸尘罩吸入茶尘的吸入速度一般为 $0.5\sim1.4m/s$。为了使吸尘罩罩口的风速较均匀，吸尘罩的开口角（喇叭角）一般小于 $60°$。开口角越大，边缘风速与中心风速的差值越大，吸尘效果降低。

2. 通风管道 通风管道一般为圆形管，用铁板、砖、胶合板、塑料板等材料制成。为了减小阻力并便于清扫，通风管的内表面应尽量平滑，通风管应尽量短，其断面呈圆形，且断面积宜大些。风管分支和转弯处应用圆角平滑过渡，一般总管与支管的轴间夹角必须在 $15°$以上。为了防止粉尘在通风管中沉降，避免使用长而水平的通风管，尽可能设置垂直或倾斜的通风管，并定期清洗管道。

3. 离心风机 离心风机依产生的风压大小不同可分为以下几种：

（1）低压离心通风机 全压低于 $981Pa$ 的离心风机，一般用于空气调节系统。

（2）中压离心通风机 全压在 $981\sim2\,942Pa$ 的离心风机，一般用于通风除尘系统。

（3）高压离心通风机 全压大于 $2\,942Pa$ 的离心风机，一般用于气力输送系统。

离心风机常用于压力较高、送风距离较远的场合。工作时，风机叶轮随之转动，带动叶片间的空气旋转，从而产生惯性力，使空气从叶轮中甩出，在机壳流动过程中，速度变慢，压力增高,空气从排气口排出,流入管道;当叶轮中的空气被甩出后,形成了负压区,压力差使外界空气从吸气口进入叶轮中。叶轮不断使空气从吸气口进入又从排气口排出,产生连续不断的空气流。

4. 除尘器 除尘器按其工作原理可分为干式除尘器和湿式除尘器。干式除尘器主要是借助含尘空气中烟尘的重力、惯性力、离心力以及经过过滤物的作用而将茶尘捕集,达到除尘的目的,其特点是不产生二次污染,保护环境;湿式除尘器是将含尘空气排入流动的水中,其设备简单,投资省,但易造成对水环境的污染。下面介绍几种茶厂常见的干式除尘设备。

(1) 重力除尘器 重力除尘器(图9-9)是利用含尘空气的流速突然变小,尘块因重力而沉落,达到捕集粉尘的目的。为了提高除尘效率,以增加含尘空气和除尘器的冲击机会,在除尘器内装有若干挡尘板,积在挡尘板上或除尘器底部的灰尘,由设置在除尘室下部的降尘收集器收集。

(2) 旋风式除尘器 旋风式除尘器(图9-10)主要用于初步除尘阶段。工作时,含尘空气沿着除尘器外壳向下作螺旋运动,从下部进入中间的排气管,在管中再向上作螺旋运动,最后从除尘器顶端的出风口排到大气中。较重的粉尘在螺旋运动中被抛向除尘器外壳,受碰击后,沿着壁面降落到除尘器下部,从出口排出。

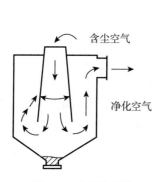

图9-9 重力除尘器

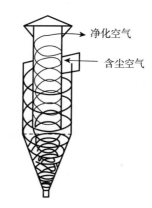

图9-10 旋风式除尘器

(3) 布袋式除尘器 布袋式除尘器(图9-11)由外壳、进气管、排气管、排尘阀、布袋、支承架以及清灰机构等组成。含尘空气由进气口进入除尘器下部,经布袋过滤后流入支承架内,然后上升至汇流室而从排气口排入大气。在含尘空气通过织物的初始阶段,由于布袋的截留和静电效应,在织物表面形成大颗粒吸附层(过滤层),其具有吸附和聚集茶尘的作用。当吸附层增厚,织物阻力增大时必须清灰。利用压缩空气流经文氏管而形成瞬间反吹脉冲波,不断冲击集尘层,使之脱落。

(4) 滤筒式除尘器 滤筒式除尘器(图9-12)具有结构紧凑、除尘效果好、安装维护方便等特点,适用于茶厂除尘。滤筒式除尘器由进风管、排风管、箱体、灰斗、清灰装置、滤筒及电控装置等组成。工作时,含尘气体进入除尘器灰斗,由于气流断面突然扩大,部分颗粒粗大的尘粒在重力和惯性力的作用下沉降,粒度细、密度小的尘粒进入过滤室,通过布朗扩散和筛滤等综合效应,使粉尘沉积在滤料表面,净化后的气体进入净气室由排气管经风机排出。

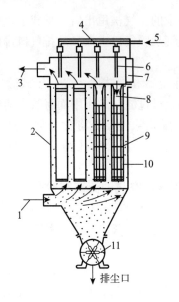
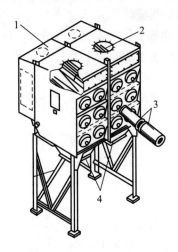

图 9-11 布袋式除尘器
1. 进气口 2. 外壳 3. 排气口 4. 电磁阀
5. 管道 6. 喷嘴 7. 汇流室 8. 文氏管
9. 支承架 10. 布袋 11. 排尘阀

图 9-12 滤筒式除尘器
1. 静压箱 2. 含尘空气入口
3. 滤筒 4. 灰斗出口

四、茶叶冷藏库

茶叶从新茶劣变到陈茶是一个缓慢的氧化过程。茶叶的氧化需一定的外部条件，即较高的温湿度、有氧气存在。如果选一个低温低湿的仓库来储藏茶叶，茶叶的陈化速度就大大降低。一般小型茶厂或者茶叶零售商使用柜式冰箱作为茶叶冷藏保鲜的设备，可满足生产和销售的需要；而大中型茶叶企业，则需要建设大型冷藏式茶叶储藏库，俗称茶叶冷藏库。

（一）茶叶冷藏库的特点与类型

1. 茶叶冷藏库的特点

①茶叶冷藏库既可制冷又可保持空气干燥。

②茶叶冷藏库的保鲜时间远远大于一般食品，库房周转率较低。茶叶保鲜时间一般在4～10月。

③茶叶冷藏库对茶叶的降温速度比食品冷藏库低。

④茶叶冷藏库的出入库次数比食品冷藏库少。

⑤茶叶冷藏库要求制冷设备成本低，保温性好，耗电省。

2. 茶叶冷藏库的类型 冷藏库按库房的运行温度分为高温冷藏库（5～－5℃）、中温冷藏库（－5～－15℃）和低温冷藏库（－15～－25℃）。从冷藏库运转的经济性考虑，在库房内空气相对湿度为65％的条件下，在0～5℃的温度下储存茶叶可达到保质和经济运转两者兼顾的效果，因此，茶叶冷藏通常使用高温冷藏库。

茶叶冷藏库按库房形式又分为组合式冷藏库和土建式冷藏库两种。组合式茶叶冷藏库结构紧凑、制冷效率高、操作简便、运行安全可靠，但价格较高、库容量较小；土建式冷藏库坚固、隔热性好、热惰性大、库温稳定、造价较低，是目前茶叶企业使用较多的茶叶冷藏库。

(1) 组合式冷藏库　组合式冷藏库（图9-13）是将制冷设备和冷藏库房做成一个整体系统，外形像大型冷柜。其主体结构（柱、梁、屋顶）都采用轻钢结构，围护结构的墙体使用预制的复合隔热板组成。隔热材料采用硬质聚氨酯泡沫塑料和硬质聚苯乙烯泡沫塑料等。按围护材料分为玻璃钢板、不锈钢板、彩钢板。一般由生产厂商在厂内全部制造和安装好，使用时仅作简单的管线连接即可，库房温度在0～8℃范围内自由选择。这种冷藏库采用全自动控制，库房容积为30～100m³，规格多种。

(2) 土建式冷藏库　土建式冷藏库（图9-14）可建成单层或多层，这类冷藏库的主体结构和地下荷重结构都采用钢筋混凝土框架结构或混合结构，常用于大容量或大吨位的冷藏库。

图9-13　组合式茶叶冷藏库

图9-14　土建式茶叶冷藏库

（二）茶叶冷藏库的制冷系统

1. 主要构造　茶叶冷藏库的制冷系统主要由压缩机、冷凝器、膨胀阀（节流阀）、蒸发器等四大基本部件组成（图9-15）。

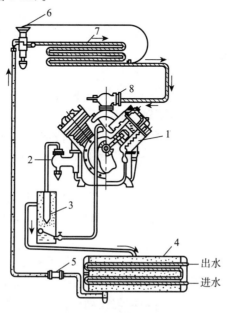

图9-15　茶叶冷藏库制冷系统

1.压缩机　2.排出阀　3.分油器　4.冷凝器　5.过滤器　6.膨胀阀　7.蒸发器　8.吸入阀

(1) 压缩机　压缩机为系统的主要工作部件，多采用 2F-10 和 4F-10 逆流式活塞压缩机。2F-10 为双缸，工字形排列，标准工况制冷量为 58kJ/h，配用 11kW 电机，一般适用于储茶量为 3t、库容积为 50m³ 的茶叶冷藏库；4F-10 为 4 缸，V 形排列，标准工况制冷量为 116kJ/h，配用 22kW 电机。

(2) 蒸发器　蒸发器又名冷却器，茶叶冷藏库大多使用表面式蒸发器，其特点是利用风机使空气流经蒸发器表面，使库房内的空气冷却，库房内降温均匀，空气易于穿透存储的茶叶，使茶叶获得理想的低温。

(3) 冷凝器　冷藏库制冷系统使用的冷凝器有水冷却和空气冷却等形式，因水冷效果较好，故多为茶叶冷藏库所采用。空气冷却可在水源缺乏的山区的小型机组上应用。

(4) 膨胀阀　膨胀阀又名节流阀，装在冷凝器与蒸发器之间，出液蒸发管内。氟利昂液体不断地进入蒸发器，蒸发器就不断从库房内向周围吸热，使库房内温度逐渐下降。

2. 制冷工作原理　茶叶冷藏库制冷时，压缩机工作产生的强大压力，使在回路中盛装的高压液态制冷剂按图 9-15 中箭头的方向流动，并经膨胀阀（节流阀）阀孔，以喷射状态进入面积较大的低压蒸发器内。蒸发器周边的空气在风扇的作用下吹向蒸发器表面，空气中的热量迅速被蒸发器内部的制冷剂吸收，空气被冷却。此时，压缩机继续工作，输送并推动携带空气热量的制冷剂在系统内流动，完成制冷。当携带空气热量的制冷剂流经冷凝器时，其携带的热能被冷水带走，制冷剂冷却，并经过滤器过滤后进一步循环继续制冷。此外，在蒸发器出口末端装有感温装置，当测得冷藏库中温度达到预先设定的温度要求时，系统自动关闭压缩机和膨胀阀，暂停制冷；反之，开启压缩机和膨胀阀制冷。

(三) 茶叶冷藏库的建造

1. 库房选址　茶叶冷藏库应建在交通方便、阳光直射时间较短、地势高、地面干燥、空气流通、水电有保证的地方。

2. 库房设计

(1) 库房尺寸　库房容积越大，单位容积的电耗越小。正方形库房表面积小，传热面积小，耗电省。因此应尽可能增大库房容积，并采取正方形底面。库房面积和容积应根据生产需要和所配备的制冷机组确定，一般库房体积有 80m³、180m³、280m³ 等。

(2) 库房结构　库房主要保证储藏物与外界隔热、隔潮，并分隔各个工作区域。库房的高度应考虑堆茶高度，一般标准纸板茶箱（450mm×450mm×450mm）可堆放 6~7 层，故库房高度以 3.6~4m 为宜。库房不必留窗，并要使用冷藏库专用门，以保证隔热。门的大小应依库容量和进出车辆种类而定，一般小型库，仅供手推车进出，库房门宽×高为 1.2m×1.9m。

(3) 库房密封　库房的密封、隔热、防潮至关重要。库板大多由良好隔热性能的轻质聚氨酯为内心材料，外面覆 SII、PVC 彩钢板、不锈钢板组成，可以降低由于内外温差而产生的传热，以达到冷冻、冷藏系统的最大效率。

(4) 库门　采用高强度铝合金型材门框，强度高，无变形，外形美观，经久耐用。门扇四周采用 2.0mm 不锈钢包边无缝焊接，坚固耐用。冷藏库门扇内一般采用聚氨酯压力注射机注射一次发泡成型，聚氨酯组织密实，均匀充满门内各处，无缩泡现象，门面平整美观，有可靠的保温、隔热性能。冷藏库门的导轨采用高强度硬质防锈铝合金压制成型，关闭时冷藏库门根据门体自重压紧铝合金门框达到密封的效果。冷藏库门框、门槛和门扇均安装有两套电加热防冻装置,防止冷藏库门与门框结合处及地面的冻结。

(5) 库门安全脱险装置　冷藏库里面应有安全门、自救开门装置或求救警报装置,当有人不慎被误锁于冷藏库内,只要稍拉动内脱险环,就能顺利开门,安全脱险。

(四) 茶叶冷藏库的使用

1. 制冷设备的检查　机组开机前,检查电源是否有电,电压是否正常,应先把冷凝器的水开关打开。运转中检查电机运转和压缩机运转是否正常,压力表、温度表指示是否准确,油泵压力是否正常。停机时,应先切断电源,再关水阀。若较长时间不使用冷藏库,可将制冷剂收入储液器内。在0℃以下时,应将冷凝器里的积水放掉。冷凝器应使用软水,并经常清除水垢。

2. 运行参数设定　茶叶冷藏库的运行参数包括库房工作温度、相对湿度及压缩机的蒸发温度。库房通常以工作温度0~5℃、空气相对湿度小于65%为宜。根据经验,蒸发温度与库内工作温度相差5~10℃,对于0℃的冷藏库,其蒸发温度为-5~-10℃。

3. 包装材料　对保鲜茶叶的包装材料无特殊要求,塑料内胆加纸箱或塑料内胆加编织袋均可,但塑料膜不能有破损,袋口须扎紧,以防潮气侵入。

4. 茶叶入库时段　茶叶在高温、高湿情况下会很快变质,因此茶叶加工好后应及时放入冷藏库,根据出货安排出库时间。茶叶入库时段应选择凉爽的早晨或夜晚。高温天气应尽量做到茶叶不出库、不入库。

5. 茶叶出库　低温的茶叶出库时,在室外高温空气环境中,茶叶表面出现凝结水,易引起茶叶的剧烈氧化。因此,茶叶出库时,应在温度介于主库房内工作温度和库房外空气温度之间的过渡房内放2~3d再出库,出库后最好等3~4d后开封。

6. 维护注意事项

(1) 冷藏库防潮除杂　在茶叶储藏前,尤其是新冷藏库初次使用,或者冷藏库内相对湿度超过60%时,应及时进行换气排湿。茶叶冷藏库长期使用,因处于密闭状态,库内会出现异味,亦应进行换气消除异味。每隔3~4年应对库房进行一次彻底的清扫,以保持库内清洁和空气清新。

(2) 冷藏库降温速度　冷藏库安装完毕或长期停用后再次使用,降温的速度要保持合理:每天控制在8~10℃为宜,在0℃时应保持一段时间,对于设备是一种养护。

(3) 冷藏库密封部位保养　由于装配式冷藏库是由保温板拼装而成,保温板之间存在一定的缝隙,施工中这些缝隙会用密封胶密封,防止空气和水分进入。所以使用中要对一些密封失效的部位及时检查和修补。

(4) 冷藏库地面保养　一般小型冷藏库的地面使用保温板材料,土建而成,使用冷藏库时应防止地面存有大量的冰和水,切不可使用硬物敲打,损坏地面。

(5) 冷藏库库板保养　冷藏库在使用中应避免库板的碰撞和刮划,因为这样可能造成库板的凹陷和锈蚀,严重的会使库体局部保温性能降低。

第二节　茶厂设备配置与安装

茶叶加工厂使用的机械设备种类多,同一工序的设备有多种机型,其性能、效率和产量均不相同,应合理进行茶厂设备的选型配套。

一、茶厂设备配置

(一) 茶业机械的配置原则

茶叶初加工机械的选型配套由茶厂规模、产品类型、加工工艺而定,建厂规模、设备配置既要考虑当前的需要,又要考虑若干年后的发展。一般年产干毛茶 50t 以上的大型初加工厂,以选配大型茶机为主,适当兼配中型茶机;年产 25~50t 的中型初加工厂,以选配中型茶机为主,适当兼配小型茶机;年产 25t 以下的小型初加工厂,以配备小型茶机为主,适当兼配中型茶机。这样配备既有利于发挥茶叶加工机械的效能,又可节约厂房和劳力。

(二) 茶机配备的有关概念

1. 茶叶含水率 W 茶叶在制品中的水分质量与在制品质量之比。

$$W = \frac{茶叶在制品水分的质量}{茶叶在制品的质量} \times 100\% \tag{9-3}$$

2. 余重率 A_i 下一工序在制品质量 G_i 与上一工序在制品质量 G_{i-1} 之比。已知上一工序茶叶在制品含水率 W_{i-1} 和下一工序茶叶在制品含水率 W_i,余重率 A_i 可根据下式计算:

$$A_i = \frac{1-W_{i-1}}{1-W_i} \times 100\% \tag{9-4}$$

3. 减重率 B_i 茶叶在制品经过某工序加工后茶叶在制品的减重比率。

$$B_i = \frac{G_{i-1}-G_i}{G_{i-1}} \times 100\% \tag{9-5}$$

4. 余重率与减重率的关系

$$B_i = 1 - A_i \tag{9-6}$$

5. 不同工序在制品名称 以绿茶加工为例,不同工序前后的茶叶在制品的名称变化见表 9-5,其他茶类在制品名称以此类推。

表 9-5 各工序前后茶叶在制品名称

工序	工序前的在制品名称	工序后的在制品名称
摊青	鲜叶	摊青叶
杀青	摊青叶	杀青叶
揉捻	杀青叶	揉捻叶
烘干	揉捻叶	烘干叶

(三) 茶机配备基本步骤

1. 确定茶类的加工工艺流程 我国主要茶类初加工工艺流程如下:

绿茶:鲜叶进厂→储青→杀青→揉捻→毛火→足火→毛茶。

红茶:鲜叶进厂→储青→萎凋→揉捻(揉切)→解块→发酵→干燥→毛茶。

乌龙茶:鲜叶进厂→储青→萎凋(含日光萎凋等)→做青→杀青→揉捻(包揉)→初烘→复烘→毛茶。

黑茶:鲜叶进厂→储青→杀青→初揉→渥堆→复揉→干燥(含日晒)→毛茶。

白茶:鲜叶进厂→储青→萎凋(含自然、复式、加温萎凋等)→干燥→毛茶。

相同茶类不同产区的工艺略有不同,应根据当地具体工艺选配茶机。

2. 确定最高日产量（kg/d，干茶） 最高日产量指茶叶采摘高峰期日加工毛茶数量。对于名优茶加工厂，由于采取芽期调控，春茶洪峰期减缓，宜取下限；对于乌龙茶初加工厂，因年采摘批次较少，宜取上限。据生产经验，一般红、绿茶区春茶最高日产量为全年产量的3%～5%，浙江、湖南等省一般为5%左右，两广地区为3%左右；乌龙茶产区一般为5%左右。名优茶最高日产量可以高峰期3～5d的平均日产量作为计算依据，大宗茶加工最高日产量可按表9-6计算。

表9-6 大宗茶最高日产量（kg/d）的不同计算方法

计算方法	计算依据	计算例子
最高日产量＝全年茶叶总产量×（3%～5%）	根据长江中下游茶区茶树物候期变化，最高日产量占全年茶叶总产量的3%～5%、占春茶总产量的8%～10%，春茶产量约占全年的50%	某茶厂年产干毛茶8t，最高日加工量＝8 000×（3%～5%）＝240～400（kg/d）
最高日产量＝春茶总产量×（8%～10%）		某茶厂春茶干毛茶产量为4t，最高日加工量＝4 000×（8%～10%）＝320～400（kg/d）
最高日产量＝春茶高峰期产量/高峰期天数	利用春茶高峰期的平均日产量来计算，春茶高峰期一般为10～15d	某茶厂春茶高峰期干毛茶产量为5t，高峰期为10d，最高日加工量＝5 000÷10＝500（kg/d）

3. 确定各工序在制品最高日加工量（kg/d，在制品） 茶机台时产量一般指单机每小时加工的茶叶在制品质量，因此，需要计算各工序在制品余重率和余重量，作为计算机器配备数量的依据。以干茶与鲜叶制茶比例为1∶4计算，各工序最高日加工量按下式计算：

$$各工序最高日加工量＝最高日产量×4×在制品余重率 \quad (9-7)$$

绿茶、乌龙茶、白茶加工各工序的在制品含水率、余重率见表9-7。

表9-7 绿茶、乌龙茶、白茶加工各工序的在制品含水率和余重率

在制品		鲜叶	摊青叶/萎凋叶	做青叶	杀青叶	揉捻叶	初烘叶	足干叶
含水率（%）	绿茶	75	72	—	63	60	30	7
	乌龙茶	75	70～73	65～68	50～58	50～58	20～25	7
	白茶	75	22～35	—			11	7
余重率（%）	绿茶	100	89		76	93	57	75
	乌龙茶	100	83～93	77～94	64～83	100	63～73	81～86
	白茶	100	32～38	—			73～88	96

注：余重率以相邻前后工序在制叶含水率为计算依据。

以绿茶为例，各工序最高日产量计算如下：

摊青工序的最高日产量＝最高日产量（kg/d，干茶）×4（kg/d，鲜叶）。
杀青工序的最高日产量＝摊青工序的最高日产量×89%（kg/d，摊青叶）。
揉捻工序的最高日产量＝杀青工序的最高日产量×76%（kg/d，杀青叶）。
初烘工序的最高日产量＝揉捻工序的最高日产量×93%（kg/d，揉捻叶）。
足干工序的最高日产量＝初烘工序的最高日产量×57%（kg/d，初烘叶）。

4. 确定各工序茶机最高日产量［kg/（台·d），在制品］ 各工序茶机最高日产量计算公式如下：

$$各工序茶机最高日产量＝各工序茶机台时产量×茶机最高日工作时间 \quad (9-8)$$

各工序茶机台时产量（kg/h，在制品）可查相关茶机说明书。

茶机最高日加工时间应根据不同茶类工艺及其工艺节奏确定。一般大宗红、绿茶初加工设备的最高日加工时间可以按 20h 计算；名优茶加工设备的最高日加工时间可按 8～10h，以保证名优茶的最佳付制时间；乌龙茶加工工艺复杂，周期较长，各工序加工设备的最高日加工时间缩短，如做青机、杀青机、揉捻机、包揉机、油气电烘干机最高日加工时间可按 8～12h 计算；茶叶精深加工机械的日加工时间按 16h 计算。

5. 确定茶机台数 各工序最高日加工量和各工序茶机最高日产量确定之后，可计算所需的茶机数量。

$$茶机台数=\frac{该工序最高日加工量}{该工序茶机最高日加工量} \quad (9-9)$$

各工序的茶机台数用式 9-9 逐一进行计算并取整。确定茶机数量时应考虑不同产品的工艺区分，留有适当的周转余地，同时也要考虑不同类型茶机的投资成本。

（四）茶机配置案例

1. 名优绿茶加工设备的配置

【例1】 建立一个名优绿茶加工厂，规划高峰期最高日产量为 750kg/d（鲜叶），要求配置所需的茶机。配置过程如下：

(1) 确定名优绿茶工艺流程 以毛峰茶为例，其工艺流程：鲜叶→摊放→杀青→摊晾→揉捻→初烘→足干。

(2) 茶机选型 所选的茶机以优质高效、节能环保、卫生方便为目标。因此本方案的加热炉具多以电或天然气为热源。

杀青：6CST-50 型滚筒杀青机，台时产量 50kg/h。

揉捻：6CR-40 型名优茶揉捻机，台时产量 30kg/h。

解块：6CJK-45 型茶叶解块机，台时产量 100kg/h。

初烘：6CHW-3 型网带式名优茶烘干机，台时产量 30kg/h。

足干：6CH-6 型电热烘干机，台时产量 50kg/h。

(3) 各工序最高日产量

鲜叶最高日产量为 750kg。

杀青最高日产量=750kg×89‰≈668kg。

揉捻最高日产量=668kg×76‰≈508kg。

初烘最高日产量=508kg×93‰≈472kg。

足干最高日产量=472kg×57‰≈269kg。

(4) 各工序茶机最高日产量 以名优茶茶机的最高日工作时间为 8h、烘干机 20h 计算。

6CST-50 型滚筒杀青机最高日产量=台时产量 50kg/h×8=400（kg，鲜叶）。

6CR-40 型名优茶揉捻机最高日产量=台时产量 30kg/h×8=240（kg，摊青叶）。

6CJK-45 型茶叶解块机最高日产量=台时产量 100kg/h×8=800（kg，揉捻叶）。

6CHW-3 型网带式名优茶烘干机最高日产量=台时产量 30kg/h×20=600（kg，揉捻叶）。

6CH-6 型电热烘干机最高日产量=台时产量 50kg/h×8=400（kg，初烘叶）。

(5) 各工序茶机台数 根据茶机台数=各工序最高日产量/茶机最高日产量，确定各茶机台数如下：6CST-50 型滚筒杀青机 2 台，6CR-40 型名优茶揉捻机 3 台，6CJK-45 型茶叶解块机 1 台，6CHW-3 型网带式名优茶烘干机 1 台，6CH-6 型电热烘干机 1 台。

2. 乌龙茶初加工设备配备

【例2】 设计一个日产量 500kg 干毛茶的武夷岩茶初加工厂。

（1）确定乌龙茶初加工工艺流程　鲜叶→机内萎凋→做青→杀青→揉捻→初烘→摊晾→足火→毛茶。

（2）确定乌龙茶初加工机械型号及性能　该加工厂为中小型规模，选配的茶机型号及性能如 9-8 所示。

表 9-8　乌龙茶初加工机械型号及性能

型号名称	台时产量/投叶量	备注
6CZQ-120 型综合做青机	200kg/筒	按最高日加工 2 批，做青时间 8h 计算
6CST-110 型滚筒杀青机	25～30kg/筒 150kg/h	根据工艺要求和生产节奏，每批做青叶在 3h 内完成杀青
6CR-55 型揉捻机	25～30kg/筒	揉捻机揉捻时间 5～15min
6CH-20 型链板式烘干机	初烘 120kg/h 足干 80kg/h	最高日加工按 20h 计算

（3）确定各工序最高日加工量　由表 9-7，取乌龙茶加工各工序余重率平均值。

萎凋最高日产量 = 500kg × 5 = 2 500kg/d（以干茶与鲜叶制茶比例为 1∶5 计算）。

做青最高日产量 = 2 500kg × 88% = 2 200kg/d。

杀青最高日产量 = 2 200kg × 86% = 1 892kg/d。

揉捻最高日产量 = 1 892kg × 74% = 1 400kg/d。

初烘最高日产量 = 1 400kg × 100% = 1 400kg/d。

足干最高日产量 = 1 400kg × 68% = 952kg/d。

（4）确定各工序机械及台数

①晒青机具：配备适量的水筛、晒青布以及运青车，有条件的地方搭盖晒青棚，覆盖材料为透光性强的太阳板（聚酯板），并安装遮阳网，可以进行全天候晒青，提高晒青场的利用率。

②6CZQ-120 型滚筒做青机：做青机台数 $= \dfrac{2\,200}{2 \times 200} = 5.5$（台），取整数 6 台。

③6CST-110 型滚筒杀青机：按杀青机最高日工作时间 3h 计算，杀青机台数 $= \dfrac{1\,892}{2 \times 150 \times 3} = 2.10$（台），考虑杀青机成本适中，为灵活适应工艺节奏，可配置 2 台。

④揉捻机：考虑与杀青机的台时产量相匹配，6CST-110 型滚筒杀青机每批杀青叶为 25～30kg，配备 6CR-55 型揉捻机的投叶量也为 25～30kg。杀青时间与揉捻时间相近，因此配备 6CR-55 型揉捻机 2 台。

⑤烘干机：选择茶厂最常用的 6CH-20 型自动链板式烘干机，其有效烘叶面积 20m²。

初烘作业的烘干机台数 $= \dfrac{1\,400}{120 \times 20} = 0.58$（台）

足干作业的烘干机台数 $= \dfrac{952}{80 \times 20} = 0.60$（台）

因此配备 6CH-20 型自动链板式烘干机 1 台。由于初烘之后的毛火叶需要一定时间摊晾，考虑到 6CH-20 型链板式烘干机价格较高，还需配置 FP14 热风炉 1 台，从节省资金角度考虑，可以购买 1 台，初烘、足干调剂兼用；如果资金充足，可选购 2 台，分别初烘和足干。

（五）生产线成套设备配置

茶叶加工成套设备自动化水平高，企业根据自身生产规模和经济承受能力，尽可能选择生产线成套设备。目前名优绿茶生产线较为成熟，以此为例进行介绍。无论是哪一类型的名优茶连续化生产线，其成套加工设备基本由摊青、杀青、冷却回潮、揉捻及做形、干燥等主要设备，以及各加工工序间的连接输送设备、辅助设备等组成。

1. 配置原则

（1）在制品的流量平衡　茶叶加工过程是一个连续失水的过程，茶叶在加工过程中体积逐渐缩小。因茶类的差异，在制品的流动性在各加工阶段会出现较大差异，揉捻叶易出现成团结块，毛峰类茶叶易出现堆积、输送不畅等问题，要求做到各种加工设备上下游的衔接和流量平衡、匹配，使在制品茶叶在流水线中连续、均匀地流动，设备机型和数量的匹配应合理准确，并符合制茶工艺要求，使茶叶加工过程中各工序在制品处于动态平衡。

（2）在制品失水速度符合工艺要求　以炒青绿茶为例，生产线工艺流程为：鲜叶→摊青→杀青→摊晾回潮＋风选→二青→揉捻→热风解块→初烘→滚炒→辉锅。各工序茶叶在制品的含水率和质量变化如表 9-9 所示。

表 9-9　炒青绿茶加工过程在制品含水率和质量变化

工序	含水率（％）	质量（kg）
鲜叶	75	160
摊青	70	133
杀青	60±2	100
摊晾回潮＋风选	60±2	100
二青	55	89
揉捻	55	89
热风解块	50±2	80
初烘	30±2	57
滚炒	12	45
辉锅	4～5.5	42

（3）在制品茶的品质在可调控范围　采用连续化生产线加工茶叶，要密切关注各工序在制品的品质变化，茶叶的色、香、味、形如果出现异常，应及时调整相关设备的工艺参数，如投叶量、温度、时间、风量等。

2. 设备配备　名优绿茶加工生产线主要设备分为以下几类：

（1）摊青设备　摊青设备一般指摊青机。

（2）杀青设备　杀青设备包括滚筒杀青机、蒸汽杀青机、微波杀青机、杀青理条多功能机等。

（3）揉捻或做形设备　揉捻或做形设备包括揉捻机、理条机、扁形茶炒制机、双锅曲毫炒干机等。

（4）干燥设备　干燥设备包括烘干机、炒干机、提香机、辉干机等。

（5）辅助加工设备　辅助加工设备包括输送传输设备、冷却回潮机、计量称重设备、解块筛分机及风选机等。

茶叶企业根据所生产的茶叶种类、加工工艺技术、生产规模及采用设备的先进程度决定选用具体设备型号及功能、产能匹配等。不同品质特征名优绿茶加工设备配置如表9-10所示。

表9-10　不同品质特征名优绿茶加工设备配置

名优绿茶类别	主要设备	辅助设备
毛峰（卷曲）形	杀青机、理条机、揉捻机、烘干机	摊青机、风选机、冷却回潮机
扁形	杀青机、理条机、扁形茶炒制机、辉干机	摊青机、风选机、冷却回潮机
针（芽）形	杀青机、理条机、烘干机	摊青机、冷却回潮机
条形	杀青机、揉捻机、炒干机	摊青机、解块筛分机、冷却回潮机
曲毫（颗粒）形	杀青机、揉捻机、双锅曲毫炒干机	摊青机、冷却回潮机
兰花（朵）形	杀青机、揉捻机、理条机、烘干机	摊青机、冷却回潮机

3. 实例　以生产率为40kg/h干茶的炒青条形名优茶加工生产线为例。炒青条形绿茶初制工艺分为杀青、揉捻、初烘、炒干、毛茶等工序。其生产线机械设备配置见表9-11。

表9-11　条形炒青绿茶生产线机械设备配置

序号	设备名称	型号	功率（kW/台套）	配置数量（台套）
1	鲜叶输送机	—	0.55	1
2	滚筒杀青机	6CST-80	1.50	1
3	提升机	—	0.55	1
4	冷却机	—	1.81	1
5	提升机	—	0.55	1
6	自动揉捻机组	6CSRZ-55	14.70	1
7	提升机	—	0.55	2
8	平输机	—	0.37	1
9	提升机	—	0.55	1
10	滚筒解块机	6CJK-80	1.50	1
11	平输机	—	0.37	1
12	提升机	—	0.55	1
13	茶叶烘干机	6CH-16	10.50	1
14	提升机	—	0.55	1
15	茶叶回潮机	6CHC-15	0.92	1
16	提升机	—	0.55	1
17	电子秤装置	—	0.12	1
18	平输机	—	0.37	1
19	提升机	—	0.55	1

(续)

序号	设备名称	型号	功率（kW/台套）	配置数量（台套）
20	瓶式炒干机	6CPC-100	1.10	4
21	提升机	—	0.55	1
22	风选机	6CRC-60	0.75	1
生产线额定总功率（kW）			40.06	

二、茶机设备安装与调试

茶业机械设备的安装是按照一定的技术条件，将机械设备或其单独部件正确地安放或牢固地固定在基础上，并使机械在厂房中和机械之间有正确的位置。茶业机械设备的安装是茶叶加工厂基本建设的重要环节，也是机械设备从制造完成到投入生产必不可少的重要一环。它关系到茶机设备能否正常投产，投产后能否达到设计所需求的产量、品质及质量，关系到基建工期的长短，关系到基建成本的耗费，以及茶业机械设备的使用年限和维修周期。

茶厂茶机安装基本程序：安装前工作准备（场地清理、定位、吊车等）→设备开箱检查→搬运就位→找正→初平→灌浆或者地脚螺栓固定→清洗打扫→精平→通电试运转→验收合格通过→人员培训→建立健全各项管理制度→投产使用。

（一）茶机设备安装

茶业机械的安装大致分为两种类型：一种是茶机厂装配好，经过试运转合格后整机装箱运到茶厂。这种设备的安装主要是找水平，对找中心、找标高的要求不是那么严格。另一种是现场组装设备，茶机厂以部件、配件装运，需现场装配。这类主要以定制的生产线为主，或者需要在现场砌炉灶的茶机，安装时必须找中心、找标高、找水平。

1. 安装前准备工作 设备安装前的准备工作主要包括基础的检查和场地清理，技术准备，机器检查、清洗、预装配和预调整，设备吊装准备等。

（1）场地基础检查、清理和预定位 机器设备一般安放在厂房地面上或预先制好的墩台、地坑上。地面、墩台、地坑统称为基础。基础质量的好坏，对设备运转使用以及安装工作的顺利与否影响较大。因为基础除了要承受机械设备本身的质量和运转时所产生的振动力外，还要吸收和隔离在工作时产生的振动。基础检查的内容包括基础尺寸、基础面水平度、中心线、标高、地脚螺栓孔距、混凝土内的埋设件等，检查其是否符合设计和施工规范的要求。对二次灌浆范围内的光滑基础表面，要用钢钎凿出许多小圆坑（即铲麻面），以便在第二次灌浆时，使新灌混凝土与地脚螺栓孔原来的混凝土面或与原地基表面接合牢固，保证灌浆质量。

在进行茶机安装前，一定要先进行场地清理、预定位等工作。清理场地内与安装无关的杂物、垃圾等，移拆影响新设备安装的旧设备。然后认真阅读茶业机械厂提供的机器总装图和地基安装图，根据车间平面布放纵、横中心线和其他基准线，打好定位桩。基准线的定位须力求准确，在整个安装过程中，要经常以基准线来检查和校正各设备的位置。在施工过程中，不能随意移动定位柱，以免发生误差，影响机械的安装质量。各设备均应根据纵、横定位中心线分别定位，定位后都应用木桩固定好。对于有炉灶、用燃料加温的作业设备，在定位时要注意烟囱的出口位置，不得与屋架、管道等相冲突。布线结束后，要进行全面的检查,以免发生差错。

(2) 技术准备

①机械安装前,负责安装工作的工程技术人员应充分研究机械设备的图纸、说明书,熟悉设备的结构特点和工作原理,掌握机械的主要技术参数、性能和安装特点等。

②在施工前,须对施工图进行会审,对工艺布置进行讨论审查,发现问题及时解决。例如,施工图与设备本身以及安装现场有无尺寸不符、管线与厂房原有管线有无发生冲突等。

③了解与安装有关的施工、验收规范,研究制定达到规范要求所必需的技术措施,并据此制定施工各环节、安装各部件的技术要求。

④对安装工人进行安装有关的针对性技术培训。

⑤编制安装施工作业计划。安装施工作业计划应包括安装工程技术要求、施工程序、施工所需机具,以及试车的方法和步骤。

(3) 机具准备　根据设备的安装要求准备各种规格和精度的安装检测机具和起重运输机具。在准备过程中,要认真检查,以免在安装过程中不能使用或发生安全事故。

常用的安装检测机具包括电笔、万用表、水平仪、经纬仪、水准仪、准直仪、拉线架、平板、弯管机、电焊机、气焊及气割工具、扳手、万能角度尺、塞尺、千分尺、千分表及其他检测设备等。此外,还需准备好安装所需材料,如地脚螺栓、水泥、石灰、沙子、钢筋等材料。

起重运输机具根据设备安装施工方案进行选择和准备。一般单机设备质量、体积不大,可直接用叉车卸货、预放置,再进行人工细调。定制的大型生产线可以用起重运输机具如索具、吊具和水平运输工具来卸货、安装。

2. 设备安装　设备进场及安装的一般原则:多楼层安装,按先高后低的原则;同一楼层,从离厂门最远的一边装起,按先大后小、先重后轻的原则;风管、溜管和气力输送管道,可放在最后安装。严格按照工艺设计图进行,充分体现工艺设计意图;重视安全生产、劳动保护和环境保护措施的实施;安装过程认真仔细、一丝不苟,保证安装质量。

为了缩短安装工期,减少安装时的组装、调整工作量,常常要在安装前预先对设备的若干零部件进行预装和预调整。用这些组合好的大部件进行安装,可以大大加快安装进度。此外,预装和调整常常可以提前发现设备所存在的问题,及时加以处理,确保安装的进度和质量。

大部件整体安装是一项快速施工方法,大部件组合的程度应视场地运输和超重的能力而定。如果设备在出厂前已经调试完毕并已组装成大部件,且包装良好,就可以不进行拆卸清洗、检查和预装,而直接整体吊装。

3. 设备的就位搬运　茶机设备就位前应按设备平面布置图确定各台设备的位置并进行现场放样,确定设备的具体位置。同时,根据设备的质量、体积和重心所在,考虑周边空间大小,合理选择起重移动设备。根据目前茶叶加工厂的环境,一般以轮式叉车使用较为方便,在充分考虑设备的质量、重心距离等前提下选择有余量的叉车,以确保安全。如在同一生产线设备安装中出现质量、体积较大差异时,可考虑配置2台以上叉车。

在移动设备时应有专人指挥。叉齿与设备的接触面应加垫保护,以免损伤油漆影响外观,同时应注意受力点是否会导致设备变形。对于较高设备在移动时还应注意平稳,以防倾倒;在高度较高的部位就位设备时,应做好安全防护措施,以免坠落和高空掉物,所有安装人员在工作场地内必须佩戴安全头盔。在使用吊车索具时必须锁扣到位，不得省略，确保人员和设备安全。在空间狭小无法使用叉车时，移动设备可使用人力液压平板或滑移等其他方式，但必须注意要有专人指挥及辅助观察。

4. 设备找正和调平 设备的找正与调平工作主要是找轴线、定标高和测水平。大部分设备的安装主要是初步找正调平设备的中心、水平及相对位置，通常与设备吊装就位同时进行。对于生产线中振动较大及要求较高的设备应在初平的基础上，对设备的水平度、铅垂度、直线度、平行度、平面度以及设备跳动等作进一步的调整和旋测，使其达到要求。

对于各种固定的机械设备，在其中心、标高、水平调整达到技术要求后，还需将它牢牢地固定在基础上，以防因载荷的作用而偏离正确位置。在机械设备的安装过程中，实际偏差值控制在允许的范围内，不会影响机械设备的正常运转和使用寿命即可。找正和调平的偏差大小，将直接影响设备的运转效果、故障率及使用寿命。

（二）茶机设备试运转

茶机设备安装完成后，要进行试运转、空运转、生产性试机和生产验证等流程。在试运转与调试过程中，坚持安全第一的原则。试运转过程把握"五先五后"原则，即先单机后联调、先手动后自动、先就地后远控、先空载后负载、先点动后联动。

1. 设备试运转应具备的基本条件

①主机及输送设备、辅助管道及附属设备等安装工作应全部完毕，安装记录及资料齐全。

②完成与试运转相关的工艺管道及设备的吹扫、清洗、气密、保温及防腐等工作。

③与试运转有关的土建、水、气、汽等设施及电气、仪表控制系统施工结束。

④参加试运转的人员具备足够的机电技术，已熟知试运转工艺，充分掌握操作规程，并详细了解设备的性能结构。

⑤现场环境应符合机器试运转要求。

2. 试运转前的准备工作

①编制确定试运行方案，同时制定好各类设备运转试验记录表。

②准备好能源、材料、工具、检测仪器仪表等。

③设置必要的消防器具和安全防护设施及用具等。

④按设备要求加注好运转时需用的润滑油（脂）。

试运转前还应对仪表进行校正和连锁试验，对各类空开、接触器及热元件模拟试验，并对各类电机空载试转，验证方向及有无异响。之后对主线配套附属设备试运转，并检查水、气、油等系统，并调整至规定位置，然后对各部位电气、仪表操作系统联合调试。

3. 设备运转试验 运转试验由空运转试验和试机性生产组成。空运转试验是为了验证和检查设备安装精度的保持性、稳固性以及传动、操纵、控制、润滑等组件是否正常和灵敏可靠。在空运转前应对试运转时发现的问题及时处理。空运转试验过程中应注意以下几点：

①各种速度的变速运行情况。由低速至高速逐级进行检查，每级速度运转时间不少于5min。

②各部位轴承温度。在正常润滑情况下，轴承温度不得超过设计要求或说明书规定。一般滑动承轴及其他部位温升小于等于40℃，滚动轴承温升小于等于30℃。

③设备在运行时的噪声不大于80dB（A），并不应有冲击声。

④检查进给系统的平稳性、可靠性，检查机械、液压、汽动、电气系统工作情况及在部件低速运行时的均匀性，不允许出现爬行现象。

⑤各种自动装置、锁紧装置、分度机构及联动装置的动作是否协调、正确。

⑥各种保险、换向、限位和自动停车等安全防护装置是否灵敏、可靠。

⑦生产线连续运转时间不少于2h，单机不少于4～6h，重点设备连续运转8h以上。

⑧各加热装置无漏烟、漏火及外壳无明显色变、形变（即保温隔离效果好）。

在试机前应检查操作及相关人员可能碰到的旋转、传动部件是否设置安全防护装置，如无则应要求厂方解决。对有可能造成人身伤害，但因具体原因而不能防护的运动件，应在附近设置固定安全标志，以及隔离装置，其相关指标应符合国家安全规定。

空机试运转合格后，可进行试机性生产，使用符合生产线订制时规定的原料，对各台设备在50%～100%不同产量情况下依次进行检验，即检验流量、加热速度、温度偏差、速度、风量、运时时间、碎茶率等各项指标是否符合要求。

在试运转时，设备各连接部位、能开闭处及上下料部位应无明显漏茶现象。试机性生产应有充足的时间，一般建议不少于2个班次，以充分检查设备性能，使操作人员进一步熟悉设备的性能、操作步骤，为实际投产使用做好充分的准备。

（三）生产验证与调试

设备试运转结束并对所出现的问题基本解决后，可实施生产验证。在生产验证前，茶机供应商与茶叶加工企业应按合同规定的工艺要求确定验证方案，确定后不得随意更改。主要验证内容：干茶品质，设备噪声，设备温升以及全线单位能耗（包括重点机组能耗和单机能耗）是否符合要求；不同负荷情况下，各部位是否流畅，有无断料、堵塞现象，有无漏料（茶）现象，并根据生产验证数据找出接近品质要求的工艺参数，以指导后续生产。

在验证中须做好各项记录，并加以评价，做好技术结论；同时对出现的问题，按性质分类，予以解决。

第三节 茶机的使用与维护

茶叶机械设备是茶叶加工的载体，其运行情况、工作环境、操作规范将直接影响茶叶产品质量、茶机使用寿命和生产安全。

一、茶厂安全守则

（一）茶厂卫生安全守则

1. 更衣消毒室 茶厂更衣室须保证衣柜、门窗整洁，不积尘。每位进入车间的员工须进行消毒工作，检查车间员工进车间时洗手、消毒、着装、工作服的洁净程度，凡不合要求者，管理员有权不让其进入车间。参观人员进车间参观时，依次进入更衣室、消毒室、风淋室。

2. 进出参观通道 车间应设立专用参观通道或走廊，并标识画线区域，非车间工作人员只能走参观通道；小孩严禁进入车间。

3. 消防应急通道 车间内要设立消防和应急通道，配备相应的消防设备，应急通道及门不得堵塞上锁。严禁在电器设备、电热、加热设备旁堆放易燃易爆物品。

4. 照明设备 车间应有足够的照明设施，明显的开关控制区标示。照明灯应有防护装置，与高温高湿区保持足够距离。

（二）员工卫生守则

1. 岗前培训 对新进人员、新进设备，茶厂必须组织专岗前培训，使其充分了解设备的结构、原理、技术规范、安全要点、维护规程及操作技能，并对老员工进行恢复性培训和新设备培训，避免因不熟悉设备而造成设备的损坏，甚至发生人员工伤事故，特别是对高温、高速、高功率设备需重点培训。

2. 身体保护 员工进入车间应穿工作服，不准穿拖鞋、凉鞋，不准穿着容易被卷入转动部件的宽松衣服作业，衣服必须扣好，袖口必须扎紧，长发者需盘束及戴安全帽。

3. 防火用电安全 严格遵守安全、卫生、防火等制度，做到安全文明生产。严禁在车间或标明严禁吸烟的厂区内吸烟。注意用电安全，没有电工证者严禁进行带电操作。严格按照机械操作规程进行操作。

4. 操作安全 操作人员禁止接触旋转部件，不得将手伸入正在运转的滚筒、链条、皮带中，禁止在没有保护条件的情况下，从正在旋转的茶机中抓取茶叶，以免发生意外。禁止用手触摸设备加热部件，避免用手感知茶叶受热的温度变化，防止被湿热气体烫伤。

5. 紧急预案 紧急情况预案主要包括以下两种类型。

（1）人员伤害事故类 如设备割伤、烫伤、漏电、微波辐射、液化气泄漏或爆炸等伤害。

（2）财产损失事故类 如火灾、水灾、山体滑坡、地震、停水、停电等对茶叶加工过程茶叶、设备造成的损害。

二、茶机使用操作规程

各种机器均有各自特定的操作规程，各种机器的操作规程在产品使用说明书中均作了详细说明，操作人员必须在使用前认真阅读，熟悉操作规程。

（一）使用前维护

1. 清理设备 新机或长时间未开机的设备，需要先清除机器及附近的杂物，用干布或毛刷对茶机表面进行全面清洁。新机应投放茶叶清洗，清除异味，保持机身清洁。茶叶生产线每工作半个工作日清理一次输送机的接料斗，以防碎末茶被带入皮带底部，造成卡堵。设备清理时需关闭设备电源。

2. 检查润滑 检查各机器各连接件、传动件、螺钉、螺母等零部件的紧固情况，如有松动应及时拧紧或更换。检查各传动带、链条的松紧程度是否合适。检查电器设备是否安全可靠，固定装置是否牢固等。对轴承、链条等润滑点加注润滑剂，保证设备的正常运转。

3. 试运行 各部分检查确认无误后，应进行开机试运行。在运转过程中，进一步检查各工作部件是否正常，各传动部分是否平稳，输送装置的运转方向是否正确等。经试车确认一切正常后，才能正式投入生产使用。对需提前预热的设备，应重点检查输气管道是否完整，先开动机器，再点火升温，使之受热均匀。

（二）设备运行操作

茶叶机械使用时仍必须严格按照操作规程，禁止违规作业，以免损坏机器或发生各种事故，确保安全生产。在茶季生产时，操作者应根据设备的技术资料规定的操作程序和设备的性能特点，正确合理使用设备。一般要求"三好四会"，即管好、用好、修好、会使用、会维护、会检查、会排除故障。具体操作如下：

1. 开机要点 注意开机顺序，禁止调速设备在调速未归零状态下启动和关机；应平稳调速，严禁骤升骤降。

2. 工艺操作 根据制茶要求设定工艺参数，操作过程中若需调整工艺参数，应严格按操作规程操作，不准随意改变操作工艺流程和工艺参数。

3. 生产线操作要求 茶叶加工生产线设备的运行与操作，涉及计算机、机械、电器、各种能源供应等，对操作员工综合素质和技术水平要求远远高于单机设备操作。生产线操作人员还应具备对茶叶机械设备和操作性能的熟练了解，在生产线的使用过程中，要确保人员、设备和系统的安全，保障茶叶品质的稳定。

4. 运行监视 设备运行中注意各部分的运转和工作情况，如有异常，前段工艺应先停止进料再停机，并快速分析原因，故障排除后方可继续作业。对故障阶段生产的在制品应检查是否符合要求，及时挑出不合格部分，以免影响整体品质。

5. 关机清扫 生产结束，应降温停机（先降温，停辅机，后停主机），打扫机器、工作面和场地卫生。

（三）茶季结束时维护

在茶季结束生产时，应对生产车间及茶机设备进行全面管理和维护，内容包括：

①对车间和设备进行全面清理、润滑。
②全面检查设备各配合面，调整至规定值，并视情况维修。
③对在生产期间的设备故障进行全面修复。
④针对生产中发现的薄弱环节视情况实施技术改造，以提高效率和产品质量。
⑤对设备脱落油漆进行修补，以恢复美观和防锈蚀。
⑥检查车间门窗密封性，以免小动物进入车间及设备，造成污染和设备损坏。
⑦对有环境温湿度要求的设备，应尽量使车间温湿度保持在允许范围内。
⑧每个月不少于一次 0.5h 以上的空机运行或按厂方要求维护。运行时，应开启加热等装置，以驱除设备中的湿气，保持干燥，使电子元件保持良好性能。

三、茶机维护保养

（一）茶机设备的维护

1. 电动机的维护 使用前检查接线是否正确、牢固及接地是否良好；轴承的装配与传动装置的松紧度是否合理；润滑油是否清洁、充足等。当确认一切正常后，方可启动电动机。电动机周围环境应保持清洁，以避免杂物在电动机转动时卷入，影响电动机的正常运行，甚至损坏电动机。要定期清除电动机的污垢、灰尘，更换润滑油。电动机运行中应注意温升情况，如发现温升过高，甚至有冒烟现象，须立即停机检查。

2. 传动机构的维护

（1）三角皮带 需要定期对皮带进行检查维护，定期检查三角皮带的张紧度，需要注意皮带是否出现打滑现象。更换时在同一个皮带轮上的全部皮带应同时更换，否则由于新旧不同，长短不一，使三角皮带上的载荷分布不均匀，造成三角皮带的振动，传动不平稳，降低三角皮带传动的工作效率。

(2) 橡胶输送带　输送带在使用中应避免托辊被物料覆盖，造成回转不灵；防止漏料卡于滚筒与胶带之间；注意输送带活动部分的润滑，但不得污染输送带；输送带局部破损时，应用凯斯特90T高固化橡胶修复膏剂或福索恩橡胶修复材料及时修补，以免扩大。

(3) 链条　运转时检查有无异音或不正常的振动，链条润滑状况是否良好。链条的润滑：先拿一把废弃的牙刷或者稍硬一点的刷子将沾满茶渣、茶粉、茶尘的链条油污清除干净。在每次清洁、擦拭或用溶剂清洗链条后，务必要加上润滑油，且加润滑油之前要保证链条是干燥的。

(4) 减速箱　减速箱内装有蜗轮蜗杆或齿轮，定期更换减速箱内的润滑油，一般润滑油用20号或30号机油。减速箱应保持清洁，当有密封圈或密封垫片损坏，应及时更换，避免漏油。运行中应经常检查减速器的温升情况，温升不得超过60℃。如发现过热或有不正常的冲击、振动、异常声响等现象，应立即停机检修。

3. 茶机设备的维护　使用过程中，应经常擦洗和清除灰尘，以保持茶机的清洁。要防止杂物进入机内，以免影响机器的正常运转。注意保持厂房的环境卫生，减少灰尘、杂物等对设备的侵蚀和损害。应定期加注润滑脂或润滑油。加注润滑油时，注意不要污染茶叶。如有异常现象，应停机检查，更换已损坏的零件，待故障排除后，方可继续工作。

4. 电器设备的维护　茶叶加工离不开电，如果不了解安全用电知识，会带来人身伤害和安全事故，甚至造成重大损失。在生产前要检查车间内设备之间电缆有无老化、破损现象，如有则视情况处理。检查电线桩头、接头、接插件有无松动、氧化，并视情况处理。检查电器箱内外有无凝结水，如在电器、电子元件表面及内部和线圈等处发现冷凝水，应先用电吹风之类热风设备吹干，并注意掌握温度，禁止未经干燥处理直接开机，以免造成设备电器、线路及仪表PLC等烧毁。

(二) 茶机的检修

茶机检修分日常检修与定期检修两部分。

1. 日常检修　日常检修指在日常工作中对临时发生故障的检修，并使之恢复原有性能的过程。日常检修包括检查各工作机构的磨损、变形情况，如有变形或损坏，应予以整修或更换，以保证茶叶加工质量；检查各紧固件的松紧程度，当发现有松动现象，应及时拧紧，以保证紧固件连接可靠，防止在运动中脱落；各种茶业机器均有常见的故障，这与机器的制造质量、操作方法和工作条件等有关，其故障发生的原因及排除的方法可详见各茶机的产品说明书。

2. 定期检修　定期检修指在非生产季节内，按规定拆检更换易损零件及润滑剂，提前消除隐藏的故障，更换损坏的零部件，以保证机器的正常运转。

定期检修包括检查减速箱内齿轮或蜗轮蜗杆及各运动部分的轴承磨损情况，磨损过大，应及时更换；检查各传动齿轮、链轮的磨损和张紧程度，如果磨损超过规定范围，影响正常工作，要及时更换，发现链条松边垂度过大则应合理张紧；检查皮带的松紧和磨损程度，如皮带过长或磨损过大，应重新张紧或更换。

复习思考题

1. 试述茶叶加工厂选址的原则和要求。

2. 茶厂通风方式主要有哪些类型？茶厂除尘方式和设备有哪些？
3. 试述茶叶冷藏库的主要组成、主要特点及工作原理。
4. 试述茶叶加工设备的配置方法及其步骤。
5. 试述名优绿茶加工设备的配置方法。
6. 试述乌龙茶（武夷岩茶）加工设备的配置方法。
7. 试述茶厂机械设备安装基本程序。
8. 茶厂安全守则包括哪些内容？
9. 茶机基本操作规程包含哪些内容？
10. 茶叶机械检修包括哪些内容？

主 要 参 考 文 献

陈椽，1983. 制茶技术理论[M]. 北京：农业出版社.
陈宗懋，2000. 中国茶叶大辞典[M]. 北京：中国轻工业出版社.
陈青云，2007. 设施农业设计基础[M]. 北京：中国农业出版社.
陈济斌，2012. 节能日光萎凋设施及其对白茶萎凋效果研究[J]. 农业工程学报（19）：171-177.
陈霖熙，2014. 架式储青设备的储青厚度对鲜叶理化变化影响[J]. 中国茶叶（1）：26-28.
陈文智，2014. 远红外茶叶杀青机在名优绿茶加工中的应用[J]. 中国茶叶（5）：21-23.
崔建云，2007. 食品机械[M]. 北京：化学工业出版社.
丁为民，2011. 园艺机械化[M]. 2版. 北京：中国农业出版社.
方辉遂，1982. 茶叶机械基础[M]. 北京：中国农业出版社.
方卫山，2009. 6CFZ-120型自走式普洱茶发酵翻堆机[J]. 云南农业，209（12）：32-34.
龚琦，潘克霓，等，1990. 茶叶加工机械[M]. 上海：上海科学技术出版社.
胡景川，沈锦林，1990. 农产物料干燥技术[M]. 杭州：浙江大学出版社.
郝志龙，2010. 乌龙茶振动做青设备研制与做青环境调控性能试验[J]. 农业工程学报（10）：269-277.
胡光华，2013. 红条茶清洁化连续加工生产线研究与应用[J]. 中国农机化学报，34（2）：110-114.
胡祥文，2002. 名优绿茶贮藏保鲜技术研究进展[J]. 茶叶通讯（1）：21-23.
蒋小平，何含阳，2015. 湖南黑毛茶渥堆发酵机械化生产探讨[J]. 茶叶通讯，42（2）：43-45.
金心怡，2014. 茶叶加工工程[M]. 2版. 北京：中国农业出版社.
金心怡，2003. 茶叶加工工程[M]. 北京：中国农业出版社.
金心怡. 2003. 摇青不同机械力对青叶理化变化及乌龙茶品质的影响. 福建农林大学学报（自然科学版）（2）：201-204.
瞿裕兴，1980. 茶叶生产机械化[M]. 北京：中国农业出版社.
刘鹤，2008. 膜分离技术及其在饮用水处理中的应用[J]. 上海工程技术大学学报，22（1）：48-53.
刘新，2005. 名优茶工艺机械[M]. 北京：金盾出版社.
刘淑华，2010. 看图学电动机使用与维修150问[M]. 北京：机械工业出版社.
陆秋菊，2015. 茉莉花茶加工技术[M]. 北京：科学出版社.
罗列万，2015. 名优绿茶连续自动生产线装备与使用技术[M]. 北京：中国农业科学技术出版社.
罗龙新，2002. 茶饮料生产中膜分离技术的应用研究[J]. 饮料工业，5（4）：12-17.
罗学平，2015. 茶叶加工机械与设备[M]. 北京：中国轻工业出版社.
马海乐，2004. 食品机械与设备[M]. 北京：中国农业出版社.
毛祖法，1992. 机械化采茶的经济效益研究[J]. 中国茶叶（4）：31-33.
潘更生，1981. 茶园喷灌的小气候效应及对茶叶产量品质的影响[J]. 浙江农业大学学报，5（10）：50-54.
权启爱，2005. 茶叶袋泡茶包装机[J]. 中国茶叶（6）：31-34.
权启爱，2006. 茶叶袋泡茶包装机（续）[J]. 中国茶叶（1）：26-28.
权启爱，2005. 袋泡茶包装材料[J]. 中国茶叶（5）：36-38.
权启爱，2006. 微波加热技术在茶叶加工中的应用[J]. 中国茶叶（2）：10-13.
权启爱，2007. 远红外烘干机的结构及其在名优绿茶加工中的应用[J]. 中国茶叶（2）：20-23.

主 要 参 考 文 献

权启爱，2010. 扁形茶辉干机及其在生产中的应用[J]. 中国茶叶（9）：23-25.
权启爱，2010. 真空冷冻干燥机及其应用效果[J]. 中国茶叶（11）：13-15.
权启爱，2014. ZGJ-120型茶园中耕机的结构特点和使用技术[J]. 中国茶叶（6）：32-35.
邵鑫，2011. 茶叶机械[M]. 北京：中国农业出版社.
沈再春，1993. 农产品加工机械与设备[M]. 北京：中国农业出版社.
施兆鹏，1997. 茶叶加工学[M]. 北京：中国农业出版社.
舒南炳，1988. 机采茶园的栽培与采茶机的使用技术[J]. 中国茶叶（5）：25-26.
孙杨锋，黄云战，2014. 普洱茶发酵潮水机械的设计与应用研究[J]. 云南农业大学学报，29（1）：106-111.
唐林，2013. 机械设计基础[M]. 北京：清华大学出版社.
宛晓春，2011. 茶叶生物化学[M]. 北京：中国农业出版社.
王泽农，1988. 中国农业百科全书（茶叶卷）[M]. 北京：中国农业出版社.
王双喜，2010. 设施农业装备[M]. 北京：中国农业出版社.
吴觉农，1949. 茶叶全书（上册）[M]. 上海：中国茶叶研究社.
夏涛，2016. 制茶学[M]. 北京：中国农业出版社.
肖宏儒，2008. 我国茶叶生产机械化发展现状及战略分析[J]. 茶叶科学技术（2）：21-23.
肖宏儒，2013. 多功能茶园管理机节能高效作业技术研究[J]. 中国农机化学报，34（6）：211-214.
肖旭霖，2006. 食品机械与设备[M]. 北京：科学出版社.
徐良，2015. 3ZFC-40型茶园中耕机的研制[J]. 农产品加工（6）：53-55.
许嘉璐，2016. 中国茶文献集成[M]. 北京：文献出版社.
杨光，2016. 黑茶翻堆设备的设计与试验[J]. 中国农机化学报，37（5）：123-126.
杨阳，1992. 机械化采茶的现状与效益及技术[J]. 广西热作科技，42（1）：34-38.
杨江帆，2008. 福建茉莉花茶[M]. 厦门：厦门大学出版社.
杨拥军，2011. 一种小型茶园中耕机的研制[J]. 茶叶通讯，28（4）：12-15.
姚振宪，1999. 滴灌设备与滴灌系统规划设计[M]. 北京：中国农业出版社.
叶飞，2014. 不同杀青方式对绿茶品质影响[J]. 四川农业大学学报，32（2）：161-164.
奕永庆，2009. 经济型喷微灌[M]. 北京：中国水利水电出版社.
于国锋，2008. 日产8吨白茶精加工厂及生产线设计研究[D]. 福州：福建农林大学.
俞新霞，2012. 采茶机的使用与维护[J]. 农技服务（6）：762.
张天福，1989. 福建乌龙茶[M]. 福建：福建科学技术出版社.
章建浩，2005. 食品包装学[M]. 2版. 北京：中国农业出版社.
庄任，1985. 福建茉莉花茶[M]. 福州：福建科学技术出版社.

图书在版编目（CIP）数据

茶业机械学 / 金心怡主编 . —北京：中国农业出版社，2018.4（2024.4 重印）
普通高等教育农业部"十三五"规划教材　全国高等农林院校"十三五"规划教材
ISBN 978-7-109-23845-9

Ⅰ.①茶…　Ⅱ.①金…　Ⅲ.①茶业—农业机械化—高等学校—教材　Ⅳ.①S233.75

中国版本图书馆 CIP 数据核字（2018）第 008026 号

中国农业出版社出版
（北京市朝阳区麦子店街 18 号楼）
（邮政编码 100125）
责任编辑　戴碧霞
文字编辑　田彬彬

中农印务有限公司印刷　新华书店北京发行所发行
2018 年 4 月第 1 版　2024 年 4 月北京第 3 次印刷

开本：787mm×1092mm 1/16　印张：24.5
字数：620 千字
定价：55.00 元

（凡本版图书出现印刷、装订错误，请向出版社发行部调换）